pl. 1 — 31

$\int$
355.
42.

2476

HISTOIRE NATURELLE

DES POISSONS.

TOME TROISIÈME.

HISTOIRE NATURELLE

DES POISSONS,

PAR LE CITOYEN LA CEPÈDE,

Membre du Sénat, et de l'Institut national de France; l'un des
Professeurs du Muséum d'Histoire naturelle; membre de l'Institut
national de la République Cisalpine; de la société d'Arragon; de
celle des Curieux de la Nature, de Berlin; des sociétés d'Histoire
naturelle, des Pharmaciens, Philotechnique, Philomatique, et des
Observateurs de l'homme, de Paris; de celle d'Agriculture d'Agen;
de la société des Sciences et Arts de Montauban; du Lycée
d'Alençon; de l'Athénée de Lyon, etc.

TOME TROISIÈME.

C.ⁿ N.º 87.

A PARIS,

CHEZ PLASSAN, IMPRIMEUR-LIBRAIRE,
Rue de Vaugirard, N° 1195.

L'AN X DE LA RÉPUBLIQUE.

TABLE
DES ARTICLES
CONTENUS DANS CE VOLUME.

TOME III.

a

AVERTISSEMENT.

Ce troisième volume de l'Histoire des poissons renferme la description de deux cent quatre-vingt-dix-huit espèces, dont cent sont encore inconnues. Elles sont réparties dans quarante-huit genres, parmi lesquels on devra en compter trente-quatre qu'aucun naturaliste n'avoit encore établis.

Les trois premiers volumes de l'Histoire des poissons comprennent donc des articles relatifs à six cent dix espèces, dont cent cinquante-quatre n'avoient été décrites par aucun auteur, avant notre travail sur ces animaux, et que nous avons distribuées dans quarante-neuf genres connus depuis long-temps, et dans soixante autres genres que nous avons formés.

Le nombre des planches du troisième volume est moindre que nous ne l'avions cru, parce que l'histoire de plusieurs espèces de poisson auxquelles ces planches sont relatives, ne paroîtra que dans le quatrième, ou dans le cinquième et dernier volume. Elle a été ainsi reculée pour faire place à celle d'un grand nombre d'espèces qui devoient la précéder d'après l'ordre méthodique suivi dans cet ouvrage, et au sujet desquelles nous avons reçu de nos correspondans des notes très-multipliées et très-étendues, depuis l'impression du second volume.

Ce second volume renferme la figure d'une espèce décrite dans le troisième ; c'est celle du *labre tétracanthe,* représenté *pl.* XIII, *fig.* 3.

On trouvera dans le quatrième, dont l'impression est presque terminée, l'article relatif au *lutjan trilobé,* dont on peut voir la figure au *n°* 3 *de la planche* XVI *du second volume.*

SUITE DU TABLEAU

DU DIX-NEUVIÈME ORDRE

DE LA CLASSE ENTIÈRE DES POISSONS,

ou DU TROISIÈME ORDRE

DE LA PREMIÈRE DIVISION DES OSSEUX *.

Genres.		
78. ÉCHÉNÉIS.	{	Une plaque très-grande, ovale, composée de lames transversales, et placée sur la tête, qui est déprimée.
79. MACROURE.	{	Deux nageoires sur le dos; la queue deux fois plus longue que le corps.
80. CORYPHÈNE.	{	Le sommet de la tête très-comprimé et comme tranchant par le haut, ou très-élevé et finissant sur le devant par un plan presque vertical, ou terminé antérieurement par un quart de cercle, ou garni d'écailles semblables à celles du dos; une seule nageoire dorsale, et cette nageoire du dos presque aussi longue que le corps et la queue.
81. HÉMIPTÉRONOTE.	{	Le sommet de la tête très-comprimé, et comme tranchant par le haut, ou très-élevé et finissant sur le devant par un plan

---

* Voyez le tableau qui est à la tête du premier volume, et celui qui est à la tête du second.

Genres.

81. HÉMIPTÉRONOTE.
{ presque vertical, ou terminé antérieurement par un quart de cercle, ou garni d'écailles semblables à celles du dos; une seule nageoire dorsale, et la longueur de cette nageoire du dos ne surpassant pas ou surpassant à peine la moitié de la longueur du corps et de la queue pris ensemble.

82. CORYPHÉNOÏDE.
{ Le sommet de la tête très-comprimé, et comme tranchant par le haut, ou très-élevé et finissant sur le devant par un plan presque vertical, ou terminé antérieurement par un quart de cercle, ou garni d'écailles semblables à celles du dos; une seule nageoire dorsale; l'ouverture des branchies ne consistant que dans une fente transversale.

83. ASPIDOPHORE.
{ Le corps et la queue couverts d'une sorte de cuirasse écailleuse; deux nageoires sur le dos; moins de quatre rayons aux nageoires thoracines.

84. ASPIDOPHOROÏDE.
{ Le corps et la queue couverts d'une sorte de cuirasse écailleuse; une seule nageoire sur le dos; moins de quatre rayons aux nageoires thoracines.

85. COTTE.
{ La tête plus large que le corps; la forme générale un peu conique; deux nageoires sur le dos; des aiguillons ou des tubercules sur la tête ou sur les opercules des branchies; plus de trois rayons aux nageoires thoracines.

86. SCORPÈNE.
{ La tête garnie d'aiguillons, ou de protubérances, ou de barbillons, et dépourvue de petites écailles; une seule nageoire dorsale.

Genres.

87. SCOMBÉROMORE. { Une seule nageoire dorsale ; de petites nageoires au-dessus et au-dessous de la queue ; point d'aiguillons isolés au-devant de la nageoire du dos.

88. GASTÉROSTÉE. { Une seule nageoire dorsale ; des aiguillons isolés, ou presque isolés, au-devant de la nageoire du dos ; une carène longitudinale de chaque côté de la queue ; un ou deux rayons au plus à chaque nageoire thoracine ; ces rayons aiguillonnés.

89. CENTROPODE. { Deux nageoires dorsales ; un aiguillon et cinq ou six rayons articulés très-petits à chaque nageoire thoracine ; point de piquans isolés au-devant des nageoires du dos, mais les rayons de la première dorsale à peine réunis par une membrane ; point de carène latérale à la queue.

90. CENTROGASTÈRE. { Quatre aiguillons et six rayons articulés à chaque nageoire thoracine.

91. CENTRONOTE. { Une seule nageoire dorsale ; quatre rayons au moins à chaque thoracine ; des piquans isolés au-devant de la nageoire du dos ; une saillie longitudinale sur chaque côté de la queue, ou deux aiguillons au-devant de la nageoire de l'anus.

92. LÉPISACANTHE. { Les écailles du dos, grandes, ciliées et terminées par un aiguillon ; les opercules dentelés dans leur partie postérieure, et dénués de petites écailles ; des aiguillons isolés au-devant de la nageoire dorsale.

93. CÉPHALACANTHE. { Le derrière de la tête garni, de chaque côté, de deux piquans dentelés et très-longs ; point d'aiguillons isolés au-devant de la nageoire du dos.

Genres.

94. DACTYLOPTÈRE. {Une petite nageoire composée de rayons soutenus par une membrane, auprès de la base de chaque nageoire pectorale.

95. PRIONOTE. {Des aiguillons dentelés, entre les deux nageoires dorsales; des rayons articulés et non réunis par une membrane, auprès de chacune des nageoires pectorales.

96. TRIGLE. {Point d'aiguillons dentelés entre les deux nageoires dorsales; des rayons articulés et non réunis par une membrane, auprès de chacune des nageoires pectorales.

97. PÉRISTÉDION. {Des rayons articulés et non réunis par une membrane, auprès des nageoires pectorales; une seule nageoire dorsale; point d'aiguillons dentelés sur le dos; une ou plusieurs plaques osseuses au-dessous du corps.

98. ISTIOPHORE. {Point de rayons articulés et libres auprès des nageoires pectorales, ni de plaques osseuses au-dessous du corps; la première nageoire du dos, arrondie, très-longue, et d'une hauteur supérieure à celle du corps; deux rayons à chaque thoracine.

99. GYMNÈTRE. {Point de nageoire de l'anus; une seule nageoire dorsale; les rayons des nageoires thoracines très-alongés.

100. MULLE. {Le corps couvert de grandes écailles qui se détachent aisément; deux nageoires dorsales; plus d'un barbillon à la mâchoire inférieure.

101. APOGON. {Les écailles grandes et faciles à détacher; le sommet de la tête élevé; deux nageoires dorsales; point de barbillons au-dessous de la mâchoire inférieure.

Genres.

102. LONCHURE.

{ La nageoire de la queue lancéolée ; cette nageoire et les pectorales aussi longues, au
moins, que le quart de la longueur totale
de l'animal ; la nageoire dorsale longue, et
profondément échancrée ; deux barbillons
à la mâchoire inférieure.

103. MACROPODE.

{ Les thoracines au moins de la longueur du
corps proprement dit ; la nageoire caudale
très-fourchue, et à peu près aussi longue
que le tiers de la longueur totale de l'animal ; la tête proprement dite et les opercules revêtus d'écailles semblables à celles
du dos ; l'ouverture de la bouche très-
petite.

104. LABRE.

{ La lèvre supérieure extensible ; point de
dents incisives ou molaires ; les opercules
des branchies, dénués de piquans et de
dentelure ; une seule nageoire dorsale ; cette
nageoire du dos très-séparée de celle de la
queue, ou très-éloignée de la nuque, ou
composée de rayons terminés par un filament.

105. CHEILINE.

{ La lèvre supérieure extensible ; les opercules
des branchies dénués de piquans et de
dentelure ; une seule nageoire dorsale ;
cette nageoire du dos très-séparée de
celle de la queue, ou très-éloignée de
la nuque, ou composée de rayons terminés par un filament ; de grandes écailles
ou des appendices placés sur la base de la
nageoire caudale, ou sur les côtés de la
queue.

106. CHEILODIPTÈRE.

{ La lèvre supérieure extensible ; point de
dents incisives ni molaires ; les opercules
des branchies dénués de piquans et de dentelure ; deux nageoires dorsales.

Genres.

107. OPHICÉPHALE.

Point de dents incisives ni molaires ; les opercules des branchies dénués de piquans et de dentelure ; une seule nageoire dorsale ; la tête aplatie , arrondie par-devant , semblable à celle d'un serpent , et couverte d'écailles polygones , plus grandes que celles du dos , et disposées à peu près comme celles que l'on voit sur la tête de la plupart des couleuvres ; tous les rayons des nageoires articulés.

108. HOLOGYMNOSE.

Toute la surface de l'animal dénuée d'écailles facilement visibles ; la queue représentant deux cônes tronqués , appliqués le sommet de l'un contre le sommet de l'autre , et inégaux en longueur ; la caudale très-courte ; chaque thoracine composée d'un ou plusieurs rayons mous et réunis ou enveloppés de manière à imiter un barbillon charnu.

109.   SCARE.

Les mâchoires osseuses , très-avancées , et tenant lieu de véritables dents ; une seule nageoire dorsale.

110. OSTORHINQUE.

Les mâchoires osseuses , très-avancées , et tenant lieu de véritables dents ; deux nageoires dorsales.

111.   SPARE.

Les lèvres supérieures peu extensibles , ou non extensibles ; ou des dents incisives , ou des dents molaires disposées sur un ou plusieurs rangs ; point de piquans ni de dentelure aux opercules ; une seule nageoire dorsale ; cette nageoire éloignée de celle de la queue , ou la plus grande hauteur du corps proprement dit , supérieure, ou égale , ou presque égale à la longueur de ce même corps.

Genres.

112. DIPTÉRODON. { Les lèvres supérieures peu extensibles, ou non extensibles ; ou des dents incisives, ou des dents molaires disposées sur un ou plusieurs rangs ; point de piquans ni de dentelure aux opercules ; deux nageoires dorsales ; la seconde nageoire du dos éloignée de celle de la queue, ou la plus grande hauteur du corps proprement dit, supérieure, ou égale, ou presque égale à la longueur de ce même corps.

113. LUTJAN. { Une dentelure à une ou à plusieurs pièces de chaque opercule ; point de piquans à ces pièces ; une seule nageoire dorsale ; un seul barbillon ou point de barbillons aux mâchoires.

114. CENTROPOME. { Une dentelure à une ou à plusieurs pièces de chaque opercule ; point d'aiguillons à ces pièces ; un seul barbillon ou point de barbillons aux mâchoires ; deux nageoires dorsales.

115. BODIAN. { Un ou plusieurs aiguillons et point de dentelure aux opercules ; un seul barbillon ou point de barbillons aux mâchoires ; une seule nageoire dorsale.

116. TÆNIANOTE. { Un ou plusieurs aiguillons et point de dentelure aux opercules ; un seul barbillon ou point de barbillons aux mâchoires ; une nageoire dorsale étendue depuis l'entre-deux des yeux jusqu'à la nageoire de la queue, ou très-longue et composée de plus de quarante rayons.

117. SCIÈNE. { Un ou plusieurs aiguillons et point de dentelure aux opercules ; un seul barbillon ou point de barbillons aux mâchoires ; deux nageoires dorsales.

Genres.

118. MICROPTÈRE.

Un ou plusieurs aiguillons et point de dentelure aux opercules ; un barbillon ou point de barbillons aux mâchoires ; deux nageoires dorsales ; la seconde très-basse, très-courte, et comprenant au plus cinq rayons.

119. HOLOCENTRE.

Un ou plusieurs aiguillons et une dentelure aux opercules ; un barbillon ou point de barbillons aux mâchoires ; une seule nageoire dorsale.

120. PERSÈQUE.

Un ou plusieurs aiguillons et une dentelure aux opercules ; un barbillon ou point de barbillons aux mâchoires ; deux nageoires dorsales.

HISTOIRE NATURELLE

DES POISSONS.

DES EFFETS DE L'ART DE L'HOMME

SUR LA NATURE DES POISSONS.

C'est un beau spectacle que celui de l'intelligence
humaine, disposant des forces de la Nature, les divi-
sant, les réunissant, les combinant, les dirigeant à son
gré, et, par l'usage habile que l'expérience et l'observation lui en ont appris, modifiant les substances,

TOME III.
A

transformant les êtres, et rivalisant, pour ainsi dire, avec la puissance créatrice.

L'amour propre, l'intérêt, le sentiment et la raison applaudissent sur-tout à ce noble spectacle, lorsqu'il nous montre le génie de l'homme exerçant son empire, non seulement sur la matière brute qui ne lui résiste que par sa masse, ou ne lui oppose que ce pouvoir des affinités qu'il lui suffit de connoître pour le maîtriser, mais encore sur la matière organisée et vive, sur les corps animés, sur les êtres sensibles, sur les propriétés des espèces, sur ces attributs intérieurs, ces facultés secrètes, ces qualités profondes qu'il domine, sans même parvenir à dévoiler leur essence.

De quelques êtres organisés et vivans que l'on veuille dessiner l'image, on voit presque toujours sur quelques uns de leurs traits l'empreinte de l'art de l'homme.

Sans doute l'histoire de son industrie n'est pas celle de la Nature : mais comment ne pas en écrire quelques pages, lorsque le récit de ses procédés nous montre jusqu'à quel point la Nature peut être contrainte à agir sur elle-même, et que cette puissance admirable de l'homme s'applique à des objets d'une haute importance pour le bonheur public et pour la félicité privée?

Parmi ces objets si dignes de l'attention de l'économe privé et de l'économe public, comptons, avec les sages de l'antiquité, ou, pour mieux dire, avec ceux de tous les siècles qui ont le plus réuni l'amour de l'humanité à la connoissance des productions de la Nature, la possession des poissons les plus analogues aux besoins de l'homme.

Deux grands moyens peuvent procurer ces poissons que l'on a toujours recherchés, mais auxquels, dans certains siècles et dans certaines contrées, on a attaché un si grand prix.

Le premier de ces moyens, résultat remarquable du perfectionnement de la navigation, multipliant chaque jour le nombre des marins audacieux, et accroissant les progrès de l'admirable industrie sans laquelle il n'auroit pas existé, obtiendra toujours les plus grands encouragemens des chefs des nations éclairées : il consiste dans ces grandes pêches auxquelles des hommes entreprenans et expérimentés vont se livrer sur des mers lointaines et orageuses.

Mais l'usage de ce moyen, limité par les vents, les courans et les frimas, et troublé fréquemment par les innombrables accidens de l'atmosphère et des mers, exige sans cesse une association constante, prévoyante et puissante, une réunion difficile d'instrumens variés, une sorte d'alliance entre un grand nombre d'hommes que l'on ne peut rencontrer que très-rarement et rapprocher qu'avec peine. Il ne donne à nos ateliers qu'une partie des produits que l'on pourroit retirer des animaux poursuivis dans ces pêches éloignées et fameuses, et ne procure pour la nourriture de l'homme que des préparations peu substantielles, peu agréables, ou peu salubres.

Le second moyen convient à tous les temps, à tous les lieux, à tous les hommes. Il ne demande que peu de précautions, que peu d'efforts, que peu d'instans, que peu de dépenses. Il ne commande aucune absence du séjour que l'on affectionne, aucune interruption de ses habitudes, aucune suspension de ses affaires; il se montre avec l'apparence d'un amusement varié, d'une distraction agréable, d'un jeu plutôt que d'un travail; et cette apparence n'est pas trompeuse. Il doit plaire à tous les âges; il ne peut être étranger à aucune condition. Il se compose des soins par lesquels on parvient aisément à transporter dans les eaux que l'on veut rendre fertiles, les poissons que nos goûts ou nos besoins réclament, à les y acclimater, à les y conserver, à les y multiplier, à les y améliorer.

Nous traiterons des grandes pêches dans un discours particulier.

Occupons-nous dans celui-ci de cet ensemble de soins qui nous rappelle ceux que les Xénophon, les Oppien, les Varron, les Ovide, les Columelle, les Ausone, se plaisoient à proposer aux deux peuples les plus illustres de l'antiquité, que la sagesse de leurs préceptes, le charme de leur éloquence, la beauté de leur poésie et l'autorité de leur renommée inspiroient avec tant de facilité aux Grecs et aux Romains, et qui étoient en très-grand honneur chez ces vainqueurs de l'Asie et de l'Europe, que la gloire avoit couronnés de tant de lauriers.

L'homme d'état doit les encourager, comme une seconde agriculture : l'homme des champs doit les adopter, comme une nouvelle source de richesses et de plaisirs.

En rendant en effet les eaux plus productives que la terre, en répandant les semences d'une abondante et utile récolte, dans tous les lacs, dans les rivières, dans les ruisseaux, dans tous les endroits que la plus foible source arrose, ou qui conservent sur leur surface le produit des rosées et des pluies, ces soins que nous allons tâcher d'indiquer, n'augmenteront-ils pas beaucoup cette surface fertile et nourricière du globe, de laquelle nous tirons nos véritables trésors? et l'accroissement que nous devrons à ces procédés simples et peu nombreux, ne sera-t-il pas d'autant plus considérable, que ces eaux dans lesquelles on portera, entretiendra et multipliera le mouvement et la vie, offriront une profondeur bien plus grande que la couche sèche fécondée par la charrue, et à laquelle nous confions les graines des végétaux précieux?

Et dans ses momens de loisir, lorsque l'ami de la Nature et des champs portera ses espérances, ses souvenirs, ses douces rêveries, sa mélancolie même, sur les rives des lacs, des ruisseaux ou des fontaines, et que, mollement étendu sur une herbe fleurie, à l'ombre d'arbres élevés et touffus, il goûtera cette sorte d'extase, cette quiétude touchante, cette volupté du repos, cet abandon de toute idée trop forte, cette absence de toute affection trop vive, dont le charme est si grand pour une ame sensible, n'éprouvera - t - il pas une jouissance d'autant plus douce qu'il aura sous ses yeux, au lieu d'une onde stérile, déserte, inanimée, des eaux vivifiées, pour ainsi dire, et embellies par la légéreté des formes, la vivacité des couleurs, la variété des jeux, la rapidité des évolutions ?

Voyons donc comment on peut transporter, acclimater, multiplier et perfectionner les poissons; ou, ce qui est la même chose, montrons comment l'art modifie leur nature.

Tâchons d'éclairer la route élevée du physiologiste par les lumières de l'expérience, et de diriger l'expérience par les vues du physiologiste.

Disons d'abord comment on transporte les poissons d'une eau dans une autre.

De toutes les saisons, la plus favorable au transport de ces animaux est l'hiver, à moins que le froid ne soit très-rigoureux. Le printemps et l'automne le sont beaucoup moins que la saison des frimas; mais il faut toujours les préférer à l'été. La chaleur auroit bientôt fait périr des individus accoutumés à une température assez douce; et d'ailleurs ils ne résisteroient pas à l'influence funeste des orages qui règnent si fréquemment pendant l'été.

C'est en effet un beau sujet d'observation pour le physicien, que l'action de l'électricité de l'atmosphère sur les habitans des eaux, action à laquelle ils sont soumis non seulement lorsqu'on les force à changer de séjour, mais encore lorsqu'ils vivent indépendans dans de larges fleuves, ou dans des lacs immenses, dont la profondeur ne peut les dérober à la puissance de ce feu électrique.

Il ne faut exposer aux dangers du transport que des poissons assez forts pour résister à la fatigue, à la contrainte, et aux autres inconvéniens de leur voyage. A un an, ces animaux seroient encore trop jeunes; l'âge le plus convenable pour les faire passer d'une eau dans une autre, est celui de trois ou quatre ans.

On ne remplira pas entièrement d'eau les tonneaux dans lesquels on les renfermera. Sans cette précaution, les poissons, montant avec rapidité vers la surface de l'eau, blesseroient leur tête contre la partie supérieure du vaisseau dans lequel ils seront placés. Ces tonneaux devront d'ailleurs présenter un assez grand espace. Bloch, qui a écrit des observations très-utiles sur l'art d'élever les animaux dont nous nous occupons, demande qu'un tonneau destiné à transporter des poissons du poids de cinquante kilogrammes (cent livres, ou à peu près) contienne trois cent vingt litres ou pintes d'eau.

Il est même nécessaire que vers la fin du printemps, ou au commencement de l'automne, c'est-à-dire, lorsque la chaleur est vive au moins pendant plusieurs heures du jour, cette quantité d'eau soit plus grande, et souvent double; et quelle que soit la température de l'air, il faut qu'il y ait toujours une communication

libre entre l'atmosphère et l'intérieur du tonneau, soit
pour procurer aux poissons, suivant l'opinion de quelques physiciens, l'air qui peut leur être nécessaire,
soit pour laisser échapper les miasmes malfaisans et
les gaz funestes qui, ainsi que nous l'avons déja dit
dans cette histoire, se forment en abondance dans
tous les endroits où les habitans des eaux sont réunis
en très-grand nombre, même lorsque la chaleur n'est
pas très-forte, et leur donnent la mort souvent dans
un espace de temps extrêmement court.

Mais comme ces soupiraux si nécessaires aux poissons que l'on fait voyager, pourroient, s'ils étoient
faits sans attention, laisser à l'eau des mouvemens
trop libres et trop violens qui la feroient jaillir, pous-
seroient les poissons les uns contre les autres, les frois-
seroient et les blesseroient mortellement, il sera bon
de suivre, à cet égard, les conseils de Bloch, qui
recommande de prévenir la trop grande agitation de
l'eau par une couronne de paille ou de petites planches
minces introduites dans le tonneau, ou en adaptant
à l'orifice qu'on laisse ouvert, un tuyau un peu long,
terminé en pointe, et percé vers le haut de plusieurs
trous qui établissent une communication suffisante
entre l'air extérieur et l'intérieur du vaisseau *.

Toutes les fois que la distance le permettra, on
emploiera aussi des bêtes de somme tranquilles, ou

---

* *Introduction à l'histoire naturelle des poissons,* par Bloch.

même des porteurs attentifs, plutôt que des voitures exposées à des cahots rudes et à des secousses brusques et fréquentes.

On prendra encore d'autres précautions, suivant les circonstances dans lesquelles on se trouvera, et les espèces dont on voudra porter des individus vivans à un assez grand éloignement de leur premier séjour.

Si l'on veut, par exemple, conserver en vie, malgré un long trajet, des truites, des loches, ou d'autres poissons qui périssent facilement, et qui se plaisent au milieu d'une eau courante, on change souvent celle du tonneau dans lequel on les renferme, et on ne cesse de communiquer à celle dans laquelle on les tient plongés, un mouvement doux, mais sensible, qui subsiste lors même que la voiture qui les porte s'arrête, et qui, bien inférieur à une agitation dangereuse, représente les courans naturels des rivières ou des ruisseaux.

Pour peu que l'on craigne les effets de la chaleur, on voyagera la nuit; et l'on évitera avec le plus grand soin, en maniant les poissons, de les presser, de les froisser, de les heurter.

On ne les laissera hors de l'eau que pendant le temps le plus court possible, sur-tout lorsqu'un soleil sans nuages pourroit, en desséchant promptement leurs organes et particulièrement leurs branchies, les faire périr très-promptement. Cependant, lorsque le temps sera froid, on pourra transporter des anguilles, des

TOME III.   B

carpes, des brèmes, et d'autres poissons qui vivent assez long-temps hors de l'eau, sans employer ni tonneau ni voiture, en les enveloppant dans de la neige et dans des feuilles grandes, épaisses et fraîches, telles que celles du chou ou de la laitue. Un moyen presque semblable a réussi sur des brèmes que l'on a portées vivantes à plus de dix myriamètres (vingt lieues). On les avoit entourées de neige, et on avoit mis dans leur bouche un morceau de pain trempé dans de l'eau-devie.

C'est avec des précautions analogues que dès le seizième siècle on a répandu dans plusieurs contrées de l'Europe, des espèces précieuses de poisson, dont on y étoit privé. C'est en les employant, qu'il paroît que Maschal a introduit la carpe en Angleterre en 1514; que Pierre Oxe l'a donnée au Danemarck en 1550; qu'à une époque plus rapprochée on a naturalisé l'acipensère strelet en Suède, ainsi qu'en Poméranie, et qu'on a peuplé de cyprins dorés de la Chine les eaux non seulement de France, mais encore d'Angleterre, de Hollande et d'Allemagne.

Mais il est un procédé par le moyen duquel on parvient à son but avec bien plus de sûreté, de facilité et d'économie, quoique beaucoup plus lentement.

Il consiste à transporter le poisson, non pas développé et parvenu à une taille plus ou moins grande, mais encore dans l'état d'embryon et renfermé dans son œuf. Pour réussir plus aisément, on prend les

herbes ou les pierres sur lesquelles les femelles ont
déposé leurs œufs, et les mâles leur laite, et on les
porte dans un vase plein d'eau, jusqu'au lac, à l'étang,
à la rivière, ou au bassin que l'on desire de peupler.
On apprend facilement à distinguer les œufs fécondés,
d'avec ceux qui n'ont pas été arrosés de la liqueur prolifique du mâle, et que l'on doit rejeter : les premiers
paroissent toujours plus jaunes, plus clairs, plus dia-
phanes. On remarque cette différence dès le premier
jour de leur fécondation, si l'on se sert d'une loupe;
et dès le troisième ou le quatrième jour on n'a plus
besoin de cet instrument, pour voir que ceux qui
n'ont pas été fécondés par le mâle, deviennent à
chaque instant plus troubles, plus opaques, plus ternes :
ils perdent tout leur éclat, s'altèrent, se décomposent;
et dans cet état de demi-putréfaction, ils ont été comparés à de petits grains de grêle qui commencent à
se fondre *.

Pour pouvoir employer ce transport des œufs fécondés, d'une eau dans une autre, il faudra s'attacher à
connoître dans chaque pays le véritable temps de la
ponte de chaque espèce, et du passage des mâles au-
dessus des œufs; et comme dans presque toutes les
espèces de poissons on compte trois ou quatre époques
du frai, les jeunes individus pondant leurs œufs plus
tard que les femelles plus avancées en âge, et celles-ci

---

* Bloch, *Introduction à l'histoire naturelle des poissons.*

plus tard que d'autres femelles plus âgées encore, que
ces époques sont ordinairement séparées par un intervalle de neuf ou dix jours, et que d'ailleurs il s'écoule
toujours au moins près de neuf jours entre l'instant
de la fécondation et celui où le fœtus brise sa coque et
vient à la lumière, on pourra chaque année, pendant
un mois ou environ, chercher avec succès des œufs
fécondés de l'espèce qu'on voudra introduire dans une
eau qui ne l'aura pas encore nourrie.

Si le trajet est long, on change souvent l'eau du
vase dans lequel les œufs sont transportés. Cette précaution a paru nécessaire même dans les premiers
jours de la ponte, où l'embryon contenu dans l'œuf
ne peut être supposé respirer en aucune manière,
puisque, dans ces premiers jours, non seulement le
petit animal est renfermé dans ses enveloppes et dans
la membrane qui entoure l'œuf, mais encore montre
au microscope le cours de son sang, dirigé de manière
à circuler sans passer par des branchies qui ne sont ni
développées ni visibles. Elle ne sert donc dans ce premier temps qu'à préserver les œufs et les embryons, de
l'action des gaz ou miasmes qui se produiroient dans
une eau que l'on ne renouvelleroit pas, et qui, pénétrant au travers de la membrane de l'œuf, agiroient
d'une manière funeste sur les nerfs ou sur d'autres
organes encore extrêmement délicats des jeunes poissons. La nécessité de ce changement d'eau est donc une
nouvelle preuve de ce que nous avons dit dans ce

Discours, et dans celui que nous avons publié sur la nature des poissons, au sujet du besoin que l'on a pour conserver ces animaux en vie, d'entretenir une communication très-libre entre l'atmosphère et le fluide dans lequel ils sont plongés.

On favorise le développement de l'œuf et la sortie du fœtus, en les plaçant après le transport dans un endroit éclairé par le soleil. On les hâte même par cette attention; et Bloch nous apprend dans l'introduction que nous avons déja citée, qu'ayant fait quatre paquets d'herbes chargées d'œufs de la même espèce, ayant exposé le premier au soleil du midi, le second au soleil levant, le troisième au couchant, et ayant fait mettre le quatrième à l'abri du soleil, les œufs du premier paquet furent ouverts par le fœtus deux jours avant ceux du quatrième, et les œufs du second et du troisième un jour plutôt que ceux du quatrième paquet, que la chaleur du soleil n'avoit pas pénétrés.

Cependant les eaux dans lesquelles vivent les poissons, peuvent être salées ou douces, troubles ou limpides, chaudes ou froides, tranquilles ou agitées par des courans plus ou moins rapides. Elles doivent toujours présenter ces qualités combinées quatre à quatre, la même eau devant être nécessairement courante ou tranquille, froide ou chaude, claire ou limoneuse, douce ou salée. Mais ces huit modifications réunies quatre à quatre peuvent produire seize combinaisons: l'eau qui nourrit les poissons peut donc offrir seize

manières d'être très-différentes l'une de l'autre, et
très-faciles à distinguer. Nous en trouverions un nombre
immense si nous voulions faire attention à toutes les
nuances que chacune de ces modifications peut montrer, et à toutes les combinaisons qui peuvent résulter
du mélange de tous ces degrés. Néanmoins ne tenons
compte que des seize caractères bien distincts qui
peuvent appartenir à l'eau ; et voyons l'influence de
la nature des différentes eaux sur la conservation des
poissons que l'on veut acclimater.

Il est évident que si l'on jette les yeux au hasard sur
une des seize combinaisons que nous venons d'indiquer, on ne la verra pas séparée des quinze autres par
un égal nombre de différences.

Que l'on dépose donc les poissons que l'on viendra
de transporter, dans les eaux les plus analogues à celles
dans lesquelles ils auront vécu ; et lorsqu'on sera
embarrassé pour trouver de ces eaux adaptées aux individus que l'on voudra conserver, que l'on préfère
de les placer dans des lacs, où ils jouiront à leur volonté des eaux courantes qui s'y jettent ou en sortent,
et des eaux paisibles qui y séjournent, où ils ren-
contreront des touffes de végétaux aquatiques et des
rochers nuds, des fonds de sable et des terrains
vaseux, où ils jouiront d'une température douce en
s'enfonçant dans les endroits les plus profonds, et où
ils pourront se réchauffer aux rayons du soleil en
s'élevant vers la surface.

Que l'on choisisse néanmoins les lacs dont les rives sont unies, plutôt que ceux dont les rivages sont très-hauts; et si l'on est obligé de se servir de ces lacs à bords très-exhaussés, et où par conséquent les œufs déposés sur des fonds trop éloignés de l'atmosphère ne peuvent pas recevoir l'heureuse influence de la lumière et de la chaleur, qu'on supplée aux côtes basses et aux pentes douces, en faisant construire dans ces lacs et auprès de leurs bords des espèces de parcs ou de viviers en bois, qui présenteront des plans inclinés très-voisins de la surface de l'eau, et que l'on garnira, dans la saison convenable, de branches et de rameaux sur lesquels les femelles puissent frotter leur ventre et se débarrasser de leurs œufs.

Aura-t-on à sa disposition des eaux thermales assez abondantes pour remplir de vastes réservoirs, et y couler constamment en si grand volume, que dans toutes les saisons la chaleur y soit très-sensible? On en profitera pour acclimater des espèces étrangères, utiles par la bonté de leur chair, ou agréables aux yeux par la vivacité de leurs couleurs, la beauté de leurs formes et l'agilité de leurs mouvemens, et qui n'auront vécu jusqu'à ce moment que dans les contrées renfermées dans la zone torride ou très-voisines des tropiques.

Lorsque les poissons ne sont pas délicats, ils peuvent néanmoins supporter très-facilement le passage d'une eau à une eau très-différente de la première. On l'a

remarqué particulièrement sur l'anguille; et le citoyen
De Septfontaines, observateur très-éclairé, que nous
avons eu le plaisir de citer très-souvent dans nos ouvrages, nous a écrit dans le temps, qu'il avoit fait
transporter des anguilles d'une eau bourbeuse dans
le vivier le plus limpide, d'une eau froide dans une
eau tempérée, d'une eau tempérée dans une eau froide,
d'un vivier très-limpide dans une eau limoneuse, etc.;
qu'il avoit fait supporter ces transmigrations à plus de
trois cents individus; qu'il les y avoit soumis dans
différentes saisons; qu'il n'en étoit pas mort la ving-
tième partie; et que ceux qui avoient péri, n'avoient
succombé qu'à la fatigue et à la gêne que leur avoit
fait éprouver un séjour très-long dans des vaisseaux
très-étroits.

On pourroit croire, au premier coup d'œil, qu'une
des habitudes les plus difficiles à donner aux poissons
seroit celle de vivre dans l'eau douce après avoir vécu
dans l'eau salée, ou celle de n'être entourés que d'eau
salée après avoir été continuellement plongés dans de
l'eau douce.

Cependant on ne conservera pas long-temps cette
opinion, si l'on considère qu'à la vérité l'eau salée,
comme plus pesante, soutient davantage le poisson qui
nage, et dès-lors lui donne, tout égal d'ailleurs, plus
d'agilité et de vîtesse dans ses mouvemens, mais que
lorsqu'elle se décompose dans les branchies pour entretenir par son oxygène la circulation du sang, ou

seulement dans le canal intestinal pour servir par son hydrogène à la nourriture de l'animal, le sel dont elle est imprégnée, n'altère ni l'un ni l'autre produit de cette décomposition. L'oxygène et l'hydrogène retirés de l'eau salée, ou obtenus par le moyen de l'eau douce, offrent les mêmes propriétés, produisent les mêmes effets. Si le poisson est plus gêné dans ses mouvemens au milieu d'un lac d'eau douce que dans le sein de l'océan, il tire de l'eau de la mer et de celle du lac la même nourriture; et il peut, au milieu de l'eau douce, n'être privé que de cette sorte de modification qu'impriment la substance saline et peut-être une matière particulière bitumineuse ou de toute autre nature, contenues dans l'eau de l'océan, et qui l'environnant sans cesse, lorsqu'il vit dans la mer, peuvent traverser ses tégumens, pénétrer sa masse, et s'identifier avec ses organes.

De plus, un très-grand nombre de poissons ne passent-ils pas la moitié de l'année dans l'océan, et l'autre moitié dans les rivières ainsi que dans les fleuves? et ces poissons voyageurs ne paroissent-ils pas avoir absolument la même organisation que ceux qui, plus sédentaires, n'abandonnent dans aucune saison les rivières ou la mer?

Quant à la température, les eaux, au moins les eaux profondes, présentent presque la même, dans quelque contrée qu'on les examine. D'ailleurs les animaux s'accoutument beaucoup plus aisément qu'on ne

le croit, à des températures très-différentes de celle à
laquelle la Nature les avoit soumis. Ils s'y habituent
même lorsque, vivant dans une très-grande indépen-
dance, ils pourroient trouver dans des contrées plus
chaudes ou plus froides que leur nouveau séjour, une
sûreté aussi grande, un espace aussi libre, une habitation aussi adaptée à leur organisation, une nourriture
aussi abondante. Nous en avons un exemple frappant
dans l'espèce du cheval. Lors de la découverte de
l'Amérique méridionale, plusieurs individus de cette
espèce, amenés dans cette partie du nouveau continent, furent abandonnés, ou s'échappèrent dans des
contrées inhabitées voisines du rivage sur lequel on
les avoit débarqués : ils s'y multiplièrent; et de leur
postérité sont descendues des troupes très-nombreuses
de chevaux sauvages, qui se sont répandus à des distances très-considérables de la mer, se sont très-éloignés
de la ligne équinoxiale, sont parvenus très-près de
l'extrémité australe de l'Amérique, y occupent de vastes
déserts, n'y ont perdu aucun de leurs attributs, ont été
plutôt améliorés qu'altérés par leur nouvelle manière
de vivre, y sont exposés à un froid assez rigoureux
pour qu'ils soient souvent obligés de chercher leur
nourriture sous la neige qu'ils écartent avec leurs pieds;
et néanmoins on ne peut guère disconvenir que le
cheval ne soit originaire du climat brûlant de l'Arabie.

Il n'y a que les animaux nés dans les environs des
cercles polaires, qui ont dès leurs premières années

supporté le poids des hivers les plus rigoureux, et dont la nature, modifiée par les frimas, non seulement dans eux, mais encore dans plusieurs des générations qui les ont précédés, est devenue, pour ainsi dire, analogue à tous les effets d'un froid extrême, qui ne paroissent pas pouvoir résister à une température très-différente de celle à laquelle ils ont toujours été exposés. Il semble que la raréfaction produite dans les solides et dans les liquides par une grande élévation dans la température, est pour les animaux un changement bien plus dangereux que l'accroissement de ton, d'irritabilité et de force, que les solides peuvent recevoir de l'augmentation du froid; et voilà pourquoi on n'a pas encore pu parvenir à faire vivre pendant long-temps dans le climat tempéré de la France les rennes qu'on y avoit amenés des contrées boréales de l'Europe.

On doit donc, tout égal d'ailleurs, essayer de transporter les poissons du midi dans les lacs ou les rivières du nord, plutôt que ceux des contrées septentrionales dans les eaux du midi. Lors même que les rivières ou les lacs dans lesquels on aura transporté les poissons méridionaux, seront situés de manière à avoir leur surface glacée pendant une partie plus ou moins longue de l'année, ces animaux pourront y vivre. Ils se tiendront dans le fond de leurs habitations pendant que l'hiver règnera; et si dans cette retraite profonde ils manquent d'une communication suffisante avec l'air de l'atmosphère, ou si la gelée, pénétrant trop avant, leur fait subir son influence, descend jusqu'à eux et les saisit, ils tomberont dans cette torpeur plus ou moins prolongée, qui conservera leur existence en en ralentissant les principaux ressorts [1]. Combien d'individus et même combien d'espèces cet engourdissement remarquable ne préserve-t-il pas de la destruction en concentrant la vie dans l'intérieur de l'animal, en l'éloignant de la surface où elle seroit trop fortement attaquée, en la renfermant, pour ainsi dire, dans une enveloppe qui ne conserve de la vitalité que ce qu'il faut pour ne pas éprouver de grandes décompositions, et en la réduisant, en quelque sorte, à une circulation si lente et si limitée, qu'elle peut être indépendante des objets extérieurs [2] ! S'il ne répare pas, comme le sommeil journalier, des organes usés par la fatigue, il maintient ces organes ; s'il ne donne pas de nouvelles forces, il garantit de l'anéantissement ; s'il ne ranime pas le souffle de la vie, il brise les traits de la mort. Quelles que soient la cause, la force ou la durée du sommeil, il est donc toujours un grand bienfait de la Nature ; et pendant qu'il charme les ennuis de l'être pensant et sensible, non seulement il guérit ou suspend les douleurs, mais il prévient et écarte les maux de l'animal, qui, réduit à un instinct

---

[1] Voyez l'article du *scombre maquereau*.

[2] Voyez le *Discours sur la nature des quadrupèdes ovipares*.

borné, n'existe que dans le présent, ne rappelle aucun souvenir, et ne conçoit aucun espoir.

La qualité et l'abondance de la nourriture, ces grandes causes des migrations volontaires de tous les animaux qui quittent leur pays, sont aussi les objets auxquels on doit faire le plus d'attention, lorsqu'on cherche à conserver des animaux en vie dans un autre séjour que leur pays natal, et par conséquent lorsqu'on veut acclimater des espèces de poisson.

L'aliment auquel le poisson que l'on vient de dépayser est le plus habitué, est celui qu'il faudra lui procurer; il retrouvera sa patrie par-tout où il aura sa nourriture familière. Par le moyen d'herbes, de feuilles, d'amas de végétaux, de fumiers de toute sorte, on donnera un aliment très-convenable aux espèces qui se nourrissent de débris de corps organisés; on cherchera, on rassemblera des larves et des vers pour celles qui les préfèrent; et lorsqu'on aura transporté des brochets ou d'autres poissons voraces, il faudra mettre dans les eaux qui les auront reçus, ceux dont ils aiment à faire leur proie, qui se plaisent dans les mêmes habitations que ces animaux carnassiers, ou qui sont peu recherchés par les pêcheurs, comme des éperlans, des cyprins goujons, des cyprins gibèles, des cyprins bordelières, etc.

On trouvera, en parcourant les différens articles de cette histoire, un grand nombre d'espèces remarquables par leur beauté, par leur grandeur et par le goût exquis

de leur chair, qui manquent aux eaux douces de notre
patrie, et qu'on pourroit aisément acclimater en France,
avec les précautions ou par les moyens que nous venons
d'indiquer, ou en employant des procédés analogues à
ceux que nous venons de décrire, et qu'on préféreroit
d'après la longueur du trajet, la nature du voyage, le
climat que les poissons auroient quitté, la saison que
l'on auroit été obligé de choisir, et plusieurs autres
circonstances. De ce nombre seroient, par exemple,
le centropome sandat de la Prusse, l'holocentre post
des contrées septentrionales de l'Allemagne ; et on ne
devroit même pas être effrayé par la grandeur de la
distance, sur-tout lorsque le transport pourroit avoir
lieu par mer, ou par des rivières, ou des canaux. On peut
en effet, lorsqu'on navigue sur l'océan, sur des canaux
ou sur des fleuves, attacher à l'arrière du bâtiment
une sorte de vaisseau, ou, pour mieux dire, de grande
caisse, que l'on rend assez pesante pour qu'elle soit
presque entièrement plongée dans l'eau, et dont les
parois sont percées de manière que les poissons qui y
sont renfermés reçoivent tout le fluide qui leur est
nécessaire, et communiquent avec l'atmosphère de la
manière la plus avantageuse, sans pouvoir s'échapper
et sans avoir rien à craindre de la dent des squales ou
des autres animaux aquatiques et féroces. Nous indi-
quons donc à la suite du post et du sandat, et entre
plusieurs autres que les bornes de ce discours ne nous
permettent pas de rappeler ici, l'osphronème goramy,

déja apporté de la Chine à l'Isle de France, le bodian aya des lacs du Brésil, et l'holocentre sogo des grandes Indes, de l'Afrique et des Antilles.

Quand on n'aura pas une eau courante à donner à ces poissons arrivés d'une terre étrangère, et principalement lorsque ces nouveaux hôtes auront vécu, jusqu'à leur migration, dans des fleuves ou des rivières, on compensera le renouvellement perpétuel du fluide environnant que le courant procure, par une grande étendue donnée à l'habitation. Ici, comme dans plusieurs autres phénomènes, un grand volume en repos tiendra lieu d'un petit volume en mouvement; et dans un espace de temps déterminé, l'animal jouira de la même quantité de molécules de fluide, différentes de celles dont il aura déjà reçu l'influence.

Sans cette précaution, les poissons que l'on voudroit acclimater éprouveroient les mêmes accidens que ceux de nos contrées que l'on enlève aux petites rivières, et particulièrement à la partie de ces rivières la plus voisine de la source, et qu'on veut conserver dans des vaisseaux ou même dans des bassins très-étroits. On est obligé de renouveler très-souvent l'eau qui les entoure; sans cela, les diverses émanations de leur corps, et l'effet nécessaire du rapprochement d'une grande quantité de substances animales, vicient l'eau, la corrompent par la production de gaz que l'on voit s'élever en petites bulles, et la rendent si funeste pour eux, qu'ils périssent s'ils ne viennent pas à la surface chercher le voisinage de l'atmosphère, et respirer, pour ainsi dire, des couches de fluide plus pures.

Ces faits sont conformes à de belles expériences faites par mon confrère le citoyen Silvestre le fils, et à celles qui furent dans le temps communiquées à Buffon par une note que ce grand naturaliste me remit quelques années après, et qui avoient été tentées sur des gades lotes, des cottes chabots, des cyprins goujons, et d'autres cyprins, tels que des gardons, des vérons et des vandoises.

Les poissons que l'on veut acclimater sont plus exposés que les anciens habitans des eaux dans lesquelles on les a placés, non seulement aux altérations dont nous venons de parler, mais encore à toutes les maladies auxquelles leurs diverses tribus sont sujettes.

Ces maladies assaillent ces tribus aquatiques, même lorsque les individus sont encore renfermés dans l'œuf. On a observé que des embryons de saumon, de truite et de beaucoup d'autres espèces, périssoient lorsque des substances grasses, onctueuses, et celles que l'on désigne par le nom de *saletés* et d'*ordures*, s'attachoient à l'enveloppe qui les contenoit, et qu'une eau courante ne nettoyoit pas promptement cette membrane.

On suppléera facilement à cette eau courante par une attention soutenue et divers petits moyens que les circonstances suggéreront.

Lorsque les poissons sont vieux, ils éprouvent souvent une altération particulière qui se manifeste à la surface de l'animal ; les canaux destinés à entretenir ou renouveler les écailles s'obstruent ou se déforment; les organes qui filtrent la substance nourricière et réparatrice de ces lames, s'oblitèrent ou se dérangent ; les écailles changent dans leurs dimensions ; la matière qui les compose n'a plus les mêmes propriétés ; elles ne sont plus ni aussi luisantes, ni aussi transparentes, ni aussi colorées ; elles sont clair-semées sur la peau de l'animal vieilli ; elles se détachent avec facilité ; elles ne sont pas remplacées par de nouvelles lames, ou elles cèdent la place, en tombant, à des excroissances difformes, produites par une matière écailleuse de mauvaise qualité, mélangée avec des élémens hétérogènes, et mal élaborée dans des parties sans force, et dans des tuyaux qui ont perdu leur première figure. Cette altération est sans remède ; il n'y a rien à opposer aux effets nécessaires d'un âge très-avancé. Si dans les poissons, comme dans les autres animaux, l'art peut reculer l'époque de la décomposition des fluides, de l'affoiblissement des solides, de la diminution de la vitalité, il ne peut pas détruire l'influence de ces grands changemens, lorsqu'ils ont été opérés. S'il peut retarder la rapidité du cours de la vie, il ne peut pas la faire remonter vers sa source.

Mais les maux irréparables de la vieillesse ne sont pas à craindre pour les poissons que l'on cherche à acclimater : dans la plupart des espèces de ces animaux, ils ne se font sentir qu'après des siècles, et l'éducation des

individus que l'on transporte d'un pays dans un autre,
est terminée long-temps avant la fin de ces nombreuses
années. Leurs habitudes sont d'autant plus modifiées,
leur nature est d'autant plus changée avant qu'ils approchent du terme de leur existence, qu'on a commencé d'agir sur eux pendant qu'ils étoient encore très-
jeunes.

C'est d'autres maladies que celles de la décrépitude
qu'il faut chercher à préserver ou à guérir les poissons
que l'on élève. Et maintenant nous agrandissons le sujet
de nos pensées ; et tout ce que nous allons dire doit
s'appliquer non seulement aux poissons que l'on veut
acclimater dans telle ou telle contrée, mais encore à
tous ceux que la Nature fait naître sans le secours de
l'art.

Ces maladies qui rendent les poissons languissans et
les conduisent à la mort, proviennent quelquefois de
la mauvaise qualité des plantes aquatiques ou des
autres végétaux qui croissent près des bords des fleuves
ou des lacs, et dont les feuilles, les fleurs ou les fruits
sont saisis par l'animal qui se dresse, pour ainsi
dire, sur la rive, ou tombent dans l'eau, y flottent,
et vont ensuite former au fond du lac ou de la rivière
un sédiment de débris de corps organisés. Ces plantes
peuvent être, dans certaines saisons de l'année, viciées
au point de ne fournir qu'une substance mal-saine, non
seulement aux poissons qui en mangent, mais encore
à ceux qui dévorent les petits animaux dont elles ont

composé la nourriture. On prévient ou on arrête les suites funestes de la décomposition de ces végétaux en détruisant ces plantes auprès des rives de l'habitation des poissons, et en les remplaçant par des herbes ou des fruits choisis que l'on jette dans l'eau peuplée de ces animaux.

La plus terrible des maladies des poissons est celle qu'il faut rapporter aux miasmes produits dans le fluide qui les environne.

C'est à ces miasmes qu'il faut attribuer la mortalité qui régna parmi ces animaux dans les grands et nombreux étangs des environs de Bourg, chef-lieu du département de l'Ain, lors de l'hiver rigoureux de la fin de 1788 et du commencement de 1789, et dont l'estimable Varenne de Fenille donna une notice très-bien faite dans le *Journal de physique* de novembre 1789. Dès le 26 novembre 1788, suivant ce très-bon observateur, la surface des étangs fut profondément gelée; la glace ne fondit que vers la fin de janvier. Dans le moment du dégel, les rives des étangs furent couvertes d'une quantité prodigieuse de cadavres de poissons, rejetés par les eaux. Parmi ces animaux morts, on compta beaucoup plus de carpes que de perches, de brochets et de tanches. Les étangs *blancs*, c'est-à-dire ceux dont les eaux reposoient sur un sol dur, ferme et argilleux, n'offrirent qu'un petit nombre de signes de cette mortalité; ceux qu'on avoit récemment réparés et nettoyés, montrèrent aussi sur leurs

bords très-peu de victimes : mais presque tous les
poissons renfermés dans des étangs vaseux, encombrés
de joncs ou de roseaux, et surchargés de débris de
végétaux, périrent pendant la gelée. Ce qui prouve
évidemment que la mort de ces derniers animaux n'a
pas été l'effet du défaut de l'air de l'atmosphère,
comme le penseroient plusieurs physiciens, et qu'elle
ne doit être rapportée qu'à la production de gaz délétères qui n'ont pas pu s'échapper au travers de la
croûte de glace, c'est que la gelée a été aussi forte à
la superficie des étangs *blancs* et des étangs nouvelle-
ment nettoyés, qu'à celle des étangs vaseux. L'air de
l'atmosphère n'a pas pu pénétrer plus aisément dans
les premiers que dans les derniers; et cependant les
poissons de ces étangs blancs ou récemment réparés
ont vécu, parce que le fond de leur séjour, n'étant
pas couvert de substances végétales, n'a pas pu produire les gaz funestes qui se sont développés dans les
étangs vaseux. Et ce qui achève, d'un autre côté, de
prouver l'opinion que nous exposons à ce sujet, et qui
est importante pour la physique des poissons, c'est
que des oiseaux de proie, des loups, des chiens et
des cochons mangèrent les restes des animaux rejetés
après le dégel sur les rivages des étangs remplis de
joncs, sans éprouver les inconvéniens auxquels ils
auroient été exposés s'ils s'étoient nourris d'animaux
morts d'une maladie véritablement pestilentielle.

Ce sont encore ces gaz malfaisans que nous devons

regarder comme la véritable origine d'une maladie épizootique qui fit de grands ravages, en 1757, dans les environs de la forêt de Crécy. M. de Chaignebrun, qui a donné dans le temps un très-bon traité sur cette épizootie, rapporte qu'elle se manifesta sur tous les animaux ; qu'elle atteignit les chiens, les poules, et s'étendit jusqu'aux poissons de plusieurs étangs. Il nomme cette maladie *fièvre épidémique contagieuse, inflammatoire, putride et gangréneuse.* Un médecin d'un excellent esprit, dont les connoissances sont très-variées, et qui sera bientôt célèbre par des ouvrages importans, le citoyen Chavassieu-Daudebert, lui donne, dans sa *Nosologie comparée,* le nom de *charbon symptomatique.* Je pense que cette épizootie ne seroit pas parvenue jusqu'aux poissons, si elle n'avoit pas tiré son origine de gaz délétères. Je crois, avec Aristote, que les poissons revêtus d'écailles, se nourrissant presque toujours de substances lavées par de grands volumes d'eau, respirant par un organe particulier, se servant, pour cet acte de la respiration, de l'oxygène de l'eau bien plus fréquemment que de celui de l'air, et toujours environnés du fluide le plus propre à arrêter la plupart des contagions, ne peuvent pas recevoir de maladie pestilentielle des animaux qui vivent dans l'atmosphère. Mais les poissons des environs de Crécy n'ont pas été à l'abri de l'épizootie, au-dessous des couches d'eau qui les recouvroient, parce qu'en même temps que les marais voisins de la forêt exhaloient les miasmes qui donnoient la mort aux chiens, aux poules, et à d'autres espèces terrestres, le fond des étangs produisoit des gaz aussi funestes que ces miasmes. Il n'y a pas eu de communication de maladie; mais deux causes analogues, agissant en même temps, l'une sous l'eau, et l'autre dans l'atmosphère, ont produit des effets semblables.

On peut prévenir presque toutes ces mortalités que causent des gaz destructeurs, en ne laissant pas dans le fond des étangs ou des rivières, des tas de corps organisés qui puissent, en se décomposant, produire des émanations pestilentielles, en les entraînant par de l'eau courante que l'on introduit dans ces étangs, et par de l'eau très-pure et très-rapide que l'on conduit dans ces rivières pour en renouveler le fluide, de la même manière que l'on renouvelle celui des temples, des salles de spectacle et d'autres grands édifices par les courans d'air que l'on y dirige, et enfin en brisant pendant l'hiver les glaces qui se forment sur la surface des étangs et des rivières, et qui retiendroient les gaz pernicieux dans l'habitation des poissons.

Il paroît que lorsque la chaleur est très-grande, elle agit sur les poissons indépendamment des fermentations, des décompositions et des exhalaisons qu'elle peut faire naître. Elle influe directement sur ces animaux, sur-tout lorsqu'ils sont renfermés dans des réservoirs qui ne contiennent qu'un petit volume d'eau. Elle parvient alors jusqu'au fond du réservoir, qu'elle pénètre, ainsi que les parois; et réfléchie ensuite par ce fond et ces parois très-échauffés, elle attaque de toutes parts les poissons, qui se trouvent dès-lors placés comme dans un foyer, et elle leur nuit au point de leur donner des maladies graves. C'est ainsi qu'on a vu des anguilles mises pendant l'été dans des bassins trop peu étendus, gagner une maladie qu'elles se communiquoient, et qui se manifestoit par des taches blanches. On dit qu'on les a guéries par le moyen du sel, et de la plante nommée *stratioides aloïdes*. Mais quoi qu'il en soit, il vaut mieux empêcher cette maladie de naître, en préservant les poissons de l'excès de la chaleur, en pratiquant dans leur habitation des endroits profonds où ils puissent trouver un abri contre les feux de l'astre du jour, en plantant sur une partie du rivage des arbres touffus qui leur donnent une ombre salutaire.

Et comme il est très-rare que tous les extrêmes ne soient pas nuisibles, parce qu'ils sont le plus éloignés possible de la combinaison la plus commune et par conséquent la plus naturelle des forces et des résistances; pendant que les eaux trop échauffées ou trop impures donnent la mort à leurs habitans, celles qui sont trop froides et trop vives les font aussi périr, ou du moins les soumettent à diverses incommodités, et particulièrement les rendent aveugles. Nous trouvons à ce sujet, dans les *Mémoires de l'Académie des sciences*

pour 1748, des observations curieuses du général Montalembert, faites sur des brochets ; et le comte d'Achard en adressa d'analogues à Buffon, en 1779, dans une lettre, dont mon illustre ami m'a remis dans le temps un extrait. « Dans une terre que j'ai en Nor-
» mandie, dit le comte d'Achard, il existe une fon-
» taine abondante dans les plus grandes sécheresses.
» Je suis parvenu, au moyen de canaux de terre cuite,
» à amener l'eau de cette source dans trois bassins que
» j'ai dans mon parterre. Ces bassins sont murés et
» pavés à chaux et à sable ; mais on n'y a mis l'eau
» qu'après qu'ils ont été parfaitement secs. Après les
» avoir bien nettoyés et fait écouler la première eau,
» on y a laissé séjourner celle qui y est venue depuis,
» et qui coule continuellement. Dans les deux premiers
» bassins, j'ai mis des carpes de la plus grande beauté,
» avec des tanches ; dans le troisième, des poissons de
» la Chine (des cyprins dorés) : tout cela existe depuis
» trois ans. Aujourd'hui les carpes, précieuses par leur
» beauté et leur grandeur vraiment prodigieuse, sont
» attaquées d'une maladie cruelle et dont elles meurent
» journellement. Elles se couvrent peu à peu d'un
» limon sur tout le corps, et sur-tout sur les yeux, où
» il y a en sus une espèce de taie blanche qui se forme
» peu à peu, comme le limon, jusqu'à l'épaisseur de
» deux ou trois lignes. Elles perdent d'abord un œil,
» puis l'autre, et ensuite crèvent. . . . . . Les tanches et
» les poissons chinois ne sont pas attaqués de cette

» maladie. Est-elle particulière aux carpes? quel en
» est le remède? d'où cela peut-il venir? de la vivacité
» de l'eau? etc. etc. etc. »

Cette dernière conjecture nous paroît très-fondée ;
et ce que nous venons de dire devra faire trouver aisément le moyen de garantir ces poissons de cette cécité
que la mort suit souvent.

Ces poissons sont aussi quelquefois menacés de
périr, parce qu'un de leurs organes les plus essentiels
est attaqué. Les branchies par lesquelles ils respirent,
et que composent des membranes si délicates et des
vaisseaux sanguins si nombreux et si déliés, peuvent
être déchirées par des insectes ou des vers aquatiques
qui s'y attachent, et dont ils ne peuvent pas se débarrasser. Peut-être, après avoir bien reconnu l'espèce de
ces vers ou de ces insectes, parviendra-t-on à trouver
un moyen d'en empêcher la multiplication dans les
étangs, et dans plusieurs autres habitations des poissons que l'on voudra préserver de ce fléau.

Les poissons étant presque tous revêtus d'écailles
dures, et placées en partie les unes au-dessus des
autres, ou couverts d'une peau épaisse et visqueuse,
ne sont sensibles que dans une très-petite étendue de
leur surface. Mais lorsque quelque insecte, ou quelque
ver, s'acharne contre la portion de cette surface qui
n'est pas défendue, et qu'il s'y place et s'y accroche
de manière que le poisson ne peut, en se frottant
contre des végétaux, des pierres, du sable, ou de la

vase, l'écraser, ou le détacher et le faire tomber, la grandeur, la force, l'agilité, les dents du poisson, ne sont plus qu'un secours inutile. En vain il s'agite se secoue, se contourne, va, revient, s'échappe, s'enfuit avec la rapidité de l'éclair; il porte toujours avec lui l'ennemi attaché à ses organes; tous ses efforts sont impuissans; et le ver ou l'insecte est pour lui au milieu des flots ce que la mouche du désert est dans les sables brûlans de l'Afrique, non seulement pour la timide gazelle, mais encore pour le tigre sanguinaire et pour le fier lion, qu'elle perce, tourmente et poursuit de son dard acéré, malgré leurs bonds violens, leurs mouvemens impétueux et leur rugissement terrible.

Mais ce n'est pas assez pour l'intelligence humaine de conserver ce que la Nature produit; que, rivale de cette puissance admirable, elle ajoute à la fécondité ordinaire des espèces; qu'elle multiplie les ouvrages de la Nature.

On a remarqué que, dans presque toutes les espèces de poissons, le nombre des mâles étoit plus grand et même quelquefois double de celui des femelles; et comme cependant un seul mâle peut féconder des millions d'œufs, et par conséquent le produit de la ponte de plusieurs femelles, il est évident que l'on favorisera beaucoup la multiplication des individus, si on a le soin, lorsqu'on pêchera, de ne garder que les mâles, et de rendre à l'eau les femelles. On distinguera

facilement, dans plusieurs espèces, les femelles des
mâles, sans risquer de les blesser, ou de nuire à la
reproduction, et sans chercher, par exemple, dans le
temps voisin du frai, à faire sortir de leur corps quelques œufs plus ou moins avancés. En effet, dans ces
espèces, les femelles sont plus grandes que les mâles;
et d'ailleurs elles offrent dans les proportions de leurs
parties, dans la disposition de leurs couleurs, ou dans
la nuance de leurs teintes, des signes distinctifs qu'il
faudra tâcher de bien connoître, et que nous ne né-
gligerons jamais d'indiquer en écrivant l'histoire de
ces espèces particulières.

Lorsqu'on ne voudra pas rendre à leur séjour natal
toutes les femelles que l'on pêchera, on préférera de
conserver pour la reproduction les plus longues et les
plus grosses, comme pondant une plus grande quantité d'œufs.

De plus, et si des circonstances impérieuses ne s'y
opposent pas, que l'on entoure les étangs et les viviers
de claies ou de filets, qui, dans le temps du frai,
retiennent les herbes où les branches chargées d'œufs,
et les empêchent d'être entraînées hors de ces réservoirs
par les débordemens fréquens à l'époque de la ponte.

Que l'on éloigne, autant qu'on le pourra, les fri-
ganes, et les autres insectes aquatiques voraces qui
détruisent les œufs et les poissons qui viennent d'éclore.

Que l'on construise quelquefois dans les viviers différentes enceintes, l'une pour les œufs, et les autres

pour les jeunes poissons, que l'on séparera en plusieurs bandes, formées d'après la diversité de leurs âges, et renfermées chacune dans un réservoir particulier.

Il est des viviers et des étangs dans lesquels des poissons très-recherchés, et, par exemple, des truites, vivroient très-bien, et parviendroient à une grosseur considérable : mais le fond de ces étangs étant très-vaseux, c'est en vain que les femelles le frottent avec leur ventre avant d'y déposer leurs œufs; la vase reparoît bientôt, salit les œufs, les altère, les corrompt, et les fœtus périssent avant d'éclore.

Cet inconvénient a fait imaginer une manière de faire venir à la lumière ces poissons, et particulièrement les saumons et les truites, qui d'ailleurs ne servira pas peu, dans beaucoup de circonstances, à multiplier les individus des espèces les plus utiles ou les plus agréables. M. de Marolle, capitaine dans le régiment de la Marine, tempérant les austérités des camps par le charme de l'étude des sciences utiles à l'humanité, écrivit la description de ce procédé à Hameln en Allemagne, pendant la guerre de sept ans. Il rédigea cette description sur les mémoires de M. J. L. Jacobi, lieutenant des miliciens du comté de Lippe-Detmold, et l'envoya à Buffon, qui me la remit lorsqu'il voulut bien m'engager à continuer l'Histoire naturelle.

On construit une grande caisse à laquelle on donne ordinairement quatre mètres de longueur, un demi-mètre de largeur, et seize centimètres de hauteur.

A un bout de cette longue caisse, on pratique un trou carré, que l'on ferme avec un treillis de fer dont les fils sont éloignés les uns des autres de cinq ou six millimètres.

On ménage un trou à peu près semblable dans la planche du bout opposé, et vers le fond de la caisse.

Et enfin on en perce un troisième dans le couvercle de la caisse; et on le garnit, ainsi que le second, d'un treillis pareil à celui du premier.

Ces trous servent et à soumettre les fœtus ou les jeunes poissons à l'influence des rayons du soleil, et à les préserver de gros insectes et de campagnols aquatiques, qui mangeroient et les œufs et les poissons éclos.

Un petit tuyau fait entrer l'eau d'un ruisseau ou d'une source par le premier treillis; et cette eau courante s'échappe par la seconde ouverture.

On couvre tout le fond de la caisse d'un gravier bien lavé de la hauteur de deux ou trois centimètres, et on étend sur ce gravier de petits cailloux bien serrés, de dimensions semblables à celles d'une noisette, et parmi lesquels on place d'autres cailloux de la grosseur d'une noix.

A l'époque du frai de l'espèce dont on veut multiplier les individus, on se procure un mâle et une femelle de cette espèce, et, par exemple, de celle du saumon.

On prend un vase bien net, dans lequel on met deux ou trois litres d'eau bien claire. On tient le saumon

Au reste, la sorte de fécondation artificielle opérée avec succès par M. Jacobi, peut avoir lieu sans la présence de la femelle: il suffit de ramasser les œufs qu'elle dépose dans son séjour naturel; il seroit même possible de connoître, à l'instant où on les recueilleroit, s'ils auroient été déja fécondés par le mâle, ou s'ils n'auroient pas reçu sa liqueur prolifique. M. Jacobi assure en effet que lorsqu'on observe avec un bon microscope des œufs de poisson arrosés de la liqueur séminale du mâle, on peut appercevoir très-distinctement dans ces œufs une petite ouverture qui ne paroissoit presque pas, ou étoit presque insensible avant la fécondation, et dont il rapporte l'extension à l'introduction dans l'œuf, d'une portion du fluide de la laite.

Quoi qu'il en soit, on peut aussi, en suivant le procédé de M. Jacobi, se passer de la présence du mâle. On peut n'employer la liqueur prolifique que quelque temps après sa sortie du corps de l'animal, pourvu qu'un froid excessif ou une chaleur violente ne dessèchent pas promptement ce fluide vivifiant; et même la mort du mâle, pourvu qu'elle soit récente, n'empêche pas de se servir de sa laite pour la fécondation des œufs.

On a écrit que les digues par le moyen desquelles on retient les eaux des petites rivières, diminuoient la multiplication des poissons dans les contrées arrosées par ces eaux. Cela n'est vrai cependant que pour les poissons qui ont besoin, à certaines époques, de

remonter dans les eaux courantes jusqu'à une distance
très-grande des lacs ou de la mer, et qui ne peuvent
pas, comme les saumons, s'élancer facilement à de
grandes hauteurs, et franchir l'obstacle que les digues
opposent à leur voyage périodique. Les chaussées transversales doivent, au contraire, être très-favorables à la
multiplication des poissons sédentaires, qui se plaisent
dans des eaux peu agitées. Au-dessus de chaque digue,
la rivière forme naturellement une sorte de vivier ou de
grand réservoir, dont l'eau tranquille, quoique suffi-
samment renouvelée, pourra donner à un grand
nombre d'individus d'espèces très-utiles le volume de
fluide, l'abri, l'aliment et la température le plus con-
venables.

Quelle est, en effet, la pièce d'eau que l'art ne puisse
pas féconder et vivifier ?

On a vu quelquefois des poissons remarquables par
leur grosseur vivre dans de petites mares. Nous avons
déja dit dans cet ouvrage *, que le citoyen De Septfontaines s'étoit assuré qu'une grande anguille avoit
passé un temps assez long, sans perdre non seulement
la vie, mais même une partie de sa graisse, dans une
fosse qui ne contenoit pas une moitié de mètre cube
d'eau ; et il est des contrées où des cyprins, et particulièrement des carassins, réussissent assez bien
dans de petits amas d'eau dormante, pour y donner

---

* Article de l'*anguille.*

une nourriture abondante aux habitans de la cam-
pagne.

On a bien senti les avantages de cette grande multiplication des poissons utiles, dans presque tous les
pays où le progrès des lumières a mis l'économie
publique en honneur, et où les gouvernemens, profitant avec soin de tous les secours des sciences perfec-
tionnées, ont cherché à faire fleurir toutes les branches de l'industrie humaine. C'est principalement dans
quelques états du nord de l'Europe, et notamment en
Prusse et en Suède, qu'on s'est attaché à augmenter
le nombre des individus dans ces espèces précieuses;
et comme un gouvernement paternel ne néglige rien
de ce qui peut accroître la subsistance du peuple dont
le bonheur lui est confié, et que les soins en apparence
les plus minutieux prennent un grand caractère dès
le moment où ils sont dirigés vers l'utilité publique,
on a porté en Suède l'attention pour l'accroissement
du nombre des poissons jusqu'à ne pas sonner les clo-
ches pendant le temps du frai des cyprins brèmes, qui
y sont très-recherchés, parce qu'on avoit cru s'appercevoir que ces animaux, effrayés par le son de ces clo-
ches, ne se livroient pas d'une manière convenable aux
opérations nécessaires à la reproduction de leur espèce.
Aussi y a-t-on souvent recueilli de grands fruits de
cette vigilance étendue aux plus petits détails, et,
par exemple, en 1749, a-t-on pris d'un seul coup de
filet, dans un lac voisin de Nordkiæping, cinquante

mille brèmes, qui pesoient plus de neuf mille kilogrammes.

Et comment n'auroit-on pas cherché, dans presque
tous les temps et dans presque tous les pays civilisés,
à multiplier des animaux si nécessaires aux jouissances
du riche et aux besoins du pauvre, qu'il seroit plus
aisé à l'homme de se passer de la classe entière des
oiseaux, et d'une grande partie de celle des mammifères, que de la classe des poissons?

En effet, il n'est, pour ainsi dire, aucune espèce de
ces habitans des eaux douces ou salées, dont la chair
ne soit une nourriture saine et très-souvent copieuse.

Délicate et savoureuse lorsqu'elle est fraîche, cette
chair, recherchée avec tant de raison, devient, lorsqu'elle
est transformée en *garum*, un assaisonnement piquant;
fait les délices des tables somptueuses, même très-loin
du rivage où le poisson a été pêché, quand elle a été
marinée; peut être transportée à de plus grandes
distances, si on a eu le soin de l'imbiber d'une grande
quantité de sel; se conserve pendant un temps très-
long, après qu'elle a été séchée, et, ainsi préparée, est
la nourriture d'un très-grand nombre d'hommes peu
fortunés, qui ne soutiennent leur existence que par
cet aliment abondant et très-peu cher.

Les œufs de ces mêmes habitans des eaux servent
à faire ce *caviar* qui convient au goût de tant de
nations; et les nageoires des espèces que l'on croiroit
les moins propres à satisfaire un goût délicat, sont

regardées à la Chine et dans d'autres contrées de l'Asie comme un mets des plus exquis [1].

Sur plusieurs rivages peu fertiles, on ne peut compléter la nourriture de plusieurs animaux utiles, et, par exemple, celle des chiens du Kamtschatka que la nécessité force d'atteler à des traîneaux, ou des vaches de Norvège, destinées à fournir une grande quantité de lait, que par le moyen des vertèbres et des arêtes de plusieurs espèces de poissons.

Avec les écailles des animaux dont nous nous occupons, on donne le brillant de la nacre au ciment destiné à couvrir les murs des palais les plus magnifiques, et on revêt des boules légères de verre, de l'éclat argentin des perles les plus belles de l'Orient.

La peau des grandes espèces se métamorphose dans les ateliers en fortes lanières, en couvertures solides et presque imperméables à l'humidité, en garnitures agréables de bijoux donnés au luxe par le goût [2].

Les vessies natatoires et toutes les membranes des poissons peuvent être facilement converties, dans toutes les contrées, en cette colle précieuse sans laquelle les arts cesseroient de produire le plus grand nombre de leurs ouvrages les plus délicats.

L'huile qu'on retire de ces animaux, assouplit, amé-

---

[1] *Relation de l'ambassade de lord Macartney à la Chine.*

[2] Voyez les articles de *la raie sephen*, du *squale requin*, du *squale roussette*, des *acipensères*, etc.

liore, et conserve dans presque toutes les manufactures, les substances les plus nécessaires aux produits qu'elles doivent fournir ; et dans ces contrées boréales où règnent de si longues nuits, entretenant seule la lampe du pauvre, prolongeant son travail au-delà de ces tristes jours qui fuient avec tant de rapidité, et lui donnant tout le temps que peuvent exiger les soins nécessaires à sa subsistance et à celle de sa famille, elle tempère pour lui l'horreur de ces climats ténébreux et gelés, et l'affranchit lui et ceux qui lui sont chers des horreurs plus grandes encore d'une extrême misère.

Que l'on ne soit donc pas étonné que Bellon, partageant l'opinion de plusieurs auteurs recommandables, tant anciens que modernes, ait écrit que la Propontide étoit plus utile par ses poissons, que des champs fertiles et de gras pâturages d'une égale étendue ne pourroient l'être par leurs fourrages et par leurs moissons.

Et douteroit-on maintenant de l'influence prodigieuse d'une immense multiplication des poissons sur la population des empires ? On doit voir avec facilité comment cette merveilleuse multiplication soutient, par exemple, sur le territoire de la Chine, l'innombrable quantité d'habitans qui y sont, pour ainsi dire, entassés. Et si dès temps présens on remonte aux temps anciens, on peut résoudre un grand problème historique ; on explique comment l'antique Égypte nourrissoit la grande population sans laquelle les admirables et immenses monumens qui ont résisté au ravage de tant de siècles, et subsistent encore sur cette terre célèbre, n'auroient pas pu être élevés, et sans laquelle Sésostris n'auroit conquis ni les bords de l'Euphrate, du Tigre, de l'Indus et du Gange, ni les rives du Pont-Euxin, ni les monts de la Thrace. Nous connoissons l'étendue de l'Égypte : lorsque ses pyramides ont été construites, lorsque ses armées ont soumis une grande partie de l'Asie, elle étoit bornée presque autant qu'à présent, par les déserts stériles qui la circonscrivent à l'orient et à l'occident ; et néanmoins nous apprenons de Diodore que dix-sept cents Égyptiens étoient nés le même jour que Sésostris : on doit donc admettre en Égypte, à l'époque de la naissance de ce conquérant fameux, au moins trente-quatre millions d'habitans. Mais quel grand nombre de poissons ne renfermoient pas alors et le fleuve et les canaux et les lacs d'une contrée où l'art de multiplier ces animaux étoit un des principaux objets de la sollicitude du gouvernement, et des soins de chaque famille? Il est aisé de calculer que le seul lac Myris ou Mœris pouvoit nourrir plus de dix-huit cent mille millions de poissons de plus d'un demi-mètre de longueur.

Cependant, que l'homme ne se contente pas de transporter à son gré, d'acclimater, de conserver, de multiplier les poissons qu'il préfère; que l'art prétende à de nouveaux succès ; qu'il se livre à de nouveaux efforts; qu'il tente de remporter sur la Nature des victoires plus brillantes encore; qu'il perfectionne son ouvrage; qu'il améliore les individus qu'il se sera soumis.

On sait depuis long-temps que des poissons de la même espèce ne donnent pas dans toutes les eaux une chair également délicate. Plusieurs observations prouvent que, par exemple, dans les mêmes rivières, leur chair est très-saine et très-bonne au-dessus des villes ou des torrens fangeux, et au contraire insalubre et très-mauvaise au-dessous de ces torrens vaseux et des amas d'immondices, souvent inséparables des villes populeuses. Ces faits ont été remarqués par plusieurs auteurs, notamment par Rondelet. Qu'on profite de ces résultats; qu'on recherche les qualités de l'eau les plus propres à donner un goût agréable ou des propriétés salutaires aux différentes espèces de poissons que l'on sera parvenu à multiplier ou à conserver.

Qu'on n'oublie pas qu'il est des moyens faciles et peu dispendieux d'engraisser promptement plusieurs poissons, et particulièrement plusieurs cyprins. On augmente en très-peu de temps leur graisse, en leur donnant souvent du pain de chènevis, ou des fèves et des pois bouillis, ou du fumier, et notamment de celui de brebis. D'ailleurs une nourriture convenable et abondante développe les poissons avec rapidité, fait jouir beaucoup plutôt du fruit des soins que l'on a pris de ces animaux, et leur donne la faculté de pondre et de féconder une très-grande quantité d'œufs pendant un très-grand nombre d'années.

On a observé dans tous les temps que le repos et un aliment très-copieux engraissoient beaucoup les animaux. On s'est servi de ce moyen pour quelques poissons; et on l'a employé d'une manière remarquable pour les carpes : on les a suspendues hors de l'eau, de manière à leur interdire le plus foible mouvement de nageoires; et elles ont été enveloppées dans de la mousse épaisse qu'on a fréquemment arrosée. Par ce procédé, ces cyprins ont été non seulement réduits à un repos absolu, mais plongés perpétuellement dans une sorte d'humidité ou de fluide aqueux qui, parvenant très-divisé à leur surface, a été facilement pompé, absorbé, décomposé, combiné dans l'intérieur de l'animal, assimilé à sa substance, et métamorphosé par conséquent en nourriture très-abondante. Aussi ces carpes maintenues en l'air, mais retenues au milieu d'une mousse humectée presque continuellement, ont-elles bientôt acquis une graisse copieuse, et de plus un goût très-agréable.

Dès le temps de Willughby, et même de celui de Gesner, on savoit que l'on pouvoit ouvrir le ventre à certains poissons, et sur-tout au brochet et à quelques autres ésoces, sans qu'ils en périssent, et même sans qu'ils en parussent long-temps incommodés. Il suffit de séparer les muscles avec dextérité, de rapprocher les chairs et les tégumens avec adresse, et de les recoudre avec précaution, pour qu'ils puissent plus facilement se réunir. Cette facilité a donné l'idée d'employer, pour engraisser ces poissons, le même moyen dont on se sert pour donner un très-grand surcroît de graisse aux bœufs, aux moutons, aux chapons, aux poulardes, etc. On a essayé, avec beaucoup de succès, d'enlever aux femelles leurs ovaires, et aux mâles leurs laites. La soustraction de ces organes, faite avec habileté et avec beaucoup d'attention, n'a dérangé que pendant un temps très-court la santé des poissons qui l'ont éprouvée ; et toute la partie de leur substance qui se portoit vers leurs laites ou vers leurs ovaires, et qui y donnoit naissance ou à des centaines de milliers d'œufs, ou à une quantité très-considérable de liqueur fécondante, ne trouvant plus d'organe particulier pour l'élaborer ni même pour la recevoir, a reflué vers les autres portions du corps, s'est jetée principalement dans le tissu cellulaire, et y a produit une graisse non seulement d'un goût exquis, mais encore d'un volume extraordinaire.

Mais que l'on ait sur-tout recours, pour l'amélioration des poissons, à ce moyen dont on a retiré de si grands avantages pour accroître les bonnes qualités et les belles formes de tant d'autres animaux utiles, et qui produit des phénomènes physiologiques dignes de toute l'attention du naturaliste : c'est le croisement des races, que nous recommandons. On sait que c'est par ce croisement que l'on est parvenu à perfectionner le belier, le bœuf, l'âne et le cheval. Les espèces de poisson, et principalement celles qui vivent très-près de nous, qui préfèrent à la haute mer les rivages de l'océan, les fleuves, les rivières et les lacs, et qui, par la nature de leur séjour, sont plus soumises à l'influence de la nourriture, du climat, de la saison, ou de la qualité des eaux, présentent des races très-distinctes, et séparées l'une de l'autre, par leur grandeur, leur force, leurs propriétés ou la nature de leurs organes. Qu'on les croise ; c'est-à-dire, qu'on féconde les œufs de l'une avec la laite d'une autre.

Les individus qui proviennent du mélange de deux races, non seulement valent mieux que la race la moins bonne des deux qui ont concouru à les former, mais encore sont préférables à la meilleure de ces deux races qui se sont réunies. C'est un fait très-remarquable, très-constaté, et dont on n'a donné jusqu'à présent aucune explication véritablement satisfaisante, parce qu'on ne l'avoit pas considéré dans la classe des poissons, dont l'acte de la génération est beaucoup plus soumis à l'examen dans quelques unes de ses circonstances, que celui des mammifères et des oiseaux qui avoient été les objets de l'étude et de la recherche des zoologues.

Rapprochons donc ce qu'on peut dire de ce curieux phénomène.

Premièrement, une race qui se réunit à une seconde, éprouve, relativement à l'influence qu'elle tend à exercer, une sorte de résistance que produisent les disparités et les disconvenances de ces deux races : cette résistance est cependant vaincue, parce qu'elle est très-limitée. Et l'on ne peut plus ignorer en physiologie, qu'il n'en est pas des corps organisés et vivans comme de la matière brute et des substances mortes. Un obstacle tend les ressorts du corps organisé, de manière que son énergie vitale en est augmentée, au point que lorsque cet obstacle est écarté, non seulement la puissance du corps vivant est égale à ce qu'elle étoit avant la résistance, mais même qu'elle est supérieure à la force dont il jouissoit. Les disconvenances de deux races qui se rapprochent, font donc naître un accroissement de vitalité, d'action et de développement, dans le produit de leur réunion.

Secondement, dans un mâle et une femelle d'une race, il n'y a que certaines portions analogues les unes aux autres, qui agissent directement ou indirectement pour la reproduction de l'espèce. Lorsqu'une nouvelle race s'en approche, elle met en mouvement d'autres portions qui, à cause de leur repos antérieur, doivent produire de plus grands effets que les premières.

Troisièmement, les deux races mêlées l'une avec l'autre ont entre elles des rapports desquels résulte un grand développement dans les fruits de leur union, parce que ce développement ne doit pas être considéré comme la somme de l'addition des qualités de l'une et de l'autre des deux races, mais comme le produit d'une multiplication, et, ce qui est la même chose, comme l'effet d'une sorte d'intus-susception et de combinaison intime, au lieu d'une simple juxta-position et d'une jonction superficielle.

C'est un fait semblable à celui qu'observent les chimistes, lorsque, par une suite d'une pénétration plus ou moins grande, le poids de deux substances qu'ils ont combinées l'une avec l'autre, est plus grand que la somme des poids de ces deux substances avant leur combinaison.

Le résultat du croisement de deux races n'est cependant pas nécessairement, et dans toutes les circonstances, le perfectionnement des espèces : il peut arriver et il arrive quelquefois que ce croisement les détériore au lieu de les améliorer. En effet, et indépendamment d'autre raison, chacun des deux individus qui se rapprochent dans l'acte de la génération, peut être regardé comme imprimant la forme à l'être qui provient de leur union, ou comme fournissant la matière qui doit être façonnée, ou comme influant à la fois sur le fond et sur la forme : mais nous ne pouvons avoir aucune raison de supposer qu'après la réunion de deux races, il y ait nécessairement entre la matière qui doit servir au développement et le moule dans lequel elle doit être figurée, plus de convenance qu'il n'y en avoit avant cette même réunion, dans les individus de chacune de ces deux races considérées séparément.

Il y a donc dans l'éloignement des races l'une de l'autre, c'est-à-dire, dans le nombre des différences qui les séparent, une limite en deçà et au-delà de laquelle le croisement est par lui-même plus nuisible qu'avantageux.

L'expérience seule peut faire connoître cette limite : mais on sera toujours sûr d'éviter tous les inconvéniens qui peuvent résulter du croisement considéré en lui-même, si dans cette opération on n'emploie jamais que les meilleures races, et si, par exemple, en mêlant les races des poissons, on ne cesse de rechercher celles qui offrent le plus de propriétés utiles, soit pour obtenir les œufs que l'on voudra féconder, soit pour se procurer la liqueur active par le moyen de laquelle on desirera de vivifier ces œufs.

Voilà à quoi se réduit ce que nous pouvons dire du croisement des races, après avoir réuni dans notre pensée les vérités déja publiées sur cette partie de la physiologie, les avoir dégagées de tout appareil scientifique, les avoir débarrassées de toute idée étrangère, les avoir comparées, et y avoir ajouté le résultat de quelques réflexions et de quelques observations nouvelles.

Considérons maintenant de plus haut ce que peut l'homme pour l'amélioration des poissons. Tâchons de voir dans toute son étendue l'influence qu'il peut exercer sur ces animaux par l'emploi des quatre grands moyens dont il s'est servi, toutes les fois qu'il a voulu modifier la Nature vivante. Ces quatre moyens si puissans sont; la nourriture abondante et convenable qu'il a donnée, l'abri qu'il a procuré, la contrainte qu'il a imposée, le choix qu'il a fait des mâles et des femelles pour la propagation de l'espèce.

En réunissant ou en employant séparément ces quatre instrumens de son pouvoir, l'homme a modifié les poissons d'une manière bien plus profonde qu'on ne le croiroit au premier coup d'œil. En rapprochant un grand nombre de germes, il a resserré dans un espace assez étroit les œufs de ces animaux, pour que plusieurs de ces œufs se soient collés l'un à l'autre, comprimés, pénétrés, entièrement réunis, et, pour ainsi dire, identifiés: et de cette introduction d'un œuf dans un autre, si je puis parler ainsi, il est résulté une confusion si grande de deux fœtus, que l'on a vu éclore des poissons monstrueux, dont les uns avoient deux têtes et deux avant-corps, pendant que d'autres présentoient deux têtes, deux corps et deux queues liés ensemble par le ventre ou par un côté qui appartenoit aux deux corps, et attachés même quelquefois par cet organe commun, de manière à représenter une croix.

Mais laissons ces écarts que la Nature contrainte d'obéir à l'art de l'homme peut présenter, comme lorsqu'indépendante de cet art elle n'est soumise qu'aux hasards des accidens : les produits de cette sorte d'accouplement extraordinaire ne constituent aucune amélioration ni de l'espèce, ni même de l'individu; ils ne se perpétuent pas par la génération; ils n'ont en général qu'une courte existence; ils sont étrangers à notre sujet.

Examinons des effets bien différens de ces phéno-mènes, et par leur durée, et par leur essence.

Voici tous les attributs des poissons que la domesticité a déja pu changer :

Les couleurs ; elles ont été variées et dans leurs
nuances et dans leur distribution.

Les écailles ; elles ont acquis ou perdu de leur épaisseur et de leur opacité ; leur figure a été altérée ; leur
surface étendue ou rétrécie ; leur adhésion à la peau
affoiblie ou fortifiée ; leur nombre diminué ou aug-
menté.

Les dimensions générales ; elles ont été agrandies ou
rapetissées.

Les proportions des principales parties de la tête, du
corps, ou de la queue ; elles ont montré de nouveaux
rapports.

La nageoire dorsale ; elle a disparu.

La nageoire de la queue ; elle a offert une nouvelle
forme, et de plus elle a été ou doublée ou triplée,
comme on a pu le voir, par exemple, en examinant
les modifications que le cyprin doré a subies dans les
bassins d'Europe, et sur-tout dans ceux de la Chine,
où il est élevé avec soin depuis un grand nombre de
siècles.

L'art a donc déja remanié, pour ainsi dire, non seulement les tégumens des poissons, et même un des
plus puissans instrumens de leur natation, mais encore
presque tous leurs organes, puisqu'il en a changé les
proportions ainsi que l'étendue.

C'est par ces grandes modifications qu'il a produit

des variétés remarquables. A mesure que l'influence a été forte, que l'impression a été vive, qu'elle a pénétré plus avant, le changement a été plus profond et par conséquent plus durable. La nouvelle manière d'être, produite par l'empire de l'homme, a été assez intérieure, assez empreinte dans tous les organes qui concourent à la génération, assez liée avec toutes les forces qui contribuent à cet acte, pour qu'elle ait été transmise, au moins en grande partie, aux individus provenus de mâles et de femelles déja modifiés. Les variétés sont devenues des races plus ou moins durables ; et lorsque, par la constance des soins de l'homme, elles auront acquis tous les caractères de la stabilité, c'est-à-dire, lorsque toutes les parties de l'animal qui, par une suite de leur dépendance mutuelle, peuvent agir les unes sur les autres, auront reçu une modification proportionnelle, et que par conséquent il n'existera plus de cause intérieure qui tende à ramener les variétés vers leur état primitif, ces mêmes variétés, au moins si elles sont séparées par d'assez grandes différences, de la souche dont elles auront été détachées, constitueront de véritables espèces permanentes et distinctes.

C'est alors que l'homme aura réellement exercé une puissance rivale de celle de la Nature, et qu'il aura conquis l'usage d'un mode nouveau et bien important d'améliorer les poissons.

Mais il peut déja avoir recours à ce mode, d'une

manière qui marquera moins la puissance de son art, mais qui sera bien plus courte et bien plus facile.

Qu'il fasse pour les espèces ce que nous avons dit qu'il devoit faire pour les races : qu'il mêle une espèce avec une autre; qu'il emploie la laite de l'une à féconder les œufs de l'autre. Il ne craindra dans ses tentatives aucun des obstacles que l'on a dû vaincre, toutes les fois qu'on a voulu tenter l'accouplement d'un mâle ou d'une femelle avec une femelle ou un mâle d'une espèce étrangère, et que l'on a choisi les objets de ses essais parmi les mammifères, ou parmi les oiseaux. On dispose avec tant de facilité de la laite et des œufs !

En renouvelant ses efforts, non seulement on obtiendra des mulets, mais des mulets féconds, et qui transmettront leurs qualités aux générations qui leur devront le jour. On aura des espèces métives, mais durables, distinctes, et existantes par elles-mêmes.

On sait que la carpe produit facilement des métis avec la gibèle, ou avec d'autres cyprins. Qu'on suive cette indication.

Pour éprouver moins de difficultés, qu'on cherche d'abord à réunir deux espèces qui fraient dans le même temps, ou dont les époques du frai arrivent de manière que le commencement de l'une de ces deux époques se rencontre avec la fin de l'autre.

Si l'on ne peut pas se procurer facilement de la liqueur séminale de l'une des deux espèces, et l'obtenir avant qu'elle n'ait perdu, en se desséchant ou en

s'altérant, sa qualité vivifiante, qu'on place des œufs
de la seconde à une profondeur convenable, et à une
exposition favorable, dans les eaux fréquentées par les
mâles de la première. Qu'on les y arrange de manière
que leur odeur attire facilement ces mâles, et que
leur position les invite, pour ainsi dire, à les arroser
de leur fluide fécondant. Dans quelques circonstances,
on pourroit les y contraindre, en quelque sorte, en
détruisant autour de leur habitation ordinaire, et à
une distance assez grande, les œufs de leurs propres
femelles. Dans d'autres circonstances, on pourroit
essayer de les faire arriver en grand nombre au-dessus
de ces œufs étrangers que l'on voudroit les voir vivifier, en mêlant à ces œufs une substance composée,
factice et odorante, que plusieurs tentatives feroient
découvrir, et qui, agissant sur leur odorat comme les
œufs de leur espèce, les détermineroit aussi effica-
cement que ces derniers à se débarrasser de leur laite,
et à la répandre abondamment.

Voudra-t-on se livrer à des essais plus hasardeux,
et réunir deux espèces de poissons dont les époques du
frai sont séparées par un intervalle de quelques jours?
Que l'on garde des œufs de l'espèce qui fraie le plutôt;
que l'on se souvienne que l'on peut les préserver du
degré de décomposition qui s'opposeroit à leur fécondation; et qu'on les répande, avec les précautions nécessaires, à la portée des mâles de la seconde espèce,
lorsque ces derniers sont arrivés au terme de la matu-
rité de leur laite.

Au reste, les soins multipliés que l'on est obligé de se donner pour faire réussir ces unions que l'on pourroit nommer artificielles, expliquent pourquoi des réunions analogues sont très-peu fréquentes dans la Nature, et par conséquent pourquoi cette Nature, quelque puissante qu'elle soit, ne produit cependant que très-rarement des espèces nouvelles par le mélange des espèces anciennes. Cependant, depuis que l'on observe avec plus d'attention les poissons, on remarque dans plusieurs genres de ces animaux, des individus qui, présentant des caractères de deux espèces différentes et plus ou moins voisines, paroissent appartenir à une race intermédiaire que l'on devra regarder comme une espèce métive et distincte, lorsqu'on l'aura vue se maintenir pendant un temps très-long avec toutes ses propriétés particulières, et du moins avec ses attributs essentiels. Nous avons commencé de recueillir des faits curieux au sujet de ces espèces, pour ainsi dire, mi-parties, dans les lettres de plusieurs de nos savans correspondans, et notamment du citoyen Noël de Rouen. Ce dernier naturaliste pense, par exemple, que les nombreuses espèces de raies qui se rencontrent sur les rives françoises de la Manche, lors du temps de la fécondation des œufs, doivent, en se mêlant ensemble, avoir donné ou donner le jour à des espèces ou races nouvelles. Cette opinion du citoyen Noël rappelle celle des anciens au sujet des monstres de l'Afrique. Ils croyoient que les grands mammifères de cette partie du monde, qui habitent les environs des déserts, et que la chaleur et la soif dévorantes contraignent de se rassembler fréquemment en troupes très-nombreuses autour des amas d'eau qui résistent aux rayons ardens du soleil dans ces régions voisines des tropiques, doivent souvent s'accoupler les uns avec les autres ; et que de leur union résultent des mulets féconds ou inféconds, qui, par le mélange extraordinaire de diverses formes remarquables et de différens attributs singuliers, méritent ce nom imposant de *monstres africains*.

Cependant ne cessons pas de nous occuper de ces poissons mulets que l'art peut produire ou que la Nature fait naître chaque jour par l'union de la carpe avec la gibèle, ou par celle de plusieurs autres espèces, sans faire une réflexion importante relativement à la génération des animaux dont nous écrivons l'histoire, et même à celle de presque tous les animaux.

Des auteurs d'une grande autorité ont écrit que, dans la reproduction des poissons, la femelle exerçoit une si grande influence, que le fœtus étoit entièrement formé dans l'œuf avant l'émission de la laite du mâle, et que la liqueur séminale dont l'œuf étoit arrosé, imbibé et pénétré, ne devoit être considérée que comme une sorte de stimulus propre à donner le mouvement et la vie à l'embryon préexistant.

Cette opinion a été étendue et généralisée au point de devenir une théorie sur la génération des animaux, et même sur celle de l'homme. Mais l'existence des métis ne détruit-elle pas cette hypothèse? Ne doit-on pas voir que si la liqueur fécondante du mâle n'étoit qu'un fluide excitateur, n'influoit en rien sur la forme du fœtus, ne donnoit aucune partie à l'embryon, les œufs de la même femelle, de quelque laite qu'ils fussent arrosés, feroient toujours naître des individus semblables? le stimulus pourroit être plus ou moins actif; l'embryon seroit plus fort ou plus foible; le fœtus écloroit plutôt ou plus tard; l'animal jouiroit d'une vitalité plus ou moins grande; mais ses formes seroient toujours les mêmes; le nombre de ses organes ne varieroit pas; les dimensions pourroient être agrandies ou diminuées; mais les proportions, les attributs, les signes distinctifs, ne montreroient aucun changement, aucune modification; aucun individu ne présenteroit en même-temps et des traits du mâle et des traits de la femelle; il ne pourroit, dans aucune circonstance, exister un véritable métis.

Quoi qu'il en soit, les espèces que l'homme produira, soit par l'influence qu'il exercera sur les individus soumis à son empire, soit par les alliances qu'il établira entre des espèces voisines ou éloignées, seront un grand moyen de comparaison pour juger de celles que la Nature a pu ou pourra faire naître dans le cours des siècles. Les modifications que l'homme imprime, serviront à déterminer celles que la Nature impose. La connoissance que l'on aura du point où

aura commencé le développement des premières, et
de celui où il se sera arrêté, dévoilera l'origine et
l'étendue des secondes. Les espèces artificielles seront
la mesure des espèces naturelles. On sait, par exemple,
que le cyprin doré de la Chine perd dans la domesticité, non seulement des traits de son espèce par
l'altération de la forme de sa nageoire caudale, mais
encore des signes distinctifs du groupe principal ou du
genre auquel il appartient, puisque la nageoire du dos
lui est ôtée par l'art, et même des caractères de la grande
famille ou de l'ordre dans lequel il doit être compris,
puisque la main de l'homme le prive de ces nageoires
inférieures dont la position ou l'absence indiquent les
ordres des poissons.

A la vérité, l'action de l'homme n'a pas encore pénétré assez avant dans l'intérieur de ce cyprin doré,
pour y changer ces proportions générales de l'estomac,
des intestins, du foie, des reins, des ovaires, etc.,
qui constituent véritablement la diversité des ordres,
pendant que l'absence ou la position des nageoires
inférieures n'est qu'un signe extérieur qui, par ses
relations avec la forme et les dimensions des organes
internes, annonce ces ordres sans en produire la
diversité.

Mais que sont quelques milliers d'années, pendant
lesquels les Chinois ont manié, pour ainsi dire, leur
cyprin doré, lorsqu'on les compare au temps dont la
Nature dispose? C'est cette lenteur dans le travail, c'est

cette série infinie d'actions successives, c'est cette accumulation perpétuelle d'efforts dirigés dans le même sens, c'est cette constance et dans l'intensité et dans la tendance de la force, c'est cet emploi de tous les instans dans une durée non interrompue de milliers de siècles, qui, survivant à tous les obstacles qu'elle n'a pu ni dissoudre ni écarter, est le véritable principe de la puissance irrésistible de la Nature. En ce sens, la Nature est le temps, qui règne sans contrainte sur la matière qu'elle façonne et sur l'espace dans lequel elle distribue les ouvrages de ses mains immortelles.

Ce sera donc toujours bien au-delà de la limite du pouvoir de l'homme, qu'il faudra placer celle de la force victorieuse qui appartient à la Nature. Mais les jugemens que nous porterons de cette force d'après l'étendue de l'art, n'en seront que plus fondés; nous n'aurons que plus de raison de dire que les espèces artificielles, excellentes mesures des espèces naturelles produites dans la suite des âges, sont aussi le mètre d'après lequel nous pourrons évaluer avec précision le nombre des espèces perdues, le nombre de celles qui ont disparu avec les siècles.

Deux grandes manières de considérer l'univers animé sont dignes de toute l'attention du véritable naturaliste.

D'un côté, on peut voir, dans les temps très-anciens, tous les animaux n'existant encore que dans quelques espèces primitives, qui, par des moyens analogues à ceux

que l'art de l'homme peut employer, ont produit, par
la force de la nature, des espèces secondaires, lesquelles par elles-mêmes, ou par leur union avec les
primitives, ont fait naître des espèces tertiaires, etc.
Chaque degré de cet accroissement successif offrant un
plus grand nombre d'objets que le degré précédent,
les a montrés séparés les uns des autres par des inter-
valles plus petits, et distingués par des caractères moins
sensibles; et c'est ainsi que les produits animés de la
création sont parvenus à cette multitude innombrable
et à cette admirable variété qui étonnent et enchantent
l'observateur.

D'un autre côté, on peut supposer que, dans les premiers âges, toutes les manières d'être ont été employées
par la Nature, qu'elle a réalisé toutes les formes, développé tous les organes, mis en jeu toutes les facultés,
donné le jour à tous les êtres vivans que l'imagination
la plus bizarre peut concevoir; que dans ce nombre
infini d'espèces, celles qui n'avoient reçu que des moyens
imparfaits de pourvoir à leur nourriture, à leur conservation, à leur reproduction, sont tombées successivement dans le néant; et que tout s'est réduit enfin
à ces espèces majeures, à ces êtres mieux partagés, qui
figurent encore sur le globe.

Quelque opinion qu'il faille préférer sur le point du
départ de la Nature créatrice, sur cette multiplication
croissante, ou sur cette réduction graduelle, l'état
actuel des choses ne nous permet pas de ne pas consi-

dérer la Nature vivante comme se balançant entre les deux grandes limites que lui opposeroient à une extrémité un petit nombre d'espèces primitives, et à l'autre extrémité l'infinité de toutes les espèces que l'on peut imaginer. Elle tend continuellement vers l'une ou vers l'autre de ces deux limites, sans pouvoir maintenant en approcher, parce qu'elle obéit à des causes qui agissent en sens contraire les unes des autres, et qui, tour-à-tour victorieuses et vaincues, ne cèdent lors de quelques époques, que pour reparoître ensuite avec leur première supériorité.

Quel spectacle que celui de ces alternatives! quelle étude que celle de ces phénomènes! quelle recherche que celle de ces causes! quelle histoire que celle de ces époques!

Et pour les bien décrire, ou plutôt pour les connoître dans toute leur étendue, il faut les contempler sous les différens points de vue que donnent trois suppositions, parmi lesquelles le naturaliste doit choisir, lorsqu'il examine l'état passé, présent et futur du globe sur lequel s'opère ce balancement merveilleux.

La température de la terre est-elle constante, comme on l'a cru pendant long-temps? ou la chaleur dont elle est pénétrée, va-t-elle en croissant, ainsi que quelques physiciens l'ont pensé? ou cette chaleur décroît-elle chaque jour, comme l'ont écrit de grands naturalistes et de grands géomètres, les Leibnitz, les Buffon, les Laplace?

TOME III.

I

Présentons la question sous un aspect plus direct. La Nature vivante est-elle toujours animée par la même température? ou la chaleur, ce grand principe de son énergie, diminue-t-elle ou s'accroît-elle à mesure que les siècles augmentent?

Quels sujets sublimes pour la méditation du géologue et du zoologiste; quelle immensité d'objets! quelle noble fierté l'homme devra ressentir, lorsqu'après les avoir contemplés, son génie les verra sans nuage, les peindra sans erreur, et, mettant chaque événement à sa place, fera la part et des temps écoulés et des temps qui s'avancent!

HISTOIRE

HISTOIRE NATURELLE

DES POISSONS.

LE SCOMBRE GERMON.*

CETTE espèce de scombre a été jusqu'à présent confondue par les naturalistes, ainsi que par les marins, avec les autres espèces de son genre. Elle mérite cependant à beaucoup d'égards une attention particulière, et nous allons tâcher de la faire connoître sous ses véritables traits, en présentant avec soin les belles observations manuscrites que Commerson nous a laissées au sujet de cet animal.

Le germon, dont la grandeur approche de celle des thons, a communément plus d'un mètre de longueur; et son poids presque toujours au-dessus d'un myriagramme, s'étend quelquefois jusqu'à trois. Sa couleur

---

* Scomber germo.

Scomber (germo) pinnis pectoralibus ultra anum productis, pinnulis dorsalibus novem, ventralibusque totidem. *Manuscrits de Commerson, déja cités.*

Germon, *par plusieurs navigateurs françois.*

Longue oreille, *par d'autres navigateurs.*

TOME III.   1

est d'un bleu noirâtre sur le dos , d'un bleu très-pur et très-beau sur le haut des côtés , d'un bleu argenté sur le bas de ces mêmes côtés , et d'une teinte argentée sans mélange sur sa partie inférieure. On voit , sur le ventre de quelques individus , des bandes transversales ; mais elles sont si fugitives , qu'elles disparoissent avec rapidité lorsque le scombre expire , et même lorsqu'il est hors de l'eau depuis quelques instans. L'animal est alongé et un peu conique à ses deux extrémités ; la tête revêtue de lames écailleuses , grandes et brillantes ; le corps recouvert, ainsi que la queue, d'écailles petites , pentagones , ou plutôt presque arrondies.

Un seul rang de dents garnit chacune des deux mâchoires , dont l'inférieure est d'ailleurs plus avancée que la supérieure.

L'intérieur de la bouche est noirâtre dans son contour ; la langue courte , un peu large , arrondie par-devant, cartilagineuse et rude ; le palais raboteux comme la langue ; l'ouverture de chaque narine réduite à une sorte de fente ; chaque commissure marquée par une prolongation triangulaire de la mâchoire supérieure ; l'œil grand et un peu convexe ; l'opercule branchial, composé de deux pièces dénuées d'écailles semblables à celles du dos, resplendissartes de l'éclat de l'argent, et dont la seconde s'étend en croissant autour de la première , et en borde le contour postérieur.

On peut voir au-dessous de cet opercule une membrane branchiale blanchâtre dans sa circonférence, et noirâtre dans le reste de sa surface ; un double rang de franges compose chacune des quatre branchies : l'os demi-circulaire du premier de ces organes respiratoires présente des dents longues et fortes, arrangées comme celles d'un peigne ; l'os du second n'en offre que de moins grandes ; et l'arc du troisième ainsi que celui du quatrième, ne sont que raboteux *.

Les nageoires pectorales ont une largeur égale au douzième, ou à peu près, de la largeur totale du scombre ; leur longueur est telle, qu'elles dépassent l'ouverture de l'anus, et parviennent jusqu'aux premières petites nageoires du dessous de la queue. Elles sont de plus en forme de faux, fortes, roides, et, ce qu'il faut sur-tout ne pas négliger d'observer, placées chacune au-dessus d'une fossette, ou d'une petite cavité imprimée sur le côté du poisson, de la même grandeur et de la même figure que cet instrument de natation, et dans laquelle cette nageoire est reçue en partie lorsqu'elle est en repos. Un appendice charnu occupe

---

* A la membrane des branchies   7 rayons.
   à la première nageoire du dos   14
   à la seconde   12
   à chacune des pectorales   35
   à chacune des thoracines   7
   à celle de l'anus   12
   à celle de la queue   30

d'ailleurs, si je puis employer ce mot, l'aisselle supérieure de chaque pectorale.

Une fossette analogue est, pour ainsi dire, gravée au-dessous du corps, pour loger les nageoires thoracines, qui sont situées au-dessous des pectorales, et qui, presque brunes à l'intérieur, réfléchissent à l'extérieur une belle couleur d'argent.

La première nageoire dorsale s'élève au-dessus d'un sillon longitudinal dans lequel l'animal peut la coucher; et elle s'avance comme une faux vers la queue.

La seconde, presque entièrement semblable à celle de l'anus, au-dessus de laquelle on la voit, par sa rigidité, ses dimensions, sa figure et sa couleur, est petite et souvent rougeâtre ou dorée.

Les petites nageoires du dessus et du dessous de la queue sont triangulaires, et au nombre de huit ou de neuf dans le haut, ainsi que dans le bas. Ce nombre paroît être très-constant dans les individus de l'espèce que je décris, puisque Commerson assure l'avoir toujours trouvé, et cependant avoir examiné plus de vingt germons.

La nageoire de la queue, découpée comme un croissant, est assez grande pour que la distance, en ligne droite, d'une extrémité du croissant à l'autre, soit quelquefois égale au tiers de la longueur totale de l'animal. Le thon a également et de même que presque tous les scombres, une nageoire caudale très-étendue; et nous avons vu, dans l'article précédent, les effets très-curieux qui résultent de ce développement peu ordinaire du principal instrument de natation.

La ligne latérale, fléchie en divers sens jusqu'au-dessous de la seconde nageoire du dos, tend ensuite directement vers le milieu de la nageoire caudale.

On voit enfin, de chaque côté de la queue, la peau s'élever en forme de carène longitudinale ; et cette forme est donnée à ce tégument par un cartilage qu'il recouvre, et qui ne contribue pas peu à la rapidité avec laquelle le germon s'élance au milieu ou à la surface des eaux.

Jetons maintenant un coup d'œil sur la conformation intérieure de ce scombre.

Le cœur est triangulaire, rougeâtre, assez grand, à un seul mais très-petit ventricule ; l'oreillette grande et très-rouge ; le commencement de l'aorte blanchâtre, et en forme de bulbe ; le foie d'un rouge pâle, trapézoïde, convexe sur une de ses surfaces, hérissé de pointes vers une extrémité, garni de lobules à l'extrémité opposée, creusé à l'extérieur par plusieurs ciselures, et composé à l'intérieur de tubes vermiculaires, droits, parallèles les uns aux autres, et exhalant une humeur jaunâtre par des conduits communs ; la rate alongée comme une languette, noirâtre, et suspendue sous le côté droit du foie ; la vésicule du fiel conformée presque comme un lombric, plus grosse par un bout que par l'autre, égale en longueur au tiers de la longueur totale du poisson, appliquée contre la rate, et remplie d'un suc très-verd ; l'estomac sillonné par des rides longitudinales ; le canal intestinal deux fois replié ; le péritoine brunâtre ; et la vessie natatoire longue, large, attachée au dos et argentée.

Commerson a observé le germon dans le grand Océan austral, improprement appelé *mer Pacifique*, vers le vingt-septième degré de latitude méridionale, et le cent troisième de longitude.

Il vit pour la première fois cette espèce de scombre dans le voyage qu'il fit sur cet océan, avec notre célèbre navigateur et mon savant confrère Bougainville. Une troupe très-nombreuse d'individus de cette espèce de scombre entoura le vaisseau que montoit Commerson ; et leur vue ne fut pas peu agréable à des matelots et à des passagers fatigués par l'ennui et les privations inséparables d'une longue navigation. On tendit tout de suite des cordes garnies d'hameçons ; et on prit très-promptement un grand nombre de ces poissons, dont le plus petit pesoit plus d'un myriagramme, et le plus gros plus de trois. A peine ces thoracins étoient-ils hors de l'eau, qu'ils mouroient au milieu des tremblemens et des soubresauts. Les marins, rassasiés de l'aliment que ces animaux leur fournirent, cessèrent d'en prendre : mais les troupes de germons, accompagnant toujours le vaisseau, furent, pendant les jours suivans, l'objet de nouvelles pêches, jusqu'à ce que, les matelots se dégoûtant de cette sorte de nourriture, les pêcheurs man-

quèrent aux poissons, dit le voyageur naturaliste, mais
non pas les poissons aux pêcheurs. Le goût de la chair
des germons étoit très-agréable, et comparable à celui
des thons et des bonites; et quoique les matelots en
mangeassent jusqu'à satiété, aucun d'eux n'en éprouva
l'incommodité la plus légère.

Commerson ajoute à ce qu'il dit des germons, une
observation générale que nous croyons utile de rapporter ici. Il pense que tous les navires ne sont pas
également suivis par des colonnes de scombres ou
d'autres poissons analogues à ces légions de germons
dont nous venons de parler; il assure même qu'on a vu,
lorsque deux ou plusieurs vaisseaux voguoient de conserve, les poissons ne s'attacher qu'à un seul de ces bâtimens, ne le jamais quitter pour aller vers les autres, et
donner ainsi à ce bâtiment favorisé une sorte de privi-
lége exclusif pour la pêche. Il croit que cette préférence
des troupes de poissons pour un navire dépend du plus
ou moins de subsistance qu'ils trouvent à la suite de
ce vaisseau, et sur-tout de la saleté ou de l'état extérieur du bâtiment au-dessous de sa ligne de flottaison.
Il lui a semblé que les navires préférés étoient ceux
dont la carène avoit été réparée le plus anciennement,
ou qui venoient de servir à de plus longues navigations:
dans les voyages de long cours, il s'attache sous les
vaisseaux, des fucus, des goémons, des corallines,
des pinceaux de mer, et d'autres plantes ou animaux
marins qui peuvent servir à nourrir les poissons et

doivent les attirer avec force. Au reste, Commerson
remarqué, ainsi que nous l'avons observé à l'article du
thon, que parmi les causes qui entraînent les poissons
auprès d'un vaisseau, il faut compter l'ombre que le
corps du bâtiment et sa voilure répandent sur la mer;
et dans les climats très-chauds, on voit, dit-il, pendant la plus grande chaleur du jour, ces animaux se
ranger dans la place plus ou moins étendue que le
navire couvre de son ombre.

LE SCOMBRE THAZARD *.

CE nom de *thazard* a été donné à des ésoces, à des clupées, et à d'autres scombres que celui dont nous allons parler : mais nous avons cru devoir, avec Commerson, ôter cette dénomination à toute espèce de scombre, excepté à celle que nous allons faire connoître. La description de ce poisson n'a encore été publiée par aucun naturaliste. Nous avons trouvé dans les papiers du célèbre compagnon de Bougainville, une figure de ce thazard, que nous avons fait graver, et une notice des formes et des habitudes de ce thoracin, de laquelle nous nous sommes servis pour composer l'article que nous écrivons.

La grandeur du thazard tient le milieu entre celle de la bonite et celle du maquereau ; mais son corps, quoique très-musculeux, est plus comprimé que celui du maquereau, ou celui de la bonite.

Sa couleur est d'un beau bleu sur la tête, le dos, et la portion supérieure des parties latérales ; elle se change en nuances argentées et dorées, mêlées de tons

---

* Scomber thazard.

Tazo.

Tazard.

Scomber immaculatus, pinnulis dorsalibus octo, ventralibus septem, pinnis pectoralibus ventrales vix excedentibus. *Commerson, manuscrits déja cités.*

fugitifs d'acier poli, sur les bas côtés et le dessous
de l'animal.

Au-dessous de chaque œil, on voit une tache ovale,
petite, mais remarquable, et d'un noir bleuâtre.

Les nageoires pectorales et les thoracines sont noirâtres dans leur partie supérieure, et argentées dans
l'inférieure; la première nageoire du dos est d'un bleu
brunâtre, et la seconde est presque brune*.

Au reste, on ne voit sur les côtés du thazard, ni
bandes transversales, ni raies longitudinales.

La tête, un peu conique, se termine insensiblement
en un museau presque aigu.

La mâchoire supérieure, solide et non extensible,
est plus courte que l'inférieure, et paroît sur-tout
moins alongée, lorsque la bouche est ouverte. Les
dents qui garnissent l'une et l'autre de ces deux mâchoires, sont si petites, que le tact seul peut en
quelque sorte les distinguer. L'ouverture de la bouche
est communément assez étroite pour ne pouvoir pas
admettre de proie plus volumineuse que de petits
poissons volans, ou jeunes exocets.

---

* 6 rayons à la membrane des branchies.
  9   à la première dorsale.
  12   à la seconde dorsale
  1 ou 2 aiguillons et 22 ou 23 rayons articulés à chacune des pecto-
    rales.
  1 aiguillon et 5 rayons articulés à chacune des thoracines.
  12 rayons à la nageoire de l'anus.
  30   à la nageoire de la queue.

Les commissures sont noirâtres ; l'intérieur de la gueule est d'un brun argenté ; la langue, assez large, presque cartilagineuse, très-lisse, et arrondie par-devant, présente, dans la partie de sa circonférence qui est libre, deux bords dont l'un est relevé, et dont l'autre s'étend horizontalement ; deux faces qui se réunissent en formant un angle aigu, composent la voûte du palais, qui, d'ailleurs, est sans aucune aspérité. Chaque narine a deux orifices : l'antérieur est petit, et arrondi ; le postérieur plus visible et alongé. Les yeux sont très-grands et sans voile.

L'opercule, composé de deux lames, recouvre quatre branchies, dont chacune comprend deux rangs de franges, et est soutenue par un os circulaire dont la partie concave offre des dents semblables à celles d'un peigne, très-longues dans le premier de ces organes, moins longues dans le second et le troisième, très-courtes dans le quatrième.

La tête ni les opercules ne sont revêtus d'aucune écaille proprement dite : on ne voit de ces écailles que sur la partie antérieure du dos et autour des nageoires pectorales ; et celles qui sont placées sur ces portions du scombre, sont petites et recouvertes par l'épiderme. La partie postérieure du dos, les côtés, et la partie inférieure de l'animal, sont donc dénués d'écailles, au moins de celles que l'on peut appercevoir facilement pendant la vie du poisson.

Les pectorales, dont la longueur excède à peine celle

des thoracines, sont reçues chacune, à la volonté du thazard, dans une sorte de cavité imprimée sur le côté du scombre.

Nous devons faire remarquer avec soin qu'entre les nageoires thoracines se montre un cartilage *xiphoïde*, ou en forme de lame, aussi long que ces nageoires, et sous lequel l'animal peut les plier et les cacher en partie.

La première dorsale peut être couchée et comme renfermée dans une fossette longitudinale ; la caudale, ferme et roide, présente la forme d'un croissant très-alongé.

Huit ou neuf petites nageoires triangulaires et peu flexibles sont placées entre cette caudale et la seconde dorsale ; on en compte sept entre cette même caudale et la nageoire de l'anus.

De chaque côté de la queue, la peau s'élève en carène demi-transparente, renfermée par-derrière entre deux lignes presque parallèles ; et la vigueur des muscles de cette portion du thazard, réunie avec la rigidité de la nageoire caudale, indique bien clairement la force de la natation et la rapidité de la course de ce scombre.

On ne commence à distinguer la ligne latérale qu'à l'endroit où les côtés cessent d'être garnis d'écailles proprement dites : composée vers son origine de petites écailles qui deviennent de plus en plus clair-semées, à mesure que son cours se prolonge, elle tend par de foibles ondulations, et toujours plus voisine du dos, que de la partie inférieure du poisson, jusqu'à l'appendice cutané de la queue.

L'individu de l'espèce du thazard, observé par Commerson, avoit été pris, le 30 juin 1768, vers le septième degré de latitude australe, auprès des rivages de la Nouvelle-Guinée, pendant que plusieurs autres scombres de la même espèce s'élançoient, à plusieurs reprises, à la surface des eaux, et derrière le navire, pour y saisir les petits poissons qui suivoient ce bâtiment.

Le goût de cet individu parut à Commerson aussi agréable que celui de la bonite ; mais la chair de la bonite est très-blanche, et celle de ce thazard étoit jaunâtre. Nous allons voir, dans l'article suivant, les grandes différences qui séparent ces deux espèces l'une de l'autre.

LE SCOMBRE BONITE*.

La bonite a été aussi appelée *pélamide;* mais nous avons dû préférer la première dénomination. Plusieurs siècles avant Pline, les jeunes thons qui n'avoient pas encore atteint l'âge d'un an, étoient déja nommés *pélamides;* et il faut éviter tout ce qui peut faire confondre une espèce avec une autre. D'ailleurs, ce mot *pélamide* employé par plusieurs des auteurs qui ont écrit sur l'histoire naturelle, est à peine connu des marins, tandis qu'il n'est presque aucun récit de

* Scomber pelamides.

Bonnet.

Pélamide.

Scomber pelamis. *Linné, édition de Gmelin.*

Scombre pélamide. *Daubenton, Encyclopédie méthodique.*

Id. *Bonnaterre, planches de l'Encyclopédie méthodique.*

Scomber... lineis utrinque quatuor nigris. *Lœfl. It.* 102.

Bonite. *Valmont-Bomare, Dictionnaire d'histoire naturelle.*

Scomber pelamis, pinnulis superioribus octo, inferioribus septem, tæniis ventralibus longitudinalibus quatuor nigris. *Commerson, manuscrits déja cités.*

Scomber, 2, variet. β. *Artedi, gen.* 31 , *syn.* 49.

Scomber pulcher, *seu* bonite. *Osbeck, It.* 67.

Pelamis Plinii. *Belon.*

Pelamis Bellonii. *Willughby, p.* 180.

Raj. 9 , *p.* 58 , *n.* 2.

Pelamis cærulea. *Aldrov. lib.* 2, *cap.* 18 , *p.* 315.

Jonston, tab. 3 , *fig.* 3.

navigation lointaine dans lequel le nom de *bonite* ne
se retrouve fréquemment. Avec combien de sensations
agréables ou fortes cette expression n'est-elle donc pas
liée! Combien de fois n'a-t-elle pas frappé l'imagination
du jeune homme avide de travaux, de découvertes et
de gloire, assis sur un promontoire escarpé, dominant
sur la vaste étendue des mers, parcourant l'immensité
de l'Océan par sa pensée, et suivant autour du globe,
par ses desirs enflammés, nos immortels navigateurs!
Combien de fois la mémoire fidèle ne l'a-t-elle pas
retracée au marin intrépide et fortuné, qui, forcé par
l'âge de ne plus chercher la renommée sur les eaux,
rentré dans le port paré de ses trophées, contemplant
d'un rivage paisible l'empire des orages qu'il a si souvent affrontés, rappelle à son ame satisfaite le charme
des espaces franchis, des fatigues supportées, des obstacles écartés, des périls surmontés, des plages découvertes, des vents enchaînés, des tempêtes domptées!
Combien de fois n'a-t-elle pas ému, dans le silence
d'une retraite champêtre, le lecteur paisible, mais
sensible; que le besoin heureux de s'instruire, ou
l'envie de répandre les plaisirs variés de l'occupation
de l'esprit sur la monotonie de la solitude, sur le calme
du repos, sur l'ennui du désœuvrement, attachent, pour
ainsi dire, et par une sorte d'enchantement irrésistible,
sur les pas des hardis voyageurs! Que de douces et
de vives jouissances! Et pourquoi laisser échapper un
seul des moyens de les reproduire, de les multiplier,

de les étendre, d'en embellir l'étude de la science que nous cultivons ?

Cette bonite dont le nom est si connu, est cependant encore assez mal connue elle-même : heureusement Commerson, qui l'a observée en habile naturaliste dans ses formes et dans ses habitudes, nous a laissé dans ses manuscrits de quoi compléter l'image de ce scombre.

L'ensemble formé par le corps et la queue de l'animal, musculeux, épais et pesant, finit par-derrière en cône. Le dessus de la tête, le dos, les nageoires supérieures, sont d'un bleu noirâtre ; les côtés sont bleus ; la partie inférieure est d'un blanc argentin : quatre raies longitudinales un peu larges, et d'un brun noirâtre, s'étendent de chaque côté au-dessous de la ligne latérale, et sur ce fond que nous venons d'indiquer comme argenté, et que Commerson a vu cependant brunâtre dans quelques individus ; les nageoires thoracines sont brunes ; celle de l'anus est argentée ; l'intérieur de la gueule est noirâtre ; et ce qui est assez remarquable, c'est que l'iris, le dessous de la tête, et même la langue, paroissent, suivant Commerson, revêtus de l'éclat de l'or.

Parlons maintenant des formes de la bonite.

La tête, ayant un peu celle d'un cône, est d'ailleurs lisse, et dénuée d'écailles proprement dites. Un simple rang de dents très-petites garnit la mâchoire supérieure, qui n'est point extensible, et l'inférieure, qui est plus avancée que celle d'en-haut. L'ouverture de la bouche a la grandeur nécessaire pour que la bonite puisse avaler facilement un exocet.

La langue est petite, étroite, courte, maigre, demi-cartilagineuse, relevée dans ses bords ; la voûte du palais très-lisse ; l'orifice de chaque narine voisin de l'œil, unique, et fait en forme de ligne longue très-étroite et verticale ; l'œil très-grand, ovale, peu convexe, sans voile ; l'opercule branchial composé de deux lames arrondies par-derrière, dénuées de petites écailles, et dont la postérieure embrasse celle de devant.

Des dents arrangées comme celles d'un peigne garnissent l'intérieur des arcs osseux qui soutiennent les branchies ; elles sont très-longues dans les arcs antérieurs.

Les écailles qui recouvrent le corps et la queue, sont petites, presque pentagones, et fortement attachées les unes au-dessus des autres.

Chacune des nageoires pectorales, dont la longueur est à peine égale à la moitié de l'espace compris entre leur base et l'ouverture de l'anus, peut être reçue dans une cavité gravée, pour ainsi dire, sur la poitrine de l'animal, et dont la forme ainsi que la grandeur sont semblables à celles de la nageoire.

On voit une fossette analogue propre à recevoir chacune des thoracines, au-dessous desquelles on peut reconnoître l'existence d'un cartilage caché par la peau. La nageoire de l'anus est la plus petite de toutes. La

première du dos, faite en forme de faux, et composée
uniquement de rayons non articulés, peut être couchée à
la volonté de la bonite, et, pour ainsi dire, entièrement
cachée dans un sillon longitudinal; la seconde dorsale,
placée presque au-dessus de celle de l'anus, est à peine
plus avancée et plus grande que cette dernière. La
nageoire de la queue paroît très-forte, et représente
un croissant dont les deux cornes sont égales et très-
écartées *.

Entre cette nageoire et la seconde du dos, on voit
huit petites nageoires; on n'en trouve que sept au-
dessous de la queue : mais il faut observer que, dans
quelques individus, le dernier lobe de la seconde
dorsale, et celui de la nageoire de l'anus, ont pu être
conformés de manière à ressembler beaucoup à une
petite nageoire; et voilà pourquoi on a cru devoir
compter neuf petites nageoires au-dessus et huit au-
dessous de la queue de la bonite.

Les deux côtés de cette même queue présentent un
appendice cartilagineux, un peu diaphane, élevé en

---

* 7 rayons à la membrane branchiale.
15 rayons non articulés à la première nageoire du dos.
12 rayons à la seconde dorsale.
1 ou 2 aiguillons et 26 ou 27 rayons articulés à chacune des pectorales.
1 aiguillon et 5 rayons articulés à chacune des thoracines.
12 rayons à celle de l'anus.
30 rayons à celle de la queue.

carène, et suivi de deux stries longitudinales qui tendent à se rapprocher vers la nageoire caudale.

La ligne latérale, à peine sensible dans son origine, fléchie ensuite plus d'une fois, devient droite, et s'avance vers l'extrémité de la queue.

La bonite a presque toujours plus de six décimètres de longueur : elle se nourrit quelquefois de plantes marines et d'animaux à coquille, dont Commerson a trouvé des fragmens dans l'intérieur de plusieurs individus de cette espèce qu'il a disséqués ; le plus souvent néanmoins elle préfère des exocets ou des triures. On la rencontre dans le grand Océan, aussi-bien que dans l'Océan atlantique ; mais on ne la voit communément que dans les environs de la zone torride : elle y est la victime de plusieurs grands animaux marins ; elle y périt aussi très-fréquemment dans les rêts des navigateurs, qui trouvent le goût de sa chair d'autant plus agréable, que, lorsqu'ils prennent ce scombre, ils ont été communément privés depuis plusieurs jours de nourriture fraîche ; et, *poisson misérable,* pour employer l'expression de Commerson, elle porte dans ses entrailles des ennemis très-nombreux ; ses intestins sont remplis de petits *tænia* et d'ascarides ; jusque sous sa plèvre et sous son péritoine, sont logés des vers cucurbitains très-blancs, très-petits et très-mous ; et son estomac renferme d'autres animaux sans vertèbres, que Commerson a cru devoir comprendre dans le genre des sangsues.

Avant de terminer cet article, nous croyons utile

de bien faire connoître quelques-unes des principales différences qui séparent la bonite du thazard, avec lequel on pourroit la confondre. Premièrement, la bonite a sur le ventre des raies noirâtres et longitudinales qui manquent sur le thazard. Deuxièmement, son corps est plus épais et moins arrondi. Troisièmement, elle n'a pas, comme le thazard, une tache bleue sous chaque œil. Quatrièmement, elle est couverte, sur tout le corps et la queue, d'écailles placées les unes au-dessus des autres : le thazard n'en montre d'analogues que sur le dos et quelques autres partiés de sa surface. Cinquièmement, sa membrane branchiale est soutenue par sept rayons ; celle du thazard n'en comprend que six. Sixièmement, le nombre des rayons est différent dans les pectorales ainsi que dans la première dorsale de la bonite, et dans les pectorales ainsi que la première dorsale du thazard. Septièmement, le cartilage situé au-dessous des thoracines est caché par la peau dans le thazard ; il est à découvert dans la bonite. Huitièmement, la queue est plus profondément échancrée dans la bonite que dans le thazard. Neuvièmement, la ligne latérale diffère dans ces deux scombres, et par le lieu de son origine, et par ses sinuosités. Dixièmement, enfin la couleur de la chair du thazard est jaunâtre.

Que l'on considère avec Commerson qu'aucun de ces caractères ne dépend de l'âge ni du sexe, et l'on sera convaincu avec ce naturaliste que la bonite est une espèce de scombre très-différente de celle du thazard décrite pour la première fois par ce savant voyageur.

LE SCOMBRE ALATUNGA *.

Ce scombre, dont les naturalistes doivent la première description au savant Cetti, auteur de l'*Histoire des poissons et des amphibies de la Sardaigne*, vit dans la Méditerranée comme le thon. On l'y voit, de même que ce dernier poisson, paroître régulièrement à certaines époques; et cette espèce se montre également en troupes nombreuses et bruyantes. Sa chair est blanche et agréable au goût. L'alatunga a d'ailleurs beaucoup de rapports dans sa conformation avec le thon; mais il ne parvient ordinairement qu'au poids de sept ou huit kilogrammes. Il n'a que sept petites nageoires au-dessus et au-dessous de la queue ; et ses nageoires pectorales sont si alongées, qu'elles atteignent jusqu'à la seconde nageoire dorsale. Au reste, il est aisé de voir que presque tous ses traits, et particulièrement le dernier, le séparent de la bonite et du thazard, aussi-bien que du thon; et la longueur de ses pectorales ne peut le faire confondre dans aucune circonstance avec le germon, puisque le germon a huit ou neuf petites nageoires au-dessus ainsi qu'au-dessous

---

* Scomber alatunga.
Id. *Linné, édition de Gmelin.*
Cetti, Pesc. e anf. di Sard. p. 198.
Scombre alatunga. *Bonnaterre, planches de l'Encyclopédie méthodique.*

de la queue, pendant que l'alatunga n'en a que sept
au-dessous et au-dessus de cette même partie. Il est
figuré dans les peintures sur vélin que l'on possède
au Muséum national d'histoire naturelle, et qui ont été
faites d'après les dessins de Plumier, sous le nom de
thon de l'Océan (*thynnus oceanicus*), vulgairement *germon*.

Sa mâchoire inférieure est plus avancée que la supérieure, et sa ligne latérale tortueuse.

LE SCOMBRE CHINOIS *.

CE scombre n'a encore été décrit par aucun naturaliste européen. Nous en avons trouvé une image très-
bien peinte dans le recueil chinois dont nous avons
déja parlé plusieurs fois : il est d'un violet argenté
dans sa partie supérieure, et rougeâtre dans sa partie
inférieure. Sept petites nageoires sont placées entre la
caudale et la seconde du dos : on en voit sept autres
au-dessous de la queue. Les pectorales sont courtes;
la caudale est très-échancrée. La ligne latérale est
saillante, sinueuse dans tout son cours; et indépendamment de son ondulation générale, elle descend
assez bas après avoir dépassé les pectorales, et se relève
un peu ensuite. On n'apperçoit pas de raies longitudinales sur les côtés de l'animal.

* Scomber sinensis.

LE SCOMBRE MAQUEREAU *.

LORSQUE nous avons voulu parcourir, pour ainsi dire, toutes les mers habitées par les légions nombreuses et rapides de thons, de germons, de thazards, de bonites, et des autres scombres que nous venons d'examiner, nous n'avons eu besoin de nous élever, par la force de la pensée, qu'au-dessus des portions de l'Océan qu'envi-

---

* Scomber scombrus.
Auriol , *sur plusieurs côtes méridionales de France.*
Verrat , *ibid.*
Makrill , *en Suède.*
Id. *en Danemarck.*
Makrel , *en Allemagne.*
Macarel , *en Angleterre.*
Macarello , *à Rome.*
Scombro , *à Venise.*
Lacerto , *à Naples.*
Cavallo , *en Espagne.*
Horreau , *dans quelques contrées européennes.*
Scomber scomber. *Linné, édition de Gmelin.*
Scombre maquereau. *Daubenton, Encyclopédie méthodique.*
Id. *Bonnaterre, planches de l'Encyclopédie méthodique.*
Maquereau. *Duhamel, Traité des pêches, part. 2 , sect. 7, chap. 1 , pl. 1, fig. 1.*
 Bloch, pl. 54.
Scomber pinnulis quinque. *Faun. Suecic.* 339.
Müll. Prodrom. Zoolog. Danic. p. 47, *n.* 395.
Scomber pinnulis quinque in extremo dorso, spinâ brevi ad anum. *Artedi, gen.* 30, *spec.* 68, *syn.* 48.

ronnent les zones torride et tempérées. Pour connoître maintenant, observer et comparer tous les climats sous lesquels la Nature a placé le scombre maquereau, nous devons porter nos regards bien plus loin encore. Que notre vue s'étende jusqu'au pole du globe, jusqu'à celui autour duquel scintillent les deux ourses. Quel spectacle nouveau, majestueux, terrible, va paroître à nos yeux! Des rivages couverts de frimas amoncelés et de glaces éternelles, unissent, sans les distinguer,

O' σκομϐρος. *Arist. lib.* 6, *cap.* 17; *lib.* 8, *cap.* 12.

Ælian. lib. 14, *cap.* 1, *p.* 798.

Athen. lib. 3, *p.* 121.

Oppian. Halieut. lib. 1, *fol.* 108 *et* 109; *et lib.* 3.

Scomber. *Ovid. Halieut. v.* 94.

Scomber. *Columell. lib.* 8, *cap.* 17.

Scomber. *Plin. lib.* 9, *cap.* 15; *lib.* 31, *cap.* 8; *et lib.* 32, *cap.* 11.

Maquereau. *Rondelet, part.* 1, *liv.* 8, *chap.* 7.

Scombrus. *Id. ibid.*

Scomber. *Gesner,* 841, 1012; *et* (*germ.*) *fol.* 57.

Scombrus. *Id.*

Schonev. p. 66.

Aldrov. lib. 2, *cap.* 53, *p.* 270.

Jonston, lib. 1, *tit.* 3, *cap.* 3, *a.* 1, *punct.* 6, *p.* 92, *tab.* 21, *fig.* 9, 11.

Willughby, p. 181.

Mackrell. *Raj. p.* 58.

Scomber, scombrus. *Charlet. p.* 147.

Wotton, lib. 8, *cap.* 188, *p.* 166, *b.*

Salvian. fol. 239, *b,* 241, 242.

Pelamis corpore castigato, etc. *Klein, Miss. pisc.* 5, *p.* 12, *n.* 5, *tab.* 4, *fig.* 1.

Gronov. Mus. 1, *p.* 34, *n.* 81; *et Zooph. p.* 93, *n.* 304.

Brit. Zoolog. 3, *p.* 221, *n.* 1.

TOME III.

4

une terre qui disparoît sous des couches épaisses de
neiges endurcies, à une mer immobile, froide, gelée,
solide dans sa surface, et surchargée au loin d'énormes
glaçons entassés en montagnes sinueuses, ou élevés en
pics sourcilleux Sur cet Océan endurci par le froid,
chaque année ne voit réguer qu'un seul jour ; et pendant ce jour unique, dont la durée s'étend au-delà de
six mois, le sole.l, peu exhaussé au-dessus de la surface
des mers, mais paroissant tourner sans cesse autour de
l'axe du monde, élevant ou abaissant perpétuellement
ses orbes, mais enchaînant toujours ses circonvolutions,
commençant, toutes les fois qu'il répond au même
méridien, un nouveau tour de son immense spirale, ne
lançant que des rayons presque horizontaux et facilement réfléchis par les plans verticaux des éminences
de glace, illuminant de sa clarté mille fois répétée les
sommets de ces monts en quelque sorte crystallins,
resplendissant sur leurs innombrables faces, et ne
pénétrant qu'à peine dans les cavités qui les séparent,
rend plus sensible par le contraste frappant d'une lumière éclatante et des ombres épaisses, cet étonnant
assemblage de sommités escarpées et de profondes
anfractuosités.

Cependant la même année voit succéder une nuit
presque égale à ce jour. Une clarté nouvelle en dissipe
les trop noires ténèbres : les ondes congelées ren-
voient, dispersent et multiplient dans l'atmosphère,
la lueur argentée de la lune, qui a pris la place du

soleil ; et la lumière boréale étalant, au plus haut des airs, des feux variés que n'efface ou ne ternit plus l'éclat radieux de l'astre du jour, répand au loin ses gerbes, ses faisceaux., ses flots enflammés, ses tourbillons rapides, et, dans une sorte de renversement remarquable, montre dans un ciel sans nuages toute l'agitation du mouvement, pendant que la mer présente toute l'inertie du repos. Une teinte extraordinaire paroît et dans l'air, et sur les eaux, et sur de lointains rivages ; un demi-jour, pour ainsi dire mystérieux et magique, règne sur un vaste espace immobile et glacé. Quelle solitude profonde! tout se tait dans ce désert horrible. A peine, du moins, quelques échos funèbres et sourds répètent-ils foiblement et dans le fond de l'étendue, les gémissemens rauques et sauvages des oiseaux d'eau égarés dans la nuit, affoiblis par le froid, tourmentés par la faim. Ce théâtre du néant se resserre tout d'un coup; des brumes épaisses se reposent sur l'Océan ; et la vue est arrêtée par de lugubres ténèbres. Cependant la scène va changer encore. Une tempête d'un nouveau genre se prépare. Une agitation intestine commence ; un mouvement violent vient de très-loin, se communique avec vîtesse de proche en proche, s'accroît en s'étendant, soulève avec force les eaux des mers contre les voûtes qui les compriment ; un craquement affreux se fait entendre ; c'est l'épouvantable tonnerre de ces lieux funestes ; les efforts des ondes bouleversées redoublent; les monts

de glace se séparent , et , flottant sur l'Océan qui les
repousse , errent, se choquent , s'entr'ouvrent, s'écrou‑
lent en ruines , ou se dispersent en débris.

C'est dans le sein même de cet Océan polaire , dont la
surface vient de nous présenter l'effrayante image de la
destruction et du chaos , que vivent , au moins pendant
une saison assez longue , les troupes innombrables des
scombres que nous allons décrire. Les diverses cohortes
que forment leurs réunions , renferment dans ces mers
arctiques d'autant plus d'individus , que , moins grands
que les thons et d'autres poissons de leur genre , n'at‑
teignant guère qu'à une longueur de sept décimètres ,
et doués par conséquent d'une force moins considé‑
rable , ils sont moins excités à se livrer les uns aux
autres des combats meurtriers. Et ce n'est pas seule‑
ment dans ces mers hyperboréennes que leurs légions
comprennent des milliers d'individus.

On les trouve également et même plus nombreuses
dans presque toutes les mers chaudes ou tempérées
des quatre parties du monde, dans le grand Océan ,
auprès du pole antarctique , dans l'Atlantique , dans la
Méditerranée , où leurs rassemblemens sont d'autant
plus étendus , et leurs agrégations d'autant plus dura‑
bles , qu'ils paroissent obéir avec plus de constance que
plusieurs autres poissons , aux diverses causes qui
dirigent ou modifient les mouvemens des habitans des
eaux.

Les évolutions de ces tribus marines sont rapides ,,

et leur natation est très-prompte, comme celle de presque tous les autres scombres.

La grande vîtesse qu'elles présentent lorsqu'elles se transportent d'une plage vers une autre, n'a pas peu contribué à l'opinion adoptée presque universellement jusqu'à nos jours, au sujet de leurs changemens périodiques d'habitation. On a cru presque généralement d'après des relations de pêcheurs rapportées par Anderson dans son *Histoire naturelle de l'Islande*, que le maquereau étoit soumis à des migrations régulières; on a pensé que les individus de cette espèce qui passoient l'hiver dans un asyle plus ou moins sûr auprès des glaces polaires, voyageoient pendant le printemps ou l'été jusque dans la Méditerranée. Tirant de fausses conséquences de faits mal vus et mal comparés, on a supposé la plus grande précision et pour les temps et pour les lieux, dans l'exécution de ce transport successif et périodique de myriades de maquereaux depuis le cercle polaire jusqu'aux environs du tropique. On a indiqué l'ordre de leur voyage; on a tracé leur route sur les cartes; et voici comment la plupart des naturalistes qui se sont occupés de ces animaux, les ont fait s'avancer de la zone glaciale vers la zone torride, et revenir ensuite auprès du pole, à leur habitation d'hiver.

On a dit que, vers le printemps, la grande armée des maquereaux côtoie l'Islande, le Hittland, l'Écosse et l'Irlande. Parvenue auprès de cette dernière isle, elle se divise en deux colonnes : l'une passe devant l'Espagne et le Portugal, pour se rendre dans la Méditerranée, où il paroît qu'on croyoit qu'elle terminoit ses migrations ; l'autre paroissoit, vers le mois de floréal, auprès des rivages de France et d'Angleterre, s'enfonçoit dans la Manche, se montroit en prairial devant la Hollande et la Frise, et arrivoit en messidor vers les côtes de Jutland. C'étoit dans cette dernière portion de l'Océan atlantique boréal que cette colonne se séparoit pour former deux grandes troupes voyageuses : la première se jetoit dans la Baltique, d'où on n'avoit pas beaucoup songé à la faire sortir ; la seconde, moins déviée du grand cercle tracé pour la natation de l'espèce, voguoit devant la Norvége, et retournoit jusque dans les profondeurs ou près des rivages des mers polaires, chercher contre les rigueurs de l'hiver un abri qui lui étoit connu.

Bloch et le citoyen Noël ont très-bien prouvé qu'une route décrite avec tant de soin ne devoit cependant pas être considérée comme réellement parcourue ; qu'elle étoit inconciliable avec des observations sûres, précises, rigoureuses et très-multipliées, avec les époques auxquelles les maquereaux se montrent sur les divers rivages de l'Europe, avec les dimensions que présentent ces scombres auprès de ces mêmes rivages, avec les rapports qui lient quelques traits de la conformation de ces animaux à la température qu'ils éprouvent, à la nourriture qu'ils trouvent, à la qualité de l'eau dans laquelle ils sont plongés.

On doit être convaincu , ainsi que nous l'avons
annoncé dans le *Discours sur la nature des poissons*,
que les maquereaux (et nous en dirons autant, dans la
suite de cet ouvrage , des harengs , et des autres osseux
que l'on a considérés comme contraints de faire pério-
diquement des voyages de long cours), que les maquereaux , dis - je , passent l'hiver dans des fonds de la
mer plus ou moins éloignés des côtes dont ils s'approchent vers le printemps ; qu'au commencement de
la belle saison , ils s'avancent vers le rivage qui leur
convient le mieux , se montrent souvent, comme les
thons , à la surface de la mer , parcourent des chemins
plus ou moins directs , ou plus ou moins sinueux ,
mais ne suivent point le cercle périodique auquel on
a voulu les attacher , ne montrent point ce concert
régulier qu'on leur a attribué , n'obéissent pas à cet
ordre de lieux et de temps auquel on les a dits assu-
jettis.

On n'avoit que des idées vagues sur la manière dont
les maquereaux étoient renfermés dans leur asyle sou-
marin pendant la saison la plus rigoureuse , et particulièrement auprès des contrées polaires. Nous allons
remplacer ces conjectures par des notions précises.
Nous devons cette connoissance certaine à l'observation
suivante qui m'a été communiquée par mon respec-
table collègue , le brave et habile marin , le sénateur et
vice-amiral Pléville-le-Peley. Le fait qu'il a remarqué,
est d'autant plus curieux , qu'il peut jeter un grand

jour sur l'engourdissement que les poissons peuvent
éprouver pendant le froid , et dont nous avons parlé
dans notre premier Discours. Ce général nous apprend,
dans une note manuscrite qu'il a bien voulu me
remettre , qu'il a vérifié avec soin les faits qu'elle contient , le long des côtes du Groenland , dans la baie
d'Hudson , auprès des rivages de Terre-Neuve , à l'époque où les mers commencent à y être navigables ,
c'est-à-dire , vers le tiers du printemps. On voit dans
ces contrées boréales , nous écrit le vice-amiral Pléville , des enfoncemens de la mer dans les terres ,
nommés *barachouas* , et tellement coupés par de petites
pointes qui se croisent , que , dans tous les temps , les
eaux y sont aussi calmes que dans le plus petit bassin.
La profondeur de ces asyles diminue à raison de la
proximité du rivage , et le fond en est généralement
de vase molle et de plantes marines. C'est dans ce fond
vaseux que les maquereaux cherchent à se cacher pendant l'hiver , et qu'ils enfoncent leur tête et la partie
antérieure de leur corps jusqu'à la longueur d'un
décimètre ou environ , tenant leurs queues élevées
verticalement au-dessus du limon. On en trouve des
milliers enterrés ainsi à demi dans chaque *barachoua* ,
hérissant , pour ainsi dire , de leurs queues redressées
le fond de ces bassins , au point que des marins les
appercevant pour la première fois auprès de la côte ,
ont craint d'approcher du rivage dans leur chaloupe ,
de peur de la briser contre une sorte particulière de

banc ou d'écueil. Le citoyen Pléville ne doute pas que
la surface des eaux de ces barachouas ne soit gelée
pendant l'hiver, et que l'épaisseur de cette croûte de
glace, ainsi que celle de la couche de neige qui s'amon-
celle au-dessus, ne tempèrent beaucoup les effets de la
rigueur de la saison sur les maquereaux enfouis à
demi au-dessous de cette double couverture, et ne
contribuent à conserver la vie de ces animaux. Ce n'est
que vers messidor que ces poissons reprennent une
partie de leur activité, sortent de leurs trous, s'élancent dans les flots, et parcourent les grands rivages. Il
semble même que la stupeur ou l'engourdissement dans
lequel ils doivent avoir été plongés pendant les très-
grands froids, ne se dissipe que par degrés : leurs
sens paroissent très-affoiblis pendant une vingtaine
de jours ; leur vue est alors si débile, qu'on les croit
aveugles, et qu'on les prend facilement au filet. Après
ce temps de foiblesse, on est souvent forcé de renon-
cer à cette dernière manière de les pêcher ; les maquereaux recouvrant entièrement l'usage de leurs yeux,
ne peuvent plus en quelque sorte être pris qu'à l'hameçon : mais comme ils sont encore très-maigres, et qu'ils
se ressentent beaucoup de la longue diète qu'ils ont
éprouvée, ils sont très-avides d'appâts, et on en fait
une pêche très-abondante.

C'est à peu près à la même époque qu'on recherche
ces poissons sur un grand nombre de côtes plus ou
moins tempérées de l'Europe occidentale. Ceux qui

paroissent sur les rivages de France , sont communément parvenus à leur point de perfection en floréal et prairial ; ils portent le nom de *chevillés* , et sont moins estimés en thermidor et fructidor, lorsqu'ils ont jeté leur laite ou leurs œufs.

Les pêcheurs des côtes nord-ouest et ouest de la France sont de tous les marins de l'Europe ceux qui s'occupent le plus de la recherche des maquereaux, et qui en prennent le plus grand nombre. Ils se servent, pour pêcher ces animaux, de *haims*, de *libourets* [1] , de *manets* [2] faits d'un fil très-délié , et que l'on réunit quelquefois de manière à former avec ces filets une *tessure* de près de mille *brasses* (deux mille cinq cents mètres) de longueur. Les temps orageux sont très-souvent ceux pendant lesquels on prend avec le plus de facilité les scombres maquereaux, qui, agités par la tempête , s'approchent beaucoup de la surface de la mer , et se jettent dans les filets tendus à une très-petite profondeur ; mais lorsque le ciel est serein et que l'océan est calme , il faut les chercher entre deux eaux , et la pêche en est beaucoup moins heureuse.

C'est parmi les rochers que les femelles aiment à déposer leurs œufs ; et comme chacun de ces individus en renferme plusieurs centaines de mille, il n'est pas surprenant que les maquereaux forment des légions

---

[1] Voyez l'explication du mot *libouret*, à l'article du *scombre thon*.

[2] L'article de la *trachine vive* renferme une courte description du *manet*.

très-nombreuses. Lorsqu'on en prend une trop grande quantité pour la consommation des pays voisins du lieu de la pêche, on prépare ceux que l'on veut conserver long-temps et envoyer à de grandes distances, en les vidant, en les mettant dans du sel, et en les entassant ensuite, comme des harengs, dans des barils.

La chair des maquereaux étant grasse et fondante, les anciens l'exprimoient, pour ainsi dire, de manière à former une sorte de substance liquide ou de préparation particulière, à laquelle on donnoit le nom de *garum*. Pline dit [1] combien ce *garum* étoit recherché non seulement comme un assaisonnement agréable de plusieurs mets, mais encore comme un remède efficace contre plusieurs maladies. On obtenoit du *garum*, dans le temps de Bellon et dans plusieurs endroits voisins des côtes de la Méditerranée, en se servant des intestins des maquereaux; et on en faisoit une grande consommation à Constantinople ainsi qu'à Rome, où ceux qui en vendoient, étoient nommés *piscigaroles*.

C'est par une suite de cette nature de leur chair grasse et huileuse, que les maquereaux sont comptés parmi les poissons qui jouissent le plus de la faculté de répandre de la lumière dans les ténèbres [2]. Ils luisent dans l'obscurité, lors même qu'ils sont tirés de l'eau depuis très-peu

---

[1] *Hist. mundi, lib.* 31, *cap.* 8.

[2] Voyez la partie du Discours préliminaire relative à la phosphorescence des poissons.

de temps; et on lit dans les *Transactions philosophiques*
de Londres (an. 1666, pag. 116), qu'un cuisinier, en re-
muant de l'eau dans laquelle il avoit fait cuire quelques-
uns de ces scombres, vit que ces poissons rayonnoient
vivement, et que l'eau devenoit très-lumineuse. On
appercevoit une lueur phosphorique par-tout où on
laissoit tomber des gouttes de cette eau, après l'avoir
agitée. Des enfans s'amusèrent à transporter de ces
gouttes qui ressembloient à autant de petits disques
lumineux. On observa encore le lendemain, que,
lorsqu'on imprimoit à l'eau un mouvement circulaire
rapide, elle jetoit une lumière comparable à la clarté
de la lune : cette lumière égaloit l'éclat de la flamme,
lorsque la vîtesse du mouvement de l'eau étoit très-
accélérée ; et des jets lumineux très-brillans sortoient
alors du gosier et de plusieurs autres parties des maquereaux.

Mais avant de terminer cet article, montrons avec
précision les formes du poisson dont nous venons d'indiquer les principales habitudes.

En général, le macquereau a la tête alongée, l'ouverture de la bouche assez grande, la langue lisse,
pointue, et un peu libre dans ses mouvemens ; le palais
garni dans son contour de dents petites, aiguës, et
semblables à celles dont les deux mâchoires sont hérissées ; la mâchoire inférieure un peu plus longue que
la supérieure, la nuque large, l'ouverture des branchies étendue, un opercule composé de trois pièces,

le tronc comprimé; la ligne latérale voisine du dos,
dont elle suit la courbure; l'anus plus rapproché de la
tête que de la queue; les nageoires petites, et celle de
la queue fourchue *.

Telles sont les formes principales du scombre dont
nous écrivons l'histoire : ses couleurs ne sont pas tout-
à-fait aussi constantes.

Le plus fréquemment, lorsqu'on voit ce poisson
nager entre deux eaux, et présenter au travers de la
couche fluide qui le vernit, pour ainsi dire, toutes
les nuances qu'il peut devoir à la rapidité de ses mouvemens et à la prompte et entière circulation des
liquides qu'il recèle, il paroît d'une couleur de soufre,
ou plutôt on le croiroit plus ou moins doré sur le dos :
mais lorsqu'il est hors de l'eau, sa partie supérieure
n'offre qu'une couleur noirâtre ondulée de bleu; de
grandes taches transversales, et d'une nuance bleuâtre
sujette à varier, s'étendent de chaque côté du corps et
de la queue, dont la partie inférieure est argentée,
ainsi que l'iris et les opercules des branchies : presque
toutes les nageoires sont grises ou blanchâtres.

Plusieurs individus ne présentent pas de grandes

---

* A la première nageoire dorsale 12 rayons.
  à la seconde   12
  à chacune des pectorales   20
  à chacune des thoracines   6
  à celle de l'anus   13
  à celle de la queue   20.

taches latérales ; ils forment une variété à laquelle on a donné le nom de *marchais* dans plusieurs pêcheries françoises, et qui est communément moins estimée pour la table que les maquereaux ordinaires.

Au reste, toutes ces couleurs ou nuances sont produites ou modifiées par des écailles petites, minces et molles.

Ajoutons que les vertèbres des scombres que nous décrivons, sont grandes, et au nombre de trente ou trente-une, et que l'on compte dans chacun des côtés de l'épine dorsale onze ou douze côtes attachées aux vertèbres par des cartilages.

On peut voir par les détails dans lesquels nous venons d'entrer, que les formes ni les armes des maquereaux ne les rendent pas plus dangereux que leur taille, pour les autres habitans des mers. Cependant, comme leurs appétits sont très-violens, et que leur nombre leur inspire peut-être une sorte de confiance, ils sont voraces et même hardis : ils attaquent souvent des poissons plus gros et plus forts qu'eux ; et on les a même vus quelquefois se jeter avec une audace aveugle sur des pêcheurs qui vouloient les saisir, ou qui se baignoient dans les eaux de la mer.

Mais s'ils cherchent à faire beaucoup de victimes, ils sont perpétuellement entourés de nombreux ennemis. Les grands habitans des mers les dévorent ; et des poissons en apparence assez foibles, tels que les murènes et les murénophis, les combattent avec

avantage. Nous ne pouvons donc écrire presque aucune
page de cette Histoire sans parler d'attaques et de
défenses, de proie et de dévastateurs, d'actions et de
réactions redoutables, d'armes, de sang, de carnage
et de mort. Triste et horrible condition de tant de
milliers d'espèces condamnées à ne subsister que par
la destruction, à ne vivre que pour être immolées ou
prévenir leurs tyrans, à n'exister qu'au milieu des
angoisses du foible, des agitations du plus fort, des
embarras de la fuite, des fatigues de la recherche, du
trouble des combats, de la douleur des blessures, des
inquiétudes de la victoire, des tourmens de la défaite !
Combien tous ces affreux malheurs se seroient sur-tout
accumulés sur la foible espèce humaine, si la sensibilité
éclairée par l'intelligence, et l'intelligence animée par
la sensibilité, n'avoient pas, par un heureux accord,
fait naître la société, la civilisation, la science, la vertu !
Et combien ils peseront encore sur sa tête infortunée,
jusqu'au moment où la lumière du génie, plus généralement répandue, éclairera un plus grand nombre
d'hommes sur leurs véritables intérêts, et dissipera les
illusions de leurs passions aveugles et funestes !

C'est au maquereau que nous croyons devoir rapporter le scombre qu'Aristote, Athénée, Aldrovande,
Gesner et Willughby, ont désigné par le nom de *colias*,

---

* Scomber colias. *Linné, édition de Gmelin.*

Κολιας. *Aristot. Hist. anim.* V, 9 ; VIII, 13 ; *et* IX, 2.

Id. *Athenæus, Deipnosoph.* III, 118, 120 ; VII, 321.

que l'on pêche près des côtes de la Sardaigne, qui est
souvent plus petit que le maquereau, qui en diffère
quelquefois par les nuances qu'il offre, puisque, suivant le naturaliste Cetti, il présente un *verd gai* mêlé à
de l'azur, mais qui d'ailleurs a les plus grands rapports
avec le poisson que nous venons de décrire. Le professeur Gmelin lui-même, en l'inscrivant à la suite du
maquereau, demande s'il ne faut pas le considérer
comme ce dernier scombre encore jeune.

Au reste, quelques auteurs, et particulièrement
Rondelet *, ont appliqué cette dénomination de *colias*
à d'autres scombres que l'on nomme *coguoils* auprès de
Marseille, qui habitent dans la Méditerranée, qui s'y
plaisent sur-tout, dans le voisinage des côtes d'Espagne,
qui sont plus grands et plus épais que le maquereau
ordinaire, et que néanmoins Rondelet regarde comme
n'étant qu'une variété de ce dernier poisson, avec
lequel on le confond en effet très-souvent.

Peut-être est-ce plutôt aux *coguoils* qu'aux maquereaux verds et bleus de Cetti, qu'il faut rapporter les
passages des anciens naturalistes, et principalement
celui d'Athénée que nous venons de citer.

Quoi qu'il en soit, les *coguoils* ont la chair plus gluante

Colias. *Aldrov. Pisc.* p. 274.
Gesn. Aquat. p. 256.
Willughby, Ichthyol. p. 182.
Lacertus. *Klein; Miss. pisc.* 5, p. 122.
Scomber lætè viridis et azureus. *Cetti, Pesce e anf. di Sard.* p. 196.

* *Rondelet, première partie, liv.* 8, *chap.* 8.

et moins agréable que le maquereau ordinaire. Ils sont couverts d'écailles petites et tendres : une partie de leur tête est si transparente, qu'on distingue, comme au travers d'un verre, les nerfs qui, du cerveau, aboutissent aux deux organes de la vue. Rondelet ajoute que, vers le printemps, ils jettent du sang aussi resplendissant que la liqueur de la pourpre.

Ce fait nous rappelle un phénomène analogue, qui nous a été attesté par un voyageur digne d'estime, et sur lequel nous croyons utile d'appeler l'attention des observateurs.

Le citoyen Charvet m'a instruit, par deux lettres, datées de Serrières, département de l'Ardèche, l'une le 19 vendémiaire, l'autre le 16 brumaire, de l'an IV de l'ère françoise, qu'en 1776 il étoit occupé dans l'isle de la Guadeloupe, non seulement à faire une collection de dessins coloriés de plantes, qu'il destinoit pour le jardin et le cabinet d'histoire naturelle de Paris, et qui furent entièrement détruits par le fameux ouragan de septembre de cette même année 1776, mais encore à terminer avec beaucoup de soin des dessins de différentes espèces de poissons pour M. Barbotteau, habitant du Port-Louis, connu par un ouvrage intéressant sur les fourmis, et correspondant de Duhamel, qui publia plusieurs de ces dessins ichthyologiques dans le *Traité général des pêches*.

Les liaisons du citoyen Charvet avec les Caraïbes, chez lesquels il trouvoit de l'ombrage et du repos lorsqu'il étoit fatigué de parcourir les rochers et les profondeurs des anses, lui procurèrent, de la part de ces insulaires, des poissons assez rares. Ces Caraïbes le dirigèrent, dans une de ses courses, vers une partie des rivages de l'isle, sauvage, pittoresque et mélancolique, appelée *Porte d'enfer*. Ce fut auprès de cette côte qu'il trouva un poisson dont il m'a envoyé un dessin colorié. Cet animal avoit l'air si familier et si peu effrayé des mouvemens du citoyen Charvet, qui se baignoit, que cet artiste fut tenté de le saisir. A peine le tenoit-il, qu'une fente placée sur le dos du poisson s'entr'ouvrit, et qu'il en sortit une liqueur d'un pourpre vif, assez abondante pour teindre l'eau environnante, en troubler la transparence, et donner à l'animal la facilité de s'échapper, au moment où l'étonnement du citoyen Charvet l'empêcha de retenir le poisson qu'il avoit dans les mains. Cet artiste cependant prit de nouveau le poisson, qui répandit une seconde fois sa liqueur; mais ce fluide étoit bien moins coloré et bien moins abondant qu'au premier jet, et cessa de couler, quoique l'animal continuât d'ouvrir et de fermer la fente dorsale, comme pour obéir à une grande irritation. Le poisson, rendu à la liberté, ne parut pas très-affoibli. Un second individu de la même espèce, placé promptement sur une feuille de papier, la teignit de la même manière qu'une eau fortement colorée avec de la laque; néanmoins après trois jours, la tache rouge étoit devenue jaune. Des affaires imprévues, une maladie grave, les suites funestes du terrible ouragan de septembre 1776, et l'obligation soudaine de repartir pour l'Europe, empêchèrent le citoyen Charvet de dessiner et même de décrire, pendant qu'il étoit encore à la Guadeloupe, le poisson à liqueur pourprée : mais sa mémoire, fortement frappée des traits, de l'allure et de la propriété de cet animal, lui a donné la facilité de faire en France une description et un dessin colorié de ce poisson, qu'il a eu la bonté de me faire parvenir.

Les individus vus par ce voyageur avoient un peu plus de deux décimètres de longueur. Leurs nageoires pectorales étoient assez grandes. La nageoire dorsale étoit composée de deux portions longitudinales, charnues à leur base, terminées dans le haut par des filamens qui les faisoient paroître frangées, et appliquées l'une contre l'autre de manière à ne former qu'un seul tout, lorsque l'animal vouloit tenir fermée la fente propre à laisser échapper la liqueur rouge ou violette. Cette fente, située à l'origine et au milieu de ces deux portions longitudinales de la nageoire dorsale, ne paroissoit pas s'étendre vers la queue aussi loin que cette même nageoire ; mais le fluide coloré, en sortant par cette ouverture, suivoit toute la longueur de la nageoire du dos, et obéissoit à ses ondulations.

La peau étoit visqueuse, couverte d'écailles petites et fortement adhérentes. La couleur d'un gris blanc plus ou moins clair faisoit ressortir un grand nombre de petits points jaunes, bleus, bruns, ou d'autres nuances.

L'ensemble des formes de ces poissons, et les teintes qu'ils présentoient, étoient agréables à la vue. Ils se nourrissoient de petits mollusques et de vers marins, qu'ils cherchoient avec beaucoup de soin parmi les pierres du fond de l'eau, sans se détourner ni discontinuer leurs petites manœuvres avant l'instant où on vouloit les saisir; et la contraction qu'ils éprouvoient lorsqu'ils faisoient jaillir leur liqueur pourprée, étoit apparente dans toute la longueur de leur corps, mais principalement vers l'insertion des nageoires pectorales.

Ces *teinturiers* de la Guadeloupe, car c'est ainsi que les nomme le citoyen Charvet, cherchent un asyle lorsque la tempête commence à bouleverser les flots : sans cette précaution, ils résisteroient d'autant moins aux agitations de la mer et aux secousses des vagues impétueuses qui les briseroient contre les rochers, que leurs écailles sont fort tendres, leurs muscles très-délicats, et leurs tégumens de nature à se rider bientôt après leur mort.

Ces faits ne suffisent pas pour déterminer l'espèce ni le genre, ni même l'ordre de ces poissons. Plusieurs motifs doivent donc engager les naturalistes qui parcourent les rivages de la Guadeloupe, à chercher des individus de l'espèce observée par le citoyen Charvet, à reconnoître leur conformation, à examiner leurs habitudes, à constater leurs propriétés.

LE SCOMBRE JAPONOIS[1].

Ce scombre n'est peut-être qu'une variété du maquereau , ainsi que l'a soupçonné le professeur Gmelin.
Nous ne l'en séparons que pour nous conformer à
l'opinion de plusieurs naturalistes , en annonçant aux
voyageurs notre doute à cet égard , et en les invitant
à le résoudre par des observations.

Ce poisson vit dans la mer du Japon. Sa longueur
n'est quelquefois que de deux décimètres ; ses mâchoires
sont hérissées de petites dents ; sa couleur générale est
d'un bleu clair ; sa tête brille de la couleur de l'argent ;
ses écailles sont très-petites ; et l'on a comparé l'ensemble de sa conformation à celle du hareng[2].

Houttuyn l'a fait connoître.

---

[1] Scomber japonicus.
Id. *Linné, édition de Gmelin.*
Scomber cærulescens , pinnulis quinque spuriis. *Houttuyn, Act. Haarl.*
20 , 2 , *p.* 331 , *n.* 18.
Scombre du Japon. *Bonnaterre, planches de l'Encyclopédie méthodique.*

[2] A chacune des deux nageoires dorsales 8 rayons.
à chacune des pectorales 18
à chacune des thoracines 6
à celle de l'anus 11
à celle de la queue 20

LE SCOMBRE DORÉ*.

LE nom de ce poisson annonce la riche parure que la Nature lui a accordée, et la couleur éclatante dont il est revêtu. Il est en effet resplendissant d'or sur une très-grande partie de sa surface, et particulièrement sur son dos. Peut-être n'est-il qu'une variété du maquereau. Le professeur Gmelin a témoigné de l'incertitude au sujet de l'espèce de ce scombre, aussi-bien qu'à l'égard de celle du japonois. Le doré s'éloigne cependant du maquereau beaucoup plus que ce japonois, non seulement par ses nuances, mais encore par quelques détails de sa conformation, et notamment par le nombre des rayons de ses nageoires.

Quoi qu'il en soit, on trouve le doré dans les mers voisines du Japon, ainsi qu'on y voit le scombre précédent ; et il a été également découvert par Houttuyn.

Il n'a au-dessus et au-dessous de la queue que cinq petites nageoires comme le japonois et le maquereau ;

---

* Scomber aureus.
Id. *Houttuyn, Act. Haarl.* 20 — 2, *p.* 331, *n.* 19.
Scomber auratus. *Linné, édition de Gmelin.*
Scombre doré. *Bonnaterre, planches de l'Encyclopédie méthodique.*

et on ne compte que six rayons à sa nageoire de l'anus *.

Nous avons trouvé dans un des manuscrits de *Plumier*, déposés à la Bibliothèque nationale, la figure d'un scombre nommé, par ce naturaliste, très-petit scombre d'Amérique *(scomber minimus americanus)*, et qui tient, à beaucoup d'égards, le milieu entre le doré et le maquereau. Des raies ondulent en divers sens sur le dos de ce poisson. Il n'a que cinq petites nageoires, au-dessus et au-dessous de la queue, onze rayons à la première dorsale, neuf à la seconde, et cinq à la nageoire de l'anus.

---

* A la première nageoire dorsale   9 rayons.
  à chacune des pectorales   18
  à chacune des thoracines   6
  à celle de l'anus   6

LE SCOMBRE ALBACORE *.

LE nom d'*albacore* ou d'*albicore* a été donné, ainsi que ceux de *germon*, de *thazard*, et de *bonite* ou *péla-mide*, à plusieurs espèces de scombres ; ce qui n'a pas jeté peu de confusion dans l'histoire de ces animaux. Nous l'appliquons exclusivement, pour éviter toute équivoque, à un poisson de la famille dont nous trai-tons, et dont Sloane a fait mention dans son *Histoire de la Jamaïque*.

Ce scombre, qui habite dans le bassin des Antilles, est couvert de petites écailles. L'individu décrit par Sloane avoit seize décimètres de longueur, et un mètre de circonférence à l'endroit le plus gros du corps. Ses mâchoires, longues de deux décimètres, ou environ, étoient garnies chacune d'une rangée de dents courtes et aiguës. On pouvoit voir, au-dessus des opercules, deux arêtes cachées en partie sous une peau luisante. On comptoit, au-dessus et au-dessous de la queue, plu-sieurs petites nageoires séparées l'une de l'autre par un intervalle de cinq centimètres ou à peu près. La na-geoire de l'anus se terminoit en pointe, et avoit trente-

---

* Scomber albacorus.
Sloane, Hist. of Jamaic. vol. 2, *p.* 11.
Scombre albacore. *Bonnaterre, planches de l'Encyclopédie méthodique.*
Scomber albacares. *Id, ibid.*

deux centimètres de long et huit centimètres de haut. Celle de l'anus étoit en croissant. Les deux saillies latérales et longitudinales de la queue avoient plus de deux centimètres d'élévation. Plusieurs parties de la surface de l'animal étoient blanches, les autres d'une couleur foncée.

SOIXANTE-UNIÈME GENRE.

LES SCOMBÉROÏDES.

De petites nageoires au-dessus et au-dessous de la queue;
une seule nageoire dorsale; plusieurs aiguillons au-
devant de la nageoire du dos.

ESPÈCES.	CARACTÈRES.
1. LE SCOMBÉROÏDE NOEL. (*Scomberoïdes Noelii.*)	Dix petites nageoires au-dessus et quatorze au-dessous de la queue; sept aiguillons recourbés au-devant de la nageoire du dos.
2. LE SC. COMMERSONNIEN. (*Scomb. commersonnianus.*)	Douze petites nageoires au-dessus et au-dessous de la queue; six aiguillons au-devant de la nageoire du dos.
3. LE SCOMBÉR. SAUTEUR. (*Scomberoïdes saltator.*)	Sept petites nageoires au-dessus et huit au-dessous de la queue; quatre aiguillons au-devant de la nageoire du dos.

LE SCOMBÉROÏDE NOËL *.

Aucune des espèces que nous avons cru devoir comprendre dans le genre dont nous allons nous occuper, n'est encore connue des naturalistes. Nous avons donné à la famille qu'elles composent, le nom de *scombéroïde*, pour désigner les rapports qui la lient avec les scombres. Elle tient, à quelques égards, le milieu entre ces scombres, auxquels elle ressemble par les petites nageoires qu'elle montre au-dessus et au-dessous de la queue, et entre les gastérostées, dont elle se rapproche par la série d'aiguillons qui tiennent lieu d'une première nageoire dorsale.

Nous nommons *scombéroïde noël* la première des trois espèces que nous avons inscrites dans ce genre, pour donner une marque solemnelle de reconnoissance et d'estime au citoyen Noël, de Rouen, qui mérite si bien chaque jour les remercîmens des naturalistes par ses travaux, et dont les observations exactes ont enrichi tant de pages de l'histoire que nous écrivons.

Nous l'avons décrite d'après un individu desséché et bien conservé qui faisoit partie de la collection cédée à la France par la Hollande, et envoyée au Muséum d'histoire naturelle.

---

* Scomberoïdes Noelii.

Ce poisson avoit dix petites nageoires au-dessus de la queue, et quatorze au-dessous de cette même partie. Sept aiguillons recourbés en arrière et placés longitudinalement au-delà de la nuque, tenoient lieu de première nageoire du dos; deux aiguillons paroissoient au devant de la nageoire de l'anus. Six taches ou petites bandes transversales s'étendoient de chaque côté de l'animal, et lui donnoient, ainsi que l'ensemble de sa conformation, beaucoup de ressemblance avec le maquereau. La nageoire de la queue étoit fourchue *.

---

* A la nageoire du dos　　　9 rayons.
　à chacune des pectorales　18
　à chacune des thoracines　1 rayon aiguillonné et 5 rayons articulés.
　à la nageoire de l'anus　26
　à celle de la queue　　　26

LE SCOMBÉR. COMMERSONNIEN [1].

CE scombéroïde, que nous avons décrit et fait graver d'après Commerson, est un poisson d'un grand volume. Sa hauteur et son épaisseur, assez grandes relativement à sa longueur, doivent lui donner un poids considérable. On voit à la place d'une première nageoire dorsale, six aiguillons recourbés, pointus, et très-séparés l'un de l'autre. On compte douze petites nageoires au-dessus et au-dessous de la queue [2]. La nageoire caudale est très-fourchue. Deux aiguillons très-distincts sont placés au-devant de la nageoire de l'anus ; chaque opercule est composé de deux pièces. Les deux mâchoires sont garnies de dents égales et aiguës : l'inférieure est plus avancée que la supérieure. De chaque côté du dos, paroissent des taches d'une

---

[1] Scomberoïdes commersonnianus.

Scomber pinnulis dorsi et ani duodecim circiter vix distinctis, spinis in anteriore dorso sex discretis, ponè anum duabus ; — vel maculis obicularibus supra lineam lateralem utrinque sex ad octo, cæruleis. *Commerson, manuscrits déjà cités.*

[2] Ce nombre *douze* est expressément indiqué dans la description manuscrite de Commerson, à laquelle nous avons dû conformer notre texte, plutôt qu'au dessin que ce naturaliste a laissé dans ses papiers, que nous avons fait graver, et d'après lequel on attribueroit au scombéroïde que nous faisons connoître, dix petites nageoires supérieures et treize petites nageoires inférieures.

nuance très-foncée, rondes, ordinairement au nombre
de huit, et inégales en surface ; la plus grande est le
plus souvent située au-dessous de la nageoire dorsale,
et le diamètre des autres est d'autant plus petit
qu'elles sont plus rapprochées de la tête ou de la
queue. Les nageoires pectorales ne sont guère plus
étendues que les thoracines. On trouve le commersonnien dans la mer voisine du fort Dauphin de l'isle
de Madagascar.

LE SCOMBÉROÏDE SAUTEUR *.

Nous avons trouvé dans les manuscrits de Plumier, que l'on conserve à la Bibliothèque nationale, un dessin de ce poisson, que nous avons fait graver. Ce naturaliste le nommoit *petite pélamide* ou *petite bonite*, vulgairement *le sauteur*. Nous avons conservé au scombéroïde que nous décrivons, ce nom distinctif ou spécifique de *sauteur*, parce qu'il indique la faculté de s'élancer au-dessus de la surface des eaux, et par conséquent une partie intéressante de ses habitudes.

Cet animal a sept petites nageoires au-dessus de la queue ; et huit autres nageoires analogues sont placées au-dessous. La dernière de ces petites nageoires, tant des supérieures que des inférieures, est très-longue, et faite en forme de faux.

La ligne latérale est un peu ondulée dans tout son cours : elle descend d'ailleurs vers le ventre, lorsqu'elle est parvenue à peu près au-dessus des nageoires pectorales. Deux aiguillons réunis par une membrane sont situés au-devant de la nageoire de l'anus. Deux lames composent chaque opercule. La mâchoire inférieure s'avance au-delà de la supérieure. On compte

---

* Scombéroïdes saltator.

Pelamis minima, vulgò *sauteur*. Plumier, *manuscrits déposés à la Bibliothèque nationale*.

neuf rayons à la nageoire du dos et à chacune des pectorales *. Cette nageoire dorsale et celle de l'anus sont conformées de manière à représenter une faux. Au lieu d'une première nageoire du dos, on voit quatre aiguillons forts et recourbés qui ne sont pas réunis par une membrane commune de manière à composer une véritable nageoire, mais qui étant garnis chacun d'une petite membrane triangulaire qui les retient et les empêche d'être inclinés vers la tête, donnent à l'animal un nouveau rapport avec les scombres proprement dits.

---

* A chacune des thoracines   7 rayons.
  à la nageoire de l'anus   13

SOIXANTE-DEUXIÈME GENRE.

LES CARANX.

Deux nageoires dorsales; point de petites nageoires au-dessus ni au-dessous de la queue; les côtés de la queue relevés longitudinalement en carène, ou une petite nageoire composée de deux aiguillons et d'une membrane, au-devant de la nageoire de l'anus.

PREMIER SOUS-GENRE.

Point d'aiguillon isolé entre les deux nageoires dorsales.

ESPÈCES.	CARACTÈRES.
1. LE CARANX TRACHURE. (*Caranx trachurus.*)	Trente-quatre rayons à la seconde nageoire du dos; trente rayons à la nageoire de l'anus; la ligne latérale garnie de petites plaques dont chacune est armée d'un aiguillon.
2. LE CARANX AMIE. (*Caranx amia.*)	Trente-quatre rayons à la seconde nageoire du dos; le dernier rayon de cette nageoire, très-long; vingt-quatre rayons à la nageoire de l'anus.
3. LE CAR. QUEUE-JAUNE. (*Caranx chrysurus.*)	Vingt-six rayons à la seconde nageoire dorsale; trente rayons à celle de l'anus; de très-petites dents, ou point de dents, aux mâchoires.

ESPÈCES.	CARACTÈRES.
4. LE CARANX GLAUQUE. (*Caranx glaucus.*)	Vingt-six rayons à la seconde nageoire dorsale; le second rayon de cette nageoire, très-long; vingt-cinq rayons à la nageoire de l'anus.
5. LE CARANX BLANC. (*Caranx albus.*)	Vingt-cinq rayons à la seconde nageoire du dos; vingt rayons à celle de l'anus; la queue non carénée latéralement; la couleur générale blanche; les côtés de la queue et la nageoire caudale jaunes.
6. LE CAR. QUEUE-ROUGE. (*Caranx erythrurus.*)	Vingt-deux rayons à la seconde nageoire du dos; quarante rayons à celle de l'anus; une tache noire sur la partie postérieure de chaque opercule.
7. LE CAR. FILAMENTEUX. (*Caranx filamentosus.*)	Vingt-deux rayons à la seconde nageoire du dos; dix-huit à celle de l'anus; des filamens à la seconde nageoire du dos et à celle de l'anus.
8. LE CARANX DAUBENTON. (*Caranx Daubentoni.*)	Vingt-deux rayons à la seconde nageoire du dos; quatorze à celle de l'anus; les deux mâchoires également avancées; la ligne latérale rude, tortueuse, et dorée.
9. LE CARANX TRÈS-BEAU. (*Caranx speciosus.*)	Vingt rayons à la seconde nageoire dorsale; dix-sept rayons à celle de l'anus; un grand nombre de bandes transversales et noires sur un fond couleur d'or.

SECOND SOUS-GENRE.

Un ou plusieurs aiguillons isolés entre les deux nageoires dorsales.

ESPÈCES.	CARACTÈRES.
10. LE CARANX CARANGUE. (*Caranx carangua.*)	Trois aiguillons garnis chacun d'une petite membrane, et placés entre les deux nageoires dorsales; les pectorales alongées jusqu'à la seconde nageoire du dos.
11. LE CARANX FERDAU. (*Caranx ferdau.*)	Vingt-neuf rayons à la seconde nageoire dorsale; vingt-quatre à celle de l'anus; la couleur générale argentée; des taches dorées; cinq bandes transversales brunes; un seul aiguillon isolé entre les deux nageoires du dos.
12. LE CARANX GÆZZ. (*Caranx gœzz.*)	Vingt-huit rayons à la seconde nageoire dorsale; vingt-cinq à celle de l'anus; une membrane luisante sur la nuque; la couleur générale bleuâtre; des taches dorées; un seul aiguillon isolé entre les deux nageoires dorsales.
13. LE CARANX SANSUN. (*Caranx sansun.*)	Vingt-deux rayons à la seconde nageoire du dos; seize à celle de l'anus; les carènes latérales de la queue, très-relevées; la couleur générale argentée, éclatante, et sans taches; un seul aiguillon isolé entre les deux nageoires du dos.
14. LE CARANX KORAB. (*Caranx korab.*)	Vingt rayons à la seconde nageoire dorsale; dix-sept à celle de l'anus; la couleur générale argentée; le dos bleuâtre; un seul aiguillon isolé entre les deux nageoires du dos.

LE CARANX TRACHURE *.

LES caranx sont très-voisins des scombres ; ils leur ressemblent par beaucoup de traits ; ils présentent presque toutes leurs habitudes : ils ont été confondus

* Caranx trachurus.
Saurel, *dans plusieurs départemens méridionaux de France.*
Sieurel, *ibid.*
Sicurel, *ibid.*
Gascon, *sur plusieurs rivages de France.*
Gascanet, *ibid.*
Chicharou, *sur plusieurs côtes voisines de l'embouchure de la Garonne, et de celle de la Charente.*
Maquereau bâtard, *dans plusieurs départemens de France.*
Sauro, *aux environs de Rome.*
Pesce di Spagna, *dans la Ligurie.*
Paramia, *ibid.*
Strombolo, *ibid.*
Scad, *en Angleterre.*
Horse mackrell, *ibid.*
Müseken, *en Allemagne.*
Stocker, *dans quelques contrées du Nord.*
Scomber trachurus. *Linné, édition de Gmelin.*
Scombre gascon. *Dauberton, Encyclopédie méthodique.*
Id. Bonnaterre, *planches de l'Encyclopédie méthodique.*
Bloch, pl. 56.
Sieurel, *ou sicurel. Valmont-Bomare, Dictionnaire d'histoire naturelle.*
Mus. Ad. Frid. 1 , *p.* 89; *et* 2, *p.* 90.
Hasselquist, It. 363 *et* 407, *n.* 84.
Müll. Prodrom. Zoolog. Danic. p. 47, *n.* 397.

avec ces osseux, par le plus grand nombre des naturalistes ; et il est cependant très-aisé de les distinguer
des poissons dont nous venons de nous occuper. Tous
les scombres ont en effet de petites nageoires au-dessus
et au-dessous de la queue : les caranx en sont entièrement privés. Nous leur avons conservé le nom générique de *caranx*, qui leur a été donné par Commerson,
et qui vient du mot grec καρα, lequel signifie *tête*. Ce

Amœnit. academ. 4, *p.* 249.

Scomber lineâ laterali acuminatâ, etc. *Artedi, gen.* 31 , *syn.* 50.

Τραχυρος. *Athen. lib.* 7, *p.* 326.

Id. *Oppian. Hal. lib.* 1 , *p.* 5.

Galen. class. 2 , *fol.* 30 , *b.*

Saurus. *P. Jov. c.* 19, *p.* 86.

Salvian. fol. 79 , *a. b. ad iconem.*

Lacertus , *sive* trachurus. *Bellon.*

Lacertorum genus , quod trachurum Græci vocant , etc. *Gesner, p.* 467
et 552.

Trachurus, *aut* lacertus privatim. *Id.* (*germ.*) *fol.* 56 , *b.*

Sieurel. *Rondelet, première partie, liv.* 8 , *chap.* 6.

Trachurus. *Schonev. p.* 75.

Id. *Aldrov. lib.* 2 , *cap.* 52 , *p.* 268.

Id. *Jonston, lib.* 1 , *tit.* 3, *c.* 3 , *art.* 1 , *punct.* 5 , *tab.* 21 , *fig.* 8.

Charlet. p. 143.

Trachurus. *Willughby, p.* 290, *tab.* 8, 12 ; 8, 22.

Id. *Raj. p.* 92 , *n.* 8.

Scomber lineâ laterali... omnino loricatâ, etc. *Gronov. Mus.* 1 , *p.* 34 ,
n. 80 ; *et* Zooph. *p.* 94 , *n.* 308.

Ara. *Kœmpfer, Jap.* 1 , *tab.* 11 , *fig.* 5.

Marcgrav. Brasil. p. 150.

Pis. Ind. p. 51.

Brit. Zoolog. 3 , *p.* 225 , *n.* 3.

Scomber... lineâ laterali... loricatâ , etc. *Act. Helvet. IV, p.* 264 , *n.* 156.

voyageur les a nommés ainsi à cause de l'espèce de
proéminence que présente leur tête, de la force de cette
partie, de l'éclat dont elle brille, et d'ailleurs pour
annoncer la sorte de puissance et de domination que
plusieurs osseux de ce genre exercent sur un grand
nombre de poissons qui fréquentent les rivages.

Parmi ces animaux voraces et dangereux pour ceux
des habitans de la mer qui sont trop jeunes ou mal
armés, on doit sur-tout remarquer le trachure. Sa
dénomination, qui signifie *queue aiguillonnée*, vient
du grand nombre de piquans dont sa ligne latérale est
hérissée sur sa queue, aussi-bien que sur son corps :
chacun de ces dards est recourbé en arrière, et attaché
à une petite plaque écailleuse, que l'on a comparée,
pour la forme, à une sorte de bouclier; et la série
longitudinale de ces plaques recouvre et indique la
ligne latérale.

Lorsque l'animal agite vivement sa queue, et en
frappe violemment sa proie, non seulement il peut
l'étourdir, l'assommer, l'écraser sous ses coups redou-
blés, mais encore la blesser avec ses pointes latérales,
la déchirer profondément, lui faire perdre tout son
sang. D'ailleurs ce caranx parvient à une grandeur
assez considérable, quoiqu'il ne présente jamais une
longueur égale à celle du thon : il n'est pas rare de le
voir long d'un mètre.

On le trouve dans l'Océan atlantique, dans le grand
Océan ou mer Pacifique, dans la Méditerranée : par-

tout il s'avance par grandes troupes, lorsqu'il s'approche des rivages pour déposer ses œufs ou sa liqueur fécondante. Sa chair est bonne à manger, quoique moins tendre et moins agréable que celle du maquereau. Du temps de Bellon, les habitans de Constantinople recherchoient beaucoup le *garum* fait avec les intestins de ce poisson.

Les écailles qui couvrent le trachure, sont petites, rondes et molles. Sa couleur générale est argentée. Un bleu verdâtre règne sur sa partie supérieure. L'iris brille d'un blanc rougeâtre. Une tache noire est placée sur chaque opercule. Les nageoires sont blanches ; et une teinte noire distingue les premiers rayons de la seconde dorsale *.

La caudale est en croissant ; l'ensemble de l'animal comprimé ; la tête grande ; la mâchoire inférieure recourbée vers le haut, plus longue que la supérieure, et garnie, ainsi que cette dernière, de dents aiguës ; le palais rude ; la langue lisse ; chaque opercule composé de deux lames ; et la nageoire de l'anus précédée d'une petite nageoire composée de deux rayons et d'une membrane.

---

* A la première nageoire du dos 8 rayons.

à la seconde	34
à chacune des pectorales	20
à chacune des thoracines	6
à celle de l'anus	30
à celle de la queue	20

LE CARANX AMIE[1],

ET

LE CARANX QUEUE-JAUNE[2].

Le nombre des rayons que présentent les nageoires du caranx amie, peut servir à le distinguer des autres poissons de ce genre, indépendamment des caractères

---

[1] Caranx amia.
Scomber amia. *Linné, édition de Gmelin.*
Scomber dorso dipterygio, ossiculo ultimo pinnæ dorsalis secundæ prælongo. *Artedi, gen.* 31, *syn.* 51.
Scombre amie. *Daubenton, Encyclopédie méthodique.*
Id. *Bonnaterre, planches de l'Encyclopédie méthodique.*
Nota. Il est utile d'observer que les passages des auteurs et les figures des dessinateurs, rapportés par Artédi, et d'après lui par Daubenton, à leur scombre amie, sont relatifs, non pas à ce poisson, mais au caranx glauque, ou au centronote lyzan, ainsi que nous l'indiquerons en détail dans la synonymie des articles dans lesquels nous traiterons du glauque et du lyzan. Cette fausse application faite par Artédi, a trompé aussi le professeur Bonnaterre, qui a fait graver, pour son scombre amie, une figure que Salvian a publiée pour un poisson nommé *amia,* mais qui cependant ne peut appartenir qu'à un centronote lyzan.

[2] Caranx chrysurus.
Scomber chrysurus. *Linné, édition de Gmelin.*
Yellow tail (queue jaune). *Garden.*
Scombre queue jaune. *Daubenton, Encyclopédie méthodique.*
Id. *Bonnaterre, planches de l'Encyclopédie méthodique.*

particuliers à cette espèce que nous venons d'exposer
dans le tableau des caranx [1].

La queue-jaune habite dans la Caroline; elle y a été
observée par Garden. Son nom vient de la couleur de
sa queue, qui est d'un jaune plus ou moins doré, ainsi
que quelques unes de ses nageoires. Ses dents sont très-
petites, très-difficiles à voir. On a même écrit que ses
mâchoires étoient entièrement dénuées de dents. Une
petite nageoire à deux rayons est placée au-devant de
celle de l'anus [2].

---

[1] A la première nageoire du dos du caranx amie, 5 rayons.
  à la seconde   34
  à chacune des pectorales   20
  à chacune des thoracines   6
  à celle de l'anus   24

[2] A la première nageoire dorsale du caranx queue-jaune, 9 rayons.
  à la seconde   29
  à chacune des pectorales   19
  à chacune des thoracines   6
  à celle de l'anus   30
  à celle de la queue   22

LE CARANX GLAUQUE*.

CE poisson, qu'Osbeck a vu dans l'Océan atlantique, auprès de l'isle de l'Ascension, a été observé par Commerson dans le grand Océan, vers les rivages de Madagascar, et particulièrement dans les environs du fort Dauphin élevé dans cette dernière isle. Il habite aussi dans la Méditerranée, où il étoit très-connu du temps de Pline, et même de celui d'Aristote, qui avoit entendu dire que ce caranx se tenoit caché dans les profondeurs

* Caranx glaucus.

Leccia , *sur les côtes de la Ligurie.*

Polanda , *en esclavon.*

Γλαυκος , *en grec.*

Derbio , *dans plusieurs departemens méridionaux de France.*

Biche , *ibid.*

Cabrole , *ibid.*

Damo , *ibid.*

Scomber glaucus. *Linné, édition de Gmelin.*

Scombre glaucue. *Daubenton , Encyclopédie méthodique.*

Id. *Bonnaterre, planches de l'Encyclopédie méthodique.*

Scomber dorso dipterygio, ossiculo secundo pinnæ dorsalis altissimo. *Artedi, gen.* 32, *syn.* 51.

Mus. Ad. Frid. 2 , p. 85.

Scomber Ascensionis. *Osbeck, It.* 296.

Derbio. *Rondelet, premiere partie, liv.* 8 , *chap.* 15.

Glaucus. *Plin lib.* 9 , *cap.* 16.

Caranx lineâ laterali inermi, maculisque signatâ quatuor nigris, anterioribus duabus majoribus. *Commerson, manuscrits déja cités.*

Glaucus (derbio.) *Valmont-Bomare , Dictionnaire d'histoire naturelle.*

de la mer pendant les très-grandes chaleurs de l'été. La couleur générale de cet osseux est indiquée par le nom qu'il porte : elle est en effet d'un bleu clair mêlé d'une teinte verdâtre; quelquefois cependant elle paroît d'un bleu foncé et semblable à celui que présente la mer agitée par un vent impétueux. La partie inférieure de l'animal est blanche. On voit souvent une tache noire à l'origine de la seconde nageoire dorsale et à celle de la nageoire de l'anus; et quatre autres taches noires, dont les deux premières sont les plus grandes, sont aussi placées ordinairement sur chaque ligne latérale.

Le second rayon de la seconde nageoire du dos est très-haut, et le premier aiguillon de la première nageoire dorsale est tourné, incliné, et même couché vers la tête. Une petite nageoire à deux rayons précède celle de l'anus *.

La chair du glauque est blanche, grasse, et communément de bon goût.

---

* A la nageoire du dos   7 rayons,
  à la seconde   26
  à chacune des pectorales   20
  à chacune des thoracines   5
  à celle de l'anus   25
  à celle de la queue, qui est très-fourchue,   20

LE CARANX BLANC,

ET

LE CARANX QUEUE-ROUGE[2].

LA mer Rouge nourrit le caranx blanc, que Forskael a
décrit le premier, et dont la couleur générale blanche
ou argentée est relevée par le jaune qui règne sur les
côtés de l'animal et sur la nageoire caudale. Un rang
de petites dents garnit chaque mâchoire. Chaque ligne
latérale est revêtue, vers la queue, de petites pièces
écailleuses. Les écailles proprement dites qui recouvrent le caranx, sont fortement attachées. La première nageoire du dos forme un triangle équilatéral[3].

---

[1] Caranx albus.
Scomber albus. *Linné, édition de Gmelin.*
Forskael, Faun. Arab. p. 56, n. 75.
Scombre sufnok. *Bonnaterre, planches de l'Encyclopédie méthodique.*

[2] Caranx erithrurus.
Scomber hippos. *Linné, édition de Gmelin.*
Scombre queue-rouge. *Daubenton, Encyclopédie méthodique.*
Id. *Bonnaterre, planches de l'Encyclopédie méthodique.*

[3] A la membrane des branchies du caranx blanc , 8 rayons.
   à la première nageoire dorsale   8
   à la seconde   25
   à chacune des pectorales   22
   à chacune des thoracines   5.
   à celle de l'anus   20
   à celle de la queue   17

On voit une petite nageoire composée de deux rayons au-devant de l'anus du blanc, aussi-bien qu'au-devant de l'anus du caranx queue-rouge. Ce dernier a été observé dans la Caroline par Garden, et à l'isle de Tahiti par Forster. Il montre une tache noire sur chacun de ses opercules. Sa seconde nageoire du dos est rouge, comme celle de la queue; les thoracines et l'anale sont jaunes. La partie postérieure de chaque ligne latérale est comme hérissée de petites pointes. Les deux dents de devant sont, dans chaque mâchoire, plus grandes que les autres *.

* A la première nageoire dorsale du caranx queue-rouge, 7 rayons.
à la seconde 22
à chacune des pectorales 22
à chacune des thoracines 6
à celle de l'anus 40
à celle de la queue 30

LE CARANX FILAMENTEUX [1].

C'est au célèbre Anglois Mungo Park que l'on doit la description de ce caranx, que l'on trouve en Asie, auprès des rivages de Sumatra. Le nom de *filamenteux* que Mungo Park lui a donné, vient des filamens qui garnissent la seconde nageoire dorsale, ainsi que celle de l'anus. La couleur générale de ce poisson est argentée, et son dos est bleuâtre; ses écailles sont petites, mais fortement attachées. Le museau est arrondi; l'œil grand; l'iris jaune; chaque mâchoire hérissée de dents courtes et serrées; chaque opercule formé de trois lames dénuées d'écailles semblables à celles du dos; la nageoire caudale fourchue; la petite nageoire qui précède celle de l'anus, composée de deux rayons, dont l'antérieur est le moins grand. Les pectorales sont en forme de faux; la première du dos peut être reçue dans une fossette longitudinale [2].

[1] Caranx filamentosus.
Scomber filamentosus. *Mungo Park, Transact. de la société linnéenne de Londres, vol.* 3.

[2] A la membrane des branchies   7 rayons.
    à la première nageoire dorsale   6 rayons aiguillonnés.
    à la seconde nageoire du dos   22 rayons.
    à chacune des pectorales   19
    à chacune des thoracines   5
    à celle de l'anus   18
    à celle de la queue   22

LE CARANX DAUBENTON[1].

Nous consacrons à la mémoire de notre illustre ami Daubenton, ce beau caranx représenté d'après Plumier dans les peintures sur vélin du Muséum d'histoire naturelle.

Ce caranx a ses deux nageoires dorsales très-rapprochées : la première est triangulaire, et soutenue par six rayons aiguillonnés ; la seconde est très-alongée et un peu en forme de faux[2]. Deux aiguillons sont placés au-devant de la nageoire de l'anus. Les deux mâchoires sont également avancées. On voit, à chaque opercule branchial, au moins trois pièces, dont les deux dernières sont découpées en pointe du côté de la queue. La ligne latérale est tortueuse, rude et dorée. Des taches couleur d'or sont répandues sur les nageoires. La partie supérieure du corps est bleue, et l'inférieure argentée.

---

[1] Caranx Daubentonii.

Trachurus argento-cæruleus, aureis maculis notatus. *Manuscrits de Plumier.*

[2] 3 rayons aiguillonnés et 19 rayons articulés à la seconde nageoire du dos. 1 rayon aiguillonné et 13 rayons articulés à celle de l'anus.

La nageoire de la queue est fourchue.

LE CARANX TRÈS-BEAU*.

CE poisson mérite son nom. Ses écailles, petites et foiblement attachées, brillent de l'éclat de l'or sur le dos, et de celui de l'argent sur sa partie inférieure. Ces deux riches nuances sont variées par des bandes transversales, ordinairement au nombre de sept, d'un beau noir, et dont chacune est communément suivie d'une autre bande également d'un beau noir et transversale, mais beaucoup plus étroite. Les nageoires du dos sont bleues, et les autres jaunes.

Trois lames composent chaque opercule. Les nageoires pectorales, beaucoup plus longues que les thoracines, sont en forme de faux. Celle de la queue est fourchue.

Forskael a vu ce caranx dans la mer Rouge. Commerson, qui l'a observé dans la partie du grand Océan qui baigne l'isle de France et la côte orientale d'Afrique, rapporte dans ses manuscrits, que les deux individus de cette espèce qu'il a examinés, n'avoient pas

---

* Caranx speciosus.
Scomber speciosus. *Linné, édition de Gmelin.*
Forskael, Faun. Arab. p. 54, *n.* 70.
Scombre rim. *Bonnaterre, planches de l'Encyclopédie méthodique.*
Caranx fasciis transversis nigris alternatim angustioribus, caudæ apicibus atratis. *Commerson, manuscrits déja cités.*

Pl. 1. Page 72.

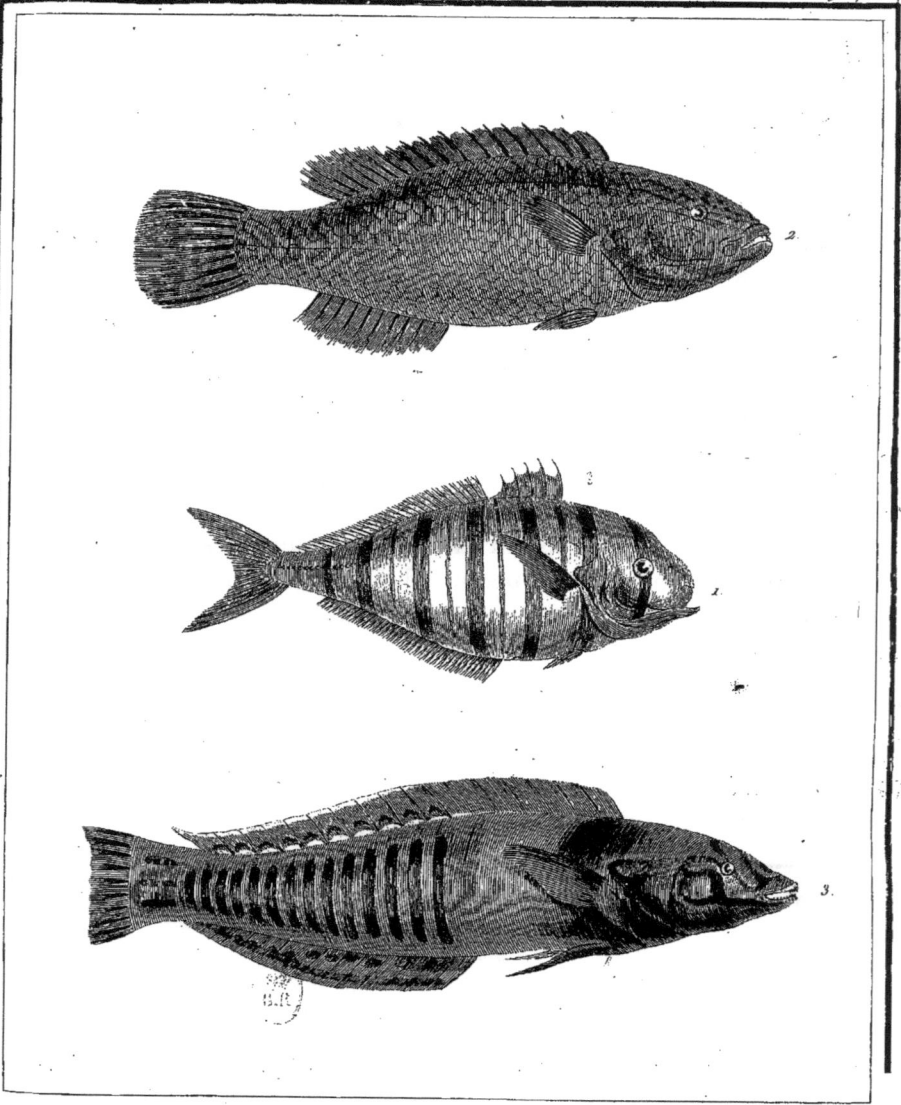

1. Sive fins del   venve Tardieu Sc.

1. CARANX très beau. 2. LABRE Digramme 3. HOLOGYMNOSE Facé.

plus de six ou sept pouces (deux décimètres) de longueur, que les deux pointes de la nageoire caudale
étoient très-noires, que les deux mâchoires étoient à
peu près également avancées, et qu'on ne sentoit
aucune dent le long de ces mâchoires.

Indépendamment de ces particularités, dont les deux
dernières ont été aussi indiquées par Forskael, Commerson dit que la membrane branchiale étoit soutenue
par sept rayons ; que la partie concave de l'arc osseux
de la première branchie étoit dentée en forme de
peigne ; que la partie analogue des autres trois arcs ne
présentoit que deux rangs de tubercules assez courts ;
et que la ligne latérale étoit, vers la queue, hérissée de
petits aiguillons, et bordée, pour ainsi dire, d'écailles
plus grandes que celles du dos *.

* A la première nageoire dorsale	7 rayons aiguillonnés.
à la seconde nageoire dorsale	21 rayons.
à chacune des pectorales	22
à chacune des thoracines	5 ou 6
à celle de l'anus, qui est précédée d'une petite nageoire à 2 rayons,	21
à celle de la queue	17

LE CARANX CARANGUE[*]

Nous avons conservé à ce caranx le nom spécifique de *carangue*, qu'il a porté à la Martinique, suivant Plumier. La première nageoire du dos est soutenue par sept ou huit aiguillons. Deux aiguillons paroissent au-devant de celle de l'anus. La ligne latérale est courbe et rude; la partie supérieure du poisson bleue; l'inférieure argentée; et presque toutes les nageoires resplendissent de l'éclat de l'or.

[*] Caranx carangua.
Carangue. *Peintures sur vélin, faites d'après les dessins de Plumier, et déjà citées.*

LE CARANX FERDAU[1],

LE CARANX GÆSS[2],

LE CARANX SANSUN[3],

ET LE CARANX KORAB[4].

Ces quatre caranx composent un sous-genre particulier et distingué du premier sous-genre par la présence d'un aiguillon isolé placé entre les deux nageoires dorsales. On les trouve tous les quatre dans la mer Rouge ou mer d'Arabie : ils y ont été observés par

[1] Caranx ferdau.
Scomber ferdau. *Linné, édition de Gmelin.*
Forskael, Faun. Arabic. p. 55 , *n.* 71.
Scombre ferdau. *Bonnaterre , planches de l'Encyclopédie méthodique.*

[2] Caranx gæss.
Scomber fulvo guttatus. *Linné, édition de Gmelin.*
Forskael, Faun. Arabic. p. 56 , *n.* 73.
Scombre gæss. *Bonnaterre, planches de l'Encyclopédie méthodique.*

[3] Caranx sansun.
Scomber sansun. *Linné, édition de Gmelin.*
Forskael, Faun. Arab. p. 56, *n.* 74.
Scombre bockos. *Bonnaterre, planches de l'Encyclopédie méthodique.*

[4] Caranx korab.
Scomber ignobilis. *Linné, édition de Gmelin.*
Forskael, Faun. Arabic. p. 55, *n.* 72.
Scombre korab. *Bonnaterre, planches de l'Encyclopédie méthodique.*

Forskael. Le tableau méthodique du genre *caranx* expose les différences qui les séparent l'un de l'autre; il nous suffira maintenant d'ajouter quelques traits à ceux que présente ce tableau.

Le ferdau montre un grand nombre de dents petites, déliées et flexibles; le sommet de la tête est dénué d'écailles proprement dites, et osseux dans son milieu; l'opercule est écailleux; la ligne latérale presque droite; la nageoire caudale fourchue et glauque. Les pectorales, dont la forme ressemble à celle d'une faux, sont blanchâtres; et une variété de l'espèce que nous décrivons, les a transparentes. On voit au-devant des narines un petit barbillon conique[1].

Le gæss, qui ressemble beaucoup au ferdau, a une petite cavité sur la tête; il peut baisser et renfermer dans une fossette longitudinale sa première nageoire dorsale; sa nageoire caudale est très-fourchue; et sa ligne latérale est courbe vers la tête et droite vers la queue[2].

Le sansun, qui a beaucoup de rapports avec le gæss et avec le ferdau, présente des ramifications sur le

---

[1] A la première nageoire dorsale   6 rayons aiguillonnés.
    à chacune des pectorales   21 rayons.
    à chacune des thoracines   1 rayon aiguillonné et 5 ray. articulés.
    à celle de la queue   15 ou 16 rayons.

[2] A la première nageoire dorsale   7 rayons aiguillonnés.
    à chacune des pectorales   1 rayon aiguillonné et 20 ray. articulés.
    à chacune des thoracines   1 rayon aiguillonné et 5 ray. articulés.
    à celle de la queue   18 ou 19 rayons.

sommet de la tête ; une rangée de dents arme chaque
mâchoire ; la mâchoire supérieure est d'ailleurs garnie
d'une grande quantité de dents petites et flexibles ,
placées en seconde ligne. Les nageoires pectorales et
les thoracines sont blanches ; celle de l'anus et le lobe
inférieur de la caudale sont jaunes ; le lobe supérieur
de cette même caudale est brun comme les dorsales ,
qui, d'ailleurs, sont bordées de noir [1].

Le korab a chaque mâchoire hérissée d'une rangée
de dents courtes , et comme renflées ; la ligne latérale
est ondulée vers la nuque , et droite ainsi que marquée
par des écailles particulières auprès de la queue. Les
nageoires pectorales et les thoracines sont roussâtres ;
les dorsales glauques ; l'anale transparente et comme
bordée de jaune ; le lobe inférieur de la caudale jaune,
et le supérieur d'un bleu verdâtre [2].

---

[1] A la première nageoire dorsale du sansun, 7 rayons aiguillonnés.
   à chacune des pectorales   1 rayon aiguillonné et 20 rayons articulés.
   à chacune des thoracines   1 rayon aiguillonné et 5 rayons articulés.
   à celle de la queue   17 ou 18 rayons.

[2] A la membrane branchiale du korab , 8 rayons.
   à la première nageoire dorsale   7 rayons aiguillonnés.
   à chacune des pectorales   1 rayon aiguillonné et 20 rayons articulés.
   à chacune des thoracines   1 rayon aiguillonné et 5 rayons articulés.
   à celle de la queue   17 ou 18 rayons.

SOIXANTE-TROISIÈME GENRE.

LES TRACHINOTES.

Deux nageoires dorsales; point de petites nageoires au-dessus ni au-dessous de la queue; les côtés de la queue relevés longitudinalement en carène, ou une petite nageoire composée de deux aiguillons et d'une membrane, au-devant de la nageoire de l'anus; des aiguillons cachés sous la peau, au-devant des nageoires dorsales.

ESPÈCE.	CARACTÈRES.
LE TRACHIN. FAUCHEUR. (*Trachinotus falcatus.*)	La seconde nageoire du dos, et celle de l'anus, représentant la forme d'une faux.

LE TRACHINOTE FAUCHEUR *.

C'EST dans la mer d'Arabie qu'habite ce poisson, que Forskael, en le découvrant, crut devoir comprendre parmi les scombres, mais que l'état actuel de la science ichthyologique et nos principes de distribution méthodique et régulière nous obligent à séparer de ces mêmes scombres, et à inscrire dans un genre particulier. Nous donnons à cet osseux le nom générique de *trachinote*, qui veut dire *aiguillons sur le dos*, pour désigner l'un des traits les plus distinctifs de sa conformation. Cet animal a toujours en effet auprès de la nuque, des aiguillons cachés sous la peau, et au-devant desquels un piquant très-fort, couché horizontalement, est tourné vers le museau, et quelquefois recouvert par le tégument le plus extérieur du poisson. La première nageoire dorsale, dont la membrane n'est soutenue que par des rayons aiguillonnés, et dont la peau recouvre quelquefois le premier rayon, peut se baisser et se coucher dans une fossette.

---

* Trachinotus. falcatus.
Scomber falcatus. *Linné, édition de Gmelin.*
Scomber rhomboïdalis, pinnâ secundâ dorsi et ani, falcatis. *Forskael, Fauna Arabic. p.* 57, *n.* 76.
Scombre liogel. *Bonnaterre, planches de l'Encyclopédie mé ho dique.*

La seconde nageoire dorsale et celle de l'anus * ont
la forme d'une sorte de faux ; et voilà d'où vient le
nom spécifique que nous avons conservé au trachinote
que nous décrivons.

Ce faucheur, dont la hauteur égale souvent la moitié
de la longueur, est revêtu, sur le corps et sur la queue,
d'écailles minces et fortement attachées ; on ne voit
pas d'écailles proprement dites sur les opercules ; on
n'apperçoit pas de dents aux mâchoires, mais on
remarque des aspérités à la mâchoire inférieure ; la
lèvre supérieure est extensible ; la ligne latérale est un
peu ondulée ; les thoracines, plus longues que les pectorales, sont comme tronquées obliquement ; il y
a au-devant de l'anus une petite nageoire à deux
rayons.

La couleur générale de ce trachinote est argentée
avec une teinte brune sur le dos. Une nuance jaunâtre
paroît sur le front. La nageoire caudale est peinte de
trois couleurs ; elle montre du brun, du glauque et
du jaune : les thoracines sont blanchâtres en dedans,
et dorées ou jaunâtres en dehors, ce qui s'accorde avec
les principes que nous avons exposés au sujet des

---

* A la première nageoire dorsale 5 rayons aiguillonnés.
  à la seconde   1 rayon aiguillonné et 19 ray. articulés.
  à chacune des pectorales   18 rayons.
  à chacune des thoracines   6 rayons.
  à celle de l'anus   1 rayon aiguillonné et 17 ray. articulés.
  à celle de la queue, qui est
    fourchue,   6 rayons.

couleurs des poissons et même du plus grand nombre d'animaux ; et les pectorales ne présentent qu'une nuance brune.

Il paroît par une note très-courte que j'ai trouvée dans les papiers de Commerson, que ce naturaliste avoit vu auprès du fort Dauphin de Madagascar, notre trachinote faucheur, qu'il regardoit comme un caranx, et auquel il attribuoit une longueur d'un demi-mètre.

SOIXANTE-QUATRIÈME GENRE.

LES CARANXOMORES.

Une seule nageoire dorsale; point de petites nageoires au-dessus ni au-dessous de la queue; les côtés de la queue relevés longitudinalement en carène, ou une petite nageoire composée de deux aiguillons et d'une membrane au-devant de la nageoire de l'anus, ou la nageoire dorsale très-prolongée vers celle de la queue; la lèvre supérieure très-peu extensible, ou non extensible; point d'aiguillons isolés au-devant de la nageoire du dos.

ESPÈCES.	CARACTÈRES.
1. LE CARANX. PÉLAGIQUE. (*Caranxomoras pelagicus.*)	Quarante rayons à la nageoire du dos.
2. LE CAR. PLUMIÉRIEN. (*Caranxom. plumierianus.*)	Les pectorales une fois plus longues que les thoracines; la dorsale et l'anale en forme de faux.

LE CARANXOMORE PÉLAGIQUE[1].

LES caranxomores diffèrent des caranx, en ce qu'ils n'ont qu'une seule nageoire dorsale ; ils leur ressemblent d'ailleurs par un très-grand nombre de traits, ainsi que leur nom l'indique.

Le nombre des rayons de la nageoire du dos distingue le pélagique, auquel on ne doit avoir donné le nom qu'il porte, que pour désigner l'habitude de se tenir fréquemment en pleine mer[2].

[1] Caranxomorus pelagicus.
Scomber pelagicus. *Linné, édition de Gmelin.*
Mus. Ad. Frid. 1, *p.* 72, *tab.* 30, *fig.* 3.
Scombre monoptère. *Daubenton, Encyclopédie méthodique.*
Id. *Bonnaterre, planches de l'Encyclopédie méthodique.*

[2] A la nageoire dorsale du pélagique,   40 rayons.
    à chacune des pectorales   19
    à chacune des thoracines   5
    à celle de l'anus   22
    à celle de la queue, qui est très-fourchue, 20

LE CARANXOMORE PLUMIÉRIEN *.

PARMI les peintures sur vélin du Muséum d'histoire
naturelle, se trouve l'image de ce poisson, dont on
doit le dessin au voyageur Plumier. Ce caranxomore
parvient à une grandeur considérable, et n'est couvert que d'écailles très-petites. La nageoire dorsale ne
commence que vers le milieu de la longueur totale de
l'animal ; elle ressemble presque en tout à celle de
l'anus, au-dessus de laquelle elle est située. La nuque
présente un enfoncement qui rend le crâne convexe ;
la ligne latérale est courbe et rude ; trois lames composent chaque opercule ; les mâchoires sont aussi avancées l'une que l'autre ; le dessus du poisson est bleu ,
et le dessous d'un blanc argenté et mêlé de rougeâtre.

---

* Caranxomorus plumierianus.
Trachurus maximus, squamis minutissimis. *Manuscrits de Plumier.*

1. CARANXOMORE Plumiérien 2. LABRE Plumiérien 3. LABRE Ensanglanté

SOIXANTE-CINQUIÈME GENRE.

LES CÆSIO.

Une seule nageoire dorsale; point de petites nageoires au-dessus ni au-dessous de la queue; les côtés de la queue relevés longitudinalement en carène, ou une petite nageoire composée de deux aiguillons et d'une membrane au-devant de la nageoire de l'anus, ou la nageoire dorsale très-prolongée vers celle de la queue; la lèvre supérieure très-extensible; point d'aiguillons isolés au-devant de la nageoire du dos.

ESPÈCES.	CARACTÈRES.
1. LE CÆSIO AZUROR. (*Cæsio cærulaureus.*)	L'opercule branchial recouvert d'écailles semblables à celles du dos, et placées les unes au-dessus des autres.
2. LE CÆSIO POULAIN. (*Cæsio equulus.*)	Une fossette calleuse et une bosse osseuse au-devant des nageoires thoracines.

LE CÆSIO AZUROR*.

Cæsio est le nom générique donné par Commerson au poisson que nous désignons par la dénomination spécifique d'*azuror*, laquelle annonce l'éclat de l'or et de l'azur dont il est revêtu. Le naturaliste voyageur a tiré ce nom de *cæsio*, de la couleur bleuâtre, en latin *cæsius*, de l'animal qu'il avoit sous ses yeux. En reconnoissant les grands rapports qui lient les *cæsio* avec les scombres, il a cru cependant devoir les en séparer. Et c'est en adoptant son opinion que nous avons établi le genre particulier dont nous nous occupons, que nous avons cherché à circonscrire dans des limites précises, et auquel nous avons cru devoir rapporter non seulement le *cæsio* azuror décrit par Commerson, mais encore le poulain placé par Forskael, et d'après lui par Bonnaterre, au milieu des scombres, et inscrit par Gmelin parmi les centrogastères.

L'azuror est très-beau. Le dessus de ce poisson est d'un bleu céleste des plus agréables à la vue, et qui, s'étendant sur les côtés de l'animal, y encadre, pour ainsi dire, une bande longitudinale d'un jaune doré

---

* Cæsio cærulaureus.
Cæsio dorso cæruleo, tæniâ lineæ laterali superductâ, flavescente deauratâ, corpore subteriore argenteo, caudæ marginibus undique rubentibus. *Commerson, manuscrits déjà cités.*

qui règne au-dessus de la ligne latérale, suit sa courbure, et en parcourt toute l'étendue. La partie inférieure du *cæsio* est d'un blanc brillant et argenté.

Une tache d'un noir très-pur est placée à la base de chaque nageoire pectorale, qui la cache en partie, mais en laisse paroître une portion, laquelle présente la forme que l'on désigne par le nom de *chevron brisé*.

La nageoire de la queue est brune, et bordée dans presque toute sa circonférence d'un rouge élégant. L'anale est peinte de la même nuance que cette bordure. On retrouve la même teinte au milieu du brun des pectorales; la dorsale est brune, et les thoracines sont blanchâtres.

L'or, l'argent, le rouge, le bleu céleste, le noir, sont donc répandus avec variété et magnificence sur le *cæsio* que nous considérons; et des nuances brunes sont distribuées au milieu de ces couleurs brillantes, comme pour les faire ressortir, et terminer l'effet du tableau par des ombres.

Cette parure frappe d'autant plus les yeux de l'observateur, qu'elle est réunie avec un volume un peu considérable, l'azuror étant à peu près de la grandeur du maquereau, avec lequel il a d'ailleurs plusieurs rapports.

Au reste, n'oublions pas de remarquer que cet éclat et cette diversité de couleurs que nous admirons en

tâchant de les peindre , appartiennent à un poisson
qui vit dans l'archipel des grandes Indes , particulièrement dans le voisinage des Moluques , et par conséquent dans ces contrées où une heureuse combinaison de la lumière , de la chaleur , de l'air , et des
autres élémens de la coloration , donne aux perroquets , aux oiseaux de paradis , aux quadrupèdes ovipares , aux serpens , aux fleurs des grands arbres , et
à celles des humbles végétaux , l'or resplendissant du
soleil des tropiques , et les tons animés des sept couleurs de l'arc céleste.

L'azuror brilloit parmi les poissons que les naturels
des Moluques apportoient au vaisseau de Commerson ;
et le goût de sa chair étoit agréable.

Le museau de ce *cæsio* est pointu ; la lèvre supérieure très - extensible ; la mâchoire inférieure plus
avancée que celle de dessus , lorsque la bouche est
ouverte ; chaque mâchoire garnie de dents si petites ,
que le tact seul les fait distinguer ; la langue très-petite,
cartilagineuse , lisse , et peu mobile ; le palais aussi lisse
que la langue ; l'œil ovale et très-grand ; chaque opercule composé de deux lames , recouvert de petites
écailles , excepté sur ses bords , et comme ciselé par
des rayons ou lignes convergentes ; la lame postérieure
de cet opercule conformée en triangle ; cet opercule
branchial placé au - dessus du rudiment d'une cinquième branchie ; la concavité des arcs osseux qui sou-

tiennent les branchies , dentée comme un peigne ; la
nageoire dorsale très-longue ; et celle de la queue profondément échancrée *.

---

* A la membrane branchiale 7 rayons.
 à la nageoire du dos   9 rayons aiguillonnés et 15 ray. articulés.
 à chacune des pectorales 24 rayons.
 à chacune des thoracines 6 rayons.
 à celle de l'anus   2 rayons aiguillonnés et 13 ray. articulés.
 à celle de la queue   17 rayons.

LE CÆSIO POULAIN*.

Ce poisson a une conformation peu commune.

Sa tête est relevée par deux petites saillies alongées qui convergent et se réunissent sur le front ; un ou deux aiguillons tournés vers la queue sont placés au-dessus de chaque œil ; les dents sont menues, flexibles, et, pour ainsi dire, *capillaires* ou *sétacées* ; l'opercule est comme collé à la membrane branchiale ; on voit une dentelure à la pièce antérieure de ce même opercule ; une membrane lancéolée est attachée à la partie supérieure de chaque nageoire thoracine ; la dorsale et la nageoire de l'anus s'étendent jusqu'à celle de la queue, qui est divisée et présente deux lobes distincts ; et enfin, au-devant des nageoires thoracines, paroît une sorte de bosse ou de tubercule osseux, aigu, et suivi d'une petite cavité linéaire, et également osseuse ou calleuse. Ces deux callosités réunies, cette éminence, et cet enfoncement, ont été comparés à une selle de cheval ; on a cru qu'ils en rappeloient vaguement la forme ; et voilà d'où viennent les noms de *petit cheval*,

---

* Cæsio equulus.
Centrogaster equula. *Linné, édition de Gmelin.*
Forskael, Faun. Arabic. p. 58, n. 77.
Scombre petite jument. *Bonnaterre, planches de l'Encyclopédie méthodique.*

de *petite jument*, de *poulain* et de *pouline*, donnés au poisson que nous examinons [1].

Au reste, ce *cæsio* est revêtu d'écailles très-petites, mais brillantes de l'éclat de l'argent. Il parvient à la longueur de deux décimètres. Forskael l'a vu dans la mer d'Arabie, où il a observé aussi d'autres poissons [2] presque entièrement semblables au *poulain*, qui n'en diffèrent d'une manière très-sensible que par un ou deux rayons de moins aux nageoires dorsale, pectorales et caudale, ainsi que par la couleur glauque et la bordure jaune de ces mêmes nageoires, des thoracines, et de celle de l'anus, et que nous considérerons, quant à présent et de même que les naturalistes Gmelin et Bonnaterre, comme une simple variété de l'espèce que nous venons de décrire.

---

[1] A la membrane des branchies 4 rayons.
   à la nageoire du dos   8 rayons aiguillonnés et 16 ray. articulés.
   à chacune des pectorales   18 rayons.
   à chacune des thoracines   1 rayon aiguillonné et 5 rayons articulés.
   à celle de l'anus   3 rayons aiguillonnés et 15 ray. articulés.
   à celle de la queue   17 rayons.

[2] Scomber pinnis glaucis, margine flavis. *Forskael, Faun. Arabic. p.* 58.
Scombre meillet. *Bonnaterre, planches de l'Encyclopédie méthodique.*

SOIXANTE-SIXIÈME GENRE.

LES CÆSIOMORES.

Une seule nageoire dorsale; point de petites nageoires au-dessus ni au-dessous de la queue; point de carène latérale à la queue, ni de petite nageoire au-devant de celle de l'anus; des aiguillons isolés au-devant de la nageoire du dos.

ESPÈCES.	CARACTÈRES.
1. LE CÆSIOMORE BAILLON. (*Cæsiomorus Baillonii.*)	Deux aiguillons isolés au-devant de la nageoire dorsale ; le corps et la queue revêtus d'écailles assez grandes.
2. LE CÆSIOMORE BLOCH. (*Cæsiomorus Blochii.*)	Cinq aiguillons isolés au-devant de la nageoire dorsale ; le corps et la queue dénués d'écailles facilement visibles.

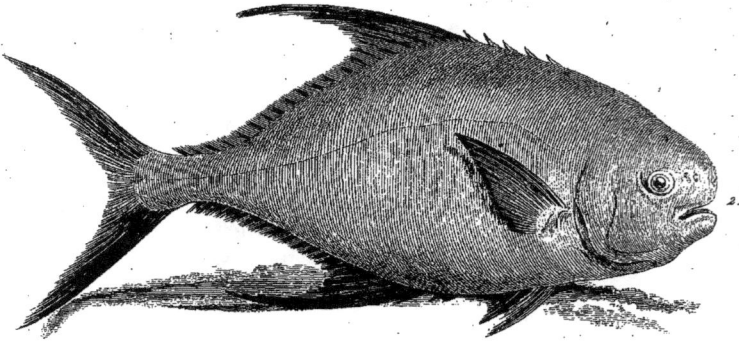

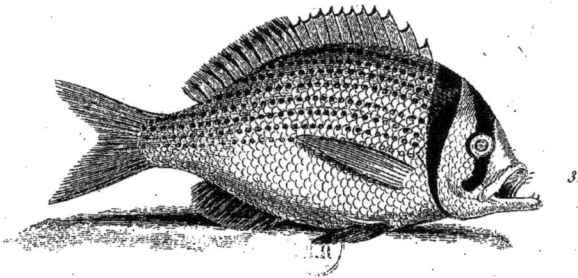

1. CŒSIOMORE Baillon 2 CŒSIOMORE Bloch 3. LABRE Chapelet.

LE CÆSIOMORE BAILLON*.

Nous allons faire connoître deux cæsiomores ; aucune de ces deux espèces n'a encore été décrite. Nous en avons trouvé la figure dans les manuscrits de Commerson ; et elle a été gravée avec soin sous nos yeux. Nous dédions l'une de ces espèces au citoyen Baillon, l'un des plus zélés et des plus habiles correspondans du Muséum national d'histoire naturelle, qui rend chaque jour de nouveaux services à la science que nous cultivons, par ses recherches, ses observations, et les nombreux objets dont il enrichit les collections de la république, et dont Buffon a consigné le juste éloge dans tant de pages de cette Histoire naturelle.

Nous consacrons l'autre espèce à la mémoire du savant et célèbre ichthyologiste le docteur Bloch de Berlin, comme un nouvel hommage de l'estime et de l'amitié qu'il nous avoit inspirées.

Le cæsiomore baillon a le corps et la queue couverts d'écailles assez grandes, arrondies, et placées les unes au-dessus des autres. On n'en voit pas de semblables sur la tête ni sur les opercules, qui ne sont revêtus que de grandes lames. Des dents pointues et un peu séparées les unes des autres garnissent les deux

---

* Cæsiomorus Baillonii.

mâchoires, dont l'inférieure est plus avancée que la supérieure. On voit le long de la ligne latérale, qui est courbe jusque vers le milieu de la longueur totale de l'animal, quatre taches presque rondes et d'une couleur très-foncée. Deux aiguillons forts, isolés, et tournés en arrière, paroissent au-devant de la nageoire du dos, laquelle ne commence qu'au-delà de l'endroit où le poisson montre la plus grande hauteur, et qui, conformée comme une faux, s'étend presque jusqu'à la nageoire caudale.

La nageoire de l'anus, placée au-dessous de la dorsale, est à peu près de la même étendue et de la même forme que cette dernière, et précédée, de même, de deux aiguillons assez grands et tournés vers la queue.

La nageoire caudale est très-fourchue ; les thoracines sont beaucoup plus petites que les pectorales.

LE CÆSIOMORE BLOCH*.

Ce poisson a beaucoup de ressemblance avec le baillon : la nageoire dorsale et celle de l'anus sont en forme de faux dans cette espèce , comme dans le cæsiomore dont nous venons de parler ; deux aiguillons isolés hérissent le devant de la nageoire de l'anus ; la nageoire caudale est fourchue , et les thoracines sont moins grandes que les pectorales dans les deux espèces : mais les deux lobes de la nageoire caudale du bloch sont beaucoup plus écartés que ceux de la nageoire de la queue du baillon ; la nageoire dorsale du bloch s'étend vers la tête jusqu'au-delà du plus grand diamètre vertical de l'animal ; cinq aiguillons isolés et très-forts sont placés au-devant de cette même nageoire du dos. La nuque est arrondie ; la tête grosse et relevée ; la mâchoire supérieure terminée en avant, comme l'inférieure , par une portion très-haute , très-peu courbée , et presque verticale ; deux lames au moins composent chaque opercule ; on ne voit pas de tache sur la ligne latérale, qui de plus est tortueuse; et enfin , les tégumens les plus extérieurs du bloch ne sont recouverts d'aucune écaille facilement visible.

---

* Cæsiomorus Blochii.

SOIXANTE-SEPTIÈME GENRE.

LES CORIS.

La tête grosse et plus élevée que le corps; le corps comprimé et très-alongé; le premier ou le second rayon de chacune des nageoires thoracines, une ou deux fois plus alongé que les autres; point d'écailles semblables à celles du dos sur les opercules ni sur la tête, dont la couverture lamelleuse et d'une seule pièce représente une sorte de casque.

ESPÈCES.	CARACTÈRES.
1. LE CORIS AIGRETTE. (*Coris aygula*)	Le premier rayon de la nageoire du dos, une ou deux fois plus long que les autres; l'opercule terminé par une ligne courbe; une bosse au-dessus des yeux.
2. LE CORIS ANGULÉ. (*Coris angulatus.*)	Le premier rayon de la nageoire du dos un peu plus court que les autres, ou ne les surpassant pas en longueur; l'opercule terminé par une ligne anguleuse; point de bosse au-dessus des yeux.

Pl. 4. Page 97.

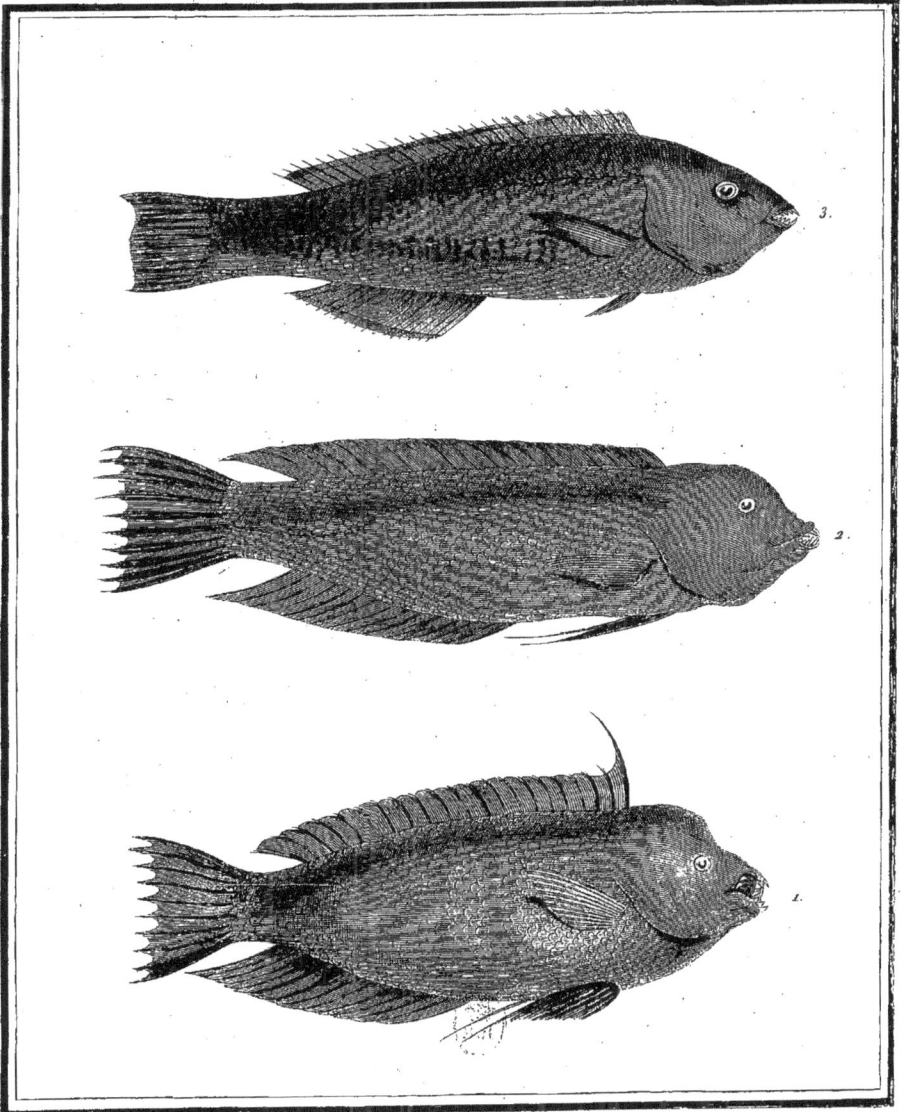

1. *CORIS* Aigrette. 2 *CORIS* Angulé. 3. *LABRE* Trilobé.

LE CORIS AIGRETTE*.

QUELLES obligations les naturalistes n'ont - ils pas
au célèbre Commerson! Combien de genres de poissons dont ses manuscrits nous ont présenté la description ou la figure, et qui, sans les recherches
multipliées auxquelles son zèle n'a cessé de se livrer,
seroient inconnus des amis des sciences naturelles! Il
a donné à celui dont nous allons parler, le nom de
coris, qui, en grec, signifie *sommet, tête,* etc., à cause
de l'espèce de casque qui enveloppe et surmonte la tête
des animaux compris dans cette famille. Cette sorte
de casque, qui embrasse le haut, les côtés et le dessous
du crâne, des yeux et des mâchoires, est formée d'une
substance écailleuse, d'une grande lame, d'une seule
pièce, qui même est réunie aux opercules, de manière
à ne faire qu'un tout avec ces couvercles des organes
respiratoires. L'ensemble que ce casque renferme,
ou la tête proprement dite, s'élève plus haut que
le dos de l'animal, dans tous les coris; mais dans
l'espèce qui fait le sujet de cet article, il est un peu
plus exhaussé encore : le sommet du crâne s'arrondit
de manière à produire une bosse ou grosse loupe au-
dessus des yeux; et le premier rayon de la nageoire

---

* Coris aygula.

dorsale, une ou deux fois plus grand que les autres, étant placé précisément derrière cette loupe, paroît comme une aigrette destinée à orner le casque du poisson.

Chaque opercule est terminé du côté de la queue par une ligne courbe. La lèvre supérieure est double; la mâchoire inférieure plus avancée que la supérieure; chacune des deux mâchoires, garnie d'un rang de dents fortes, pointues, triangulaires et inclinées. La ligne latérale suit de très-près la courbure du dos. Le premier rayon de chaque thoracine, qui en renferme sept, est une fois plus alongé que les autres. La nageoire dorsale est très-longue, très-basse, et de la même hauteur, dans presque toute son étendue. Celle de l'anus présente des dimensions bien différentes; elle est beaucoup plus courte que la dorsale: ses rayons, plus longs que ceux de cette dernière, lui donnent plus de largeur; sa figure se rapproche de celle d'un trapèze. Et enfin la nageoire caudale est rectiligne, et ses rayons dépassent de beaucoup la membrane qui les réunit*.

---

* A la nageoire du dos   21 rayons.
  à chacune des pectorales 11
  à chacune des thoracines   7
  à celle de l'anus   14
  à celle de la queue   10

LE CORIS ANGULEUX [1].

Ce coris diffère du précédent par six traits principaux : son corps est beaucoup plus alongé que celui
de l'aigrette ; le premier rayon de la nageoire dorsale
ne dépasse pas les autres ; la ligne latérale ne suit pas
dans toute son étendue la courbure du dos, elle se
fléchit en en-bas, à une assez petite distance de la
nageoire caudale, et tend ensuite directement vers
cette nageoire ; le sommet du crâne ne présente pas
de loupe ou de bosse ; chaque opercule se prolonge
vers la queue, de manière à former un angle saillant,
au lieu de n'offrir qu'un contour arrondi ; et les deux
mâchoires sont également avancées [2].

---

[1] Coris angulatus.

[2] A la nageoire du dos   20 rayons.
   à chacune des pectorales 15
   à la nageoire de l'anus   15
   à celle de la queue   10

SOIXANTE-HUITIEME GENRE.

LES GOMPHOSES.

Le museau alongé en forme de clou ou de masse, la tête et les opercules dénués d'écailles semblables à celles du dos.

ESPÈCES.	CARACTÈRES.
1. LE GOMPHOSE BLEU. (*Gomphosus cœruleus.*)	Toute la surface du poisson, d'une couleur bleue foncée.
2. LE GOMPHOSE VARIÉ. (*Gomphosus varius.*)	La couleur générale mêlée de rouge, de jaune et de bleu.

Pl. 5. Page 101.

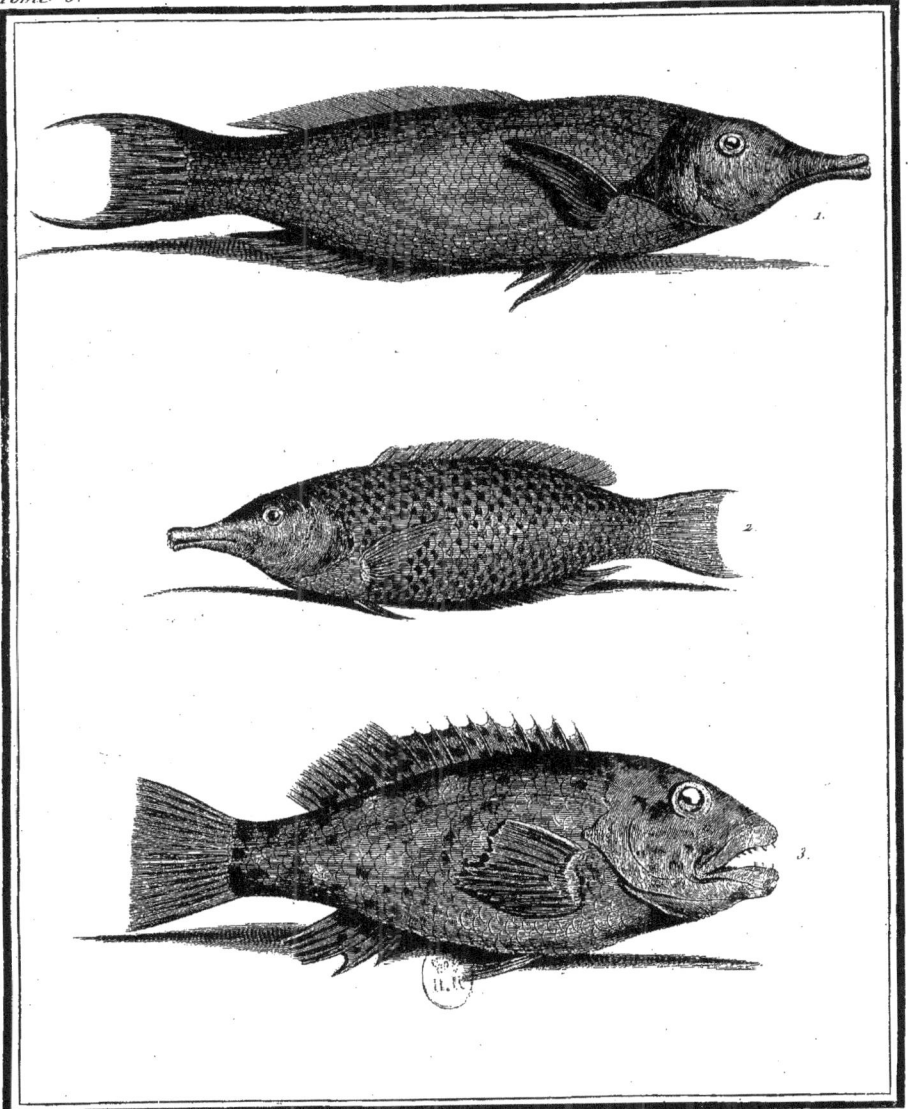

De seve del.

Villerey Sculp

1. *GOMPHOSE* Bleu. 2. *GOMPHOSE* Varié. 3. *LABRE* Marbré.

LE GOMPHOSE BLEU*.

COMMERSON a laissé dans ses manuscrits la description de ce poisson qu'il a observé dans ses voyages,
que nous avons cru, ainsi que lui, devoir inscrire
dans un genre particulier, mais auquel nous avons
donné le nom générique de *gomphos,* plutôt que celui
d'*elops,* qui lui a été assigné par ce naturaliste. Le mot
gomphos désigne, aussi-bien que celui d'*elops,* la forme
du museau de ce poisson, qui représente une sorte
de clou ; et en employant la dénomination que nous
avons préférée, on évite toute confusion du genre
que nous décrivons, avec une petite famille d'abdo-
minaux connue depuis long-temps sous le nom
d'*elops.*

Le gomphose bleu est, suivant Commerson, de la
grandeur du cyprin tanche. Toute sa surface présente
une couleur bleue sans tache, un peu foncée ou noirâtre sur les nageoires pectorales, et très-claire sur les
autres nageoires. L'œil seul montre des nuances différentes du bleu ; la prunelle est bordée d'un cercle
blanc, autour duquel l'iris présente une belle couleur
d'émeraude ou d'aigue-marine.

* Gomphosus cæruleus.
Elops; totus intensè cæruleus; rostro subulato, capite et operculis
branchiostegis, alepidotis. *Commerson, manuscrits déja cités.*

Le corps est un peu arqué sur le dos, et beaucoup plus au-dessous du ventre. La tête, d'une grosseur médiocre, se termine en devant par une prolongation du museau, que Commerson a comparée à un clou, dont la longueur est égale au septième de la longueur totale de l'animal, et qui a quelques rapports avec le boutoir du sanglier. La mâchoire supérieure est un peu extensible, et quelquefois un peu plus avancée que l'inférieure ; ce qui n'empêche pas que l'avant-bouche, dont l'ouverture est étroite, ne forme une sorte de tuyau. Chaque mâchoire est composée d'un os garni d'un seul rang de dents très-petites et très-serrées l'une contre l'autre ; et les deux dents les plus avancées de la mâchoire d'en-haut sont aussi plus grandes que celles qui les suivent.

Tout l'intérieur de la bouche est d'ailleurs lisse, et d'une couleur bleuâtre.

Les yeux sont petits et très-proches des orifices des narines, qui sont doubles de chaque côté.

On ne voit aucune écaille proprement dite, ou semblable à celles du dos, sur la tête ni sur les opercules du gomphose bleu. Ces opercules ne sont hérissés d'aucun piquant. Deux lames les composent : la seconde de ces pièces s'avance vers la queue, en forme de pointe ; et une partie de sa circonférence est bordée d'une membrane.

On voit quelques dentelures sur la partie concave des arcs osseux qui soutiennent les branchies.

Pl. 6. Page 102

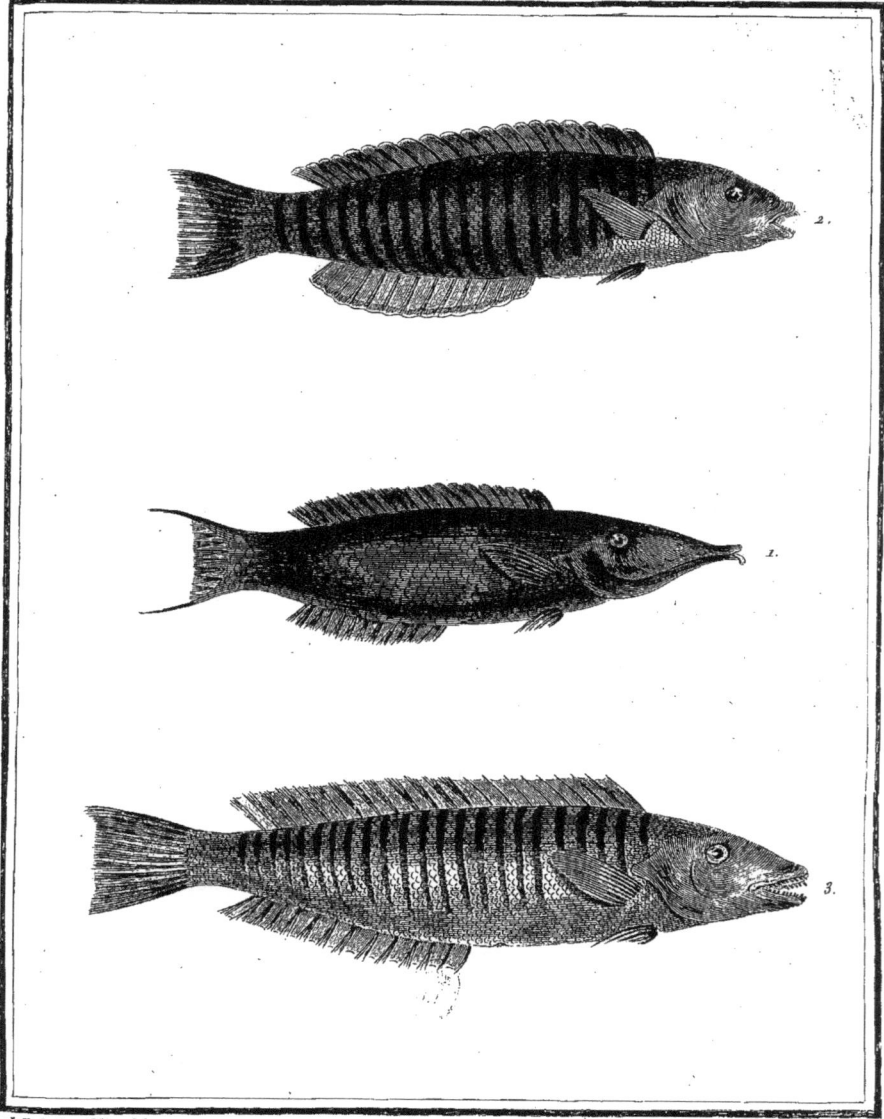

J. E. de Seve filius del.

Alarg. Renou Sculp.

1. *VARIETÉ* du Gomphose Bleu. 2. *LABRE* demi-disque. 3. *LABRE* Cerclé.

La portion de la nageoire dorsale qui comprend des rayons aiguillonnés, est plus basse que la partie de cette nageoire dans laquelle on observe des rayons articulés. La nageoire caudale forme un croissant dont les deux pointes sont très-alongées *.

La ligne latérale, qui suit la courbure du dos jusqu'à la fin de la nageoire dorsale, où elle se fléchit vers le bas pour tendre ensuite directement vers la nageoire caudale, a son cours marqué par une suite de petites raies disposées de manière à imiter des caractères chinois.

Les écailles qui recouvrent le corps et la queue du gomphose bleu, sont assez larges; et les petites lignes qu'elles montrent, les font paroître comme ciselées.

---

* 6 rayons à la membrane des branchies.
8 rayons aiguillonnés et 14 rayons articulés à la nageoire du dos.
14 rayons à chacune des pectorales.
6 rayons à chacune des thoracines. (Le second se prolonge en un filament.)
2 rayons aiguillonnés et 12 rayons articulés à la nageoire de l'anus.
14 rayons à celle de la queue.

LE GOMPHOSE VARIÉ*.

Sur les bords charmans de la fameuse isle de Taïti, Commerson a observé une seconde espèce de gomphose, bien digne, par la beauté ainsi que par l'éclat de ses couleurs, d'habiter ces rivages embellis avec tant de soin par la Nature. Elle est principalement distinguée de la première par ces riches nuances qui la décorent; elle montre un brillant et agréable mélange de rouge, de jaune et de bleu. Le jaune domine dans cette réunion de tons resplendissans ; mais l'azur y est assez marqué pour être un nouvel indice de la parenté du varié avec le gomphose bleu.

---

* Gomphosus varius.
Elops rubro , cæruleo et flavo variegatus. *Commerson, manuscrits déja cités.*

SOIXANTE-NEUVIÈME GENRE.

LES NASONS.

Une protubérance en forme de corne ou de grosse loupe sur le nez; deux plaques ou boucliers de chaque côté de l'extrémité de la queue; le corps et la queue recouverts d'une peau rude et comme chagrinée.

ESPÈCES.	CARACTÈRES.
1. LE NASON LICORNET. (*Naso fronticornis.*)	Une protubérance cylindrique, horizontale, et en forme de corne au-devant des yeux; une ligne latérale très-sensible.
2. LE NASON LOUPE. (*Naso tuberosus.*)	Une proéminence en forme de grosse loupe, au-dessus de la mâchoire supérieure; point de ligne latérale visible.

LE NASON LICORNET*.

Sans les observations de l'infatigable Commerson, nous ne connoîtrions pas tous les traits de l'espèce du licornet, et nous ignorerions l'existence du poisson loupe, que nous avons cru, avec cet habile voyageur, devoir renfermer, ainsi que le licornet, dans un genre particulier, distingué par le nom de *nason*.

La première de ces deux espèces frappe aisément les regards par la singularité de la forme de sa tête; elle attire l'attention de ceux même qui s'occupent le moins des sciences naturelles. Aussi avoit-elle été très-remarquée par les matelots de l'expédition dont Commerson faisoit partie : ils l'avoient examinée assez souvent pour lui donner un nom ; et comme ils avoient facilement saisi un rapport très-marqué que présente son museau avec le front des animaux fabuleux auxquels l'amour du merveilleux a depuis long-temps attaché la dénomination de *licorne*, ils l'avoient appelée

---

* Naso fronticornis.

Naseus fronticornis fuscus. *Commerson, manuscrits déja cités.*

Licornet des matelots. *Id. ibid.*

Chætodon unicornis. *Linné, édition de Gmelin.*

Forskael, Faun. Arabic. p. 53, *n.* 88.

Chétodon unicorne. *Bonnaterre, planches de l'Encyclopédie méthodique.*

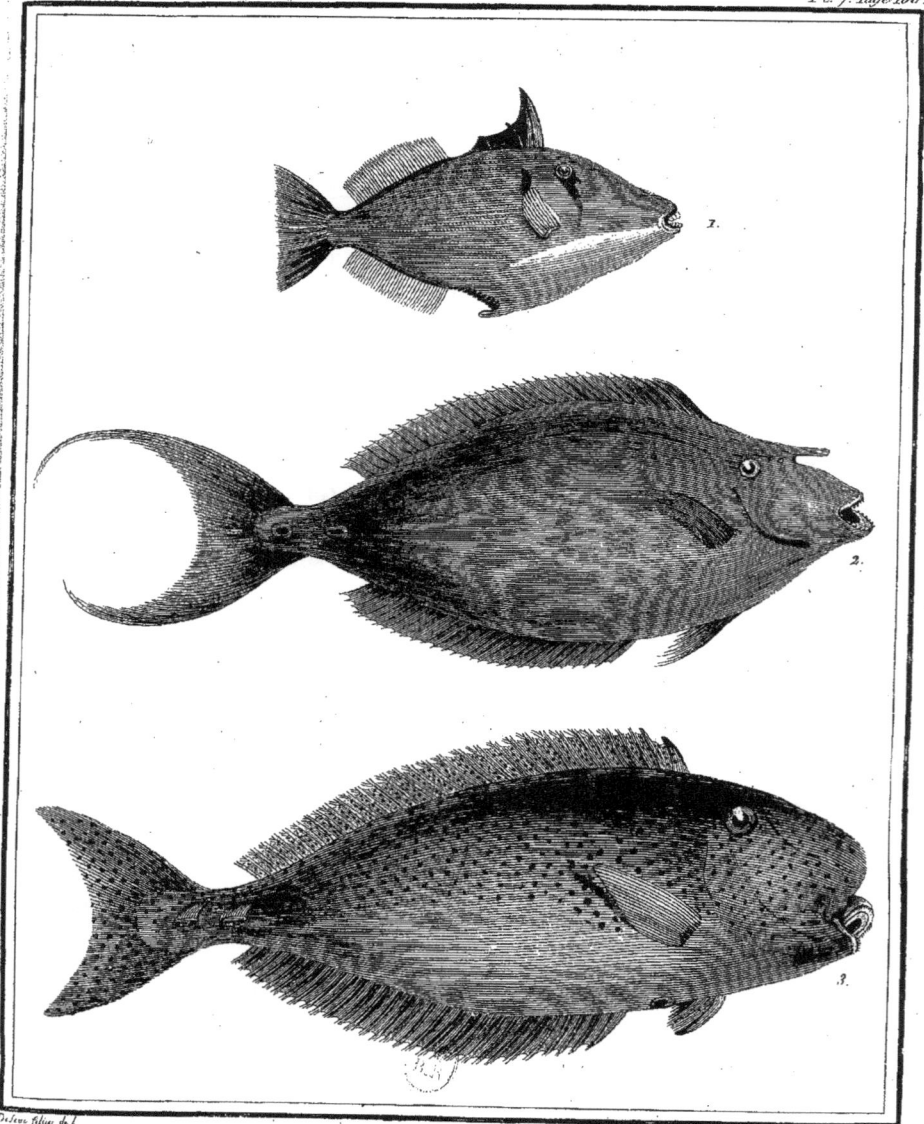

1. *BALISTE* Bourse. 2. *NASON* Licornet 3. *NASON* Loupe.

la *petite licorne*, ou le *licornet*, appellation que j'ai cru devoir conserver.

En effet, de l'entre - deux des yeux de ce poisson part une protubérance presque cylindrique, renflée à son extrémité, dirigée horizontalement vers le bout du museau, et attachée à la tête proprement dite par une base assez large.

C'est sur cette même base que l'on voit de chaque côté deux orifices de narines, dont l'antérieur est le plus grand.

Les yeux sont assez gros.

Le museau proprement dit est un peu pointu ; l'ouverture de la bouche étroite ; la lèvre supérieure foiblement extensible ; la mâchoire d'en-haut un peu plus courte que celle d'en-bas, et garnie, comme cette dernière, de dents très-petites, aiguës, et peu serrées les unes contre les autres.

Des lames osseuses composent les opercules, au-dessous desquels des arcs dentelés dans leur partie concave soutiennent de chaque côté les quatre branchies*.

Le corps et la queue sont très-comprimés, carenés en haut, ainsi qu'en bas, et recouverts d'une peau

---

* 4 rayons à la membrane des branchies.
6 aiguillons et 30 rayons articulés à la nageoire du dos.
17 rayons à chaque nageoire pectorale.
1 aiguillon et 3 rayons articulés à chacune des thoracines.
2 aiguillons et 30 rayons articulés à la nageoire de l'anus.
20 rayons à la nageoire de la queue.

rude, que l'on peut comparer à celle de plusieurs cartilagineux, et notamment de la plupart des squales.

La couleur que présente la surface presque entière de l'animal, est d'un gris brun ; mais la nageoire du dos, ainsi que celle de l'anus, sont agréablement variées par des raies courbes, jaunes ou dorées.

Cette même nageoire dorsale s'étend depuis la nuque jusqu'à une assez petite distance de la nageoire caudale.

La ligne latérale est voisine du dos, dont elle suit la courbure ; l'anus est situé très-près de la base des thoracines, et par conséquent plus éloigné de la nageoire caudale que de la gorge.

La nageoire de l'anus est un peu plus basse et presque aussi longue que celle du dos.

La caudale est échancrée en forme de croissant, et les deux cornes qui la terminent sont composées de rayons si alongés, que lorsqu'ils se rapprochent, ils représentent presque un cercle parfait, au lieu de ne montrer qu'un demi-cercle.

De plus, on voit auprès de la base de cette nageoire, et de chaque côté de la queue, deux plaques osseuses, que Commerson nomme de *petits boucliers*, dont chacune est grande, dit ce voyageur, comme l'ongle du petit doigt de l'homme, et composée d'une lame un peu relevée en carène et échancrée par-devant.

On doit appercevoir d'autant plus aisément ces deux pièces qui forment un caractère remarquable, que la longueur totale de l'animal n'excède pas quelquefois trente-cinq centimètres. Alors le plus grand diamètre vertical du corps proprement dit, celui que l'on peut mesurer au-dessus de l'anus, est de dix ou onze centimètres ; la plus grande épaisseur du poisson est de quatre centimètres ; et la partie de la corne frontale et horizontale, qui est entièrement dégagée du front, a un centimètre de longueur.

Commerson a vu le licornet auprès des rivages de l'isle de France ; et si les dimensions que nous venons d'indiquer d'après le manuscrit de ce naturaliste, sont celles que ce nason présente le plus souvent dans les parages que ce voyageur a fréquentés, il faut que cette espèce soit bien plus favorisée pour son développement dans la mer Rouge ou mer d'Arabie. En effet, Forskael, qui l'a décrite, et qui a cru devoir la placer parmi celles de la famille des chétodons, au milieu desquels elle a été laissée par le savant Gmelin et par le citoyen Bonnaterre, dit qu'elle parvient à la longueur de cent dix-huit centimètres (une aune ou environ). Les licornets vont par troupes nombreuses dans cette même mer d'Arabie ; on en voit depuis deux cents jusqu'à quatre cents ensemble ; et l'on doit en être d'autant moins surpris, que l'on assure qu'ils ne se nourrissent que des plantes qu'ils peuvent rencontrer sous les eaux. Quoiqu'ils n'aient le besoin ni l'habitude d'attaquer une proie, ils usent avec courage des avantages que leur donnent leur grandeur et la

conformatiou de leur tête ; ils se défendent avec succès contre des ennemis dangereux ; des pêcheurs arabes
ont même dit avoir vu une troupe de ces thoracins
entourer avec audace un aigle qui s'étoit précipité sur
ces poissons comme sur des animaux faciles à vaincre,
opposer le nombre à la force, assaillir l'oiseau carnas-
sier avec une sorte de concert, et le combattre avec
assez de constance pour lui donner la mort.

LE NASON LOUPE *.

CETTE espèce de nason, observée, décrite et dessinée, comme la première, par Commerson, qui l'a vue dans les mêmes contrées, ressemble au licornet par la compression de son corps et de sa queue, et par la nature de sa peau rude et chagrinée ainsi que celle des squales. Sa couleur générale est d'un gris plus ou moins mêlé de brun, et par conséquent très-voisine de celle du licornet; mais on distingue sur la partie supérieure de l'animal, sur sa nageoire dorsale et sur la nageoire de la queue, un grand nombre de taches petites, lenticulaires et noires. Celles de ces taches que l'on remarque auprès des nageoires pectorales, sont un peu plus larges que les autres; et entre ces mêmes nageoires et les orifices des branchies, on voit une place noirâtre et très-rude au toucher.

La tête est plus grosse, à proportion du reste du corps, que celle du licornet. La protubérance nasale ne se détache pas du museau autant que la corne de ce dernier nason : elle s'étend vers le haut ainsi que vers les côtés ; elle représente une loupe ou véritable

---

* Naso tuberosus.
Licorne à loupe. *Commerson, manuscrits déja cités.*
Nascus, naso ad rostrum connato, tuberiformi. *Id. ibid.*

bosse. Un sillon particulier, dont la couleur est très-obscure, qui part de l'angle antérieur de l'œil, et qui règne jusqu'à l'extrémité du museau, circonscrit cette grosse tubérosité; et c'est au-dessus de l'origine de ce sillon, et par conséquent très-près de l'œil, que sont situés, de chaque côté, deux orifices de narines, dont l'antérieur est le plus sensible.

Les yeux sont grands et assez rapprochés du sommet de la tête; les lèvres sont coriaces; la mâchoire supérieure est plus avancée que l'inférieure, la déborde, l'embrasse, n'est point du tout extensible, et montre, comme la mâchoire d'en-bas, un contour arrondi, et un seul rang de dents *incisives*.

Le palais et le gosier présentent des plaques hérissées de petites dents.

Chaque opercule est composé de deux lames.

Les arcs des branchies sont tuberculeux et dentelés dans leur concavité.

Les aiguillons de la nageoire du dos et des thoracines sont très-rudes *; le premier aiguillon de la nageoire dorsale est d'ailleurs très-large à sa base; la nageoire caudale est en forme de croissant, mais peu échancrée. On n'apperçoit pas de ligne latérale;

---

* 4 rayons à la membrane des branchies.

5 rayons aiguillonnés et 3o rayons articulés à la nageoire du dos.

17 rayons à chacune des pectorales.

2 aiguillons et 28 rayons articulés à la nageoire de l'anus.

16 rayons à la nageoire de la queue.

mais on trouve, de chaque côté de la queue, deux plaques ou boucliers analogues à ceux du licornet.

Le nason loupe devient plus grand que le licornet; il parvient jusqu'à la longueur de cinquante centimètres.

SOIXANTE-DIXIÈME GENRE.

LES KYPHOSES.

Le dos très-élevé au-dessus d'une ligne tirée depuis le bout du museau jusqu'au milieu de la nageoire caudale; une bosse sur la nuque; des écailles semblables à celles du dos, sur la totalité ou une grande partie des opercules qui ne sont pas dentelés.

ESPÈCE.	CARACTÈRES.
LE KYPHOSE DOUBLE-BOSSE. (*Kyphosus bigibbus.*)	Une bosse sur la nuque; une bosse entre les yeux; la nageoire de la queue fourchue.

J. Eust. De Seve fils del. Marq. Reneu Sculp.

1. **KYPHOSE** Double-Bosse. 2. **OSPHRONÈME** Goramy. 3. **TRICHOPODE** Mentonnier.

LE KYPHOSE DOUBLE-BOSSE[1].

COMMERSON nous a transmis la figure de cet animal. La bosse que ce poisson a sur la nuque, est grosse, arrondie, et placée sur une partie du corps tellement élevée, que si on tire une ligne droite du museau au milieu de la nageoire caudale, la hauteur du sommet de la bosse au-dessus de cette ligne horizontale est au moins égale au quart de la longueur totale de ce thoracin. La seconde bosse, qui nous a suggéré son nom spécifique, est conformée à peu près comme la première, mais moins grande, et située entre les yeux. La ligne latérale suit la courbure du dos, dont elle est très-voisine. Les nageoires pectorales sont alongées et terminées en pointe. La longueur de la nageoire de l'anus n'égale que la moitié, ou environ, de celle de la nageoire dorsale. La nageoire de la queue est très-fourchue. Des écailles semblables à celles du dos recouvrent au moins une grande partie des opercules[2].

---

[1] Kyphosus bigibbus.

Nota Le nom générique *kyphose*, KYPHOSUS, que nous avons donné à ce poisson, vient du mot *kyphos*, qui en grec signifie *bosse*, aussi-bien que *kyrtos*, expression dont Bloch a fait dériver le nom d'un genre de jugulaires, ainsi que nous l'avons vu.

[2] 13 aiguillons et 12 rayons articulés à la nageoire dorsale.

13 ou 14 rayons à chacune des pectorales.

5 ou 6 rayons à chacune des thoracines.

14 ou 15 à celle de l'anus.

SOIXANTE-ONZIÈME GENRE.

LES OSPHRONÈMES.

Cinq ou six rayons à chaque nageoire thoracine ; le premier de ces rayons aiguillonné, et le second terminé par un filament très-long.

ESPÈCES.	CARACTÈRES.
1. L'OSPHRONÈME GORAMY (*Osphronemus goramy.*)	La partie postérieure du dos très-élevée ; la ligne latérale droite ; la nageoire de la queue, arrondie.
2. L'OSPHRONÈME GAL. (*Osphronemus gallus.*)	La lèvre inférieure plissée de chaque côté ; les nageoires du dos et de l'anus très-basses ; celle de la queue, fourchue.

L'OSPHRONÈME GORAMY[1].

Nous conservons à ce poisson le nom générique qui lui a été donné par Commerson, dans les manuscrits duquel nous avons trouvé la description et la figure de ce thoracin.

Cet osphronème est remarquable par sa forme, par sa grandeur, et par la bonté de sa chair. Il peut parvenir jusqu'à la longueur de deux mètres; et comme sa hauteur est très-grande à proportion de ses autres dimensions, il fournit un aliment aussi copieux qu'agréable. Commerson l'a observé dans l'Isle de France, en février 1770, par les soins de Seré, commandant des troupes nationales. Ce poisson y avoit été apporté de la Chine, où il est indigène, et de Batavia, où on le trouve aussi, selon l'estimable citoyen Cossigny[2]. On l'avoit d'abord élevé dans des viviers; et il s'étoit

---

[1] Osphronemus goramy.

Osphronemus olfax. *Commerson, manuscrits déja cités.*

Poisson gouramie, ou gouramy. (Il faut observer que ce nom de *poisson gouramie, ou gouramy, ou goramy,* a été aussi donné, dans le grand Océan, au trichopode mentonnier.)

[2] Devectus è Sina, educatus primùm in piscinis, etc. *Manuscrits de Commerson.*

« Le poisson n'est pas extrêmement commun dans le Bengale. Il y a
» beaucoup d'étangs dans le pays; on pourroit en former des viviers. Il
» seroit à propos d'y transplanter le *goramy*, cet excellent poisson que

ensuite répandu dans les rivières, où il s'étoit multi-
plié avec une grande facilité, et où il avoit assez
conservé toutes ses qualités, pour être, dit Commerson, le plus recherché des poissons d'eau douce. Il
seroit bien à desirer que quelque ami des sciences naturelles, jaloux de favoriser l'accroissement des objets
véritablement utiles, se donnât le peu de soins nécessaires pour le faire arriver en vie en France, l'y acclimater dans nos rivières, et procurer ainsi à notre
patrie une nourriture peu chère, exquise, salubre,
et très-abondante.

Voyons quelle est la conformation de cet osphronème goramy *.

Le corps est très-comprimé et très-haut. Le dessous
du ventre et de la queue et la partie postérieure du
dos présentent une carène aiguë. Cette même extrémité
postérieure du dos montre une sorte d'échancrure,
qui diminue beaucoup la hauteur de l'animal, à une
petite distance de la nageoire caudale ; et lorsqu'on
n'a sous les yeux qu'un des côtés de cet osphronème,

» nous avons transporté de Batavia à l'Isle de France, et qui s'y est
» naturalisé ». *Voyage au Bengale, etc.* par le citoyen Charpentier Cossigny, *tome I, page* 181.

  * 6 rayons à la membrane des branchies.
   13 aiguillons et 12 rayons articulés à la nageoire du dos.
   14 rayons à chacune des pectorales.
   1 aiguillon et 5 rayons articulés à chacune des thoracines.
   10 aiguillons et 20 rayons articulés à la nageoire de l'anus.
   16 rayons à celle de la queue.

on voit facilement que sa partie inférieure est plus arrondie, et s'étend au-dessous du diamètre longitudinal qui va du bout du museau à la fin de la queue, beaucoup plus que sa partie supérieure ne s'élève au-dessus de ce même diamètre.

De larges écailles couvrent le corps, la queue, les opercules et la tête; et d'autres écailles plus petites revêtent une portion assez considérable des nageoires du dos et de l'anus. Le dessus de la tête, incliné vers le museau, offre d'ailleurs deux légers enfoncemens. La mâchoire supérieure est extensible; l'inférieure plus avancée que celle d'en-haut : toutes les deux sont garnies d'une double rangée de dents ; le rang extérieur est composé de dents courtes et un peu recourbées en dedans; l'intérieur n'est formé que de dents plus petites et plus serrées.

On apperçoit une callosité au palais; la langue est blanchâtre, retirée, pour ainsi dire, dans le fond de la gueule, auquel elle est attachée; les orifices des narines sont doubles; chaque opercule est formé de deux lames, dont la première est excavée vers le bas par deux ou trois petites fossettes, et dont la seconde s'avance en pointe vers les nageoires pectorales, et de plus est bordée d'une membrane.

On apperçoit dans l'intérieur de la bouche, et au-dessus des branchies, une sorte d'os ethmoïde, *labyrinthiforme*, pour employer l'expression de Commerson, et placé dans une cavité particulière. L'usage de cet os a paru au voyageur que nous venons de citer, très-digne d'être recherché, et nous nous en occuperons de nouveau dans notre *Discours sur les parties solides des poissons.*

La nageoire du dos commence loin de la nuque, et s'élève ensuite à mesure qu'elle s'approche de la caudale, auprès de laquelle elle est très-arrondie.

Chaque nageoire thoracine renferme six rayons. Le premier est un aiguillon très-fort; le second se termine par un filament qui s'étend jusqu'à l'extrémité de la nageoire de la queue, ce qui donne à l'osphronème un rapport très-marqué avec les trichopodes : mais dans ces derniers ce filament est la continuation d'un rayon unique, au lieu que, dans l'osphronème, chaque thoracine présente au moins cinq rayons.

L'anus est deux fois plus près de la gorge que de l'extrémité de la queue : la nageoire qui le suit a une forme très-analogue à celle de la dorsale ; mais, ce qui est particulièrement à remarquer, elle est beaucoup plus étendue.

On ne compte au-dessus ni au-dessous de la caudale, qui est arrondie, aucun de ces rayons articulés, très-courts et inégaux, qu'on a nommés *faux rayons,* ou *rayons bâtards,* et qui accompagnent la nageoire de la queue d'un si grand nombre de poissons.

Enfin la ligne latérale, plus voisine du dos que du ventre, n'offre pas de courbure très-sensible.

Au reste, le goramy est brun avec des teintes

rougeâtres plus claires sur les nageoires que sur le dos; et les écailles de ses côtés et de sa partie inférieure, qui sont argentées et bordées de brun, font paroître ces mêmes portions comme couvertes de mailles.

L'OSPHRONÈME GAL *.

FORSKAEL a vu sur les côtes d'Arabie cet osphronème, qu'il a inscrit parmi les scares, et que le professeur Gmelin a ensuite transporté parmi les labres,
mais dont la véritable place nous paroit être à côté
du goramy. Ce poisson est regardé comme très-veni-
meux par les habitans des rivages qu'il fréquente; et
dès-lors on peut présumer qu'il se nourrit de mollusques, de vers, et d'autres animaux marins, impré-
gnés de sucs malfaisans ou même délétères pour
l'homme. Mais s'il est dangereux de manger de la chair
du gal, il doit être très-agréable de voir cet osphronème : il offre des nuances gracieuses, variées et brillantes; et ces humeurs funestes, dérobées aux regards
par des écailles qui resplendissent des couleurs qui
émaillent nos parterres, offrent une nouvelle image
du poison que la Nature a si souvent placé sous des
fleurs.

Le gal est d'un verd foncé; et chacune de ses écailles
étant marquée d'une petite ligne transversale violette

---

* Osphronemus gallus.
Scarus gallus. *Forskael, Faun. Arab.* p. 26, *n.* 11.
Labrus gallus. *Linné, édition de Gmelin.*

ou pourpre, l'osphronème paroît rayé de pourpre ou de violet sur presque toute sa surface. Deux bandes bleues règnent de plus sur son abdomen. Les nageoires du dos et de l'anus sont violettes à leur base, et bleues dans leur bord extérieur; les pectorales bleues et violettes dans leur centre; les thoracines bleues; la caudale est jaune et aurore dans le milieu, violette sur les côtés, bleue dans sa circonférence; et l'iris est rouge autour de la prunelle, et verd dans le reste de son disque.

Le rouge, l'orangé, le jaune, le verd, le bleu, le pourpre et le violet, c'est-à-dire, les sept couleurs que donne le prisme solaire, et que nous voyons briller dans l'arc-en-ciel, sont donc distribuées sur le gal, qui les montre d'ailleurs disposées avec goût, et fondues les unes dans les autres par des nuances très-douces *.

Ajoutons, pour achever de donner une idée de cet osphronème, que sa lèvre inférieure est plissée de chaque côté; que ses dents ne forment qu'une rangée; que celles de devant sont plus grandes que celles qui

---

* 5 rayons à la membrane des branchies.
  8 aiguillons et 14 rayons articulés à la nageoire du dos.
  14 rayons à chacune des pectorales.
  1 aiguillon et 5 rayons articulés à chacune des thoracines.
  3 aiguillons et 12 rayons articulés à celle de l'anus.
  15 rayons à celle de la queue.

les suivent, et un peu écartées l'une de l'autre ; que
la ligne latérale se courbe vers le bas, auprès de la
fin de la nageoire dorsale ; et que les écailles sont
striées, foiblement attachées à l'animal, et membraneuses dans une grande partie de leur contour.

SOIXANTE-DOUZIÈME GENRE.

LES TRICHOPODES.

Un seul rayon beaucoup plus long que le corps, à chacune des nageoires thoracines; une seule nageoire dorsale.

ESPÈCES.	CARACTÈRES.
1. LE TRICHOPODE MENTONNIER. (*Trichopodus mentum.*)	La bouche dans la partie supérieure de la tête; la mâchoire inférieure avancée de manière à représenter une sorte de menton.
2. LE TRICHOPODE TRICHOPTÈRE. (*Trichopodus trichopterus.*)	La tête couverte de petites écailles; les rayons des nageoires pectorales prolongés en très-longs filamens.

LE TRICHOPODE MENTONNIER[*].

C'est encore le savant Commerson qui a observé ce poisson, dont nous avons trouvé un dessin fait avec beaucoup de soin et d'exactitude dans ses précieux manuscrits.

La tête de cet animal est extrêmement remarquable; elle est le produit bien plutôt singulier que bizarre d'une de ces combinaisons de formes plus rares qu'extraordinaires, que l'on est surpris de rencontrer, mais que l'on devroit être bien plus étonné de ne pas avoir fréquemment sous les yeux, et qui n'étant que de nouvelles preuves de ce grand principe que nous ne cessons de chercher à établir, *tout ce qui peut être, existe,* méritent néanmoins notre examen le plus attentif et nos réflexions les plus profondes. Elle présente d'une manière frappante les principaux caractères de la plus noble des espèces, les traits les plus reconnoissables de la face auguste du suprême dominateur des êtres; elle rappelle le chef-d'œuvre de la création; elle montre en quelque sorte un exemplaire de la figure humaine. La conformation de la mâchoire inférieure, qui s'avance, s'arrondit, se relève et se recourbe, pour représenter une sorte de menton; le

[*] Trichopodus mentum.
Gouramy, *ou* gouramie.

léger enfoncement qui suit cette saillie ; la position
de la bouche, et ses dimensions ; la forme des lèvres ; la
place des yeux, et leur diamètre ; des opercules à deux
lames, que l'on est tenté de comparer à des joues ; la
convexité du front ; l'absence de toute écaille proprement dite de dessus l'ensemble de la face, qui, revêtue
uniquement de grandes lames, paroît comme couverte
d'une peau ; toutes les parties de la tête du mentonnier se réunissent pour produire cette image du visage
de l'homme, aux yeux de ceux sur-tout qui regardent
ce trichopode de profil. Mais cette image n'est pas
complète. Les principaux linéamens sont tracés : mais
leur ensemble n'a pas reçu de la justesse des proportions une véritable ressemblance ; ils ne produisent
qu'une copie grotesque, qu'un portrait chargé de
détails exagérés. Ce n'est donc pas une tête humaine
que l'imagination place au bout du corps du poisson
mentonnier ; elle y suppose plutôt une tête de singe ou
de paresseux ; et ce n'est même qu'un instant qu'elle
peut être séduite par un commencement d'illusion. Le
défaut de jeu dans cette tête qui la frappe, l'absence de
toute physionomie, la privation de toute expression
sensible d'un mouvement intérieur, font bientôt dispa-
roître toute idée d'être privilégié, et ne laissent voir
qu'un animal dont quelques portions de la face ont
dans leurs dimensions les rapports peu communs que
nous venons d'indiquer. C'est le plus saillant de ces
rapports que j'ai cru devoir désigner par le nom

spécifique de *mentonnier*, de même que j'ai fait allusion par le mot *trichopode* (pieds en forme de filamens) au caractère de la famille particulière dans laquelle j'ai pensé qu'il falloit l'inscrire.

Chacune des nageoires thoracines des poissons de cette famille, et par conséquent du mentonnier, n'est composée en effet que d'un rayon ou filament très-délié. Mais cette prolongation très-molle, au lieu d'être très-courte et à peine visible, comme dans les monodactyles, est si étendue, qu'elle surpasse ou du moins égale en longueur le corps et la queue réunis.

Le mentonnier a d'ailleurs ce corps et cette queue très-comprimés, assez hauts vers le milieu de la longueur totale de l'animal; la nageoire dorsale et celle de l'anus, basses, et presque égales l'une à l'autre; la caudale rectiligne; et les pectorales courtes, larges et arrondies *.

---

* A la nageoire du dos   18 rayons,
  à chacune des thoracines   1
  à la nageoire de l'anus   18

LE TRICHOPODE TRICHOPTÈRE *.

Ce trichopode est distingué du précédent par plusieurs traits que l'on saisira avec facilité en lisant la
description suivante. Il en diffère sur-tout par la forme
de sa tête, qui ne présente pas cette sorte de masque
que nous avons vu sur le mentonnier. Cette partie
de l'animal est petite et couverte d'écailles semblables
à celles du dos. L'ouverture de la bouche est étroite,
et située vers la portion supérieure du museau proprement dit. Les lèvres sont extensibles. La nageoire
du dos est courte, pointue, ne commence qu'à l'endroit où le corps a le plus de hauteur, et se termine
à une grande distance de la nageoire de la queue. Il
est à remarquer que celle de l'anus est, au contraire,
très-longue; qu'elle renferme, à très-peu près, quatre
fois plus de rayons que la dorsale; qu'elle touche presque la caudale; qu'elle s'étend beaucoup vers la tête,
et que, par une suite de cette disposition, l'orifice de
l'anus, qui la précède, est très-près de la base des thoracines.

* Trichopodus trichopterus.
Labrus trichopterus. *Linné, édition de Gmelin.*
Pallas, Spicil. zoolog. 8, p. 45.
Sparus, etc. *Koelreuter, Nov. Comm. Petrop. IX, p.* 452, *n.* 7, *tab.* 10.
Labre crin. *Bonnaterre, planches de l'Encyclopédie méthodique.*

Ces dernières nageoires ne consistent chacune que dans un rayon ou filament plus long que le corps et la queue considérés ensemble *; et de plus, chaque pectorale, qui est très-étroite, se termine par un autre filament très-alongé, ce qui a fait donner au poisson dont nous parlons le nom de *trichoptère,* ou d'*aile à filament.* Nous lui avons conservé ce nom spécifique; mais au lieu de le laisser dans le genre des labres ou des spares, nous avons cru, d'après les principes qui nous dirigent dans nos distributions méthodiques, devoir le comprendre dans une petite famille particulière, et le placer dans le même genre que le mentonnier.

Le trichoptere est ondé de diverses nuances de brun. On voit de chaque côté sur le corps et sur la queue, une tache ronde, noire, et bordée d'une couleur plus claire. Des taches brunes sont répandues sur la tête dont la teinte est, pour ainsi dire, livide; et la nageoire de la queue, ainsi que celle de l'anus, sont pointillées de blanc.

Ce trichopode ne parvient guère qu'à un décimètre de longueur. On le trouve dans la mer qui baigne les grandes Indes.

---

* 4 aiguillons et 7 rayons articulés à la nageoire du dos.
  9 rayons à chacune des pectorales.
  1 rayon à chacune des thoracines.
  4 rayons et 38 rayons articulés à la nageoire de l'anus.
  16 rayons à celle de la queue, qui est fourchue.

SOIXANTE-TREIZIÈME GENRE.

LES MONODACTYLES.

Un seul rayon très-court et à peine visible à chaque nageoire thoraçine ; une seule nageoire dorsale.

ESPÈCE.	CARACTÈRES.
LE MONOD. FALCIFORME. (*Monodactylus falciformis.*)	La nageoire du dos, et celle de l'anus, en forme de faux ; celle de la queue en croissant.

LE MONODACTYLE FALCIFORME *.

Nous donnons ce nom à une espèce de poisson dont nous avons trouvé la description et la figure dans les manuscrits de Commerson. Nous l'avons placé dans un genre particulier que nous avons appelé *monodactyle,* c'est-à-dire, *à un seul doigt,* parce que chacune de ses nageoires thoracines, qui représentent en quelque sorte ses pieds, n'a qu'un rayon très-court et aiguillonné, ou, pour parler le langage de plusieurs naturalistes, n'a qu'un doigt très-petit. Le nom spécifique par lequel nous avons cru devoir d'ailleurs distinguer cet animal, nous a été indiqué par la forme de ses nageoires du dos et de l'anus, dont la figure ressemble un peu à celle d'une faux. Ces deux nageoires sont de plus assez égales en étendue, et touchent presque la nageoire de la queue, qui est en croissant. L'anus est presque au-dessous des nageoires pectorales, qui sont pointues. La ligne latérale suit la courbure du dos, dont elle est peu éloignée. L'opercule des branchies est composé de deux lames, dont la postérieure paroît irrégulièrement festonnée. Les yeux sont gros. L'ouverture de la bouche est petite : la mâchoire supérieure

* Monodactylus falciformis.
Psettus spinis pinnarum ventralium loco duabus. *Commerson, manuscrits déja cités.*

présente une forme demi-circulaire, et des dents courtes, aiguës et serrées; elle est d'ailleurs extensible et embrasse l'inférieure. La langue est large, arrondie à son extrémité, amincie dans ses bords, rude sur presque toute sa surface. On voit, de chaque côté du museau, deux orifices de narines, dont l'antérieur est le plus petit et quelquefois le plus élevé. La concavité des arcs osseux qui soutiennent les branchies, présente des protubérances semblables à des dents, et plus sensibles dans les trois antérieurs. Le corps et la queue sont très-comprimés, couverts d'écailles petites, arrondies et lisses, que l'on retrouve avec des dimensions plus petites encore sur une partie des nageoires du dos et de l'anus, et resplendissans d'une couleur d'argent, mêlée sur le dos avec des teintes brunes. Ces mêmes nuances obscures se montrent aussi sur la portion antérieure de la nageoire de l'anus et de celle du dos, ainsi que sur les pectorales, qui néanmoins offrent souvent une couleur incarnate. Le monodactyle falciforme ne parvient ordinairement qu'à une longueur de vingt-six centimètres *.

---

* 7 rayons à la membrane des branchies.
33 rayons à la nageoire du dos.
17 rayons à chacune des pectorales.
1 rayon aiguillonné à chacune des thoracines.
3 aiguillons et 30 rayons à celle de l'anus.

SOIXANTE-QUATORZIÈME GENRE.

LES PLECTORHINQUES.

Une seule nageoire dorsale; point d'aiguillons isolés au-devant de la nageoire du dos, de carène latérale, ni de petite nageoire au-devant de celle de l'anus; les lèvres plissées et contournées; une ou plusieurs lames de l'opercule branchial, dentelées.

ESPÈCE.	CARACTÈRES.
LE PLECT. CHÉTODONOÏDE. (*Plectorhin. chætodonoïdes.*)	Treize aiguillons à la nageoire du dos; de grandes taches, irrégulières chargées de taches beaucoup plus foncées, inégales, et presque rondes.

LE PLECTORH. CHÉTODONOIDE *.

L<small>E</small> mot *plectorhinque* désigne les plis extraordinaires
que présente le museau de ce poisson, et qui forment,
avec la dentelure de ses opercules, un de ses principaux
caractères génériques. Nous avons employé de plus,
pour cet osseux, le nom spécifique de *chétodonoïde,*
parce que l'ensemble de sa conformation lui donne de
très-grands rapports avec les *chétodons,* dont l'histoire
ne sera pas très-éloignée de la description du plectorhinque. Ce dernier animal leur ressemble d'ailleurs
par la beauté de sa parure. Sur un fond d'une couleur très-foncée, paroissent, en effet, de chaque côté,
sept ou huit taches très-étendues, inégales, irrégulières, mais d'une nuance claire et très-éclatante,
variées par leur contour, agréables par leur disposition, relevées par des taches plus petites, foncées,
et presque toutes arrondies, qu'elles renferment en
nombre plus ou moins grand. On peut voir aisément,
par le moyen du dessin que nous avons fait graver, le
bel effet qui résulte de leur figure, de leur ton, de
leur distribution, d'autant plus qu'on apperçoit des
taches qui ont beaucoup d'analogie avec ces premières, à l'extrémité de toutes les nageoires, et sur-

* Plectorhinchus chætodonoïdes.

tout de la partie postérieure de la nageoire du dos.

Cette nageoire dorsale montre une sorte d'échancrure arrondie qui la divise en deux portions très - contiguës, mais faciles à distinguer, dont l'une est soutenue par 13 rayons aiguillonnés, et l'autre par 20 rayons articulés *. Les thoracines et la nageoire de l'anus présentent à peu près la même forme et la même surface l'une que l'autre : les deux premiers rayons qu'elles comprennent, sont aiguillonnés ; et le second de ces deux piquans est très-long et très-fort.

La nageoire caudale est rectiligne ou arrondie. Il n'y a pas de ligne latérale sensible. La tête est grosse, comprimée comme le corps et la queue, et revêtue, ainsi que ces dernières parties, d'écailles petites et placées les unes au-dessus des autres. Des écailles semblables recouvrent des appendices charnus auxquels sont attachées les nageoires thoracines, les pectorales, et celle de l'anus.

L'œil est grand ; l'ouverture de la bouche petite ; le museau un peu avancé, et comme caché dans les plis et les contours charnus ou membraneux des deux mâchoires.

Nous avons décrit cette espèce encore inconnue des naturalistes, d'après un individu de la collection hollandoise donnée à la France.

---

* 15 rayons à chacune des nageoires pectorales.

2 rayons aiguillonnés et 13 rayons articulés à celle de l'anus.

18 rayons à celle de la queue.

SOIXANTE-QUINZIÈME GENRE.

LES POGONIAS.

Une seule nageoire dorsale; point d'aiguillons isolés au-devant de la nageoire du dos, de carène latérale, ni de petite nageoire au-devant de celle de l'anus; un très-grand nombre de petits barbillons à la mâchoire inférieure.

ESPÈCE.	CARACTÈRES.
LE POGONIAS FASCÉ. (*Pogonias fasciatus.*)	Les opercules recouverts d'écailles semblables à celles du dos; quatre bandes transversales, et d'une couleur très-foncée ou très-vive.

LE POGONIAS FASCÉ*.

Nous donnons ce nom de *pogonias* à un genre dont aucun individu n'a encore été connu des naturalistes. Cette dénomination signifie *barbu*, et désigne le grand nombre de barbillons qui garnissent la mâchoire inférieure, et, pour ainsi dire, le menton de l'animal. Nous avons décrit et fait figurer l'espèce que nous distinguons par l'épithète de *fascé*, d'après un poisson très-bien conservé, qui faisoit partie de la collection du stathouder à la Haye, et qui se trouve maintenant dans celle du Muséum national d'histoire naturelle.

Ce pogonias a la tête grosse ; les yeux grands ; la bouche large ; les lèvres doubles ; les dents des deux mâchoires aiguës, égales, et peu serrées ; la mâchoire supérieure plus avancée que l'inférieure ; l'opercule composé de deux lames et recouvert d'écailles arrondies comme celles du dos, auxquelles elles ressemblent d'ailleurs en tout ; la seconde lame de cet opercule branchial terminée en pointe ; la nageoire du dos étendue depuis l'endroit le plus haut du corps jusqu'à une distance assez petite de l'extrémité de la queue, et presque partagée en deux portions inégales par une sorte d'échancrure cependant peu profonde ; un

---

* Pogonias fasciatus.

aiguillon presque détaché au-devant de cette nageoire dorsale et de celle de l'anus ; cette dernière nageoire très-petite et inférieure même en surface aux thoracines, qui néanmoins sont moins grandes que les pectorales ; la caudale rectiligne ou arrondie ; les côtés dénués de ligne latérale ; la mâchoire inférieure garnie de plus de vingt filamens déliés, assez courts, rapprochés deux à deux, ou trois à trois, et représentant assez bien une barbe naissante *.

Quatre bandes foncées ou vives ; étroites, mais très-distinctes, règuent de haut en bas de chaque côté du pogonias fascé ; de petits points sont disséminés sur une grande partie de la surface de l'animal.

---

* A la nageoire dorsale   33 rayons.
    à chacune des pectorales 13
    à chacune des thoracines 6
    à celle de l'anus   8
    à celle de la queue   19

SOIXANTE-SEIZIÈME GENRE.

LES BOSTRYCHES.

Le corps alongé et serpentiforme; deux nageoires dorsales; la seconde séparée de celle de la queue; deux
barbillons à la mâchoire supérieure; les yeux assez
grands et sans voile.

ESPÈCES.	CARACTÈRES.
1. LE BOSTRYCHE CHINOIS. (*Bostrychus sinensis.*)	La couleur brune.
2. LE BOSTRYCHE TACHETÉ. (*Bostrychus maculatus.*)	De très-petites taches vertes sur tout le corps.

LE BOSTRYCHE CHINOIS[1].

C'EST dans les dessins chinois dont nous avons déjà parlé, que nous avons trouvé la figure de ce bostryche, ainsi que celle du bostryche tacheté. Les barbillons que ces poissons ont à la mâchoire supérieure, et qui nous ont indiqué leur nom générique[2], les distingueroient seuls des gobies, des gobioïdes, des gobiomores et des gobiomoroïdes, avec lesquels ils ont cependant beaucoup de rapports par leur conformation générale. Nous ne doutons pas que ces osseux n'aient des nageoires au-dessous du corps, et ne doivent être compris parmi les thoracins, quoique la position dans laquelle ils sont représentés, ne permette pas de distinguer ces nageoires. Au reste, si de nouvelles observations apprenoient que les bostryches n'ont pas de nageoires inférieures, ils n'en devroient pas moins former un genre séparé des autres genres déja connus; il suffiroit de les retrancher de la colonne des thoracins, et de les porter sur celle des apodes. On les y rapprocheroit des murènes, dont il seroit néanmoins facile de les distinguer par la forme de leurs yeux et les dimensions ainsi que la position de leurs

[1] Bostrychus sinensis.

[2] *Bostrychos* en grec veut dire *filament, barbillon,* etc.

nageoires. Ajoutons que cette remarque relative à l'absence de nageoires inférieures et au déplacement qui en seroit le seul résultat, s'applique au genre des bostrychoïdes dont nous allons parler.

Le bostryche chinois est d'une couleur brune. On voit de chaque côté de la queue, et auprès de la nageoire qui termine cette partie, une belle tache bleue, entourée d'un cercle jaune vers le corps et rouge vers la nageoire. L'animal ne paroît revêtu d'aucune écaille facile à voir. Sa tête est grosse; l'ouverture de sa bouche arrondie; l'opercule branchial d'une seule pièce; la première nageoire dorsale très-courte relativement à la seconde; celle de l'anus, semblable et presque égale à la première dorsale, se montre au-dessous de la seconde nageoire du dos; celle de la queue est lancéolée. Les mouvemens et les habitudes du bostryche chinois doivent ressembler beaucoup à ceux des murènes.

LE BOSTRYCHE TACHETÉ*.

CE bostryche diffère du chinois par quelques unes de ses proportions, par plusieurs de ces traits vagues de conformation que l'œil saisit et que la parole rend difficilement, et par les nuances ainsi que la disposition de ses couleurs. Il est, en effet, parsemé de très-petites taches vertes.

* Bostrychus maculatus.

SOIXANTE-DIX-SEPTIÈME GENRE.

LES BOSTRYCHOÏDES.

Le corps alongé et serpentiforme; une seule nageoire dorsale; celle de la queue séparée de celle du dos; deux barbillons à la mâchoire supérieure; les yeux assez grands et sans voile.

ESPÈCE.	CARACTÈRES.
LE BOSTRYCHOÏDE ŒILLÉ. (*Bostrychoïdes oculatus.*)	La nageoire de l'anus basse et longue; celle du dos, basse et très-longue; une tache verte entourée d'un cercle rouge, de chaque côté de l'extrémité de la queue,

LE BOSTRYCHOÏDE ŒILLÉ*.

CE poisson est figuré dans les dessins chinois arrivés
par la Hollande au Muséum d'histoire naturelle de
France. Sa tête, son corps et sa queue sont couverts
de petites écailles ; sa tête est moins grosse que la
partie antérieure du corps. Les nageoires pectorales
sont petites et arrondies ; celle de la queue est lancéolée. La couleur de l'animal est brune, avec des
bandes transversales plus foncées, et un très-grand
nombre de petites taches vertes. Une tache verte plus
grande, placée dans un cercle rouge, et semblable à
une prunelle entourée de son iris, paroît de chaque
côté de l'extrémité de la queue. La conformation
générale de ce poisson doit faire présumer que sa
manière de vivre, ainsi que celle des bostryches, a
beaucoup de rapports avec les habitudes des murènes.

* Bostrychoïdes oculatus.

SOIXANTE-DIX-HUITIÈME GENRE.

LES ÉCHÉNÉIS.

Une plaque très-grande, ovale, composée de lames trans-
versales, et placée sur la tête, qui est déprimée.

ESPÈCES.	CARACTÈRES.
1. L'ÉCHÉNÉIS RÉMORA. (*Echeneis remora.*)	Moins de vingt et plus de seize paires de lames, à la plaque de la tête.
2. L'ÉCHÉNÉIS NAUCRATE. (*Echeneis naucrates.*)	Plus de vingt-deux paires de lames à la plaque de la tête.
3. L'ÉCHÉNÉIS RAYÉ. (*Echeneis lineata.*)	Moins de douze paires de lames à la plaque de la tête.

Pl. 9. Page 147.

1. ÉCHÉNÉIS Rémora. 2. ÉCHÉNÉIS Naucrate.
3. LABRE Large-Queue.

L'ÉCHÉNÉIS RÉMORA*.

L'HISTOIRE de ce poisson présente un phénomène relatif à l'espèce humaine, et que la philosophie ne dédaignera pas.

* Echeneis remora.

Rémore.

Sucet.

Arrête-nef.

Pilote.

Remeligo.

Sucking fish, *en Angleterre.*

Sugger, *dans plusieurs endroits de la Belgique et de la Hollande.*

Piexe pogador, *en Portugal.*

Piexe pioltho, *ibid.*

Echeneis remora. *Linné, édition de Gmelin.*

Échène rémore. *Daubenton, Encyclopédie méthodique.*

Id. *Bonnaterre, planches de l'Encyclopédie méthodique.*

Echeneis remora. *Commerson, manuscrits déja cités.*

Id. *Forskael, Faun. Arabic. p.* 19.

Bloch, pl. 172.

Artedi, gen. 15, *syn.* 28.

Sucet *ou* rémore. *Duhamel, Traité des pêches, seconde partie, quatrième section, chap.* 4, *art.* 6, *p.* 56, *pl.* 4, *fig.* 5.

Rémore *ou* rémora. *Valmont-Bomare, Dictionnaire d'histoire naturelle.*

Ἐχενηΐς. *Arist. lib.* 2, *cap.* 14.

Id. *Ælian. lib.* 2, *cap.* 17, *p.* 95.

Id. *Oppian. Hal. lib.* 1, *p.* 9.

Echeneis. *Plin. lib.* 9, *cap.* 25; *et lib.* 32, *cap.* 1.

Id. *Wotton, lib.* 8, *cap.* 166, *fol.* 149, *a.*

Echineis. *Cuba, lib.* 3, *cap.* 24.

Depuis le temps d'Aristote jusqu'à nos jours, cet animal a été l'objet d'une attention constante ; on l'a examiné dans ses formes, observé dans ses habitudes, considéré dans ses effets : on ne s'est pas contenté de lui attribuer des propriétés merveilleuses, des facultés absurdes, des forces ridicules ; on l'a regardé comme un exemple frappant des qualités occultes départies par la Nature à ses diverses productions ; il a paru une preuve convaincante de l'existence de ces qualités secrètes dans leur origine et inconnues dans leur essence. Il a figuré avec honneur dans les tableaux des poètes, dans les comparaisons des orateurs, dans

---

Achandes. *Id. lib.* 3 , *cap.* 1 , *fol.* 71 , *a.*

Echeneis. *Gesner, Aquat.* p. 440.

Remora. *Aldrovand. lib.* 3 , *cap.* 22 , *p.* 336.

Id. *Raj. p.* 71.

Id. *Rondelet, Hist. des poissons, part.* 1 , *lib.* 15 , *chap.* 17.

Echeneis remora. *Appendix du Voyage à la Nouvelle-Galles méridionale, par Jean White, premier chirurgien de l'expédition commandée par le capitaine Philipp,* p. 296 , *pl.* 64 , *fig.* 3.

Willughby, Ichthyol. append. p. 5 , *tab.* 9 , *fig.* 2.

Echeneis. *Amœnit. academic.* 1 , *p.* 603.

Gronov. Mus. 1 , *p.* 12 , *n.* 35 ; et *Zooph.* p. 75 , *n.* 256.

Echeneis cærulescens, ore retuso. *Klein, Miss. pisc.* 4 , *p.* 51 , *n.* 1.

Remora corpore tereti. *Petiver, Gazoph. l.* 44 , *tab.* 12.

Adam Olearii, Gottorfische kunstkammer, p. 42 ; *tab.* 25.

Bellon, Aquat. p. 440.

Sloan. Jamaïc. 1 , *p.* 8.

Catesb. Carolin. 2 , *tab.* 26.

Du Tertre, Antill. 2 , *p.* 207, 222.

Remora. *Edwards, tab.* 210 , *fig. infer.*

les récits des voyageurs, dans les descriptions des
naturalistes; et cependant à peine, dans le moment
où nous écrivons, l'image de ses traits, de ses mœurs,
de ses effets, a-t-elle été tracée avec quelque fidélité.
Écoutons, par exemple, au sujet de ce rémora, l'un
des plus beaux génies de l'antiquité. « L'échénéis, dit
Pline, est un petit poisson accoutumé à vivre au milieu
des rochers : on croit que lorsqu'il s'attache à la carène
des vaisseaux, il en retarde la marche; et de là vient le
nom qu'il porte, et qui est formé de deux mots grecs,
dont l'un signifie *je retiens*, et l'autre *navire*. Il sert à
composer des poisons capables d'amortir et d'éteindre
les feux de l'amour. Doué d'une puissance bien plus
étonnante, agissant par une faculté morale, il arrête
l'action de la justice et la marche des tribunaux :
compensant cependant ces qualités funestes par des
propriétés utiles, il délivre les femmes enceintes des
accidens qui pourroient trop hâter la naissance de
leurs enfans; et lorsqu'on le conserve dans du sel,
son approche seule suffit pour retirer du fond des
puits les plus profonds l'or qui peut y être tombé ». .
Mais le naturaliste romain ajoute, avant la fin de la
célèbre histoire qu'il a écrite, une peinture bien plus
étonnante des attributs du rémora; et voyons comment
il s'exprime au commencement de son trente-deuxième
livre.

---

* Pline, *liv.* 9, *chap.* 25.

« Nous voici parvenus au plus haut des forces de
la Nature, au sommet de tous les exemples de son
pouvoir. Une immense manifestation de sa puissance
occulte se présente d'elle-même; ne cherchons rien
au-delà, n'en espérons pas d'égale ni de semblable :
ici la Nature se surmonte elle-même, et le déclare
par des effets nombreux. Qu'y a-t-il de plus violent
que la mer, les vents, les tourbillons et les tempêtes ?
Quels plus grands auxiliaires le génie de l'homme
s'est-il donnés que les voiles et les rames ? Ajoutez
la force inexprimable des flux alternatifs qui font un
fleuve de tout l'Océan. Toutes ces puissances et toutes
celles qui pourroient se réunir à leurs efforts, sont
enchaînées par un seul et très-petit poisson qu'on
nomme *échénéis*. Que les vents se précipitent, que
les tempêtes bouleversent les flots, il commande à
leurs fureurs, il brise leurs efforts, il contraint de
rester immobiles des vaisseaux que n'auroit pu retenir
aucune chaîne, aucune ancre précipitée dans la mer,
et assez pesante pour ne pouvoir pas en être retirée.
Il donne ainsi un frein à la violence, il dompte la rage
des élémens, sans travail, sans peine, sans chercher
à retenir, et seulement en adhérant : il lui suffit, pour
surmonter tant d'impétuosité, de défendre aux navires
d'avancer. Cependant les flottes armées pour la guerre
se chargent de tours et de remparts qui s'élèvent pour
que l'on combatte au milieu des mers comme du haut
des murs. O vanité humaine ! un poisson très-petit

contient leurs éperons armés de fer et de bronze, et les tient enchaînées ! On rapporte que, lors de la bataille d'Actium, ce fut un échénéis qui, arrêtant le navire d'Antoine au moment où il alloit parcourir les rangs de ses vaisseaux et exhorter les siens, donna à la flotte de César la supériorité de la vîtesse et l'avantage d'une attaque impétueuse. Plus récemment, le bâtiment monté par Caïus lors de son retour d'Andura à Antium, s'arrêta sous l'effort d'un échénéis : et alors le rémora fut un augure ; car à peine cet empereur fut-il rentré dans Rome, qu'il périt sous les traits de ses propres soldats. Au reste, son étonnement ne fut pas long, lorsqu'il vit que, de toute sa flotte, son quinquérème seul n'avançoit pas : ceux qui s'élancèrent du vaisseau pour en rechercher la cause, trouvèrent l'échénéis adhérent au gouvernail, et le montrèrent au prince indigné qu'un tel animal eût pu l'emporter sur quatre cents rameurs, et très-surpris que ce poisson, qui dans la mer avoit pu retenir son navire, n'eût plus de puissance jeté dans le vaisseau. Nous avons déjà rapporté plusieurs opinions, continue Pline, au sujet du pouvoir de cet échénéis que quelques Latins ont nommé *remora*. Quant à nous, nous ne doutons pas que tous les genres des habitans de la mer n'aient une faculté semblable. L'exemple célèbre et consacré dans le temple de Gnide ne permet pas de refuser la même puissance à des conques marines*. Et de quelque manière que tous ces

---

* Voyez, au sujet de ces coquilles, le *chap.* 25 *du liv.* 9 de Pline.

effets aient lieu, ajoute plus bas l'éloquent naturaliste
que nous citons, quel est celui qui, après cet exemple
de la faculté de retenir des navires, pourra douter du
pouvoir qu'exerce la Nature par tant d'effets spontanées
et de phénomènes extraordinaires? »

Combien de fables et d'erreurs accumulées dans ces
passages, qui d'ailleurs sont des chefs-d'œuvre de
style! Accréditées par un des Romains dont on a le
plus admiré la supériorité de l'esprit, la variété des
connoissances et la beauté du talent, elles ont été
presque universellement accueillies pendant un grand
nombre de siècles. Mais l'on n'attend pas de nous
une mythologie; c'est l'histoire de la Nature que nous
devons tâcher d'écrire. Cherchons donc uniquement
à faire connoître les véritables formes et les habitudes
du rémora. Nous allons réunir, pour y parvenir, les
observations que nous avons faites sur un grand
nombre d'individus conservés dans des collections,
avec celles dont des individus vivans avoient été l'objet,
et que Commerson a consignées dans les manuscrits
qui nous ont été confiés dans le temps par Buffon.

La longueur totale de l'animal égale très-rarement
trois décimètres. Sa couleur est brune et sans tache;
et ce qu'il faut remarquer avec soin, la teinte en est
la même sur la partie inférieure et sur la partie supérieure de l'animal. Ce fait est une nouvelle preuve
de ce que nous avons dit au sujet des couleurs des
poissons, dans notre Discours sur la nature de ces

animaux : en effet, nous allons voir, vers la fin de cet article, que, par une suite des habitudes du rémora, et de la manière dont cet échénéis s'attache aux rochers, aux vaisseaux ou aux grands poissons, son ventre doit être aussi souvent exposé que son dos aux rayons de la lumière.

Les nageoires présentent quelques nuances de bleuâtre. L'iris est brun, et montre d'ailleurs un cercle doré.

Une variété que l'on rencontre assez fréquemment, suivant Commerson, et que l'on voit souvent attachée au même poisson, et, par exemple, au même squale que les individus bruns, est distinguée par sa couleur blanchâtre.

Le corps et la queue sont couverts d'une peau molle et visqueuse, sur laquelle on ne peut appercevoir aucune parcelle écailleuse qu'après la mort de l'animal, et lorsque les tégumens sont desséchés ; et l'ensemble formé par la queue et le corps proprement dit, est d'ailleurs très-alongé et presque conique.

La tête est très-volumineuse, très-aplatie, et chargée dans sa partie supérieure d'une sorte de bouclier ou de grande plaque.

Cette plaque est alongée, ovale, amincie et membraneuse dans ses bords. Son disque est garni ou plutôt armé de petites lames placées transversalement et attachées des deux côtés d'une arête ou saillie longitudinale qui partage le disque en deux. Ces lames transversales et arrangées ainsi par paires, sont ordinairement au nombre de trente-six, ou de dix-huit paires : leur longueur diminue d'autant plus qu'elles sont situées plus près de l'une ou de l'autre des deux extrémités du bouclier ovale. De plus, ces lames sont solides, osseuses, presque parallèles les unes aux autres, très-aplaties, couchées obliquement, susceptibles d'être un peu relevées, hérissées, comme une scie, de très-petites dents, et retenues par une sorte de clou articulé.

Le museau est très-arrondi, et la mâchoire inférieure beaucoup plus avancée que celle d'en-haut, qui d'ailleurs est simple, et ne peut pas s'alonger à la volonté de l'animal : l'une et l'autre ressemblent à une lime, à cause d'un grand nombre de rangs de dents très-petites qui y sont attachées.

D'autres dents également très-petites sont placées autour du gosier, sur une éminence osseuse faite en forme de fer à cheval et attachée au palais, et sur la langue, qui est courte, large, arrondie par-devant, dure, à demi cartilagineuse, et retenue en dessous par un frein assez court.

Au reste, l'intérieur de la bouche est d'un incarnat communément très-vif, et l'ouverture de cet organe a beaucoup de rapports, par sa forme et par sa grandeur proportionnelle, avec l'ouverture de la bouche de la lophie baudroie.

L'orifice des narines est double de chaque côté.

Les yeux, placés sur les côtés de la tête, et séparés

par toute la largeur du bouclier, ne sont ni voilés ni très-saillans.

Deux lames composent chaque opercule des branchies, et une peau légère le recouvre.

La membrane branchiale est soutenue par neuf rayons *.

Les branchies sont au nombre de quatre de chaque côté, et la partie concave de leurs arcs est denticulée.

Les nageoires thoracines offrent la même longueur, mais non pas la même largeur, que les pectorales : elles comprennent chacune six rayons ; le plus extérieur cependant touche de si près le rayon voisin, qu'il est très-difficile de l'appercevoir.

La nageoire du dos et celle de l'anus présentent à peu près la même figure, la même étendue et le même décroissement en hauteur, à mesure qu'elles sont plus près de celle de la queue, qui est fourchue.

L'orifice de l'anus consiste dans une fente dont les bords sont blanchâtres.

La ligne latérale est composée d'une série de points saillans ; elle part de la base des nageoires pectorales, s'élève vers le dos, descend auprès du milieu du corps,

---

* A la nageoire du dos   22 rayons.
  à chacune des pectorales   25
  à chacune des thoracines   6
  à celle de l'anus   22
  à celle de la queue   17
  Vertèbres dorsales, 12.
  Vertèbres caudales, 15.

et tend ensuite directement vers la nageoire de la queue.

Telle est la figure du rémora, tracée d'après le vivant par Commerson, et dont j'ai pu vérifier les traits principaux, en examinant un grand nombre d'individus de cette espèce conservés avec soin dans diverses collections.

Ce poisson présente les mêmes formes dans les diverses parties, non seulement de la Méditerranée, mais encore de l'Océan, soit qu'on l'observe à des latitudes élevées, ou dans les portions de cet Océan comprises entre les deux tropiques.

Il s'attache souvent aux cétacées et aux poissons d'une très-grande taille, tels que les squales, et particulièrement le squale requin. Il y adhère très-fortement par le moyen des lames de son bouclier, dont les petites dents lui servent, comme autant de crochets, à se tenir cramponné. Ces dents, qui hérissent le bord de toutes les lames, sont si nombreuses, et multiplient à un tel degré les points de contact et d'adhésion du rémora, que toute la force d'un homme très-vigoureux ne peut pas suffire pour arracher ce petit poisson du côté du squale sur lequel il s'est accroché, tant qu'on veut l'en séparer dans un sens opposé à la direction des lames. Ce n'est que lorsqu'on cherche à suivre cette direction et à s'aider de l'inclinaison de ces mêmes lames, qu'on parvient aisément à détacher l'échénéis du squale, ou plutôt à le faire glisser sur la surface du requin, et à l'en écarter ensuite.

Commerson rapporte * qu'ayant voulu approcher son pouce du bouclier d'un rémora vivant qu'il observoit, il éprouva une force de cohésion si grande, qu'une stupeur remarquable et même une sorte de paralysie saisit son doigt, et ne se dissipa que long-temps après qu'il eut cessé de toucher l'échénéis.

Le même naturaliste ajoute, avec raison, que, dans cette adhésion du rémora au squale, le premier de ces deux poissons n'opère aucune succion, comme on l'avoit pensé; et la cohérence de l'échénéis ne lui sert pas immédiatement à se nourrir, puisqu'il n'y a aucune communication proprement dite entre les lames de la plaque ovale et l'intérieur de la bouche ou du canal alimentaire, ainsi que je m'en suis assuré, après Commerson, par la dissection attentive de plusieurs individus. Le rémora ne s'attache, par le moyen des nombreux crochets qui hérissent son bouclier, que pour naviguer sans peine, profiter, dans ses déplacemens, de mouvemens étrangers, et se nourrir des restes de la proie du requin, comme presque tous les marins le disent, et comme Commerson lui-même l'a cru vraisemblable. Au reste, il demeure collé avec tant de constance à son conducteur, que lorsque le requin est pris, et que ce squale, avant d'être jeté sur le pont,

---

* Manuscrits déja cités.

éprouve des frottemens violens contre les bords du vaisseau, il arrive très-souvent que le rémora ne cherche pas à s'échapper, mais qu'il demeure cramponné au corps de son terrible compagnon jusqu'à la mort de ce dernier et redoutable animal.

Commerson dit aussi que lorsqu'on met un rémora dans un récipient rempli d'eau de mer plusieurs fois renouvelée en très-peu de temps, on peut le conserver en vie pendant quelques heures, et que l'on voit presque toujours cet échénéis privé de soutien et de corps étranger auquel il puisse adhérer, se tenir renversé sur le dos, et ne nager que dans cette position très-extraordinaire. On doit conclure de ce fait très-curieux, et qui a été observé par un naturaliste des plus habiles et des plus dignes de foi, que lorsque le rémora change de place au milieu de l'Océan par le seul effet de ses propres forces, qu'il se meut sans appui, qu'il n'est pas transporté par un squale, par un cétacée ou par tout autre moteur analogue, et qu'il nage véritablement, il s'avance le plus souvent couché sur son dos, et par conséquent dans une position contraire à celle que presque tous les poissons présentent dans leurs mouvemens. L'inspection de la figure générale des rémora, et particulièrement la considération de la grandeur, de la forme, de la nature et de la situation de leur bouclier, doivent faire présumer que leur centre de gravité est placé de telle sorte qu'il les détermine à voguer sur le dos plutôt que sur le ventre ; et c'est ainsi

que leur partie inférieure étant très - fréquemment
exposée, pendant leur natation, à une quantité de
lumière plus considérable que leur partie supérieure,
et d'ailleurs recevant également un très-grand nombre
de rayons lumineux, lorsque l'animal est attaché par
son bouclier à un squale ou à un cétacée, il n'est pas
surprenant que le dessous du corps de ces échénéis
présente une nuance aussi foncée que le dessus de ces
poissons.

Lorsque les rémora ne sont pas à portée de se coller
contre quelque grand habitant des eaux, ils s'accrochent
à la carène des vaisseaux ; et c'est de cette habitude
que sont nés tous les contes que l'antiquité a imaginés
sur ces animaux, et qui ont été transmis avec beaucoup
de soin, ainsi que tant d'autres absurdités, au travers
des siècles d'ignorance.

Du milieu de ces suppositions ridicules, il jaillit
cependant une vérité : c'est que dans les instans où la
carène d'un vaisseau est hérissée, pour ainsi dire, d'un
très-grand nombre d'échénéis, elle éprouve, en cinglant
au milieu des eaux, une résistance semblable à celle
que feroient naitre des animaux à coquille très-nombreux et attachés également à sa surface, qu'elle
glisse avec moins de facilité au travers d'un fluide que
choquent des aspérités, et qu'elle ne présente plus la
même vitesse. Et il ne faut pas croire que les circonstances où les échénéis se trouvent ainsi accumulés
contre la charpente extérieure d'un navire, soient

extrêmement rares dans tous les parages : il est des
mers où l'on a vu ces poissons nager en grand nombre
autour des vaisseaux, et les suivre ainsi en troupes
pour saisir les matières animales que l'on jette hors
du bâtiment, pour se nourrir des substances corrom-
pues dont on se débarrasse, et même pour recueillir
jusqu'aux excrémens. C'est ce qu'on a observé particulièrement dans le golfe de Guinée ; et voilà pourquoi,
suivant Barbot [1], les Hollandois qui fréquentent la côte
occidentale d'Afrique, ont nommé les rémora *poissons
d'ordures*. Des rassemblemens semblables de ces échénéis ont été apperçus quelquefois autour des grands
squales, et sur-tout des requins, qu'ils paroissent suivre,
environner et précéder sans crainte, et dont on dit
qu'ils sont alors les *pilotes;* soit que ces poissons redoutables aient, ainsi qu'on l'a écrit, une sorte d'antipathie
contre le goût ou l'odeur de leur chair, et dès-lors ne
cherchent pas à les dévorer; soit que les rémora aient
assez d'agilité, d'adresse ou de ruse, pour échapper
aux dents meurtrières des squales, en cherchant, par
exemple, un asyle sur la surface même de ces grands
animaux, à laquelle ils peuvent se coller dans les instans
de leur plus grand danger, aussi-bien que dans les
momens de leur plus grande fatigue. Ce sont encore
des réunions analogues et par conséquent nombreuses
de ces échénéis, que l'on a remarquées sur des rochers

---

* *Hist. générale des voyages, liv.* 3, *p.* 242.

auxquels ils adhéroient comme sur la carène d'un vaisseau, ou le corps d'un requin, sur-tout lorsque l'orage avoit bouleversé la mer, qu'ils craignoient de se livrer à la fureur des ondes, et que d'ailleurs la tempête avoit déja brisé leurs forces.

————

L'ÉCHÉNÉIS NAUCRATE*.

On trouve, dans presque toutes les mers, et particulièrement dans celles qui sont comprises entre les deux tropiques, cette espèce d'échénéis, qui ressemble beaucoup au rémora, et qui en diffère cependant non seulement par sa grandeur, mais encore par le nombre des paires de lames que son bouclier comprend, et par quelques autres traits de sa conformation. On lui a donné le nom de *naucrate*, ou de *naucrates*, qui en grec signifie *pilote*, ou *conducteur de vaisseau*. Les

---

* Echeneis naucrates.

Id. *Linné, édition de Gmelin.*

Échène succet. *Daubenton, Encyclopédie méthodique.*

Id. *Bonnaterre, planches de l'Encyclopédie méthodique.*

Bloch, pl. 171.

Echeneis caudâ integrâ, striis capitis viginti-quatuor. *Hasselquist. It. Palest.* 324, *n.* 68.

Gronov. Zooph. p. 75, *n.* 252; *et Mus.* 1, *p.* 13, *n.* 34,

Echeneis fuscus, pinnis posterioribus albo marginatis. *Brown. Jamaic. p.* 443.

Echeneis, capite striis viginti quinque, etc. *Commerson, manuscrits déja cités.*

Echeneis in extremo subrotunda. *Seba, Mus.* 3, *tab* 33, *fig.* 2.

Echeneis *vel remora. Aldrovand. de Piscib. p.* 335.

Jonst. de Piscibus, p. 16, *tab.* 4, *fig.* 3.

Iperuquiba, *et* piraquiba. *Marcgrav. Brasil. p.* 180.

Willughby, Ichthyol. p. 119, *tab.* G, 8, *fig.* 2.

Remora imperati. *Raj. Pisc. p.* 7, *n.* 12.

Remora. *Petiv. Gazoph. tab.* 44, *fig.* 12.

individus qui la composent, parviennent quelquefois jusqu'à la longueur de vingt-trois décimètres, suivant des mémoires manuscrits cités par le professeur Bloch, et rédigés par le prince Maurice de Nassau, qui avoit fait quelque séjour dans plusieurs contrées maritimes de l'Amérique méridionale. Le bouclier placé au-dessus de leur tête présente toujours plus de vingt-deux et quelquefois vingt-six paires de lames transversales et dentelées. D'ailleurs la nageoire de la queue du naucrate, au lieu d'être fourchue comme celle du rémora, est arrondie ou rectiligne. De plus, les nageoires du dos et de l'anus, plus longues à proportion que sur le rémora, montrent un peu la forme d'une faux *.

La figure de l'une de ces deux nageoires est semblable à celle de l'autre. L'ouverture de l'anus est alongée, et située, à peu près, vers le milieu de la longueur totale de l'échénéis; et la ligne latérale, composée de points très-peu sensibles, s'approche d'abord du dos, change ensuite de direction, et tend vers la queue, à l'extrémité de laquelle elle parvient.

Le naucrate offre des habitudes très-analogues à celles du rémora; on le rencontre de même en assez

---

* A la membrane des branchies 9 rayons.
  à la nageoire du dos - 40.
  à chacune des pectorales 20
  à chacune des thoracines 4 ou 5
  à celle de l'anus 40
  à celle de la queue 16

grand nombre autour des requins. Ses mouvemens ne
sont pas toujours faciles : mais comme il est plus grand
et plus fort que le rémora, il se nourrit quelquefois
d'animaux à coquille et de crabes ; et lorsqu'il adhère
à un corps vivant ou inanimé, il faut des efforts bien
plus grands pour l'en détacher que pour séparer un
rémora de son appui.

Commerson, qui l'a observé sur les rivages de l'isle
de France, a écrit que ce poisson fréquentoit très-
souvent la côte de Mozambique, et qu'auprès de cette
côte on employoit pour la pêche des tortues marines,
et d'une manière bien remarquable, la facilité de se
cramponner, dont jouit cet échénéis. Nous croyons
devoir rapporter ici ce que Commerson a recueilli au
sujet de ce fait très-curieux, le seul du même genre
que l'on ait encore observé.

On attache à la queue d'un naucrate vivant, un
anneau d'un diamètre assez large pour ne pas incom-
moder le poisson, et assez étroit pour être retenu par
la nageoire caudale. Une corde très-longue tient à cet
anneau. Lorsque l'échénéis est ainsi préparé, on le
renferme dans un vase plein d'eau salée, qu'on renouvelle très-souvent ; et les pêcheurs mettent le vase
dans leur barque. Ils voguent ensuite vers les parages
fréquentés par les tortues marines. Ces tortues ont
l'habitude de dormir souvent à la surface de l'eau sur
laquelle elles flottent ; et leur sommeil est alors si
léger, que l'approche la moins bruyante d'un bateau

pêcheur suffiroit pour les réveiller et les faire fuir à de grandes distances, ou plonger à de grandes profondeurs. Mais voici le piége que l'on tend de loin à la première tortue que l'on apperçoit endormie. On remet dans la mer le naucrate garni de sa longue corde : l'animal, délivré en partie de sa captivité, cherche à s'échapper en nageant de tous les côtés. On lui lâche une longueur de corde égale à la distance qui sépare la tortue marine, de la barque des pêcheurs. Le naucrate, retenu par ce lien, fait d'abord de nouveaux efforts pour se soustraire à la main qui le maîtrise ; sentant bientôt cependant qu'il s'agite en vain, et qu'il ne peut se dégager, il parcourt tout le cercle dont la corde est en quelque sorte le rayon, pour rencontrer un point d'adhésion, et par conséquent un peu de repos. Il trouve cette sorte d'asyle sous le plastron de la tortue flottante, s'y attache fortement par le moyen de son bouclier, et donne ainsi aux pêcheurs, auxquels il sert de crampon, le moyen de tirer à eux la tortue, en retirant la corde.

On voit tout de suite la différence remarquable qui sépare cet emploi du naucrate, de l'usage analogue auquel on fait servir plusieurs oiseaux d'eau ou de rivage, et particulièrement des cormorans, des hérons et des butors. Dans la pêche des tortues faite par le moyen d'un échénéis, on n'a sous les yeux qu'un poisson contraint dans ses mouvemens, mais conservant la même tendance, faisant les mêmes efforts, répétant les mêmes actes que lorsqu'il nage en liberté, et n'étant qu'un prisonnier qui cherche à briser ses chaînes, tandis que les oiseaux élevés pour la pêche sont altérés dans leurs habitudes, et modifiés par l'art de l'homme, au point de servir en esclaves volontaires ses caprices et ses besoins. On a pu entrevoir dans deux de nos Discours généraux *, la cause de cette différence, qui mérite toute l'attention des physiciens.

* *Discours sur la nature des poissons,* et *Discours sur la durée des espèces.*

L'ÉCHÉNÉIS RAYÉ.*

LE naturaliste anglois Archibald Menzies a donné, dans le premier volume des *Transactions de la société linnéenne de Londres*, la description de ce poisson, qui diffère des deux échénéis dont nous venons de parler, par le nombre des lames qui composent sa plaque ovale. En effet, cet osseux n'a que dix paires de stries transversales, dans l'espèce de bouclier dont sa tête est couverte. D'ailleurs sa nageoire caudale, au lieu d'être fourchue comme celle du rémora, ou rectiligne, ou arrondie comme celle du naucrate, se termine en pointe. Sa mâchoire inférieure est plus longue que la supérieure. Les dents des deux mâchoires sont petites, ainsi que les écailles qui revêtent l'animal. La couleur générale est d'un brun foncé, et relevée de chaque côté par deux raies blanches qui s'étendent depuis les yeux jusque vers le bout de la queue. L'échénéis rayé se trouve dans le grand Océan, connu sous le nom de *mer Pacifique* : on l'y a vu adhérer à

---

* Echeneis lineata.

Id. *Archibald Menzies, Transact. de la société linnéenne de Londres, vol.* I.

des tortues. L'individu décrit par l'auteur anglois avoit treize centimètres de long *.

---

* A la membrane branchiale   10 rayons.
  à la nageoire dorsale   33
  à chacune des pectorales   18
  à chacune des thoracines   5
  à celle de l'anus   33
  à celle de la queue   14

SOIXANTE-DIX-NEUVIÈME GENRE.

LES MACROURES.

Deux nageoires sur le dos; la queue deux fois plus longue que le corps.

ESPÈCE.	CARACTÈRES.
LE MACROURE BERGLAX. (*Macrourus berglax.*)	Le premier rayon de la première nageoire dorsale, dentelé par-devant; les écailles aiguillonnées, et relevées en carène.

LE MACROURE BERGLAX[*].

Auprès des rivages du Groenland et de l'Islande, habite ce macroure que Bloch et Gunner ont cru, avec raison, devoir placer dans un genre particulier. La longueur de sa queue sépare sa forme de celle des autres poissons thoracins, et donne un caractère particulier à ses habitudes, en accroissant l'étendue de son principal instrument de natation, et en douant cet osseux d'une force particulière pour se mouvoir avec vîtesse au milieu des mers hyperboréennes. Long d'un mètre, ou environ, il fournit un aliment utile et quelquefois même abondant aux peuplades de ces côtes groenlandoises et islandoises, si peu favorisées par la Nature, et condamnées pendant une si grande partie de l'année à tous les effets funestes d'un froid excessif. Son nom de *berglax* vient des rapports qu'il a paru présenter avec le saumon que l'on nomme

---

[*] Macrourus berglax.
Macrourus rupestris. *Bloch, pl.* 177.
Coryphænoïdes rupestris. *Gunner, Act. Nidros.* 3, *p.* 43, *tab.* 3, *fig.* 1.
Müller, Prodrom. Zoolog. Danic. p. 43, *n.* 363.
Coryphæna rupestris. *Linné, édition de Gmelin.*
Id. *Ot. Fabric. Faun. Groenland. p.* 154, *n.* 111.
Ingmingoak. *Id. ibid.*
Fiskligen brosme.
Ingminniset. *Cranz, Groenland. p.* 140.
Berglax. *Strom. Sondm.* 1, *p.* 267.

Pl. 10. Page. 270.

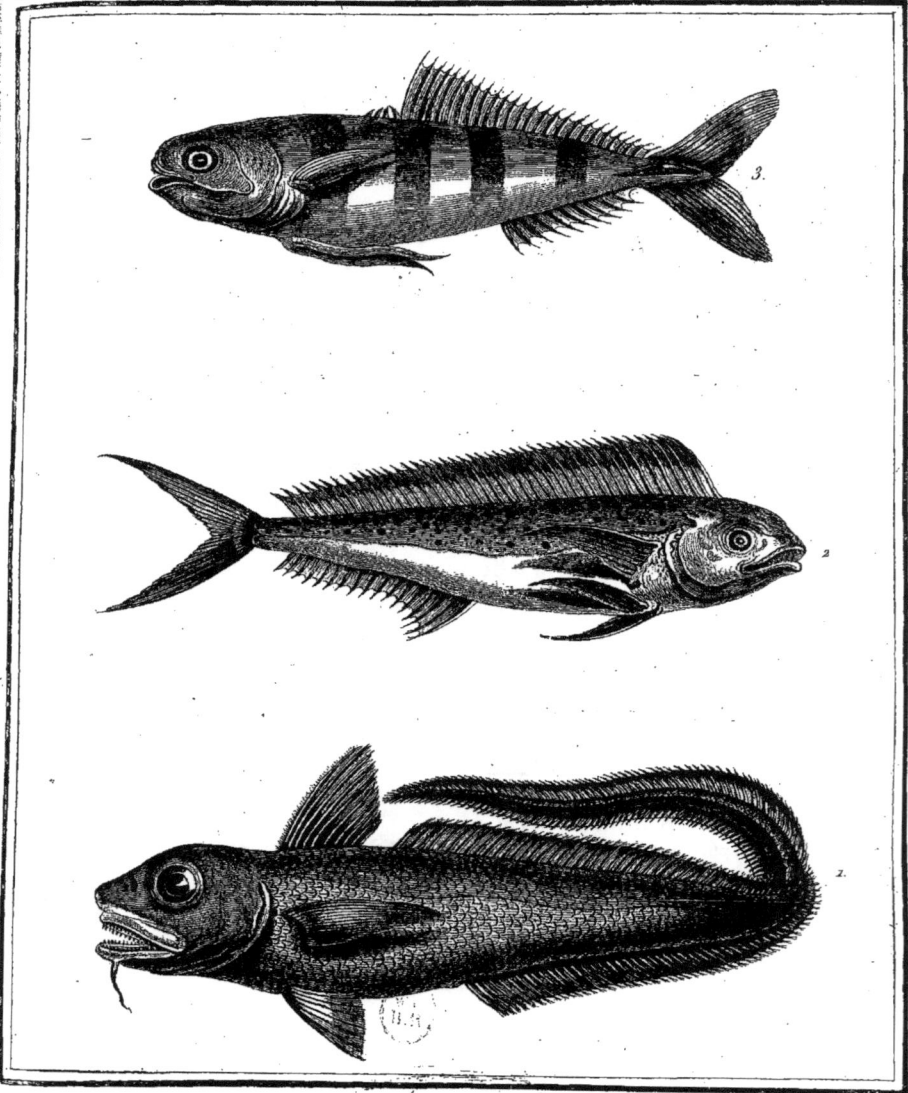

1. *MACROURE* Berglas. 2 *CORYPHÈNE* Doradon 3. *CONDUCTEUR* Centronote

lachs, ou *lax,* dans plusieurs langues du Nord, et des rochers au milieu desquels il séjourne fréquemment. Sa tête est grande et large ; ses yeux sont ronds et saillans ; les ouvertures des narines doubles de chaque côté ; et les deux mâchoires proprement dites, à peu près égales. Cependant le museau est très-avancé au-dessus de la mâchoire supérieure, qui est armée ordinairement de cinq rangées de dents ; et la mâchoire inférieure, qui n'en montre que trois rangées, est garnie d'un filament ou barbillon semblable, par sa forme, sa nature et sa longueur, à celui de plusieurs gades. La langue est courte, épaisse, cartilagineuse, blanche, et lisse comme le palais. Un opercule d'une seule pièce couvre une grande ouverture branchiale. L'anus est plus près de la tête que de l'extrémité de la queue. La ligne latérale se rapproche du haut du corps, dans une grande partie de sa direction. Deux nageoires s'élèvent sur le dos ; la seconde est réunie avec celle de la queue, qui touche aussi celle de l'anus * ; et les écailles qui recouvrent ce *macroure,* ou, ce qui est la même chose, ce poisson *à longue queue,* sont relevées par une arête qui se termine en pointe ou en aiguillon.

---

* A la membrane des branchies   6 rayons.
   à la première nageoire du dos   11
   à la seconde   124
   à chacune des pectorales   19
   à chacune des thoracines   7
   à celle de l'anus   148

Présentant d'ailleurs un éclat argentin, ces écailles donnent une teinte très-brillante au berglax, dont la partie supérieure montre néanmoins une couleur plus foncée ou plus bleuâtre que l'inférieure ; et les nageoires ajoutent quelquefois à la parure de l'animal, en offrant une nuance d'un assez beau jaune, et une bordure bleue qui fait ressortir ce fond presque doré.

Le berglax fraye assez tard. On le pêche avec des lignes de fond * : lorsqu'il est pris, il se débat violemment, agite avec force sa longue queue, anime ses gros yeux, et se gonfle d'une manière assez analogue à celle que nous avons observée en parlant des tétrodons.

---

* Voyez ce que nous avons dit des lignes de fond, dans l'histoire de murène congre.

QUATRE-VINGTIÈME GENRE.

LES CORYPHÈNES.

Le sommet de la tête très-comprimé et comme tranchant par le haut, ou très-élevé et finissant sur le devant par un plan presque vertical, ou terminé antérieurement par un quart de cercle, ou garni d'écailles semblables à celles du dos; une seule nageoire dorsale, et cette nageoire du dos presque aussi longue que le corps et la queue.

PREMIER SOUS-GENRE.

La nageoire de la queue, fourchue.

ESPÈCES.	CARACTÈRES.
1. LE CORYPH. HIPPURUS. (*Coryphœna hippurus.*)	Soixante rayons, ou environ, à la nageoire du dos; plus de six rayons à la membrane des branchies; plus d'un rang de dents à chaque mâchoire; une seule lame à chaque opercule; des taches sur la plus grande partie du corps et de la queue.
2. LE CORYPH. DORADON. (*Coryphœna aurata.*)	Cinquante rayons, ou environ, à la nageoire du dos; six rayons à la membrane branchiale; des taches sur la partie supérieure du corps et de la queue.

ESPÈCES.	CARACTÈRES.
3. LE CORYPH. CHRYSURUS. (*Coryphæna chrysurus.*)	Cinquante-huit rayons à la nageoire du dos; six rayons à la membrane des branchies; la langue osseuse dans le milieu, et cartilagineuse dans les bords; un seul rang de dents à chaque mâchoire; deux lames à chaque opercule; des taches sur la plus grande partie du corps et de la queue.
4. LE COR. SCOMBÉROÏDE. (*Coryphæna scomberoïdes.*)	Cinquante-cinq rayons, ou environ, à la nageoire du dos; cette nageoire dorsale très-festonnée au-dessus de la queue; la langue bisanguleuse par-devant, osseuse dans son milieu, et cartilagineuse dans ses bords; point de dents sur le devant du palais; point de taches sur le corps ni sur la queue.
5. LE CORYPHÈNE ONDÉ. (*Coryphæna undulata.*)	Cinquante-quatre rayons, ou environ, à la nageoire du dos; la ligne latérale droite; des bandes transversales placées sur la nageoire dorsale, et s'étendant sur le dos et les côtés, où elles ondulent et se réunissent les unes aux autres.
6. LE CORYPH. POMPILE. (*Coryphæna pompilus.*)	Trente-cinq rayons, ou environ, à la nageoire du dos; la mâchoire inférieure plus avancée que la supérieure; la ligne latérale courbe; des bandes transversales et étroites.

SECOND SOUS-GENRE.

La nageoire de la queue en croissant.

ESPÈCES.	CARACTÈRES.
7. LE CORYPHÈNE BLEU. (*Coryphæna cœrulea.*)	Dix-neuf rayons, ou environ, à la nageoire du dos.; les écailles grandes; toute la surface du poisson, d'une couleur bleue.
8. LE CORYPH. PLUMIER. (*Coryphæna Plumieri.*)	Quatre-vingts rayons, ou environ, à la nageoire du dos; un grand nombre de raies étroites, courbes et bleues, situées sur le dos.

TROISIÈME SOUS-GENRE.

La nageoire de la queue rectiligne.

ESPÈCES.	CARACTÈRES.
9. LE CORYPHÈNE RASOIR. (*Coryphæna novacula.*)	La partie supérieure terminée par une arête aiguë; des raies bleuâtres, et croisées sur la tête et sur les nageoires.
10. LE CORYPH. PERROQUET. (*Coryphæna psittacus.*)	La nageoire dorsale commençant à l'occiput, composée de trente rayons, ou environ, et très-basse, ainsi que celle de l'anus; la ligne latérale interrompue; des raies longitudinales et vivement colorées sur les nageoires.
11. LE CORYPHÈNE CAMUS. (*Coryphæna sima.*)	Trente-deux rayons à la nageoire du dos; la lèvre inférieure plus avancée que la supérieure.

QUATRIÈME SOUS-GENRE.

La nageoire de la queue arrondie.

ESPÈCES.	CARACTÈRES.
12. LE CORYPHÈNE RAYÉ. (*Coryphœna lineata.*)	L'extrémité antérieure de chaque mâchoire garnie de deux dents aiguës, très-longues, et écartées l'une de l'autre ; les écailles grandes ; la tête dénuée d'écailles semblables à celles du dos, et présentant plusieurs bandes transversales.
13. LE CORYPH. CHINOIS. (*Coryphœna sinensis.*)	La nageoire du dos très-longue; celle de l'anus assez courte; la mâchoire inférieure plus avancée que la supérieure, et relevée; de grandes écailles sur le corps et sur les opercules ; la couleur générale d'un verd argentin.

CINQUIÈME SOUS-GENRE.

La nageoire de la queue lancéolée.

ESPÈCE.	CARACTÈRES.
14. LE CORYPH. POINTU. (*Coryphœna acuta.*)	Quarante-cinq rayons à la nageoire du dos; la ligne latérale courbe.

Espèces dont la forme de la nageoire de la queue n'est pas encore connue.

ESPÈCES.	CARACTÈRES.
15. LE CORYPHÈNE VERD. (*Coryphœna viridis.*)	La nageoire du dos, celle de l'anus, et les thoracines, garnies chacune d'un long filament.
26. LE CORYPH. CASQUÉ. (*Coryphœna galeata.*)	Trente-deux rayons à la nageoire du dos; une lame osseuse sur le sommet de la tête.

LE CORYPHÈNE HIPPURUS*.

De tous les poissons qui habitent la haute mer, aucun ne paroît avoir reçu de parure plus magnifique que les coryphènes. Revêtus d'écailles grandes et polies, réfléchissant avec vivacité les rayons du soleil, brillant des couleurs les plus variées, couverts d'or, pour ainsi dire, et resplendissant de tous les feux du diamant et des pierres orientales les plus précieuses, ils ajoutent d'autant plus, ces coryphènes privilégiés, à la beauté du spectacle de l'Océan, lorsque, sous un ciel sans nuages, de légers zéphyrs commandent seuls aux ondes, qu'ils nagent fréquemment à la surface

* Coryphæna hippurus.
Dorade.
Rondanino, *sur la côte de Gênes.*
Lampugo, *en Espagne.*
Dolphin, *en Angleterre.*
Dorado, *dans plusieurs autres endroits de l'Europe.*
Coryphæna hippurus. *Linné, édition de Gmelin.*
Bloch, pl. 174.
Coryphène dofin. *Daubenton, Encyclopédie méthodique.*
Id. *Bonnaterre, planches de l'Encyclopédie méthodique.*
Osbeck, It. 307.
Coryphæna caudâ bifurcâ, etc. *Artedi, gen.* 15, *syn.* 28.
Ἱππουρ⊕. *Arist. lib.* 8, *cap.* 15.
Id. *Oppian. lib.* 1, *p.* 8.
Id. *Athen. lib.* 7, *p.* 304.

des eaux, qu'on les voit, en quelque sorte, sur le sommet des vagues, que leurs mouvemens très-agiles et très-répétés multiplient sans cesse les aspects sous lesquels on les considère, ainsi que les reflets éclatans qui les décorent, et que, voraces et audacieux, ils entourent en grandes troupes les vaisseaux qu'ils rencontrent, et s'en approchent d'assez près pour ne rien dérober à l'œil du spectateur, de la variété ni de la richesse des nuances qu'ils étalent. C'est pour indiquer cette prééminence des coryphènes dans l'éclat et dans la diversité de leurs couleurs, ainsi que dans la vélocité de leur course et la rapidité de leurs évolutions, et pour faire allusion d'ailleurs à la hauteur à laquelle ils se plaisent à nager, que, suivant plusieurs écrivains, ils ont reçu le nom générique qu'ils portent, et qui vient de deux mots grecs, dont l'un, κορυφη, veut

Hippurus. *Ovid. v.* 95.

Id. *Plin. lib.* 9, *cap.* 16; *et lib.* 32, *cap.* 11.

Lampugo. *Rondelet, première partie, liv.* 8, *chap.* 18, *édition de Lyon,* 1558.

Hippurus. *Id. ibid.*

Id. *Gesner, p.* 501 *et* 423. — (*Germ.*) *fol.* 44, *a.* — *Icon. animal. p.* 75. *Aldrov. lib.* 3, *cap.* 17, *p.* 306.

Jonston. lib. 1, *tit.* 1, *cap.* 1, *a.* 6, *tab.* 1.

Charlet. p. 124.

Willughby, Ichthyol. p. 213, *tab.* O, 1, *fig.* 5.

Raj. p. 100, *n.* 1.

Equisele. *Gaz. Arist. lib.* 4, *cap.* 10; *et lib.* 8, *cap.* 15.

Equiselis. *Id. ibid.*

Hippurus pinnis branchialibus deauratis, etc. *Klein, Miss. pisc.* 5, *p.* 55, *n.* 1, 2.

dire *sommet*, et l'autre, *νεω*, signifie *je nage*. On a également prétendu que la dénomination de *coryphène*, employée dès le temps des anciens naturalistes, désignoit une des formes les plus remarquables des poissons dont nous parlons, c'est-à-dire, la position de leur nageoire dorsale, qui commence très-près du haut de la tête. Quelque opinion que l'on adopte à cet égard, on ne peut pas douter que le nom particulier d'*hippurus*, ou de *queue de cheval*, donné à l'une des plus belles espèces de coryphène, ne vienne de la conformation de cette même nageoire dorsale, dont les rayons très-nombreux ont quelques rapports avec les crins du cheval. Cet hippurus, qui est l'objet de cet article, parvient quelquefois jusqu'à une longueur d'un mètre et demi. Son corps est comprimé aussi-bien que sa tête; l'ouverture de sa bouche très-grande; sa langue courte; ses lèvres sont épaisses; ses mâchoires garnies de quatre rangs de dents aiguës et recourbées en arrière. Un opercule composé d'une seule pièce couvre une large ouverture branchiale; la ligne latérale est fléchie vers la poitrine, et droite ensuite jusqu'à la nageoire caudale, qui est fourchue *; les écailles sont minces, mais fortement attachées.

---

* À la membrane des branchies 10. rayons.

à la nageoire du dos	60
à chacune des pectorales	20,
à chacune des thoracines	6
à celle de l'anus	26,
à celle de la queue	20.

A l'indication des formes ajoutons l'exposition des nuances, pour achever de donner une idée de ce superbe coryphène. Lorsqu'il est vivant, dans l'eau, et en mouvement, il brille sur le dos d'une couleur d'or très-éclatante, mêlée à une belle teinte de bleu ou de verd de mer, que relèvent des taches dorées et le jaune doré de la ligne latérale. Le dessous du corps est argenté. Les nageoires pectorales et thoracines présentent un jaune très-vif, à la splendeur duquel ajoute la teinte brune de leur base; la nageoire caudale, qui offre la même nuance de jaune, est d'ailleurs bordée de verd; celle de l'anus est dorée; et une dorure des plus riches fait remarquer les nombreux rayons de la nageoire dorsale, au milieu de la membrane d'un bleu céleste qui les réunit.

C'est ce magnifique assortiment de couleurs d'or et d'azur qui trahit de loin le coryphène hippurus, lorsque, cédant à sa voracité naturelle, il poursuit sans relâche les trigles et les exocets, dont il aime à se nourrir, contraint ces poissons volans à s'élancer hors de l'eau, les suit d'un regard assuré, pendant que ces animaux effrayés parcourent dans l'air leur demi-cercle, et les reçoit, pour ainsi dire, dans sa gueule, à l'instant où, fatigués d'agiter leurs nageoires pectorales, et ne pouvant plus soutenir dans l'atmosphère leur corps trop pesant, ils retombent au milieu de leur fluide natal sans pouvoir y trouver un asyle.

Non seulement les hippurus cherchent ainsi à satis-

faire le besoin impérieux de la faim qui les presse ;
au milieu des bandes nombreuses de poissons moins
grands et plus foibles qu'eux ; mais encore, peu difficiles dans le choix de leurs alimens, ils voguent en
grandes troupes autour des vaisseaux, les accompagnent avec constance, et saisissent avec tant d'avidité tout ce que les passagers jettent dans la mer,
qu'on a trouvé dans l'estomac d'un de ces poissons
jusqu'à quatre clous de fer, dont un avoit plus de
quinze centimètres de longueur.

On profite d'autant plus de leur gloutonnerie pour
les prendre, que leur chair est ferme, et très-agréable
au goût. Pendant le temps de leur frai, c'est-à-dire,
dans le printemps et dans l'automne, on les pêche avec
des filets auprès des rivages, vers lesquels ils vont
déposer ou féconder leurs œufs ; et dans les autres
saisons, où ils préfèrent la haute mer, on se sert de
lignes de fond * que la voracité de ces coryphènes
rend très-dangereuses pour ces animaux. Ce qui fait
d'ailleurs que leur recherche est facile et avantageuse,
c'est qu'ils sont en très-grand nombre dans les parties
de la mer qui leur conviennent, parce qu'indépendamment de leur fécondité, ils croissent si vite, qu'on les
voit grandir d'une manière très-prompte dans les
nasses où on les renferme après les avoir pris en vie.

---

* Voyez, sur les lignes de fond, l'article de la *raie bouclée*, et celui de
la *murène congre*.

Ils vivent dans presque toutes les mers chaudes et même tempérées. On les trouve non seulement dans le grand Océan équatorial, improprement appelé *mer Pacifique*, mais encore dans une grande portion de l'Océan atlantique, et jusque dans la Méditerranée.

LE CORYPHÈNE DORADON[*].

Nous conservons ce nom de *doradon* à un coryphène qui a plusieurs traits communs avec l'hippurus, mais qui en diffère par plusieurs autres. Il en est séparé par le nombre des rayons de la nageoire dorsale, qui n'en renferme que cinquante ou environ, par celui des rayons de la membrane des branchies, qui n'en comprend que six, pendant que la membrane branchiale de l'hippurus en présente sept et quelquefois dix, et de plus par la disposition des taches couleur d'or qui ne sont disséminées que sur la partie supérieure du corps et de la queue. D'ailleurs, en jetant les yeux sur une peinture exécutée d'après les dessins coloriés et originaux du célèbre Plumier, laquelle fait partie de la belle collection de peintures sur vélin déposées dans le Muséum d'histoire naturelle, et qui représente avec autant d'exactitude que de vivacité les brillantes

---

[*] Coryphæna aurata.

Coryphæna equiselis. *Linné, édition de Gmelin.*

Coryphène doradon. *Daubenton, Encyclopédie méthodique.*

Id. *Bonnaterre, planches de l'Encyclopédie méthodique.*

Dorado. *Osbeck, II. 308.*

Guaracapema. *Marcgrav. Brasil. p. 160.*

Id. *Piso, Ind. p. 160.*

Willughby, Ichthyol. p. 214.

Raj. Pisc. p. 100, n. 2.

nuances du doradon, on ne peut pas douter que ce dernier coryphène n'ait chacun des opercules de ses branchies composé de deux lames, pendant que l'opercule de l'hippurus est formé d'une seule pièce. On pourra s'en assurer, en examinant la copie de cette peinture, que nous avons cru devoir faire graver *. Au reste, l'agilité, la voracité et les autres qualités du doradon, ainsi que les diverses habitudes de ce poisson, sont à peu près les mêmes que celles de l'hippurus; et on le trouve également dans un grand nombre de mers chaudes ou tempérées.

---

* A la membrane des branchies   6 rayons.
   à la nageoire dorsale   53
   à chacune des pectorales   19
   à chacune des thoracines   6
   à celle de l'anus   23
   à celle de la queue   20

LE CORYPHÈNE CHRYSURUS*.

C'est dans la mer Pacifique, ou plutôt dans le grand Océan équatorial, que ce superbe coryphène a été vu par Commerson, qui accompagnoit alors notre célèbre navigateur Bougainville. Il l'a observé sur la fin d'avril de 1768, vers le 16ᵉ degré de latitude australe, et le 170ᵉ de longitude. Au premier coup d'œil, on croiroit devoir le rapporter à la même espèce que l'hippurus; mais en le décrivant d'après Commerson, nous allons montrer aisément qu'il en diffère par un grand nombre de caractères.

Toute la surface de ce coryphène et particulièrement sa queue brillent d'une couleur d'or très-éclatante. Quelques nuances d'argent sont seulement répandues sur la gorge et la poitrine; et quelques teintes d'un bleu céleste jouent, pour ainsi dire, au milieu des reflets dorés du sommet du dos. Une belle couleur d'azur paroît aussi sur les nageoires, principalement sur celle du dos et sur les pectorales : elle est relevée sur les thoracines par le jaune d'une partie

---

* Coryphæna chrysurus.

Coryphus chrysurus. — Endique deauratus; dorso, pinnis, guttulisque lateralibus, cæruleis, cauda ex auro flavescente. *Commerson, manuscrits déjà cités.*

Dorat de la mer du Sud. *Id. ibid.*

des rayons, et sur celle de l'anus, par les teintes dorées avec lesquelles elle y est mêlée; mais elle ne se montre sur la nageoire de la queue que pour y former un léger liséré, et pour y encadrer, en quelque sorte, l'or resplendissant qui la recouvre, et qui a indiqué le nom du coryphène *.

Ajoutons, pour achever de peindre la magnifique parure du chrysurus, que des taches bleues et lenticulaires sont répandues sans ordre sur le dos, les côtés et la partie inférieure du poisson, et scintillent au milieu de l'or, comme autant de saphirs enchâssés dans le plus riche des métaux.

L'admirable vêtement que la Nature a donné au chrysurus, est donc assez différent de celui de l'hippurus, pour qu'on ne se presse pas de les confondre dans la même espèce. Nous allons les voir séparés par des caractères encore plus constans et plus remarquables.

Le corps du chrysurus, très-alongé et très-comprimé, est terminé dans le haut par une sorte de carène aiguë qui s'étend depuis la tête jusqu'à la nageoire de la queue; et une semblable carène règne en-dessous, depuis cette même nageoire caudale jusqu'à l'anus.

La partie antérieure et supérieure de la tête représente assez exactement un quart de cercle, et se termine dans le haut par une sorte d'arête aiguë.

---

* *Chrysurus* signifie *queue d'or.*

La mâchoire inférieure, qui se relève vers la supérieure, est un peu plus longue que cette dernière. Toutes les deux sont composées d'un os qu'hérissent des dents très-petites, très-courtes, très-aiguës, assez écartées l'une de l'autre, placées comme celles d'un peigne, et très-différentes, par leur forme, leur nombre et leur disposition, de celles de l'hippurus.

On voit d'ailleurs deux tubercules garnis de dents très-menues et très-serrées auprès de l'angle intérieur de la mâchoire supérieure, trois autres tubercules presque semblables vers le milieu du palais, et un sixième tubercule très-analogue presque au-dessus du gosier.

La langue est large, courte, arrondie par-devant, osseuse dans son milieu, et cartilagineuse dans ses bords. L'ouverture de la bouche est peu étendue : on compte de chaque côté deux orifices des narines : une sorte d'anneau membraneux entoure l'antérieur. Les opercules des branchies sont, comme la tête, dénués de petites écailles ; ils sont de plus assez grands, et composés chacun de deux pièces, dont celle de devant est arrondie vers la queue, et dont celle de derrière se prolonge également vers la queue, en appendice quelquefois un peu recourbé.

Six rayons aplatis soutiennent de chaque côté une membrane branchiale, au-dessous de laquelle sont placées quatre branchies très-rouges, formées chacune de deux rangées de filamens alongés : la partie concave de l'arc de cercle osseux de la première et de la seconde est garnie de longues dents arrangées comme celles d'un peigne; la concavité de l'arc de la troisième et de la quatrième ne présente que des aspérités.

La nageoire du dos, qui commence au-dessus des yeux, et s'étend presque jusqu'à celle de la queue, comprend cinquante-huit rayons * : les huit premiers sont d'autant plus longs qu'ils sont situés plus loin de la tête; et la longueur des autres est au contraire d'autant moindre, quoiqu'avec des différences peu sensibles, qu'ils sont plus près de la nageoire caudale.

L'anus est placé vers le milieu de la longueur totale de l'animal; et l'on voit entre cet orifice et la base des nageoires thoracines, un petit sillon longitudinal.

La nageoire de la queue est fourchue, comme celle de tous les coryphènes du premier sous-genre; la ligne latérale serpente depuis le haut de l'ouverture branchiale, où elle prend son origine, jusqu'auprès de l'extrémité des nageoires pectorales, et atteint ensuite la nageoire de la queue en ne se fléchissant que par de légères ondulations; et enfin les écailles qui recouvrent le poisson, sont alongées, arrondies à leur sommet, lisses, et fortement attachées.

---

* A la membrane des branchies   6 rayons.
  à la nageoire du dos   58
  à chacune des pectorales   20
  à chacune des thoracines   5
  à la nageoire de l'anus   28
  à celle de la queue.   15

On a donc pu remarquer sept traits principaux par lesquels le chrysurus diffère de l'hippurus: premièrement, le nombre des rayons n'est pas le même dans la plupart des nageoires de ces deux coryphènes ; secondement, la membrane branchiale du chrysurus ne renferme que six rayons, il y en a toujours depuis sept jusqu'à dix à celle de l'hippurus ; troisièmement, le dos du premier est caréné, celui du second est convexe ; quatrièmement, l'ouverture de la bouche est peu étendue dans le chrysurus, elle est très-grande dans l'hippurus ; cinquièmement, les dents du chrysurus sont conformées et placées bien différemment que celles de l'hippurus ; sixièmement, l'opercule branchial du chrysurus comprend deux lames, on ne voit qu'une pièce dans celui de l'hippurus ; et septièmement, nous avons déja montré une distribution de couleurs bien peu semblable sur l'un et sur l'autre de ces deux coryphènes. Ils doivent donc constituer deux espèces différentes, dont une, c'est-à-dire, celle que nous décrivons, est encore inconnue des naturalistes ; car elle est aussi très-distincte du coryphène doradon, ainsi qu'on peut facilement s'en convaincre, en comparant les formes du doradon et celles du chrysurus.

Au reste, les habitudes du coryphène qui fait le sujet de cet article, doivent se rapprocher beaucoup de celles de l'hippurus. En effet, Commerson ayant ouvert un chrysurus qui avoit plus de sept décimètres de longueur, il trouva son estomac, qui étoit alongé et membraneux, rempli de petits poissons volans, et d'autres poissons très-peu volumineux.

Il vit aussi s'agiter au milieu de cet estomac, et dans une sorte de pâte ou de chyme, plusieurs vers filiformes, et de la longueur de deux ou trois centimètres.

Ce voyageur rapporte d'ailleurs dans les manuscrits qui m'ont été confiés dans le temps par Buffon, que lorsque les matelots exercés à la pêche ont pris un chrysurus, ils l'attachent à une corde, et le suspendent à la proue du vaisseau, de manière que l'animal paroît être encore en vie et nager à la surface de la mer. Ils attirent et réunissent, par ce procédé, un assez grand nombre d'autres chrysurus, qu'ils peuvent alors percer facilement avec une *fouine* *.

Commerson ajoute que les chrysurus l'emportent sur presque tous les poissons de mer par le bon goût de leur chair, que l'on prépare de plusieurs manières, et particulièrement avec du beurre et des câpres.

---

* La *fouine* est un peigne de fer attaché à un long manche. On donne aussi ce nom, ainsi que celui de *foène* et de *fouanne*, à une broche terminée par un dard. Quelquefois on ajuste ensemble deux, trois ou un plus grand nombre de lames, pour former une *fouanne*, ou *foène*, ou *fouine*. D'autres fois on emploie ces noms pour désigner une simple fourche. On attache l'instrument au bout d'une perche, et l'on s'en sert pour percer les poissons que l'on apperçoit au fond de l'eau, ou qui sont cachés dans la vase, les enfiler et les retirer.

LE CORYPHÈNE SCOMBÉROÏDE *.

Nous avons trouvé dans les manuscrits de Commerson la description de cette espèce de coryphène, que ce savant voyageur avoit vue, au mois de mars 1768, dans la mer du Sud, ou, pour mieux dire, dans le grand Océan équatorial, vers le 18ᵉ degré de latitude australe, et le 134ᵉ degré de longitude, et par conséquent à une distance de la ligne très-peu différente de celle où il observa, un ou deux mois après, le coryphène chrysurus.

Le scombéroïde est d'une longueur intermédiaire entre celle du scombre maquereau et celle du hareng. Sa couleur totale est argentée et brillante; mais elle n'est pure que sur les côtés et sur le ventre. Une teinte brune mêlée de bleu céleste est répandue sur le dos; cette teinte s'étend aussi sur le sommet de la tête, où elle est plus foncée, plus noirâtre, et mêlée avec des reflets dorés que l'on voit également autour des yeux et sur les lames des opercules.

---

* Coryphæna scomberoides.

Coryphus argenteus. — Coryphus pinnâ dorsali longissimâ radiorum quinquaginta quinque, osse quadratulo in media lingua. — Et coryphus argenteus, immaculatus, pinnis fuscis, dorsali radiorum quinquaginta quinque, anali viginti quinque, caudâ bifurcâ fuscescente. *Commerson, manuscrits déja cités.*

Osteoglossus, ostéoglosse, *ou* languosseux de la mer du Sud. *Id. ibid.*
Petite dorade. *Id. ibid.*

Toutes les nageoires sont entièrement brunes, excepté les thoracines, dont la partie extérieure est blanche, et les pectorales, qui sont un peu dorées.

La mâchoire supérieure est plus courte que l'inférieure. Les os qui composent l'une et l'autre, sont hérissés d'un si grand nombre de petites dents tournées en arrière, qu'ils montrent la surface d'une lime, et qu'ils tiennent l'animal facilement suspendu à un doigt, par exemple, que l'on introduit dans la cavité de la bouche.

La langue a une figure remarquable ; elle ressemble en quelque sorte à un ongle humain : elle est large, un peu arrondie par-devant, et néanmoins terminée par un angle à chaque bout de son arc antérieur ; de plus, elle présente dans son milieu un os presque carré, et couvert de petites aspérités dirigées vers le gosier ; sa circonférence est formée par un cartilage qui s'amincit vers le bord ; et un frein large et épais la retient par-dessous.

La voûte du palais est entièrement lisse, excepté l'endroit le plus voisin du gosier, où l'on voit de petites élévations osseuses et denticulées.

Deux lames arrondies par-derrière, grandes et lisses, composent chaque opercule ; six rayons soutiennent la membrane branchiale ; et les branchies sont assez semblables, par leur nombre et par leur conformation, à celles du chrysurus.

La ligne latérale offre plusieurs sinuosités qui

décroissent à mesure qu'elles sont plus voisines de la nageoire caudale.

Les nageoires thoracines sont réunies à leur base par une membrane qui tient aussi à un sillon longitudinal placé sous le ventre, et dans lequel le poisson peut coucher à volonté ces mêmes nageoires. Elles renferment chacune cinq ou six rayons.

Le dessous de la queue est terminé par une carène très-aiguë.

La nageoire dorsale règne depuis l'occiput jusque vers l'extrémité de la queue; elle est festonnée dans sa partie postérieure, de manière à imiter les très-petites nageoires que l'on voit sur la queue des scombres : la nageoire de l'anus offre une conformation analogue; et ces traits particuliers au poisson que nous décrivons, ne servant pas peu à le rapprocher des scombres, avec lesquels d'ailleurs on peut voir, dans cette histoire, que les coryphènes ont beaucoup de rapports, j'ai cru devoir nommer *scombéroïde*, l'espèce que nous cherchons, dans cet article, à faire connoître des naturalistes *.

Commerson vit des milliers de ces scombéroïdes

---

* A la membrane des branchies   6 rayons.
    à la nageoire du dos   55
    à chacune des pectorales   18
    à chacune des thoracines   6
    à celle de l'anus   25
    à celle de la queue, qui est fourchue,   15

suivre les vaisseaux françois avec assiduité, et pendant
plusieurs jours. Ils vivoient de très-jeunes ou très-
petits poissons volans, qui, pendant ce temps, volti-
geoient autour des navires comme des nuées de pa-
pillons qu'ils ne surpassoient guère en grosseur; et
c'est à cause de la petitesse de leurs dimensions, qu'ils
pouvoient servir de proie aux scombéroïdes, dont la
bouche étroite n'auroit pas pu admettre des animaux
plus gros. En effet, l'un des plus grands de ces coryphènes observés par Commerson n'avoit qu'environ
trois décimètres de longueur. Cet individu étoit cependant adulte et femelle.

Au reste, les ovaires de cette femelle, qui avoient
une forme alongée, occupoient la plus grande partie
de l'intérieur du ventre, comme dans les cyprins, et
contenoient une quantité innombrable d'œufs; ce qui
prouve ce que nous avons déja dit au sujet de la
grande fécondité des coryphènes.

LE CORYPHÈNE ONDÉ*.

PALLAS a décrit le premier cette espèce de coryphène. L'individu qu'il a observé et qui avoit été péché
dans les eaux de l'isle d'Amboine, n'étoit long que de
cinq centimètres ou environ. Les formes et les couleurs de cet animal étoient élégantes : très-alongé et
un peu comprimé, il montroit sur la plus grande
partie de sa surface une teinte agréable qui réunissoit
la blancheur du lait à l'éclat de l'argent; une nuance
grise varioit son dos ; la nageoire dorsale et celle de
l'anus étoient distinguées par de petites bandes transversales brunes; les bandelettes de la première de ces
deux nageoires s'étendoient sur la partie supérieure
de l'animal, y onduloient, pour ainsi dire, s'y réu-
nissoient les unes aux autres, disparoissoient vers la
partie inférieure du poisson ; et la nageoire de la
queue, qui étoit fourchue, présentoit un croissant
très-brun.

D'ailleurs ce coryphène avoit des yeux assez grands;
l'ouverture de sa bouche, étant très-large, laissoit voir

---

* Coryphæna undulata.
Coryphæna fasciolata. *Linné, édition de Gmelin.*
Pallas, Spicil. zoolog. 8, *p.* 23 , *tab.* 3 , *fig.* 2.
Coryphène ondoyant. *Bonnaterre, planches de l'Encyclopédie métho-*
dique.

facilement une langue lisse, et arrondie par-devant ;
un opercule composé de deux lames non découpées
couvroit de chaque côté un grand orifice branchial ;
la ligne latérale étoit droite et peu proéminente *.

* A la membrane des branchies   6 rayons.
  à la nageoire du dos   54
  à chacune des pectorales   19
  à chacune des thoracines   5
  à celle de l'anus   27
  à celle de la queue   17

LE CORYPHÈNE POMPILE*.

De tous les coryphènes du premier sous-genre, le
pompile est celui dont la nageoire caudale est la moins
fourchue; et voilà pourquoi quelques naturalistes, et
particulièrement Artedi, le comparant sans doute à
l'hippurus, ont écrit que cette nageoire de la queue
n'étoit pas échancrée. Cependant, lorsqu'on a sous les
yeux un individu de cette espèce, non altéré, on s'apperçoit aisément que sa nageoire caudale présente à
son extrémité un angle rentrant. Les anciens ont
nommé *pompile,* le coryphène dont nous traitons dans

* Coryphæna pompilus.
Id. *Linné, édition de Gmelin.*
Coryphène lampuge. *Daubenton, Encyclopédie méthodique.*
Id. *Bonnaterre, planches de l'Encyclopédie méthodique.*
Coryphæna.... lineâ laterali curvâ. *Artedi, gen.* 16 *, syn.* 29.
Πομπιλος. *Ælian. lib.* 2 *, cap.* 15 *; et lib.* 15 *, cap.* 23.
Id. *Athen. lib.* 7 *, p.* 282, 283 *et* 284.
Id. *Oppian. Hal. lib.* 1 *, p.* 8.
Pompilus. *Ovid.*
Pompilus. *Plin. Hist. mundi, lib.* 32 *, cap.* 11.
Pompile. *Rondelet, première partie, liv.* 8 *, chap.* 13.
Χρυσοφρυς *, par plusieurs anciens auteurs.*
Gesner, p. 881 *,* 753 *; et (germ.) fol.* 60. *a, b.*
Aldrovand. lib. 3 *, cap.* 19 *, p.* 325.
Jonston, lib. 1 *, tit.* 1 *, cap.* 2 *, a.* 2 *, tab.* 3 *, fig.* 5.
Charlet. p. 124.
Willughby, p. 215.
Raj. p. 101.

cet article, parce que se rapprochant beaucoup par ses habitudes de l'hippurus et du doradon, on diroit qu'il se plaît à accompagner les vaisseaux, et que *pompe* signifie en grec *pompe,* ou *cortége.* Au reste, il ne faut pas être étonné qu'ils aient assez bien connu la manière de vivre de ce poisson osseux, puisqu'il habite dans la Méditerranée, aussi-bien que dans plusieurs portions chaudes ou tempérées de l'Océan atlantique- et du grand Océan.

L'ouverture de la bouche du pompile est très-grande; sa mâchoire inférieure plus avancée que la supérieure, et un peu relevée; les côtés de la tête présentent des dentelures et des enfoncemens; la ligne latérale est courbe; les nageoires pectorales sont pointues *; des bandes transversales, étroites, et communément jaunes, règnent sur les côtés. La dorure qui distingue un si grand nombre de coryphènes, se manifeste sur le pompile, au-dessus de chaque œil; et voilà pourquoi on l'a nommé *sourcil d'or,* en grec χρυσοφρυς.

---

* A la nageoire dorsale   35 rayons.
    à chacune des pectorales   14
    à chacune des thoracines   6
    à celle de l'anus   24
    à celle de la queue   16

LE CORYPHÈNE BLEU[1].

L'or, l'argent et l'azur brillent sur les coryphènes
que nous venons d'examiner; la parure de celui que
nous décrivons est plus simple, mais élégante. Il ne
présente ni argent ni or; mais toute sa surface est
d'un bleu nuancé par des teintes agréablement diver-
sifiées, et fondues par de douces dégradations de clarté.
On le trouve dans les mers tempérées ou chaudes qui
baignent les rivages orientaux de l'Amérique. Ses
écailles sont grandes; celles qui revêtent le dessus et
les côtés de sa tête, sont assez semblables aux écailles
du dos. Une seule lame compose l'opercule des branchies, dont l'ouverture est très-large; la ligne latérale
est plus proche du dos que de la partie inférieure de
l'animal; les yeux sont ronds et grands; et une rangée
de dents fortes et pointues garnit chaque mâchoire[2].

---

[1] Coryphæna cærulea.
Id. *Linné, édition de Gmelin.*
Bloch, pl. 176.
Novacula cærulea. *Catesby, Carol. tab.* 18.
Coryphène rasoir bleu.

[2] A la membrane des branchies   4 rayons.
à la nageoire du dos   19
à chacune des pectorales   14
à chacune des thoracines   .5
à celle de l'anus   11
à celle de la queue   19

LE CORYPHÈNE PLUMIER*.

CE coryphène, que le docteur Bloch a fait connoître, et qu'il a décrit d'après un manuscrit de Plumier, habite à peu près dans les mêmes mers que le bleu : on le trouve particulièrement, ainsi que le bleu , dans le bassin des Antilles. Mais combien il diffère de ce dernier poisson par la magnificence et la variété des couleurs dont il est revêtu ! C'est un des plus beaux habitans de l'Océan. Tâchons de peindre son portrait avec fidélité.

Son dos est brun ; et sur ce fond que la Nature semble avoir préparé pour faire mieux ressortir les nuances qu'elle y a distribuées , on voit un grand nombre de petites raies bleues serpenter, s'éloigner les unes des autres , et se réunir dans quelques points. Cette espèce de dessin est comme encadré dans l'or qui resplendit sur les côtés du poisson, et qui se change en argent éclatant sur la partie inférieure du coryphène. La tête est brune ; mais chaque œil est situé au-dessous d'une sorte de tache jaune, au-dessus d'une plaque

---

* Coryphæna Plumieri.

Id. *Linné, édition de Gmelin.*

Bloch, pl. 175.

Coryphène paon de mer. *Bonnaterre, planches de l'Encyclopédie mé-thodique.*

argentée, et au centre de petits rayons d'azur. Une
bordure grise fait ressortir le jaune des nageoires
pectorales et thoracines. La nageoire de la queue, qui
est jaune comme celle de l'anus, présente de plus des
teintes rouges et un liséré bleu ; et enfin une longue
nageoire violette règne sur la partie supérieure du
corps et de la queue *. Le coryphène plumier est
d'ailleurs couvert de petites écailles ; il n'a qu'une lame
à chacun de ses opercules ; il parvient ordinairement à
la longueur d'un demi-mètre ; et sa nageoire caudale
est en croissant, comme celle du bleu.

---

* A la membrane des branchies   4 rayons.
  à la nageoire du dos   77
  à chacune des pectorales   11
  à chacune des thoracines   6
  à celle de l'anus   55
  à celle de la queue   16

LE CORYPHÈNE RASOIR.[*]

CE poisson a sa partie supérieure terminée par une arête assez aiguë, pour qu'on n'ait pas balancé à lui donner le nom que nous avons cru devoir lui conserver. Il habite dans la Méditerranée ; et voilà pourquoi il a été connu des anciens, et particulièrement de Pline. Il est très-beau ; on voit sur sa tête et sur plusieurs de ses nageoires, des raies qui se croisent en différens sens, et qui montrent cette couleur bleue que nous avons déja observée sur les coryphènes : mais il est le premier poisson de son genre qui nous présente des nuances rouges éclatantes, et relevées par

* Coryphæna novacula.

Pesce pettine, *sur les côtes de la Ligurie*.

Rason, *sur plusieurs côtes d'Espagne*.

Coryphæna novacula. *Linné, édition de Gmelin.*

Coryphène rason. *Daubenton, Encyclopédie méthodique.*

Id. *Bonnaterre, planches de l'Encyclopédie méthodique.*

Coryphæna palmaris pulchrè varia, dorso acuto. *Artedi, gen.* 15, *syn.* 29.

Novacula piscis. *Plin. Hist. mundi, lib.* 32, *cap.* 2.

Rason. *Rondelet, première partie, liv.* 5, *chap.* 17.

Novacula. *Gesner, p.* 628, 629 *et* 721; *et* (gèrm.) *fol.* 32, *a.*

Pesce pettine. *Salvian. fol.* 217.

Pecten Romæ, novacula Rondeletii. *Aldrovand. lib.* 2, *cap.* 27, *p.* 205.

Pecten Romanorum. *Jonston, lib.* 1, *tit.* 3, *cap.* 1, *a.* 15.

Pesce pettine Salviani, novacula Rondelet. *Gesner, Paralipom. p.* 24.

Willughby, Ichthyol. p. 214.

Raj. p. 101.

des teintes dorées. Ce rouge resplendissant est répandu sur la plus grande partie de la surface de l'animal ; et il y est réfléchi par des écailles très-grandes. La chair du rasoir est tendre, délicate, et assez recherchée sur plusieurs rivages de la Méditerranée. Sa ligne latérale suit à peu près la courbure du dos, dont elle est très-voisine ; chacun de ses opercules est composé de deux lames ; et sa nageoire caudale étant rectiligne, nous l'avons placé dans le second sous-genre des coryphènes. Au reste, l'histoire de ce poisson nous fournit un exemple remarquable de l'influence des mots. On l'a nommé *rasoir* long-temps avant le siècle de Pline : à cette époque, où les sciences physiques étoient extrêmement peu avancées, cette dénomination a suffi pour faire attribuer à cet animal plusieurs des propriétés d'un véritable rasoir, et même pour faire croire, ainsi que le rapporte le naturaliste romain, que ce coryphène donnoit un goût métallique et particulièrement un goût de fer à tout ce qu'il touchoit.

LE CORYPHÈNE PERROQUET[1].

LA forme rectiligne que présente la nageoire caudale
de ce poisson, détermine sa place dans le troisième
sous-genre des coryphènes. Sa ligne latérale est interrompue ; et sa nageoire dorsale, assez basse et composée de trente rayons, ou environ, commence à
l'occiput[2].

Il a été observé par le docteur Garden dans les
eaux de la Caroline. La beauté des couleurs dont il
brille, lorsqu'il est animé par la chaleur de la vie,
ainsi que par les feux du soleil, a mérité qu'on le
comparât aux oiseaux les plus distingués par la variété
de leurs teintes, la vivacité de leurs nuances, la magnificence de leur parure, et particulièrement aux
perroquets. Les lames qui recouvrent sa tête, montrent
la diversité des reflets des métaux polis et des pierres
précieuses ; son iris, couleur de feu, est bordé d'azur ;

---

[1] Coryphæna psittacus.
Id. *Linné, édition de Gmelin.*
Coryphène perroquet. *Daubenton, Encyclopédie méthodique.*
Id. *Bonnaterre, planches de l'Encyclopédie méthodique.*

[2] A la nageoire du dos   30 rayons.
    à chacune des pectorales   11
    à chacune des thoracines   6
    à celle de l'anus   16
    à celle de la queue   14.

des raies longitudinales relèvent le fond des nageoires ;
et l'on apperçoit vers le dos, au milieu du tronc,
une tache remarquable par ses couleurs aussi-bien
que par sa forme, faite en losange, et présentant, en
quelque sorte, toutes les teintes de l'arc-en-ciel, puisqu'elle offre du rouge, du jaune, du verd, du bleu et
du pourpre.

LE CORYPHÈNE CAMUS [1].

LE nombre des rayons de la nageoire dorsale, et la prolongation de la mâchoire inférieure plus avancée que la supérieure, servent à distinguer ce coryphène, qui habite dans les mers de l'Asie, et qui, par la forme rectiligne de sa nageoire caudale, appartient au troisième sous-genre des poissons que nous considérons [2].

[1] Coryphæna sima.
Id. *Linné, édition de Gmelin.*
Coryphène rechigné. *Bonnaterre, planches de l'Encyclopédie méthodique.*

[2] A la nageoire dorsale   32 rayons.
   à chacune des pectorales   16
   à chacune des thoracines   6
   à celle de l'anus   9
   à celle de la queue   16

LE CORYPHÈNE RAYÉ[1].

LE docteur Garden a fait connoître ce poisson, qui habite dans les eaux de la Caroline. Ce coryphène a la tête rayée transversalement de couleurs assez vives: d'autres raies très-petites paroissent sur la nageoire du dos, ainsi que sur celle de l'anus[2]. Les écailles qui revêtent le corps et la queue, sont très-grandes. La tête n'en présente pas de semblables ; elle n'est couverte que de grandes lames. L'extrémité antérieure de chaque mâchoire est garnie de deux dents aiguës, très-longues, et écartées l'une de l'autre ; et la forme de la nageoire caudale, qui est arrondie, place le rayé dans le quatrième sous-genre des coryphènes.

[1] Coryphæna lineata.
Íd. *Linné, édition de Gmelin.*
Coryphène rayé. *Bonnaterre, planches de l'Encyclopédie méthodique.*

[2] A la nageoire du dos   21 rayons.
à chacune des pectorales   12
à chacune des thoracines   6
à celle de l'anus   15
à celle de la queue   32

LE CORYPHÈNE CHINOIS*.

CE coryphène n'a pas encore été décrit. Nous en avons trouvé une figure coloriée et faite avec beaucoup de soin, dans ce recueil de peintures chinoises qui fait partie des collections du Muséum d'histoire naturelle, et que nous avons déja cité plusieurs fois. Nous lui avons donné le nom de *coryphène chinois,* pour désigner les rivages auprès desquels on le trouve, et l'ouvrage précieux auquel nous en devons la connoissance. Sa parure est riche, et en même temps simple, élégante et gracieuse. Sa couleur est d'un verd plus ou moins clair, suivant les parties du corps sur lesquelles il paroît; mais ces nuances agréables et douces sont mêlées avec des reflets éclatans et argentins.

Au reste, il n'est pas inutile de remarquer qu'en rapprochant par la pensée les diverses peintures chinoises que l'on peut connoître en Europe, de ce qu'on a appris au sujet des soins que les Chinois se donnent pour l'éducation des animaux, on se convaincra aisément que ce peuple n'a accordé une certaine attention, soit dans ses occupations économiques, soit dans les productions de ses beaux arts, qu'aux animaux utiles à la nourriture de l'homme, ou propres à

---

* Coryphæna sinensis.

charmer ses yeux par la beauté de leurs couleurs. Ce trait de caractère d'une nation si digne de l'observation du philosophe, ne devoit-il pas être indiqué, même aux naturalistes?

Le beau coryphène chinois montre une très-longue nageoire dorsale; mais celle de l'anus est assez courte. La nageoire caudale est arrondie. De grandes écailles couvrent le corps, la queue et les opercules. La mâchoire inférieure est relevée et plus avancée que la supérieure; ce qui ajoute aux rapports du chinois avec le coryphène camus.

————

LE CORYPHÈNE POINTU[1].

LE nom de *pointu*, que Linné a donné à ce coryphène, vient de la forme lancéolée de la nageoire caudale de ce poisson ; et c'est à cause de cette même forme, que nous avons placé cet osseux dans un cinquième sous-genre. Cet animal, qui habite dans les mers de l'Asie, a quarante-cinq rayons à la nageoire du dos, et sa ligne latérale est courbe[2].

---

[1] Coryphæna acuta.
Id. *Linn⁴, édition de Gmelin.*
Coryphène pointue. *Bonnaterre, planches de l'Encyclopédie métho-dique.*

[2] A la nageoire du dos   45 rayons.
à chacune des pectorales 16
à chacune des thoracines 6
à celle de l'anus   16
à celle de la queue   14

LE CORYPHÈNE VERD[1],

ET

LE CORYPHÈNE CASQUÉ[2].

Nous avons divisé le genre que nous examinons, en cinq sous-genres; et nous avons placé les coryphènes dans l'un ou l'autre de ces groupes, suivant le degré d'étendue relative, et par conséquent de force proportionnelle, donnée à leur nageoire caudale, ou, ce qui est la même chose, à un de leurs principaux instrumens de natation, par la forme de cette même nageoire, ou fourchue, ou en croissant, ou rectiligne, ou arrondie, ou pointue. Nous n'avons vu aucun individu de l'espèce du coryphène verd, ni de celle du coryphène casqué; aucun naturaliste n'a décrit ou figuré la forme de la nageoire caudale de l'un ni de l'autre de ces deux poissons: nous avons donc été obligés de les présenter séparés des cinq sous-genres

[1] Coryphæna viridis.
Coryphæna virens. *Linné, édition de Gmelin.*
Coryphène verte. *Bonnaterre, planches de l'Encyclopédie méthodique.*

[2] Coryphæna galeata.
Coryphæna clypeata. *Linné, édition de Gmelin.*
Coryphène à bouclier. *Bonnaterre, planches de l'Encyclopédie méthodique.*

que nous avons établis; et de nouvelles observations
pourront seules les faire rapporter à celle de ces
petites sections à laquelle ils doivent appartenir. Tous
les deux vivent dans les mers de l'Asie; et tous les
deux sont faciles à distinguer des autres coryphènes:
le premier, par un long filament que présente chacune
des nageoires du dos et de l'anus, ainsi que des thoracines [1]; et le second, par une lame osseuse située
au-dessus des yeux, et que l'on a comparée à une
sorte de bouclier, ou plutôt de casque. On ignore la
couleur du casque; celle du verd est indiquée par le
nom de ce coryphène [2].

[1] A la nageoire du dos   26 rayons,
    à chacune des pectorales 13
    à chacune des thoracines   6
    à celle de l'anus   13
    à celle de la queue   16

[2] A la nageoire du dos   32
    à chacune des pectorales 14
    à chacune des thoracines   5
    à celle de l'anus   12

QUATRE-VINGT-UNIÈME GENRE.

LES HÉMIPTÉRONOTES.

Le sommet de la tête très-comprimé, et comme tranchant par le haut, ou très-élevé et finissant sur le devant par un plan presque vertical, ou terminé antérieurement par un quart de cercle, ou garni d'écailles semblables à celles du dos; une seule nageoire dorsale; et la longueur de cette nageoire du dos ne surpassant pas, ou surpassant à peine, la moitié de la longueur du corps et de la queue pris ensemble.

ESPÈCES.	CARACTÈRES.
1. L'HÉMIPT. CINQ-TACHES. (*Hemipt. quinque-maculatus.*)	Vingt rayons, ou environ, à la nageoire du dos; l'opercule branchial composé de deux lames; cinq taches de chaque côté.
2. L'HÉMIPTÉRON. GMELIN. (*Hemipteronotus Gmelini.*)	Quatorze rayons à la nageoire du dos; huit rayons à chacune des thoracines.

L'HÉMIPTÉRONOTE CINQ-TACHES [1].

La briéveté de la nageoire dorsale et sa position à une assez grande distance de l'occiput, distinguent le cinq-taches, et les autres poissons qui appartiennent au genre que nous décrivons, des coryphènes proprement dits. Le nom générique d'*hémiptéronote* [2] désigne ce peu de longueur de la nageoire dorsale, et son rapport avec la nageoire du dos des coryphènes, qui

[1] Hemipteronotus quinque-maculatus.
Coryphæna pentadactyla. *Linné, édition de Gmelin.*
Coryphène cinq-taches. *Daubenton, Encyclopédie méthodique.*
Id. *Bonnaterre, planches de l'Encyclopédie méthodique.*
Coryphæna caudâ æquali, pinnâ dorsi, radiis uno et viginti. *Bloch, pl.* 173.
Blennius, maculis quinque utrinque versùs caput nigris. *Act. Stockh.* 1740, *p.* 460, *tab.* 3, *fig.* 2.
Ikan bandan jang swangi. *Valent. Amboin.* 5, *p.* 308, *fig.* 67.
Bandasche cacatoeha. *Id. ibid. p.* 388, *fig.* 123.
Rievier dolfyn. *Id. ibid. p.* 435, *fig.* 292.
Oranje visch met vier vlakken. *Renard, Pisc.* 1, *p.* 23.
Banda. *Id.* 1, *tab.* 14, *fig.* 84.
Ican banda. *Id.* 2, *tab.* 2, *fig.* 6.
Ican potou banda. *Id. tab.* 23, *fig.* 112.
Ican banda. *Ruysch, Theat. animal. p.* 40, *n.* 8, *tab.* 20, *fig.* 8.
Viif venger visch, *id est,* piscis pentadactylos. *Willughby, Append. p.* 7, *tab.* 8, *fig.* 2.
Raj. Pisc. 150, *n.* 23.

[2] *Hémiptéronote* vient de trois mots grecs qui signifient *moitié, nageoire,* et *dos.*

est presque toujours une fois plus étendue. Les osseux que nous examinons maintenant, ressemblent d'ailleurs, par beaucoup de formes et d'habitudes, à ces mêmes coryphènes avec lesquels on les a confondus jusqu'à présent. Le cinq-taches, le poisson le plus connu des hémiptéronotes, habite dans les fleuves de la Chine, des Moluques et de quelques autres isles de l'archipel indien. Il y parvient communément à la longueur de six décimètres; sa tête est grande; ses yeux sont rapprochés l'un de l'autre, et par conséquent placés sur le sommet de la tête; l'ouverture de la bouche est médiocre; les deux mâchoires sont garnies d'une rangée de dents aiguës, et présentent deux dents crochues plus longues que les autres; l'orifice branchial, qui est très-grand, est couvert par un opercule composé de deux lames; la ligne latérale s'éloigne moins du dos que du ventre; l'anus est plus près de la gorge que de la nageoire caudale, qui est fourchue *; des écailles très-petites couvrent les joues, et d'autres écailles assez grandes revêtent presque tout le reste de la surface du cinq-taches.

Voici maintenant les couleurs dont la Nature a peint ces diverses formes.

---

* À la membrane des branchies 4 rayons.
à la nageoire du dos 21
à chacune des pectorales 13
à chacune des thoracines 6
à celle de l'anus 15
à celle de la queue 18

La partie supérieure de l'animal est brune; les côtés sont blancs ainsi que la partie inférieure; une raie bleue règne sur la tête; l'iris est jaune : des cinq taches qui paroissent de chaque côté du corps, la première est noire, bordée de jaune, et ronde; la seconde est noire, bordée de jaune, et ovale ; les trois autres sont bleues et plus petites. Une belle couleur d'azur distingue la nageoire caudale et celle du dos, qui d'ailleurs montre un liséré orangé ; et deux taches blanches sont situées à la base des nageoires thoracines, lesquelles sont, comme les pectorales et comme celle de l'anus, orangées, et bordées de violet ou de pourpre.

Du brun, du blanc, du bleu, du jaune, du noir, de l'orangé, et du pourpre ou du violet, composent donc l'assortiment de nuances qui caractérise le cinq-taches, et qui est d'autant plus brillant qu'il est animé par le poli et le luisant argentin des écailles. Mais cette espèce est aussi féconde que belle; aussi va-t-elle par très-grandes troupes ; et comme d'ailleurs sa chair est agréable au goût, on la pêche avec soin ; on en prend même un si grand nombre d'individus, qu'on ne peut pas les consommer tous auprès des eaux qu'ils habitent. On prépare de diverses manières ces individus surabondans; on les fait sécher ou saler; on les emporte au loin; et ils forment, dans plusieurs contrées orientales, une branche de commerce assez analogue à celle que fournit le gade morue dans les régions septentrionales de l'Europe et de l'Amérique.

L'HÉMIPTÉRONOTE GMELIN*.

CET hémiptéronote a la nageoire dorsale encore plus courte que le cinq-taches; ses mâchoires sont d'ailleurs à peu près également avancées. On le pêche dans les mers d'Asie; et nous avons cru devoir lui donner un nom qui rappelât la reconnoissance des naturalistes envers le savant Gmelin, auquel ils ont obligation de la treizième édition du *Système de la Nature* par Linné.

---

* Hemipteronotus Gmelini.
Coryphæna hemiptera. *Linné, édition de Gmelin.*
Coryphène à demi-nageoire. *Bonnaterre, planches de l'Encyclopédie méthodique.*

QUATRE-VINGT-DEUXIÈME GENRE.

LES CORYPHÉNOÏDES.

Le sommet de la tête très-comprimé, et comme tranchant par le haut, ou très-élevé et finissant sur le devant par un plan presque vertical, ou terminé antérieurement par un quart de cercle, ou garni d'écailles semblables à celles du dos; une seule nageoire dorsale; l'ouverture des branchies ne consistant que dans une fente trans-versale.

ESPÈCE.	CARACTÈRE.
LE CORYPH. HOTTUYNIEN. (*Coryphenoïdes Hottuynii.*)	Vingt-quatre rayons à la nageoire du dos.

LE CORYPHÉN. HOTTUYNIEN[1].

ON trouve dans la mer du Japon, et dans d'autres mers de l'Asie, ce poisson que l'on a inscrit parmi les coryphènes, mais qu'il faut en séparer, à cause de plusieurs différences essentielles, et particulièrement à cause de la forme de ses ouvertures branchiales, qui ne consistent chacune que dans une fente transversale. Nous le nommons *coryphénoïde* pour désigner les rapports de conformation qui cependant le lient avec les coryphènes proprement dits; et nous lui donnons le nom spécifique d'*hottuynien*, parce que le naturaliste Hottuyn n'a pas peu contribué à le faire connoître. Il n'a communément que deux décimètres de longueur; les écailles qui le revêtent sont minces; sa couleur tire sur le jaune[2].

---

[1] Coryphænoïdes Hottuynii.
Coryphæna branchiostega. *Linné, édition de Gmelin.*
Coryphæna japonica. *Ibid.*
Hottuyn. Act. Haarl. 20, 2, *p.* 315.
Coryphène branchiostège. *Bonnaterre, planches de l'Encyclopédie méthodique.*

[2] A la nageoire du dos   24 rayons.
    à chacune des pectorales   14.
    à chacune des thoracines   6
    à celle de l'anus   10.
    à celle de la queue   16.

QUATRE-VINGT-TROISIÈME GENRE.

LES ASPIDOPHORES.

Le corps et la queue couverts d'une sorte de cuirasse écailleuse ; deux nageoires sur le dos ; moins de quatre rayons aux nageoires thoracines.

PREMIER SOUS-GENRE.

Un ou plusieurs barbillons à la mâchoire inférieure.

ESPÈCE.	CARACTÈRES.
1. L'ASPIDOPHORE ARMÉ. *(Aspidophorus armatus.)*	Plusieurs barbillons à la mâchoire inférieure ; la cuirasse à huit pans ; deux verrues échancrées sur le museau.

SECOND SOUS-GENRE.

Point de barbillons à la mâchoire inférieure.

ESPÈCE.	CARACTÈRES.
2. L'ASPIDOPHORE LISIZA. *(Aspidophorus lisiza.)*	La cuirasse à huit ou plusieurs pans, et garnie d'aiguillons.

L'ASPIDOPHORE ARMÉ*.

Nous avons séparé des cottes, les poissons osseux et thoracins dont le corps et la queue sont couverts de plaques ou boucliers très-durs disposés de manière à former un grand nombre d'anneaux solides, et dont l'ensemble compose une sorte de cuirasse, ou de

* Aspidophorus armatus.

A pogge , dans le nord de l'Angleterre.

Cottus cataphractus. Linné, édition de Gmelin.

Cotte armé. Daubenton, Encyclopédie méthodique.

Id. Bonnaterre, planches de l'Encyclopédie méthodique.

Bloch, pl. 38 , fig. 3 et 4

Cottus cirris plurimis, corpore octogono. Artedi, gen. 49, spec. 87, syn 77.

Cottus cataphractus. Schonev. p. 30.

Jonston, lib. 2 , tit. 1 , cap. 9 , tab. 46 , fig. 5 et 6.

Charlet. Onom. p. 152.

Willughby, Ichthyolog. p. 211.

Raj. p. 77.

Faun. Succic. 324.

Brünn. Pisc. Massil. p. 31, n. 43.

Müll. Prodrom. Zoolog. Danic. p. 44, n. 43.

G. Fabric. Faun. Groenland. p. 155, n. 112.

Mus. Adol. Fr. 1 , p. 70.

Gronov. Mus. 1 , p. 46 , n. 105 ; et Zooph. p. 79, n. 271.

Act. Helv. 4 , p. 262; n. 140.

Cottus cataphractus, rostro resimo, etc. Klein, Miss. pisc. 4 , p. 42 , n. 1.

Cottus cataphractus. Seba, Mus. 3 , p. 81 , tab. 28 , fig. 6.

Pogge. Pennant, Brit. Zoolog. 3 , p. 178, n. 2 , tab. 11.

fourreau à plusieurs faces longitudinales. Nous leur avons donné le nom générique d'*aspidophore*, qui veut dire *porte-bouclier*, et qui désigne leur conformation extérieure. Ils ont beaucoup de rapports, par les traits extérieurs qui les distinguent, avec les syngnathes et les pégases. Nous ne connoissons encore que deux espèces dans le genre qu'ils forment; et la plus anciennement ainsi que la plus généralement connue des deux, est celle à laquelle nous conservons le nom spécifique d'*armé*, et qui se trouve dans l'Océan atlantique. Elle y habite au milieu des rochers voisins des sables du rivage; elle y dépose ou féconde ses œufs vers le printemps; et c'est le plus souvent d'insectes marins, de mollusques ou de vers, et particulièrement de crabes, qu'elle cherche à faire sa nourriture. La couleur générale de l'armé est brune par-dessus et blanche par-dessous. On voit plusieurs taches noirâtres sur le dos ou sur les côtés; d'autres taches noires et presque carrées sont répandues sur les deux nageoires du dos, dont le fond est gris; les nageoires pectorales sont blanchâtres et tachetées de noir; et cette même teinte noire occupe la base de la nageoire de l'anus.

Une sorte de bouclier ou de casque très-solide, écailleux, et même presque osseux, creusé en petites cavités irrégulières et relevé par des pointes ou des tubercules, garantit le dessus de la tête. Les deux mâchoires et le palais sont hérissés de plusieurs rangs

de dents petites et aiguës; un grand nombre de barbillons garnissent le contour arrondi de la mâchoire
inférieure, qui est plus courte que la supérieure;
l'opercule branchial n'est composé que d'une seule
lame; un piquant recourbé termine chaque pièce des
anneaux solides dont se forme la cuirasse générale de
l'animal; cette même cuirasse présente huit pans longitudinaux, qui se réduisent à six autour de la partie
postérieure de la queue; la ligne latérale est droite;
l'anus situé à peu près au-dessous de la première
nageoire du dos; la nageoire caudale arrondie; les
pectorales sont grandes, et les thoracines longues et
étroites [1].

L'aspidophore armé parvient communément à une
longueur de deux ou trois décimètres.

Nous pensons que l'on doit rapporter à cette espèce
le poisson auquel Olaffen et Müller ont donné le nom
de *cotte brodame* [2], et qui ne paroît différer par aucun
trait important, du thoracin qui fait le sujet de cet
article.

---

[1] 5 rayons non articulés à la première nageoire du dos.
  7 rayons articulés à la seconde.
15 rayons à chacune des pectorales.
  3   à chacune des thoracines.
  6   à celle de l'anus.
 10   à celle de la queue.

[2] Cottus brodamus. *Olaffen, Isl. tom.* I, *p.* 589.
Id. *Mull. Zoolog. Danic. Prodrom.*
Cotte brodame.—*Bonnaterre, planches de l'Encyclopédie méthodique.*

L'ASPIDOPHORE LISIZA*.

Pallas a fait connoître ce poisson, qui vit auprès du
Japon et des isles Kuriles, et qui a beaucoup de rapports avec l'armé.

La tête de cet aspidophore est alongée, comprimée,
et aplatie dans sa partie supérieure, qui présente d'ailleurs une sorte de gouttière longitudinale. De chaque
côté du museau, qui est obtus, et partagé en deux
lobes, on voit une lame à deux ou trois échancrures,
et garnie sur le devant d'un petit barbillon. Les bords
des mâchoires sont hérissés d'un grand nombre de
dents; les yeux situés assez près de l'extrémité du
museau, et surmontés chacun par une sorte de petite
corne ou de protubérance osseuse; et les opercules
dentelés ou découpés.

Une pointe ou épine relève presque toutes les pièces
dont se composent les anneaux et par conséquent
l'ensemble de la cuirasse, dans lesquels le corps et la
queue sont renfermés. Ces pièces offrent d'ailleurs des
stries disposées comme des rayons autour d'un centre;

---

* Aspidophorus lisiza.
Cottus japonicus. *Pallas, Spicileg. zoolog.* 7, p. 30.
Id. *Linné, édition de Gmelin.*
Cotte lisiza. *Daubenton, Encyclopédie méthodique.*
Id. *Bonnaterre, planches de l'Encyclopédie méthodique.*

et les anneaux sont conformés de manière à donner à la cuirasse ou à l'étui général une très-grande ressemblance avec une pyramide à huit faces, ou à un plus grand nombre de côtés, qui se réduisent à cinq, six, ou sept, vers le sommet de la pyramide.

La première nageoire du dos correspond, à peu près, aux pectorales et aux thoracines, et la seconde à celle de l'anus. Chacune des thoracines ne comprend que deux rayons ; ceux de toutes les nageoires sont, en général, forts et non articulés ; et l'orifice de l'anus est un peu plus près de la gorge que de la nageoire caudale *.

Le fond de la couleur de l'aspidophore que nous décrivons, est d'un blanc jaunâtre ; mais le dos, plusieurs petites raies placées sur les nageoires, une grande tache rayonnante située auprès de la nuque, et des bandes distribuées transversalement ou dans d'autres directions sur le corps ou sur la queue, offrent une teinte brunâtre.

La longueur ordinaire du lisiza est de trois ou quatre décimètres.

---

* A la membrane des branchies   6 rayons.
à la première nageoire du dos   6
à la seconde nageoire dorsale   7
à chacune des nageoires pectorales   12
à chacune des thoracines   2
à celle de l'anus   8
à celle de la queue   12

QUATRE-VINGT-QUATRIÈME GENRE.

LES ASPIDOPHOROÏDES.

Le corps et la queue couverts d'une sorte de cuirasse écailleuse; une seule nageoire sur le dos; moins de quatre rayons aux nageoires thoracines.

ESPÈCE.	CARACTÈRES.
L'ASPIDOPH. TRANQUEBAR. (*Aspidophor. tranquebar.*)	Quatre rayons à chacune des nageoires pectorales, et deux à chacune des thoracines.

L'ASPIDOPHOROÏDE TRANQUEBAR[1].

Les aspidophoroïdes sont séparés des aspidophores par plusieurs caractères, et particulièrement par l'unité de la nageoire dorsale. Ils ont cependant beaucoup de rapports avec ces derniers ; et ce sont ces ressemblances que leur nom générique indique. Le tranquebar est d'ailleurs remarquable par le très-petit nombre de rayons que renferment ses diverses nageoires ; et ce trait de la conformation de ce poisson est si sensible, que tous les rayons de la nageoire du dos, de celle de l'anus, de celle de la queue, des deux pectorales, et des deux thoracines, ne montent ensemble qu'à trente-deux[2].

Cet aspidophoroïde vit dans les eaux de Tranquebar, ainsi que l'annonce son nom spécifique. Sa nourriture

---

[1] Aspidophoroïdes tranquebar.
Bloch, pl. 178, fig. 1 et 2.
Cottus monopterygius. Linné, édition de Gmelin.
Cotte, chabot de l'Inde. Bonnaterre, planches de l'Encyclopédie méthodique.

[2] A la membrane des branchies 6 rayons.
    à la nageoire du dos   5
    à chacune des pectorales   14
    à chacune des thoracines   2
    à celle de l'anus   5
    à celle de la queue   6

ordinaire est composée de jeunes cancres, et de petits mollusques, ou vers aquatiques. Il est brun par-dessus, gris sur les côtés ; et l'on voit sur ces mêmes côtés des bandes transversales et des points bruns, ainsi que des taches blanches sur la partie inférieure de l'animal, et des taches brunes sur la nageoire de la queue et sur les pectorales.

Sa cuirasse est à huit pans longitudinaux, qui se réunissent de manière à n'en former que six vers la nageoire caudale ; les yeux sont rapprochés du sommet de la tête ; la mâchoire supérieure, plus longue que l'inférieure, présente deux piquans recourbés en arrière ; une seule lame compose l'opercule des branchies, dont l'ouverture est très-grande ; on apperçoit sur le dos une sorte de petite excavation longitudinale ; la nageoire dorsale est au-dessus de celle de l'anus, et celle de la queue est arrondie.

QUATRE-VINGT-CINQUIÈME GENRE.

LES COTTES.

La tête plus large que le corps; la forme générale un peu conique; deux nageoires sur le dos; des aiguillons ou des tubercules sur la tête ou sur les opercules des branchies; plus de trois rayons aux nageoires thoracines.

PREMIER SOUS-GENRE.

Des barbillons à la mâchoire inférieure.

ESPÈCE.	CARACTÈRES.
1. LE COTTE GROGNANT. (*Cottus grunniens.*)	Plusieurs barbillons à la mâchoire inférieure; cette mâchoire plus avancée que la supérieure.

SECOND SOUS-GENRE.

Point de barbillons à la mâchoire inférieure.

ESPÈCES.	CARACTÈRES.
2. LE COTTE SCORPION. (*Cottus scorpius.*)	Plusieurs aiguillons sur la tête; le corps parsemé de petites verrues épineuses.
3. LE COT. QUATRE-CORNES. (*Cottus quadricornis.*)	Quatre protubérances osseuses sur le sommet de la tête.
4. LE COTTE RABOTEUX. (*Cottus scaber.*)	La ligne latérale garnie d'aiguillons.

ESPÈCES.	CARACTÈRES.
5. LE COTTE AUSTRAL. (*Cottus australis.*)	Des aiguillons sur la tête; des bandes transversales, et des raies longitudinales.
6. LE COTTE INSIDIATEUR. (*Cottus insidiator.*)	Deux aiguillons de chaque côté de la tête; des stries sur cette même partie de l'animal.
7. LE COTTE MADÉGASSE. (*Cottus madagascariensis.*)	Deux aiguillons recourbés de chaque côté de la tête; un sillon longitudinal, large et profond, entre les yeux; des écailles assez grandes sur le corps et sur la queue.
8. LE COTTE NOIR. (*Cottus niger.*)	Un aiguillon de chaque côté de la tête; la mâchoire inférieure plus avancée que la supérieure; le corps couvert d'écailles rudes; la couleur générale noire, ou noirâtre.
9. LE COTTE CHABOT. (*Cottus gobio.*)	Deux aiguillons recourbés sur chaque opercule; le corps couvert d'écailles à peine visibles.

LE COTTE GROGNANT[*].

PRESQUE tous les cottes ne présentent que des couleurs ternes, des nuances obscures, des teintes monotones. Enduits d'une liqueur onctueuse qui retient sur leur surface le sable et le limon, couverts le plus souvent de vase et de boue, défigurés par cette couche sale et irrégulière, aussi peu agréables par leurs proportions apparentes que par leurs tégumens, qu'ils diffèrent, dans leurs attributs extérieurs, de ces magnifiques coryphènes sur lesquels les feux des diamans, de l'or, des rubis et des saphirs, scintillent de toutes parts, et auprès desquels on diroit que la Nature les a placés, pour qu'ils fissent mieux ressortir l'éclatante parure de ces poissons privilégiés! On pourroit être

---

* Cottus grunnieus.
Id. *Linné, édition de Gmelin.*
Bloch, pl. 179.
Cotte grognard. *Daubenton, Encyclopédie méthodique.*
Id. *Bonnaterre, planches de l'Encyclopédie méthodique.*
Mus. Adolph. Frid. 2, *p.* 65.
Gronov. Mus. 1, *p.* 46, *n.* 106; *et Zooph. p.* 79, *n.* 269.
Seba, Mus. 3, *p.* 80, *n.* 4, *tab.* 23, *fig.* 4.
Corystion capite crasso, ore ranæ amplo, etc. Klein, Miss. pisc. 4, *p.* 46, *n.* 8.
Marcgr. Brasil. p. 7ε.
Willughby, Ichthyol. p. 289, *tab.* S, 11, *fig.* 1; *Append. p* 3, *tab.* 4, *fig.* 1.
Nigui. Raj. Pisc. p. 92, *n.* 7; *et p.* 150, *n.* 7.

tenté de croire que s'ils ont été si peu favorisés lorsque leur vêtement leur a été départi, ils en sont,
pour ainsi dire, dédommagés par une faculté remarquable et qui n'a été accordée qu'à un petit nombre
d'habitans des eaux, par celle de proférer des sons.
Et en effet, plusieurs cottes, comme quelques balistes,
des zées, des trigles et des cobites, font entendre,
au milieu de certains de leurs mouvemens, une sorte
de bruit particulier. Qu'il y a loin cependant d'un
simple bruissement assez foible, très-monotone, très-
court, et fréquemment involontaire, non seulement
à ces sons articulés dont les nuances variées et légères
ne peuvent être produites que par un organe vocal
très-composé, ni saisies que par une oreille très-
délicate, mais encore à ces accens expressifs et si
diversifiés qui appartiennent à un si grand nombre
d'oiseaux, et même à quelques mammifères! Ce n'est
qu'un frôlement que les cottes, les cobites, les trigles,
les zées, les balistes, font naître. Ce n'est que lorsque,
saisis de crainte, ou agités par quelque autre affection
vive, ils se contractent avec force, resserrent subite-
ment leurs cavités intérieures, chassent avec violence
les différens gaz renfermés dans ces cavités, que ces
vapeurs sortant avec vîtesse, et s'échappant principalement par les ouvertures branchiales, en froissent
les opercules élastiques, et, par ce frottement toujours
peu soutenu, font naître des sons, dont le degré
d'élévation est inappréciable, et qui par conséquent,

n'étant pas une voix, et ne formant qu'un véritable bruit, sont même au-dessous du sifflement des reptiles[1].

Parmi les cottes, l'un de ceux qui jouissent le plus de cette faculté de frôler et de bruire, a été nommé *grognant*, parce que l'envie de rapprocher les êtres sans discernement et d'après les rapports les plus vagues, qui l'a si souvent emporté sur l'utilité de comparer leurs propriétés avec convenance, a fait dire qu'il y avoit quelque analogie entre le grognement du cochon et le bruissement un peu grave du cotte. Ce poisson est celui que nous allons décrire dans cet article.

On le trouve dans les eaux de l'Amérique méridionale, ainsi que dans celles des Indes orientales. Il est brun sur le dos, et mêlé de brun et de blanc sur les côtés. Des taches brunes sont répandues sur ses nageoires, qui sont grises, excepté les pectorales et les thoracines, sur lesquelles on apperçoit une teinte rougeâtre[2].

La surface du grognant est parsemée de pores d'où découle cette humeur visqueuse et abondante dont il est enduit, comme presque tous les autres cottes.

---

[1] Voyez le *Discours sur la nature des poissons*.

[2] A la première nageoire du dos   3 rayons.
à la seconde   20.
à chacune des nageoires pectorales   22.
à chacune des thoracines   4.
à celle de l'anus.   16.

Malgré la quantité de cette matière gluante dont il
est imprégné, sa chair est agréable au goût; on ne la
dédaigne pas: on ne redoute que le foie, qui est regardé
comme très-malfaisant, que l'on considère même
comme une espèce de poison; et n'est-il pas à remarquer que, dans tous les poissons, ce viscère est la portion de l'animal dans laquelle les substances huileuses
abondent le plus?

La tête est grande, et les yeux sont petits. L'ouverture de la bouche est très-large; la langue lisse, ainsi
que le palais; la mâchoire inférieure plus avancée que
la supérieure, et hérissée d'un grand nombre de barbillons, de même que les côtés de la tête; les lèvres
sont fortes; les dents aiguës, recourbées, éloignées
l'une de l'autre, et disposées sur plusieurs rangs. Les
opercules, composés d'une seule lame, et garnis chacun
de quatre aiguillons, recouvrent des orifices très-
étendus. L'anus est à une distance presque égale de la
gorge et de la nageoire caudale, qui est arrondie.

LE COTTE SCORPION*.

C'EST dans l'Océan atlantique, et à des distances plus
ou moins grandes du cercle polaire, que l'on trouve ce
cotte remarquable par ses armes, par sa force, par
son agilité. Il poursuit avec une grande rapidité, et

* Cottus scorpius.
Caramassou , *à l'embouchure de la Seine.*
Scorpion de mer , *dans plusieurs départemens de France.*
Rotsimpa , *en Suède.*
Skrabba , *ibid.*
Skjalryta , *ibid.*
Skialryta , *ibid.*
Skiolrista , *ibid.*
Pinulka , *ibid.*
Fisksymp , *en Norvège.*
Vid-kieft , *ibid.*
Soë scorpion , *ibid.*
Kaniok kanininak , *dans le Groenland.*
Kurhahn , *dans la Poméranie.*
Donner krote , *dans la Livonie.*
Kamtscha , *dans la Sibérie.*
Ulk , *en Danemarck.*
Ulka , *ibid.*
Wulk , *dans quelques contrées du nord de l'Europe.*
Donderpad , *en Hollande.*
Posthoest , *dans la Belgique.*
Posthoofdt , *ibid.*
Father-lasher , *sur plusieurs côtes d'Angleterre.*
Scolping , *à Terre-Neuve.*
Cottus scorpius, *Linné, édition de Gmelin.*

par conséquent avec un grand avantage, la proie qui
fuit devant lui à la surface de la mer. Doué d'une
vigueur très-digne d'attention dans ses muscles cau-
daux, pourvu par cet attribut d'un excellent instrument de natation, s'élançant comme un trait, très-
vorace, hardi, audacieux même, il attaque avec
promptitude des blennies, des gades, des clupées, des
saumons ; il les combat avec acharnement, les frappe

Cotte scorpion de mer. *Daubenton, Encyclopédie méthodique.*

Id. *Bonnaterre, planches de l'Encyclopédie méthodique.*

Autre espèce de scorpion marin. *Valmont-Bomare, Dictionnaire d'histoire naturelle.*

Faun. Suecic. 323.

Ulka. *It. Scan.* 325.

Cottus alepidotus, capite polyacantho, etc. *Mus. Adolph. Frid.* 1, p. 70.

Cottus alepidotus, capite polyacantho, etc. *Artedi, gen.* 49, *spec.* 86,
syn. 77.

Scorpio marinus, *vel* scorpius nostras. *Schonev.* p. 67.

Scorpius marinus. *Johston, tab.* 47, *fig.* 4 et 5.

Cottus scorpænæ Bellonii similis. *Willughby*, p. 138 ; *et Append.* p. 25,
tab. X, 15.

Id. et scorpius virginius. *Raj.* p. 145, *n.* 12 ; et 142, *n.* 3.

Aldrovand. lib. 2, *cap.* 27 (pro 25), p. 202.

Gronov, Mus. 1, *p.* 46, *n.* 104 ; *Act. Helvetic.* 4, *p.* 262, *n.* 139 ; *et
Zooph.* p. 78, *n.* 268.

Bloch, pl. 39.

Corystion capite maximo, et aculeis valde horrido. *Klein, Miss. pisc.*
4, *p.* 47, *n.* 11, *tab.* 13, *fig.* 2 et 3.

Fisk sympen. *Act. Nidros.* 2, *p.* 345, *tab.* 13, 14.

Sea-scorpion. *Edw. Glean. tab.* 284.

Seba, Mus. 3, *p.* 81, *tab.* 28, *fig.* 5.

Father-lasher. *Brit. Zoolog.* 3, p. 179, *n.* 3.

vivement avec les piquans de sa tête, les aiguillons de ses nageoires, les tubercules aigus répandus sur son corps, et en triomphe le plus souvent avec d'autant plus de facilité, qu'il joint une assez grande taille à l'impétuosité de ses mouvemens, au nombre de ses dards et à la supériorité de sa hardiesse. En effet, nous devons croire, en comparant tous les témoignages, et malgré l'opinion de plusieurs habiles naturalistes, que dans les mers où il est le plus à l'abri de ses ennemis, le cotte scorpion peut parvenir à une longueur de plus de deux mètres : ce n'est qu'auprès des côtes fréquentées par des animaux marins dangereux pour ce poisson, qu'il ne montre presque jamais des dimensions très-considérables. L'homme ne nuit guère à son entier développement, en le faisant périr avant le terme naturel de sa vie. La chair de ce cotte, peu agréable au goût et à l'odorat, n'est pas recherchée par les pêcheurs; ce ne sont que les habitans peu délicats du Groenland, ainsi que de quelques autres froides et sauvages contrées du Nord, qui en font quelquefois leur nourriture; et tout au plus tire-t-on parti de son foie pour en faire de l'huile, dans les endroits où, comme en Norvége, par exemple, il est très-répandu.

Si d'ailleurs ce poisson est jeté par quelque accident sur la grève, et que le retour des vagues, le reflux de la marée, ou ses propres efforts, ne le ramènent pas promptement au milieu du fluide nécessaire à son existence, il peut résister pendant assez long-temps

au défaut d'eau, la nature et la conformation de ses
opercules et de ses membranes branchiales lui donnant la faculté de clore presque entièrement les orifices
de ses organes respiratoires, d'en interdire le contact
à l'air de l'atmosphère, et de garantir ainsi ces organes
essentiels et délicats de l'influence trop active, trop
desséchante, et par conséquent trop dangereuse, de ce
même fluide atmosphérique.

C'est pendant l'été que la plupart des cottes scor-
pions commencent à s'approcher des rivages de la mer;
mais communément l'hiver est déja avancé, lorsqu'ils
déposent leurs œufs, dont la couleur est rougeâtre.

Tout leur corps est parsemé de petites verrues en
quelque sorte épineuses, et beaucoup moins sensibles
dans les femelles que dans les mâles.

La couleur de leur partie supérieure varie; elle est
ordinairement brune avec des raies et des points
blancs: leur partie inférieure est aussi très-fréquemment mêlée de blanc et de brun. Les nageoires sont
rouges avec des taches blanches; on distingue quelquefois les femelles par les nuances de ces mêmes
nageoires, qui sont alors blanches et rayées de noir,
et par le blanc assez pur du dessous de leur corps.

La tête du scorpion est garnie de tubercules et d'aiguillons; les yeux sont grands, alongés, rapprochés
l'un de l'autre, et placés sur le sommet de la tête; les
mâchoires sont extensibles, et hérissées, comme le
palais, de dents aiguës; la langue est épaisse, courte,

et dure ; l'ouverture branchiale très-large ; l'opercule
composé de deux lames ; la ligne latérale droite, formée communément d'une suite de petits corps écailleux faciles à distinguer malgré la peau qui les
recouvre, et placée le plus souvent au-dessous d'une
seconde ligne produite par les pointes de petites arêtes:
la nageoire caudale est arrondie, et chacune des thoracines assez longue*.

* A la première nageoire du dos 10 rayons.
   à la seconde   16
   à chacune des pectorales 17
   à chacune des thoracines   4
   à celle de l'anus   12
   à celle de la queue   18

Vertèbres dorsales,   8.
Vertèbres lombaires, 2.
Vertèbres caudales, 15.

LE COTTE QUATRE-CORNES *.

QUATRE tubercules osseux, rudes, poreux, s'élèvent
et forment un carré sur le sommet de la tête de ce
cotte ; ils y représentent, en quelque sorte, quatre
cornes, dont les deux situées le plus près du museau
sont plus hautes et plus arrondies que les deux pos-
térieures.

Plus de vingt apophyses osseuses et piquantes, mais
recouvertes par une légère pellicule, se font aussi
remarquer sur différentes portions de la tête ou du
corps : on en distingue sur-tout deux au-dessus de la
membrane des branchies, trois de chaque côté du
carré formé par les cornes, deux auprès des narines,
deux sur la nuque, et une au-dessus de chaque nageoire pectorale.

Le quatre-cornes ressemble d'ailleurs par un très-

* Cottus quadricornis.

Horn simpa, *en Suède.*

Cottus quadricornis. *Linné, édition de Gmelin.*

Cottus scaber tuberculis quatuor corniformibus, etc. *Artedi, gen.* 48,
spec. 84.

Cotte quatre-cornes. *Daubenton, Encyclopédie méthodique.*

Id. *Bonnaterre, planches de l'Encyclopédie méthodique.*

Faun. Suecic. 321.

Mus. Adolph. Frid. 1, *p.* 70, *tab.* 32, *fig.* 4.

Cottus scorpioïdes. *Ot. Fabric. Faun. Groenland. p.* 157, *n.* 114.

grand nombre de traits au cotte scorpion : il présente
presque toutes les habitudes de ce dernier ; il habite
de même dans l'Océan atlantique septentrional , et
particulièrement dans la Baltique et auprès du Groenland; également armé , fort, vorace , audacieux, impru-
dent , il nage avec d'autant plus de rapidité , qu'il a
de très-grandes nageoires pectorales *, et qu'il les remue
très-vivement: il se tient quelquefois en embuscade au
milieu des fucus et des autres plantes marines , où il
dépose des œufs d'une couleur assez pâle; et dans certaines saisons il remonte les fleuves pour y trouver avec
plus de facilité les vers , les insectes aquatiques et les
jeunes poissons dont il aime à se nourrir.

On dit , au reste , que sa chair est plus agréable à
manger que celle du scorpion ; il ne parvient pas à une
grandeur aussi considérable que ce dernier cotte ; et
les couleurs brunes et nuageuses que présente le dos
du quatre-cornes, sont plus foncées, sur-tout lorsque
l'animal est femelle, que les nuances distribuées sur
la partie supérieure du scorpion. Le dessous du corps
du cotte que nous décrivons , est d'un brun jaunâtre.

Lorsqu'on ouvre un individu de cette espèce, on

---

* A la première nageoire dorsale   9 rayons.
  à la seconde   14
  à chacune des pectorales   17
  à chacune des thoracines   4
  à celle de l'anus   14
  à celle de la queue , qui est arrondie , 12.

voit sept appendices ou *cæcum* auprès du pylore ;
quarante vertèbres à l'épine dorsale ; un foie grand,
jaunâtre, non divisé en lobes, situé du côté gauche
plus que du côté droit, et adhérent à la vésicule du
fiel qu'il recouvre ; un canal intestinal recourbé deux
fois ; un péritoine noirâtre ; et les poches membraneuses des œufs sont de la même couleur.

LE COTTE RABOTEUX[1].

CE poisson habite dans le grand Océan, et particulièrement auprès des rivages des Indes orientales, où il vit de mollusques et de crabes. C'est un des cottes dont les couleurs sont le moins obscures et le moins monotones : du bleuâtre règne sur son dos ; ses côtés sont argentés ; six ou sept bandes rougeâtres forment comme autant de ceintures autour de son corps ; ses nageoires sont bleues ; on voit trois bandes jaunes sur les thoracines [2] ; et les pectorales présentent à leur base la même nuance jaune.

Les écailles sont petites, mais fortement attachées, dures et dentelées ; la ligne latérale offre une rangée longitudinale d'aiguillons recourbés en arrière ; quatre piquans également recourbés paroissent sur la tête ;

---

[1] Cottus scaber.
Id. *Linné, édition de Gmelin.*
Cotte raboteux. *Daubenton, Encyclopédie méthodique.*
Id *Bonnaterre, planches de l'Encyclopédie méthodique.*
Bloch, pl. 180.

[2] A la membrane des branchies   6 rayons.
à la première nageoire du dos   8
à la seconde   12
à chacune des pectorales   18
à chacune des thoracines   6
à celle de l'anus   12
à celle de la queue   16

et indépendamment des rayons aiguillonnés ou non articulés qui soutiennent la première nageoire dorsale, voilà de quoi justifier l'épithète de *raboteux* donnée au cotte qui fait le sujet de cet article.

D'ailleurs la tête est alongée, la mâchoire inférieure plus avancée que la supérieure, la langue mince, l'ouverture de la bouche très-grande, et l'orifice branchial très-large.

LE COTTE AUSTRAL*.

Nous plaçons ici la notice d'un cotte observé dans le grand Océan équinoxial, et auquel nous conservons le nom spécifique d'*austral*, qui lui a été donné dans l'Appendix du Voyage de l'Anglois Jean White à la Nouvelle-Galles méridionale. Ce poisson est blanchâtre; il présente des bandes transversales d'une couleur livide, et des raies longitudinales jaunâtres; sa tête est armée d'aiguillons. L'individu de cette espèce dont on a donné la figure dans le Voyage que nous venons de citer, n'avoit guère qu'un décimètre de longueur.

---

* Cottus australis.

Id. *Appendix du Voyage à la Nouvelle-Galles méridionale, par Jean White, premier chirurgien de l'expédition commandée par le capitaine Philipp, p.* 265 *, pl.* 52 *, fig.* 1.

LE COTTE INSIDIATEUR[1].

Ce cotte se couche dans le sable; il s'y tient en embuscade pour saisir avec plus de facilité les poissons dont il veut faire sa proie; et de là vient le nom qu'il porte. On le trouve en Arabie; il y a été observé par Forskael, et il y parvient quelquefois jusqu'à la longueur de six ou sept décimètres. Sa tête présente des stries relevées, et deux aiguillons de chaque côté. Il est gris par-dessus et blanc par-dessous; la queue est blanche: l'on voit d'ailleurs sur cette même portion de l'animal une tache jaune et échancrée, ainsi que deux raies inégales, obliques et noires; et de plus le dos est parsemé de taches et de points bruns[2].

[1] Cottus insidiator.
Id. *Linné, édition de Gmelin.*
Forskael, Faun. Arab. p. 25, n. 8.
Cotte raked. *Bonnaterre, planches de l'Encyclopédie méthodique.*

[2] A la membrane des branchies   8 rayons.
à la première nageoire dorsale   8
à la seconde   13
à chacune des pectorales   19
à chacune des thoracines   6
à celle de l'anus   14
à celle de la queue   15

LE COTTE MADÉGASSE*.

La description de ce cotte n'a point encore été
publiée; nous en avons trouvé une courte notice dans
les manuscrits de Commerson, qui l'a observé auprès
du fort Dauphin de l'isle de Madagascar, et qui nous
en a laissé deux dessins très-exacts, l'un représentant
l'animal vu par-dessus, et l'autre le montrant vu par-
dessous.

Ce poisson, qui parvient à quatre décimètres ou
environ de longueur, a la tête armée, de chaque côté,
de deux aiguillons recourbés. De plus, cette tête, qui
est aplatie de haut en bas, présente dans sa partie
supérieure un sillon profond et très-large, qui s'étend
longitudinalement entre les yeux, et continue de
s'avancer entre les deux opercules, en s'y rétrécissant
cependant. Ce trait seul suffiroit pour séparer le madégasse des autres cottes.

D'ailleurs son corps est couvert d'écailles assez
grandes; son museau arrondi, et la mâchoire inférieure plus avancée que la supérieure. Les yeux, très-
rapprochés l'un de l'autre, sont situés dans la partie
supérieure de la tête; les opercules sont pointillés;

---

* Cottus spinis quatuor lateralibus retroversis, caudâ variegatâ; vel
capite retrorsum tetracantho, sulco inter oculos longitudinali lato et pro-
fundo. *Commerson, manuscrits déja cités.*

1.

2.

3.

De Sève del.

Vizey cu

1. COTTE Madégasse vu par dessus. 2. COTTE Madégasse vu par dessous.
3. CYPRIN Commersonnien ♀.

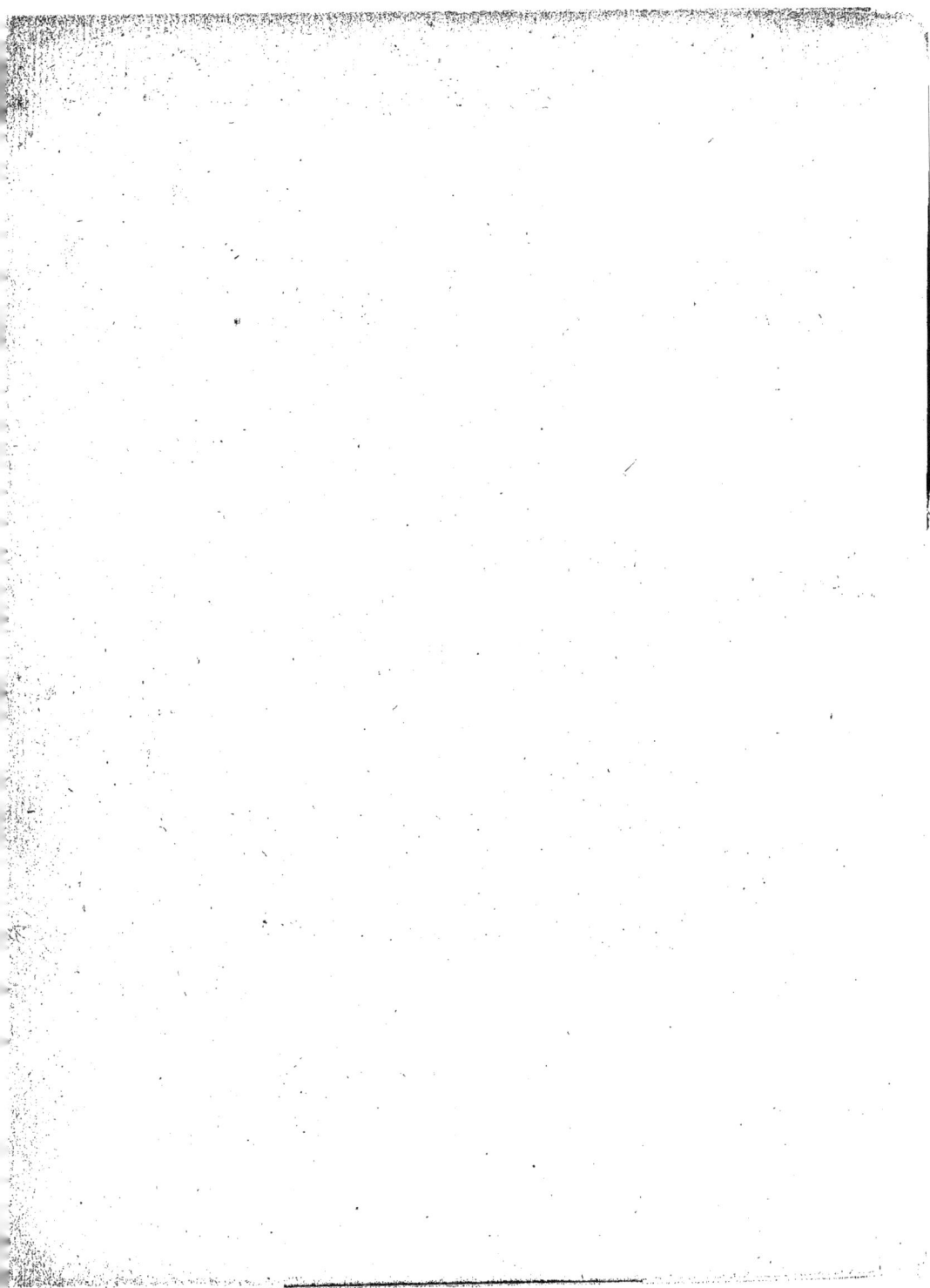

la première nageoire du dos est triangulaire * ; l'anus plus proche de la gorge que de la nageoire caudale ; et cette dernière nageoire paroît, dans les deux figures du madégasse réunies aux manuscrits de Commerson, et que nous avons fait graver, paroît, dis-je, doublement échancrée, c'est-à-dire, divisée en trois lobes arrondis ; ce qui donneroit une conformation extrêmement rare parmi celles des poissons non élevés en domesticité.

---

* 8 rayons aiguillonnés à la première nageoire du dos.
13 rayons articulés à la seconde.
12 à chacune des pectorales.
5 ou 6 à chacune des thoracines.
La nageoire de l'anus est très-étroite.

LE COTTE NOIR *.

VOICI le précis de ce que nous avons trouvé dans les manuscrits de Commerson au sujet de ce cotte, qu'il a observé, et qu'il ne faut confondre avec aucune des espèces déja connues des naturalistes.

La grandeur et le port de ce poisson sont assez semblables à ceux du gobie noir; sa longueur ne va pas à deux décimètres. La couleur générale est noire, ou d'un brun noirâtre : la seconde nageoire du dos, celle de l'anus et celle de la queue sont bordées d'un liséré plus foncé, ou pointillées de noir ; la première nageoire dorsale présente plusieurs nuances de jaune, et deux bandes longitudinales noirâtres ; et le noir ou le noirâtre se retrouve encore sur l'iris.

La tête épaisse, plus large par-derrière que la partie antérieure du corps, et armée d'un petit aiguillon de chaque côté, paroît comme gonflée à cause des dimensions et de la figure des muscles situés sur les joues, c'est-à-dire, au-dessus de la région des branchies. Le museau est arrondi ; l'ouverture de la bouche très-grande ; la mâchoire inférieure plus avancée que la

---

* Cottus niger.

Le petit cabot noir.

Cottus nigricans, squamosus, scaber, aculeo obscuro in capite utrinque. Commerson, manuscrits déja cités.

supérieure ; celle-ci facilement extensible ; chacune de
ces deux mâchoires garnie de dents courtes, serrées, et
semblables à celles que l'on voit sur deux éminences
osseuses placées auprès du gosier ; le palais très-
lisse, et tout le corps revêtu, de même que la queue,
d'écailles très-rudes au toucher.

LE COTTE CHABOT*.

ON trouve ce cotte dans presque tous les fleuves et tous les ruisseaux de l'Europe et de l'Asie septentrionale dont le fond est pierreux ou sablonneux. Il y parvient

* Cottus gobio.

Sten simpa, *en Suède*.

Sten lake , *ibid.*

Bull-head , *en Angleterre.*

Millers thumb, *ibid.*

Messore , *dans plusieurs contrées de l'Italie.*

Capo grosso, *ibid.*

Tête d'âne , *dans plusieurs départemens méridionaux de France.*

Ane, *ibid.*

Cottus gobio. *Linné, édition de Gmelin.*

Cotte chabot. *Daubenton, Encyclopédie méthodique.*

Id. *Bonnaterre, planches de l'Encyclopédie méthodique.*

Bloch, pl. 38 , *fig.* 1 *et* 2.

Müll. Prodrom. Zoolog. Danic. p. 44, *n.* 368.

Ot. Fabric. Faun. Groenland. p. 159, *n.* 115.

Cottus alepidotus , glaber , capite diacantho. *Artedi, gen.* 48 , *spec.* 82, *syn.* 76.

Βοττος, *et* κοττος. *Arist. lib.* 4, *cap.* 8.

Cottus. *Gaza, Arist.*

Chabot. *Rondelet, des poissons de rivière, chap.* 22.

Cottus, seu gobio fluviatilis capitatus. *Gesn. p.* 400 , 401 , *et* 477 ; *et* (*germ.*) *fol.* 162. *a.*

Capitatus auctorum. *Cuba, lib.* 3 , *cap.* 38 , *fol.* 79 , *b.*

Citus. *Salvian. Aquat. fol.* 216.

Willughby, p. 137, *tab. H,* 3 , *fig.* 3.

Gobius fluviatilis , sive capitatus. *Aldrovand. lib.* 5 , *cap.* 28 , *p.* 613.

jusqu'à la longueur de deux décimètres *. Il s'y tient souvent caché parmi les pierres, ou dans une espèce de petit terrier ; et lorsqu'il sort de cet asyle ou de cette embuscade, c'est avec une très-grande rapidité qu'il nage, soit pour atteindre la petite proie qu'il préfère, soit pour échapper à ses nombreux ennemis. Il aime à se nourrir de très-jeunes poissons, ainsi que de vers et d'insectes aquatiques ; et lorsque cet aliment lui manque, il se jette sur les œufs des diverses espèces d'animaux qui habitent dans les eaux qu'il fréquente. Il est très-vorace ; mais la vivacité de ses appétits est trop éloignée de pouvoir compenser les effets de la petitesse de sa taille, de ses mauvaises armes et de

Gobius fluviatilis Gesneri. *Raj. p.* 76, *n. A.*

Gobius capitatus. *Jonston, lib.* 3, *tit.* 1, *cap.* 10, *a.* 2, *tab.* 29, *fig.* 11.

Gobio capitatus. *Charl. p.* 157.

Chabot. *Valmont-Bomare, Dictionnaire d'histoire naturelle.*

Cottus alepidotus, capite plagioplateo, lato, obtuso, etc. *Gronov. Mus.* 2, *p.* 14, *n.* 166.

Percis capite lævi, et brevis, etc. *Klein, Miss. Pisc. p.* 43, *n.* 17.

Gobius fluviatilis alter. *Bellon, Aquat. p.* 321.

Gobio fluviatilis capitatus. *Marsigli, Danub.* 4, *p.* 73, *tab.* 24, *fig.* 2.

Bull-head. *Brit. Zoolog.* 3, *p.* 177, *t.* 11.

Rotz kolbe. *Meyer, Thierb.* 2, *p.* 4, *tab.* 12.

* A la membrane des branchies   4 rayons.

  à la première nageoire dorsale 7

  à la seconde   17

  à chacune des pectorales   14

  à chacune des thoracines   4

  à celle de l'anus   12

  à celle de la queue   13

son peu de force ; et il succombe fréquemment sous la dent des perches, des saumons, et sur-tout des brochets. La bonté et la salubrité de sa chair, qui devient rouge par la cuisson comme celle du saumon et de plusieurs autres poissons délicats ou agréables au goût, lui donnent aussi l'homme pour ennemi. Dès le temps d'Aristote, on savoit que pour le prendre avec plus de facilité, il falloit frapper sur les pierres qui lui servoient d'abri, qu'à l'instant il sortoit de sa retraite, et que souvent il venoit, tout étourdi par le coup, se livrer lui-même à la main ou au filet du pêcheur. Le plus souvent ce dernier emploie la *nasse* *, pour être plus sûr d'empêcher le chabot de s'échapper. Il faut saisir ce cotte avec précaution lorsqu'on veut le retenir avec la main : sa peau très-visqueuse lui donne en effet la faculté de glisser rapidement entre les doigts. Cependant, malgré tous les piéges qu'on lui tend, et le grand nombre d'ennemis qui le pour-suivent, on le trouve fréquemment dans plusieurs rivières. Cette espèce est très-féconde. La femelle, plus grosse que le mâle, ainsi que celles de tant d'autres espèces de poissons, paroît comme gonflée dans le temps où ses œufs sont près d'être pondus. Les protubérances formées par les deux ovaires, qui se tuméfient, pour ainsi dire, à cette époque, en se remplissant d'un

---

* Voyez la description de la nasse dans l'article du *pétromyzon lam-proie*.

très-grand nombre d'œufs, sont assez élevées et assez arrondies pour qu'on les ait comparées à des mamelles; et comme une comparaison peu exacte conduit souvent à une idée exagérée, et une idée exagérée à une erreur, de célèbres naturalistes ont écrit que la femelle du chabot avoit non seulement un rapport de forme, mais encore un rapport d'habitude, avec les animaux à mamelles, qu'elle couvoit ses œufs, et qu'elle perdoit plutôt la vie que de les abandonner. Pour peu qu'on veuille rappeler ce que nous avons écrit * sur la manière dont les poissons se reproduisent, on verra aisément combien on s'est mépris sur le but de quelques actes accidentels d'un petit nombre d'individus soumis à l'influence de circonstances passagères et très-particulières. On a pu observer des chabots femelles et même des chabots mâles se retirer, se presser, se cacher dans le même endroit où des œufs de leur espèce avoient été pondus, les couvrir dans cette attitude, et conserver leur position malgré un grand nombre d'efforts pour les leur faire quitter. Mais ces manœuvres n'ont point été des soins attentifs pour les embryons qu'ils avoient pu produire; elles se réduisent à des signes de crainte, à des précautions pour leur sûreté; et peut-être même ces individus auxquels on a cru devoir attribuer une tendresse constante et courageuse, n'ont-ils été surpris que prêts

---

* Voyez le *Discours sur la nature des poissons.*

à dévorer ces mêmes œufs qu'ils paroissoient vouloir réchauffer, garantir et défendre.

Au reste, les écailles dont la peau muqueuse du chabot est revêtue, ne sont un peu sensibles que par le moyen de quelques procédés ou dans certaines circonstances : mais si la matière écailleuse ne s'étend pas sur son corps en lames brillantes et facilement visibles, elle s'y réunit en petits tubercules ou verrues arrondies. Le dessous de son corps est blanc : le mâle est, dans sa partie supérieure, gris avec des taches brunes ; et la femelle brune avec des taches noires. Les nageoires sont le plus souvent bleuâtres et tachetées de noir ; les thoracines de la femelle sont communément variées de jaune et de brun.

Les yeux sont très-rapprochés l'un de l'autre. Des dents aiguës hérissent les mâchoires, le palais et le gosier ; mais la langue est lisse. Chaque opercule ne présente qu'une seule pièce et deux aiguillons recourbés. La nageoire caudale est arrondie.

On voit de chaque côté les deux branchies intermédiaires garnies, dans leur partie concave, de deux rangs de tubercules. Le foie est grand, non divisé, jaunâtre, et situé en grande partie du côté gauche de l'animal ; l'estomac est vaste. Auprès du pylore sont attachés quatre *cæcum* ou appendices intestinaux ; le canal intestinal n'est plié que deux fois ; les deux laites des mâles et les deux ovaires des femelles se réunissent vers l'anus, et sont contenus dans une membrane

dont la couleur est très-noire, ainsi que celle du péritoine ; les reins et la vessie urinaire sont très-étendus
et situés dans le fond de l'abdomen.

On compte dans la charpente osseuse du chabot
trente-une vertèbres ; et il y a environ dix côtes de
chaque côté.

———

QUATRE-VINGT-SIXIÈME GENRE.

LES SCORPÈNES.

La tête garnie d'aiguillons, ou de protubérances, ou de barbillons, et dépourvue de petites écailles ; une seule nageoire dorsale.

PREMIER SOUS-GENRE.

Point de barbillons.

ESPÈCES.	CARACTÈRES.
1. LA SCORPÈNE HORRIBLE. (*Scorpæna horrida.*)	Le corps garni de tubercules gros et calleux.
2. LA SCORPÈNE AFRICAINE. (*Scorpæna africana.*)	Quatre aiguillons auprès de chaque œil ; la nageoire de la queue presque rectiligne.
3. LA SCORPÈNE ÉPINEUSE. (*Scorpæna spinosa.*)	Des aiguillons le long de la ligne latérale.
4. LA SCORP. AIGUILLONNÉE. (*Scorpæna aculeata.*)	Quatre aiguillons recourbés et très-forts au-dessous des yeux ; les deux lames de chaque opercule garnies de piquans.
5. LA SCORP. MARSEILLOISE. (*Scorpæna massiliensis.*)	Plusieurs aiguillons sur la tête ; un sillon ou enfoncement entre les yeux.
6. LA S. DOUBLE-FILAMENT. (*Scorpæna bicirrata.*)	La mâchoire inférieure repliée sur la mâchoire supérieure ; un filament double et très-long, à l'origine de la nageoire dorsale.

ESPÈCE.   CARACTÈRES.

7. LA SCORPÈNE BRACHION.
(*Scorpœna brachion.*)

La mâchoire inférieure repliée sur la supérieure ; point de filament ; les nageoires pectorales basses, mais très-larges, attachées à une grande prolongation charnue, et composées de vingt-deux rayons.

SECOND SOUS-GENRE.

Des barbillons.

ESPÈCES.   CARACTÈRES.

8. LA SCORPÈNE BARBUE.
(*Scorpœna barbata.*)

Deux barbillons à la mâchoire inférieure ; des élévations et des enfoncemens sur la tête.

9. LA SCORPÈNE RASCASSE.
(*Scorpœna rascassa.*)

Des barbillons auprès des narines et des yeux ; la langue lisse.

10. LA SCORPÈNE MAHÉ.)
(*Scorpœna mahe.*)

Cinq ou six barbillons à la mâchoire supérieure ; deux barbillons à chaque opercule.

11. LA SCORPÈNE TRUIE.
(*Scorpœna scrofa.*)

Des barbillons à la mâchoire inférieure, et le long de chaque ligne latérale ; la langue hérissée de petites dents.

12. LA SCORPÈNE PLUMIER.
(*Scorpœna Plumieri.*)

Quatre barbillons frangés à la mâchoire supérieure ; quatre autres entre les yeux ; d'autres encore le long de chaque ligne latérale ; des piquans triangulaires sur la tête et les opercules.

13. LA SCORP. AMÉRICAINE.
(*Scorpœna americana.*)

Deux barbillons à la mâchoire supérieure ; cinq ou six à l'inférieure ; la partie postérieure de la nageoire du dos, la nageoire de l'anus, celle de la queue, et les pectorales, très-arrondies.

14. LA SCORP. DIDACTYLE.
(*Scorpœna didactyla.*)

Deux rayons séparés l'un de l'autre, auprès de chaque nageoire pectorale.

ESPÈCES.	CARACTÈRES.
15. LA SCORP. ANTENNÉE. (*Scorpæna antennata.*)	Des appendices articulés, placés auprès des yeux ; les rayons des nageoires pectorales, de la longueur du corps et de la queue.
16. LA SCORPÈNE VOLANTE. (*Scorpæna volitans.*)	Les nageoires pectorales plus longues que le corps.

LA SCORPÈNE HORRIBLE*.

On diroit que c'est dans les formes très-composées, singulières, bizarres en apparence, monstrueuses, horribles, et, pour ainsi dire, menaçantes, de la plupart des scorpènes, que les poètes, les romanciers, les mythologues et les peintres ont cherché les modèles des êtres fantastiques, des larves, des ombres évoquées et des démons, dont ils ont environné leurs sages enchanteurs, leurs magiciens redoutables et leurs sorciers ridicules ; ce n'est même qu'avec une sorte de peine que l'imagination paroît être parvenue à surpasser ces modèles, à placer ses productions mensongères au-dessus de ces réalités, et à s'étonner encore plus des résultats de ses jeux que des combinaisons par lesquelles la Nature a donné naissance au genre que nous examinons. Mais si en façonnant les scorpènes la Nature a donné un exemple remarquable de l'infinie

---

* Scorpæna horrida.
Scorpæna horrida. *Linné, édition de Gmelin.*
Bloch, pl. 183.
Scorpène crapaud. *Daubenton, Encyclopédie méthodique.*
Id. *Bonnaterre, planches de l'Encyclopédie méthodique.*
Perca alepidota, dorso monopterygio, capite cavernato tuberculato, etc. *Gronov. Zooph. p.* 88, *n.* 292, *tab.* 11, 12, 13, *fig.* 1.
Ikan swangi bezar, de groote tovervisch. *Valent. Ind.* 3, *p.* 399, *fig.* 170.
Ikan swangi touwa. *Renard, Poiss.* 1, *pl.* 39, *fig.* 199.

variété que ses ouvrages peuvent présenter, elle a
montré d'une manière bien plus frappante combien
sa manière de procéder est toujours supérieure à celle
de l'art; elle a imprimé d'une manière éclatante sur
ces scorpènes, comme sur tant d'autres produits de sa
puissance créatrice, le sceau de sa prééminence sur
l'intelligence humaine : et cette considération n'est-elle
pas d'une haute importance pour le philosophe? Le
génie de l'homme rapproche ou sépare, réunit ou
divise, anéantit, pour ainsi dire, ou reproduit tout ce
qu'il conçoit : mais de quelque manière qu'il place à
côté les uns des autres ces êtres qu'il transporte à son
gré, il ne peut pas les lier complétement par cette
série infinie de nuances insensibles, analogues et intermédiaires, qui ne dépendent que de la Nature; le grand
art des transitions appartient par excellence à cette nature féconde et merveilleuse. Lors même qu'elle associe
les formes que la première vue considère comme les
plus disparates, soit qu'elle en revête ces monstruosités
passagères auxquelles elle refuse le droit de se reproduire, soit qu'elle les applique à des sujets constans qui
se multiplient et se perpétuent sans manifester de
changement sensible, elle les coordonne, les groupe
et les modifie d'une telle manière, qu'elles montrent
facilement à une attention un peu soutenue une sorte
d'air général de famille, et que d'habiles dégradations ne laissent que des rapports qui s'attirent, à la
place de nombreuses disconvenances qui se repousse-
roient.

La scorpène horrible offre une preuve de cette manière d'opérer, qui est un des grands secrets de la Nature. On s'en convaincra aisément, en examinant la description et la figure de cet animal remarquable.

Sa tête est très-grande et très-inégale dans sa surface : creusée par de profonds sinus, relevée en d'autres endroits par des protubérances très-saillantes, hérissée d'aiguillons, elle est d'ailleurs parsemée, sur les côtés, de tubercules ou de callosités un peu arrondies, et cependant irrégulières et très-inégales en grosseur. Deux des plus grands enfoncemens qu'elle présente, sont séparés, par une cloison très-inclinée, en deux creux inégaux et irréguliers, et sont placés au-dessous des yeux, qui d'ailleurs sont très-petits, et situés chacun dans une proéminence très-relevée et un peu arrondie par le haut; sur la nuque s'élèvent deux autres protubérances comprimées dans leur partie supérieure, anguleuses, et qui montrent sur leur côté extérieur une cavité assez profonde; et ces deux éminences réunies avec celles des yeux, forment, sur la grande tête de l'horrible, quatre sortes de cornes très-irrégulières, très-frappantes, et, pour ainsi dire, hideuses.

Les deux mâchoires sont articulées de manière que lorsque la bouche est fermée, elles s'élèvent presque verticalement, au lieu de s'étendre horizontalement: la mâchoire inférieure ne peut clore la bouche qu'en se relevant comme un battant ou comme une sorte de pont-levis, et en dépassant même quelquefois en

arrière la ligne verticale, afin de s'appliquer plus exactement contre la mâchoire supérieure; et quand elle
est dans cette position, et qu'on la regarde par-devant,
elle ressemble assez à un fer-à-cheval : ces deux mâchoires sont garnies d'un grand nombre de très-petites
dents, ainsi que le gosier. Le palais et la langue sont
lisses; cette dernière est, de plus, large, arrondie, et
assez libre. On la découvre aisément, pour peu que
la scorpène rabatte sa mâchoire inférieure et ouvre
sa grande gueule; l'orifice branchial est aussi très-large.

Les trois ou quatre premiers rayons de la nageoire
du dos, très-gros, très-difformes, très-séparés l'un de
l'autre, très-inégaux, très-irréguliers, très-dénués
d'une véritable membrane, ressemblent moins à des
piquans de nageoire qu'à des tubérosités branchues,
dont le sommet néanmoins laisse dépasser la pointe de
l'aiguillon * ; la ligne latérale suit la courbure du dos.

Le corps et la queue sont garnis de tubercules calleux
semblables à ceux qui sont répandus sur la tête ; et
l'on en voit d'analogues, mais plus petits, non seulement sur les nageoires pectorales, qui sont très-longues,
mais encore sur la membrane qui réunit les rayons
de la nageoire dorsale.

---

* 5 rayons à la membrane des branchies.
13 rayons non articulés et sept rayons articulés à la nageoire du dos.
16 rayons à chacune des pectorales.
6 rayons à chacune des thoracines.
3 rayons non articulés et 6 articulés à celle de l'anus.
12 rayons à celle de la queue.

La nageoire de la queue est arrondie et rayée; la couleur générale de l'animal est variée de brun et de blanc; et c'est dans les Indes orientales que l'on rencontre cette espèce, qui se nourrit de crabes et de mollusques, sur laquelle, au milieu de rapprochemens bizarres en apparence et cependant merveilleusement concertés, des formes très-disparates au premier coup d'œil se liant par des dégradations intermédiaires et bien ménagées, montrant des parties semblables où l'on n'avoit d'abord soupçonné que des portions très-différentes, paroissent avoir été bien plutôt préparées les unes pour les autres que placées de manière à se heurter, pour ainsi dire, avec violence, mais dont l'ensemble, malgré ces sortes de précautions, repousse tellement le premier regard, qu'on n'a pas cru la dégrader en la nommant *horrible*, en l'appelant de plus *crapaud de mer*, et en lui donnant ainsi le nom d'un des animaux les plus hideux.

LA SCORPÈNE AFRICAINE[1].

ON rencontre auprès du cap de Bonne-Espérance et de quelques autres contrées de l'Afrique, cette scorpène dont la longueur ordinaire est de quatre décimètres ; elle est revêtue d'écailles petites, rudes, et placées les unes au-dessus des autres comme les ardoises des toits.

Les yeux sont situés sur les côtés de la tête, qui est grande et convexe; une prolongation de l'épiderme les couvre comme un voile transparent; l'ouverture de la bouche est très-large ; les deux mâchoires sont également avancées ; deux lames composent chaque opercule ; quatre pointes garnissent la supérieure ; l'inférieure se termine en pointe du côté de la queue; et le dos est arqué ainsi que caréné[2].

---

[1] Scorpæna africana.
Scorpæna capensis. *Linné, édition de Gmelin.*
Gronov. Zooph. p. 88, *n.* 293.

[2] 6 rayons à la membrane des branchies.
14 rayons non articulés et 12 rayons articulés à la nageoire du dos.
18 rayons à chacune des pectorales.
1 rayon non articulé et 5 rayons articulés à chacune des thoracines.
3 rayons non articulés et 6 rayons articulés à celle de l'anus.
12 rayons à celle de la queue.

LA SCORPÈNE ÉPINEUSE*.

LE corps de ce poisson est comprimé; des aiguillons paroissent sur sa tête; sa ligne latérale est d'ailleurs hérissée de pointes, et sa nageoire dorsale, plus étendue encore que celle de la plupart des scorpènes, règne depuis l'entre-deux des yeux jusqu'à la nageoire caudale.

* Scorpæna spinosa.
Id. *Linné, édition de Gmelin.*
Ind. Mus. Linck. 1, *p.* 41.

LA SCORPÈNE AIGUILLONNÉE[1].

LA description de cette espèce n'a encore été publiée par aucun auteur; nous en avons vu des individus dans la collection de poissons secs que renferme le Muséum national d'histoire naturelle. Quatre aiguillons recourbés vers le bas et en arrière paroissent au-dessous des yeux; ces pointes sont d'ailleurs très-fortes, sur-tout la première et la troisième; des piquans garnissent les deux lames de chaque opercule : la partie des nageoires du dos et de l'anus, que des rayons articulés soutiennent, est plus élevée que l'autre portion; elle est de plus arrondie comme les pectorales, et comme la nageoire de la queue[2].

---

[1] Scorpæna aculeata.

[2] 10 rayons non articulés et 18 rayons articulés à la nageoire dorsale.
17 rayons à chacune des pectorales.
1 rayon non articulé et 5 rayons articulés à chacune des thoracines.
2 rayons non articulés et 14 rayons articulés à celle de l'anus.
16 rayons à celle de la queue.

LA SCORPÈNE MARSEILLOISE [1].

CE poisson a beaucoup de rapports avec les cottes, parmi lesquels il a même été inscrit, quoiqu'il n'offre pas tous les caractères essentiels de ces derniers, et qu'il présente tous ceux qui servent à distinguer les scorpènes. Il ressemble particulièrement au cotte scorpion, dont il diffère néanmoins par plusieurs traits, et notamment par l'unité de la nageoire dorsale, qui est double au contraire sur le scorpion.

La tête du marseillois est armée de plusieurs piquans; un sillon est creusé entre ses deux yeux, et son nom indique la contrée arrosée par la mer dans laquelle on le trouve [2].

---

[1] Scorpæna massiliensis.
Cottus massiliensis. *Linné, édition de Gmelin.*

[2] 12 rayons non articulés et 10 rayons articulés à la nageoire dorsale.
17 rayons à chacune des nageoires pectorales.
1 rayon non articulé et 5 rayons articulés à chacune des nageoires thoracines.
3 rayons non articulés et 6 rayons articulés à celle de l'anus.
12 rayons à la nageoire de la queue.

LA SCORPÈNE DOUBLE-FILAMENT *.

Nous devons la connoissance de ce poisson au voyageur Commerson, qui nous en a laissé une figure très-exacte que nous avons cru devoir faire graver. Cet animal est couvert d'écailles si petites, que l'on ne peut les voir que très-difficilement. La tête est grosse, un peu aplatie par-dessus, garnie de protubérances; et la mâchoire inférieure est tellement relevée, repliée et appliquée contre la supérieure, qu'elle dépasse beaucoup la ligne verticale, et s'avance du côté de la queue au-delà de cette ligne, lorsque la bouche est fermée. Au reste, ces deux mâchoires sont arrondies dans leur contour. Les yeux sont extrêmement petits et très-rapprochés; les nageoires pectorales très-larges, et assez longues pour atteindre jusque vers le milieu de la longueur totale de la scorpène. La nageoire de la queue est arrondie; celle de l'anus l'est aussi, et d'ailleurs elle est à peu près semblable à la portion de la nageoire du dos au-dessous de laquelle elle est située, et qui est composée de rayons articulés. Les autres rayons de la nageoire dorsale sont au nombre de treize, et comme très-séparés les uns des autres, parce que la membrane qui les réunit est

---

* Scorpæna bicirrata

profondément échancrée entre chacun de ces aiguillons, qui, par une suite de cette conformation, paroissent lobés ou lancéolés. Au-dessus de la nuque on voit s'élever et partir du même point deux filamens très-déliés, d'une si grande longueur qu'ils dépassent la nageoire caudale, et c'est de ce trait particulier que j'ai cru devoir tirer le nom spécifique de la scorpène que je viens de décrire *.

* 13 rayons aiguillonnés et 7 rayons articulés à la nageoire du dos.
  17 rayons à chacune des pectorales.
  7   à celle de l'anus.
  14   à celle de la queue.

LA SCORPÈNE BRACHION*.

Nous allons décrire cette scorpène d'après un dessin très-exact trouvé dans les papiers de Commerson, et que nous avons fait graver; elle ressemble beaucoup à la scorpène double-filament par la forme générale de la tête, la petitesse et la position des yeux, la conformation des mâchoires, la place de l'ouverture de la bouche, la situation de la mâchoire inférieure qui se relève et s'applique contre la supérieure de manière à dépasser du côté de la queue la ligne verticale, la nature des tégumens qui ne présentent pas d'écailles facilement visibles, et l'arrondissement de la nageoire caudale. Mais elle en diffère par plusieurs caractères, et notamment par les traits suivans : premièrement, elle n'a sur la nuque aucune sorte de filament; secondement, l'échancrure que montre la membrane de la nageoire du dos, à côté de chacun des rayons aiguillonnés qui composent cette nageoire, est très-peu sensible relativement aux échancrures analogues que l'on voit sur la scorpène à laquelle nous comparons le brachion ; troisièmement, chacune des nageoires pectorales forme comme une bande qui s'étend depuis le dessous de la partie antérieure de

* Scorpæna brachion.

Pl. 12. Page 272.

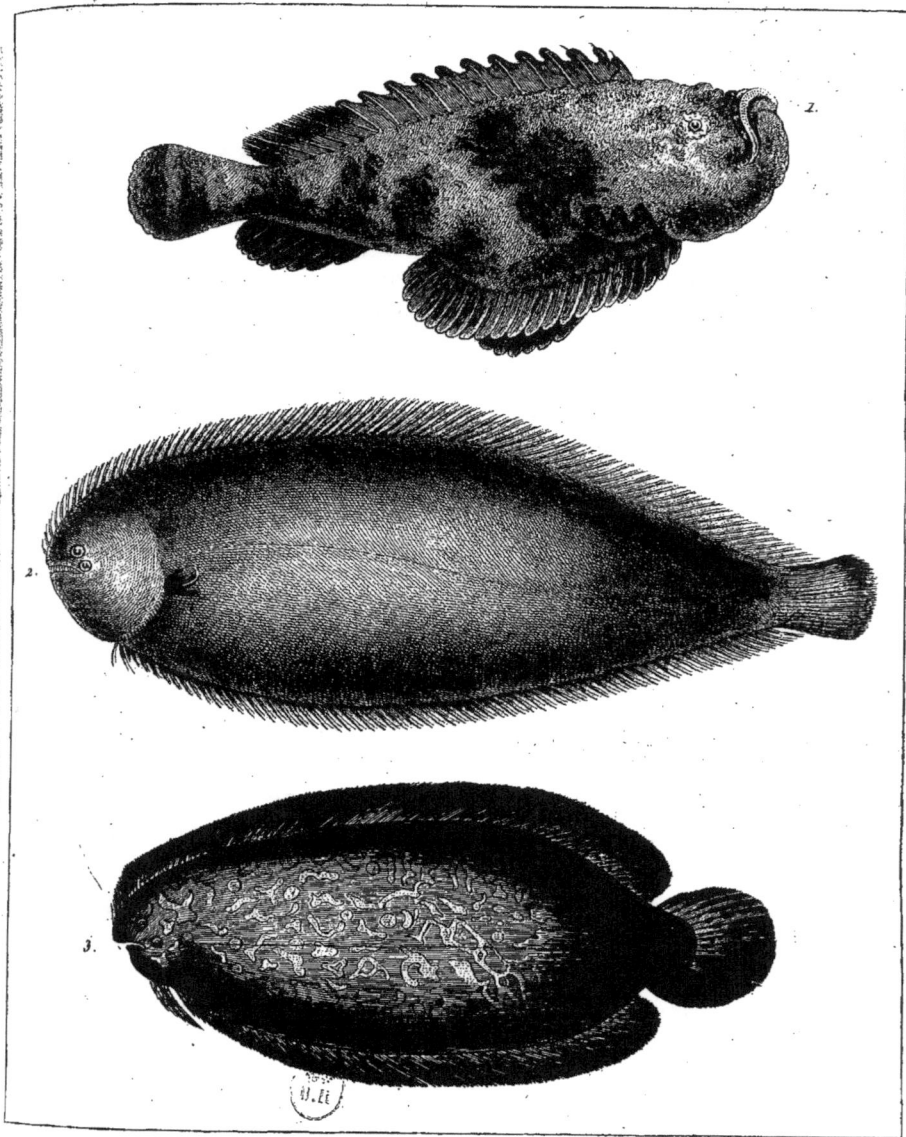

1. SCORPÈNE Brachion 2. PLEURONECTE Commersonnien 3. ACHIRE Marbré.

l'opercule branchial jusqu'auprès de l'anus, et qui, de plus, est attachée à une prolongation charnue et longitudinale, assez semblable à la prolongation qui soutient les nageoires pectorales de plusieurs gobies; et c'est de cette sorte de bras que nous avons tiré le nom spécifique du poisson qui fait le sujet de cet article *.

* 12 rayons aiguillonnés et 7 rayons articulés à la nageoire du dos.
22 rayons à chaque nageoire pectorale.
9 rayons à la nageoire de l'anus.

LA SCORPÈNE BARBUE[1].

La tête de ce poisson est relevée par des protubérances, et creusée dans d'autres endroits, de manière
à présenter des cavités assez grandes. Deux barbillons
garnissent la mâchoire inférieure ; les nageoires thoracines sont réunies l'une à l'autre par une petite membrane ; la nageoire caudale est presque rectiligne[2].

[1] Scorpæna barbata.
Scorpène barbue. *Bonnaterre, planches de l'Encyclopédie méthodique.*
Scorpæna capite caverroso, cirris geminis in maxilla inferiore. *Gronov.*
Mus. ichthyolog. 1, p. 46.

[2] 12 rayons aiguillonnés et 10 rayons articulés à la nageoire du dos.
15 rayons à chacune des pectorales.
6 rayons à celle de l'anus.
13 rayons à celle de la queue.

LA SCORPÈNE RASCASSE*.

L A rascasse habite dans la Méditerranée et dans plusieurs autres mers. On l'y trouve auprès des rivages, où elle se met en embuscade sous les fucus et les autres plantes marines, pour saisir avec plus de facilité les poissons plus foibles ou moins armés qu'elle ; et lorsque sa ruse est inutile, que son attente est trompée, et que les poissons se dérobent à ses coups, elle se jette sur les cancres, qui ont bien moins de force,

* Scorpæna rascassa.
Scrofanello, *dans plusieurs contrées de l'Italie.*
Scorpæna porcus. *Linné, édition de Gmelin.*
Scorpène rascasse. *Daubenton, Encyclopédie méthodique.*
Id. *Bonnaterre, planches de l'Encyclopédie méthodique.*
Bloch, pl. 181.
Zeus cirris supra oculos et nares. *Mus. Adolph. Frid.* 1 , *p.* 68.
Scorpæna pinnulis ad oculos et nares. *Artedi, gen.* 47, *syn.* 75.
Ὁ σκορπῖος. *Aristot. lib.* 2, *cap.* 17 ; *et lib.* 5 , *cap.* 9 , 10 ; *et lib.* 8 , *cap.* 13.
Id. *Athen. lib.* 7 , *p.* 320.
Scorpeno. *Rondelet, première partie, liv.* 6 , *chap.* 19 , *éd. de Lyon,* 1558.
Scorpius Rondeletii. *Aldrovand. lib.* 2 , *cap.* 24 , *p.* 196.
Scorpius minor. *Jonston, De piscibus, p.* 74 , *tab.* 19, *fig.* 10.
Scorpius minor. *Willughby, Ichthyolog. p.* 331 , *tab. X,* 13 , *fig.* 1.
Scorpæna. *Id.*
Raj. p. 142 , *n.* 1.
Scorpæna. *P. Jov. p.* 23, *p.* 91.
Salvian. fol. 201 *ad iconem, et fol.* 202.
Scorpæna. *Plin. lib.* 32 , *cap.* 11.
Scorpio. *Cuba, lib.* 3 , *cap.* 85 , *fol.* 90 , *a.*

d'agilité et de vîtesse pour échapper à sa poursuite. Si dans ses attaques elle trouve de la résistance, si elle est obligée ce se défendre contre un ennemi supérieur, si elle veut empêcher la main du pêcheur de la retenir, elle se contracte, déploie et étend vivement ses nageoires, que de nombreux aiguillons rendent des armes un peu dangereuses, ajoute par ses efforts à l'énergie de ses muscles, présente ses dards, s'en hérisse, pour ainsi dire, et frappant avec rapidité, fait pénétrer ses piquans assez avant pour produire quelquefois des blessures fâcheuses, et du moins faire éprouver une douleur aiguë. Sa chair est agréable au goût, mais ordinairement un peu dure. Sa longueur ne dépasse guère quatre décimètres. Les écailles qui la recouvrent sont rudes et petites.

La couleur de sa partie supérieure est brune, avec quelques taches noires ; du blanc mêlé de rougeâtre est répandu sur sa partie inférieure. Les nageoires sont d'un rouge ou d'un jaune foible et tacheté de brun,

---

Wotton, lib. 8, *cap.* 178, *fol.* 158, *b.*

Scorpio, *vel* scorpis, *vel* scorpæna, *id est,* scorpius minor. *Gesner, p.* 847, 1018, *et (germ.) fol.* 45.

Scorpides, *seu* scorpæna. *Charlet. p.* 142.

Scorpène, *ou* scorpion de mer, *ou* rascasse. *Valmont-Bomare, Dictionnaire d'histoire naturelle.*

Hasselquist. It. 330.

Scorpæna... cirris ad oculos naresque. *Brünn. Pisc. Massil. p.* 32, *n.* 44.

Corystion sordidè flavescens, etc. *Klein, Miss. pisc.* 4, *p.* 47, *n.* 13.

Scorpæna. *Bellon, Aquat. p.* 148.

excepté les thoracines, qui ne présentent pas de tache, et les pectorales, qui sont grises.

La tête est grosse ; les yeux sont grands et très-rapprochés ; l'iris est doré et rouge ; l'ouverture de la bouche très-large ; chaque mâchoire hérissée, ainsi que le palais, de plusieurs rangs de dents petites et aiguës ; la langue courte et lisse ; l'opercule branchial garni d'aiguillons et de filamens ; et la partie antérieure de la nageoire dorsale, soutenue par douze piquans très-forts et courbés en arrière *.

Huit appendices intestinaux sont placés auprès du pylore ; l'estomac est vaste ; le foie blanc ; la vésicule du fiel, verte ; le tube intestinal large.

Du temps de Rondelet, on croyoit encore, avec plusieurs auteurs anciens, à la grande vertu médicinale du vin dans lequel on avoit fait mourir une rascasse ; et l'on ne paroissoit pas douter que ce vin ne produisît des effets très-salutaires contre les douleurs du foie et la pierre de la vessie.

---

* 12 aiguillons et 9 rayons articulés à la nageoire du dos.
16 rayons à chacune des pectorales.
1 rayon aiguillonné et 5 rayons articulés à chacune des thoracines.
3 rayons aiguillonnés et 5 rayons articulés à celle de l'anus.
18 rayons à la nageoire de la queue.

LA SCORPÈNE MAHÉ *.

COMMERSON a laissé dans ses manuscrits une description de ce poisson. Toutes les nageoires de cette scorpène sont variées de plusieurs nuances; et le corps ainsi que la queue présentent des bandes transversales, qui ont paru à Commerson jaunes et brunes, sur l'individu que ce voyageur a observé. Mais cet individu étoit mort depuis trop long-temps pour que Commerson ait cru pouvoir déterminer avec précision les couleurs de ces bandes transversales.

Le mahé est revêtu d'écailles petites, finement dentelées du côté de la nageoire caudale, serrées et placées les unes au-dessus des autres, comme les ardoises qui recouvrent les toits. La tête est grande et garnie d'un grand nombre d'aiguillons. Les orbites relevées et dentelées forment comme deux crêtes au milieu desquelles s'étend un sillon longitudinal assez profond.

Les deux mâchoires ne sont pas parfaitement égales; l'inférieure est plus avancée que la supérieure, qui est extensible à la volonté de l'animal, et de chaque côté de laquelle on voit pendre trois ou quatre barbillons

---

* Scorpæna mahe.
Scorpæna cirris pluribus cri circumpositis, corpore transversim fasciato, pinnis omnibus variegatis. *Commerson, manuscrits déjà cités.*

ou filamens mollasses. Des dents très-petites et très-rapprochées les unes des autres donnent d'ailleurs aux deux mâchoires la forme d'une lime. Un filament marque, pour ainsi dire, la place de chaque narine.

L'opercule branchial est composé de deux lames : la première de ces deux pièces montre vers sa partie inférieure deux barbillons, et dans son bord postérieur, deux ou trois piquans ; la seconde lame est triangulaire, et son angle postérieur est très-prolongé.

Le dos est arqué et carené; la ligne latérale se courbe vers le bas.

La nageoire dorsale présente des largeurs très-inégales dans les diverses parties de sa longueur. Les pectorales sont assez longues pour atteindre jusqu'à l'extrémité de cette nageoire dorsale. Celle de la queue est arrondie *.

Commerson a vu cette scorpène dans les environs des isles *Mahé*, dont nous avons cru devoir donner le nom à ce poisson; et c'est vers la fin de 1768 qu'il l'a observée.

---

* 7 rayons à la membrane des branchies.
13 rayons aiguillonnés et 11 rayons articulés à la nageoire du dos.
17 rayons à chacune des pectorales.
1 aiguillon et 5 rayons articulés à chacune des thoracines.
3 aiguillons et 9 rayons articulés à celle de l'anus.
12 rayons à celle de la queue.

LA SCORPÈNE TRUIE*.

CETTE scorpène est beaucoup plus grande que la rascasse ; elle parvient quelquefois jusqu'à une longueur de plus de quatre mètres : aussi attaque-t-elle avec avantage non seulement des poissons assez forts,

* Scorpæna scrofa.

Crabe de Biaritz.

Bezugo , *dans la Ligurie.*

Pesce cappone , *ibid.*

Scrofano , *dans d'autres contrées de l'Italie.*

Scorpæna scrofa. *Linné , édition de Gmelin.*

Scorpène truie. *Daubenton , Encyclopédie méthodique.*

Id. *Bonnaterre, planches de l'Encyclopédie méthodique.*

Scorpæna tota rubens , cirris plurimis ad os. *Artedi, gen.* 47 , *syn.* 76.

Scorpio , *et* scorpio marinus. *Salvian. fol.* 197 , *a. ad iconem, et fol.* 199, 200.

Scorpius major. *Gesner, (germ.) fol.* 44 *b.*

Id. *Willughby, p.* 331.

Id. *Raj. p.* 142 , *n.* 2.

Scorpio. *Charlet. p.* 142.

Bloch, pl. 182.

Autre scorpion de mer, etc. *Valmont-Bomare , Dictionnaire d'histoire naturelle.*

Perca dorso monopterygio , capite subcavernoso , aculeato , alepidoto , etc. *Gronov. Zooph. p.* 87, *n.* 297.

Scorpæna corpore rubro, etc. *Brünn. Pisc. Massil. p.* 32 , *n.* 45.

Trigla subfusca nebulata , etc. *Brown, Jamaïc. p.* 454, *n.* 3.

Cottus squamosus , varius , etc. *Seba , Mus.* 3 , *p.* 79, *n.* 2, *tab.* 28, *fig.* 2.

Scorpius major. *Jonston, De piscibus, p.* 74 , *tab.* 19, *fig.* 9.

mais des oiseaux d'eau foibles et jeunes, qu'elle saisit avec facilité par leurs pieds palmés, dans les momens où ils nagent au-dessus de la surface des eaux qu'elle habite. On la trouve dans l'Océan atlantique et dans d'autres mers, particulièrement dans la Méditerranée, sur les bords de laquelle elle est assez recherchée. Les écailles qui la couvrent sont assez grandes; elle présente une couleur d'un rouge blanchâtre, plus foncée et même presque brune sur le dos, et relevée d'ailleurs par des bandes brunes et transversales. La membrane des nageoires est bleue, et soutenue par des rayons jaunes et bruns.

La tête est grande; les yeux sont gros; l'ouverture de la bouche est très-large; des dents petites, aiguës et recourbées, hérissent la langue, le palais, le gosier, et les deux mâchoires, qui sont également avancées; des barbillons garnissent les environs des yeux, les joues, la mâchoire inférieure, et la ligne latérale, qui suit la courbure du dos; deux grands aiguillons et plusieurs petits piquans arment, pour ainsi dire, chaque opercule; et l'anus est plus près de la nageoire caudale que de la gorge *.

---

* 6 rayons à la membrane des branchies.
   12 aiguillons et 10 rayons articulés à la nageoire du dos.
   19 rayons à chacune des pectorales.
   1 aiguillon et 5 rayons articulés à chacune des thoracines.
   3 aiguillons et 5 rayons articulés à la nageoire de l'anus.
   12 rayons à celle de la queue.

TOME III. 36

LA SCORPÈNE PLUMIER[1].

Les manuscrits de Plumier, que l'on conserve dans la Bibliothèque nationale de France, renferment un dessin fait avec soin de cette scorpène, à laquelle j'ai cru devoir donner un nom spécifique qui rappelât celui du savant voyageur auquel on en devra la connoissance. Le dessus et les côtés de la tête sont garnis, ainsi que les opercules, de piquans triangulaires, plats et aigus. Quatre barbillons ou appendices *frangés* s'élèvent entre les yeux ; quatre autres barbillons d'une forme semblable, mais un peu plus petits, paroissent au-dessus de la lèvre supérieure : un grand nombre d'appendices également frangés sont placés le long de la ligne latérale ; les écailles ne présentent qu'une grandeur médiocre. La première partie de la nageoire dorsale[2] est soutenue par des rayons non articulés, et un peu arrondie dans son contour supérieur; celle de

---

[1] Scorpæna Plumieri.
Scorpius niger cornutus. *Manuscrits de Plumier, déposés à la Bibliothèque nationale.*

[2] 12 rayons aiguillonnés et 7 rayons articulés à la nageoire du dos.
9 rayons à chacune des pectorales.
5 ou 6 rayons à chacune des thoracines.
2 aiguillons et 5 rayons articulés à la nageoire de l'anus.
10 rayons à celle de la queue.

la queue est aussi arrondie ; on voit quelques taches petites et rondes sur les thoracines. La couleur générale est d'un brun presque noir, et dont la nuance est à peu près la même sur tout l'animal.

LA SCORPÈNE AMÉRICAINE[1].

LA tête de ce poisson présente des protubérances et des piquans : d'ailleurs on voit deux barbillons à la mâchoire supérieure, et cinq ou six à la mâchoire inférieure. Les quinze derniers rayons de la nageoire dorsale forment une portion plus élevée que la partie antérieure de cette même nageoire ; cette portion est, de plus, très-arrondie, semblable par la figure ainsi qu'égale par l'étendue à la nageoire de l'anus, et située précisément au-dessus de ce dernier instrument de natation. Les nageoires pectorales et la caudale sont aussi très-arrondies. Lorsque la femelle est pleine, son ventre paroît très-gros ; et c'est une suite du grand nombre d'œufs que l'on compte dans cette espèce, qui est très-féconde, ainsi que presque toutes les autres scorpènes[2].

[1] Scorpæna americana.
Diable de mer. *Duhamel, Traité des pêches,* t. 3, *part.* 2, *p.* 99. *n.* 7, *pl.* 2, *fig.* 5.

[2] A la nageoire dorsale   33 rayons.
   à chacune des pectorales 13
   à celle de l'anus   16
   à celle de la queue   13

LA SCORPÈNE DIDACTYLE *.

Là tête de cet animal, que Pallas a très-bien décrit, présente les formes les plus singulières que l'on ait encore observées dans les poissons; elle ressemble bien plus à celle de ces animaux fantastiques dont l'image fait partie des décorations bizarres auxquelles on a donné le nom d'*arabesques*, qu'à un ouvrage régulier de la sage Nature. Les yeux gros, ovales et saillans, sont placés au sommet de deux protubérances très-rapprochées; on voit deux fossettes creusées entre ces éminences et le bout du museau; des rugosités anguleuses paroissent auprès de ce museau et de la base des opercules.

Des barbillons charnus, découpés, aplatis et assez larges, sont dispersés sur plusieurs points de la surface de cette tête, que l'on est tenté de considérer comme un produit de l'art; deux de ces filamens, beaucoup plus grands que les autres, pendent, l'un à la droite, et l'autre à la gauche de la mâchoire inférieure: cette mâchoire est plus avancée que celle d'en-haut; l'une

---

* Scorpæna didactyla.
Pallas, Spicileg. zoolog. 7, *p.* 26, *tab.* 4, *fig.* 1, 3.
Scorpæna didactyla. *Linné, édition de Gmelin.*
Scorpène à deux doigts. *Bonnaterre, planches de l'Encyclopédie méthodique.*

et l'autre sont garnies de dents, ainsi que le devant du palais et le fond du gosier ; la langue montre des raies noires et de petits grains jaunes : on apperçoit de plus , auprès de chaque nageoire pectorale , c'est-à-dire , de chacune de ces nageoires que l'on a comparées à des bras , deux rayons articulés , très-longs , dénués de membranes , dans lesquels on a trouvé quelque analogie avec des doigts ; et voilà pourquoi la scorpène dont nous parlons , a été nommée *à deux doigts*, ou *didactyle*. La nageoire de la queue est arrondie; toutes les autres sont grandes ; celle du dos règne le long d'une ligne très-étendue; plusieurs de ses rayons dépassent la membrane proprement dite, et sont garnis de lambeaux membraneux et déchirés ou découpés.

La peau de ce poisson , dénuée d'écailles facilement visibles , est enduite d'une humeur visqueuse. Cette scorpène parvient d'ailleurs à une longueur de trois ou quatre décimètres. Elle est brune avec des raies jaunes sur le dos , et des taches de la même couleur sur les côtés , ainsi que sur sa partie inférieure. Des bandes noires sont distribuées sur la nageoire de la queue , ainsi que sur les pectorales. Cet animal remarquable habite dans la mer des Indes *.

---

* 16 rayons aiguillonnés et 8 rayons articulés à la nageoire du dos.
10 rayons à chacune des pectorales.
6 rayons à chacune des thoracines.
12 rayons à celle de l'anus.
12 rayons à celle de la queue.

LA SCORPÈNE ANTENNÉE*.

On pêche dans les eaux douces de l'île d'Amboine, une scorpène dont Bloch a publié la description, et dont voici les principaux caractères.

La tête est hérissée de filamens et de piquans de diverses grandeurs; au-dessus des yeux, qui sont grands et rapprochés, s'élèvent deux barbillons cylindriques, renflés dans quatre portions de leur longueur par une sorte de bourrelet très-sensible, et qui, paroissant articulés et ayant beaucoup de rapports avec les antennes de plusieurs insectes, ont fait donner à l'animal dont nous parlons, le nom de *scorpène antennée*. Au-dessous de chacun des organes de la vue, on compte communément deux rangées de petits aiguillons. Chaque narine a deux ouvertures situées très-près des yeux. Les mâchoires, avancées l'une autant que l'autre, sont garnies de dents petites et aiguës. Des écailles semblables à celles du dos revêtent les opercules. Les onze ou douze premiers rayons de la nageoire du dos sont aiguillonnés, très-longs, et réunis uniquement

---

* Scorpæna antennata.
Bloch, pl. 185.
Scorpæna antennata. *Linné, édition de Gmelin.*
Scorpène à antennes. *Bonnaterre, planches de l'Encyclopédie méthodique.*

près de leur base, par une membrane très-basse, qui s'étend obliquement de l'un à l'autre, s'élève un peu contre la partie postérieure de ces grands aiguillons, et s'abaisse auprès de leur partie antérieure. La membrane des nageoires pectorales ne s'étend pas jusqu'au bord antérieur de la nageoire de l'anus; mais les rayons qui la soutiennent, la dépassent, et se prolongent la plupart jusqu'à l'extrémité de la nageoire caudale, qui est arrondie.

Une raie très-foncée traverse obliquement le globe de l'œil. On voit d'ailleurs des taches assez grandes et irrégulières sur la tête, de petites taches sur les rayons des nageoires, et des bandes transversales sur le corps, ainsi que sur la queue.

La scorpène antennée vit communément de poissons jeunes ou foibles. Le goût de sa chair est exquis *.

---

* 6 rayons à la membrane des branchies.
12 aiguillons et 12 rayons articulés à la nageoire du dos.
17 rayons à chacune des pectorales.
6 rayons à chacune des thoracines.
3 aiguillons et 7 rayons articulés à la nageoire de l'anus.
12 rayons à la nageoire de la queue.

LA SCORPÈNE VOLANTE*.

CETTE scorpène est presque le seul poisson d'eau douce qui ait des nageoires pectorales étendues ou conformées de manière à lui donner la faculté de s'élever à quelques mètres dans l'atmosphère, à s'y soutenir pendant quelques instans, et à ne retomber dans son fluide natal qu'en parcourant une courbe très-longue. Ces nageoires pectorales sont assez grandes dans la scorpène volante pour dépasser la longueur du corps ; et d'ailleurs la membrane qui en réunit les rayons, est assez large et assez souple entre chacun de ces longs cylindres, pour qu'ils puissent être écartés et rapprochés l'un de l'autre très-sensiblement ; que

---

* Scorpæna volitans.
Id. *Linné, édition de Gmelin.*
Scorpène volante. *Bonnaterre, planches de l'Encyclopédie méthodique.*
Gasterosteus volitans. *Linn. System. naturæ, XII,* 1 *, p.* 491 *, n.* 9.
Bloch, pl. 184.
Gronov. Mus. 2 *, p.* 33 *, n.* 191 *; et Zooph.* 1 *, p.* 89 *, n.* 294.
Pseudopterus, etc. *Klein, Miss. pisc.* 5 *, p.* 76 *, n.* 1.
Cottus squamosus rostro bifido. *Seba, Mus.* 3 *, p.* 79 *, tab.* 28 *, fig.* 1.
Ikan svangi. *Ruysch, Theatr. anatomic.* 1 *, p.* 4 *, n.* 1 *, tab.* 3 *, fig.* 1.
Louw. *Renard, Poissons,* 1 *, pl.* 6 *, fig.* 41 *, p.* 12 ; *pl.* 43 *, n.* 215.
Kalkoeven visch. *Valent. Ind.* 3 *, p.* 415 *, fig.* 213.
Amboynsche visch. *Nieuh. Ind.* 2 *, p.* 268 *, fig.* 4.
Willughby, Ichthyolog. append. p. 1 *, tab.* 2 *, fig.* 3.
Perca amboinensis. *Raj. Pisc. p.* 98 *, n.* 26.

l'ensemble de la nageoire qu'ils composent, s'étende ou se rétrécisse à la volonté de l'animal ; que le poisson puisse agir sur l'air par une surface très-ample ou très-resserrée ; qu'indépendamment de l'inégalité des efforts de ses muscles, la scorpène emploie une sorte d'aile plus développée, lorsqu'elle frappe en arrière contre les couches atmosphériques, que lorsque, ramenant en avant sa nageoire pour donner un nouveau coup d'aile ou de rame, elle comprime également en avant une partie des couches qu'elle traverse ; qu'il y ait une supériorité très-marquée du point d'appui qu'elle trouve dans la première de ces deux manœuvres, à la résistance qu'elle éprouve dans la seconde ; et qu'ainsi elle jouisse d'une des conditions les plus nécessaires au vol des animaux. Mais si la facilité de voltiger dont est douée la scorpène que nous décrivons, lui fait éviter quelquefois la dent meurtrière des gros poissons qui la poursuivent, elle ne peut pas la mettre à l'abri des pêcheurs qui la recherchent, et qui s'efforcent d'autant plus de la saisir, que sa chair est délicieuse ; elle la livre même quelquefois entre leurs mains, en la faisant donner dans leurs piéges, ou tomber dans leurs filets, lorsqu'attaquée avec trop d'avantage, ou menacée de trop grands dangers au milieu de l'eau, elle s'élance du sein de ce fluide dans celui de l'atmosphère.

C'est dans les rivières du Japon et dans celles d'Amboine que l'on a particulièrement observé ses précautions heureuses ou funestes, et ses autres habitudes.

Il paroît qu'elle ne se nourrit communément que de poissons très-jeunes, ou peu redoutables pour elle.

Sa peau est revêtue de petites écailles placées avec ordre les unes au-dessus des autres. Elle présente, d'ailleurs, des bandes transversales alternativement orangées et blanches, et dont les unes sont larges et les autres étroites. Les rayons aiguillonnés de la nageoire dorsale sont variés de jaune et de brun ; les autres rayons de la même nageoire, noirs et tachés de jaune *; et les pectorales et les thoracines, violettes et tachetées de blanc. Des points blancs marquent le cours de la ligne latérale. L'iris présente des rayons bleus et des rayons noirs. Et quant aux formes de la scorpène volante, il suffira de remarquer que la tête, très-large par-devant, est garnie de barbillons et d'aiguillons ; que les deux mâchoires, également avancées, sont armées de dents petites et aiguës ; que les lèvres sont extensibles ; que la langue est petite, pointue, et un peu libre dans ses mouvemens; que de petites écailles sont placées sur les opercules ; et que la membrane qui réunit les rayons aiguillonnés de la nageoire du dos, est très-basse, comme la membrane analogue de la scorpène antennée.

---

* 6 rayons à la membrane des branchies.
12 aiguillons et 12 rayons articulés à la nageoire dorsale.
14 rayons à chacune des pectorales.
6 rayons à chacune des thoracines.
3 rayons aiguillonnés et 7 rayons articulés à la nageoire de l'anus.
12 rayons à la nageoire de la queue, qui est arrondie.

QUATRE-VINGT-SEPTIÈME GENRE.

LES SCOMBÉROMORES.

Une seule nageoire dorsale ; de petites nageoires au-dessus et au-dessous de la queue ; point d'aiguillons isolés au-devant de la nageoire du dos.

ESPÈCE.	CARACTÈRES.
LE SCOMBÉROM. PLUMIER. (Scomberomorus Plumierii.)	Huit petites nageoires au-dessus et au-dessous de la queue ; les deux mâchoires également avancées.

LE SCOMBÉROMORE PLUMIER[*].

LES peintures sur vélin qui font partie de la collection du Muséum d'histoire naturelle, renferment la figure d'un poisson représenté d'après un dessin de Plumier, et qui paroît avoir beaucoup de rapports avec la bonite. Le savant voyageur que nous venons de citer, l'avoit même appelé *bonite* ou *pélamis, petite et tachetée,* vulgairement *tézard.* Mais les caractères génériques que montrent les vrais scombres, et particulièrement la bonite, ne se retrouvant pas sur le poisson plumier, nous avons dû le séparer de cette famille. Les principes de distribution méthodique que nous suivons, nous ont même engagés à l'inscrire dans un genre particulier que nous avons nommé *scombéromore,* pour désigner les ressemblances qui le lient avec celui des scombres, et dont nous aurions placé la notice à la suite de l'histoire de ces derniers, si quelques circonstances ne s'y étoient opposées.

Le scombéromore plumier vit dans les eaux de la Martinique. Sa nageoire dorsale présente deux portions si distinctes par leurs figures, que l'on croiroit avoir sous les yeux deux nageoires dorsales très-rapprochées. La première de ces portions est triangulaire, et

* Scomberomorus Plumierii.

composée de vingt rayons aiguillonnés ; la seconde
est placée au-dessus de celle de l'anus, à laquelle elle
ressemble par son étendue, ainsi que par sa forme
comparable à celle d'une faux. Huit petites nageoires
paroissent au-dessus et au-dessous de la queue. Les
couleurs de l'animal sont d'ailleurs magnifiques : l'azur
de son dos, et l'argenté de sa partie inférieure, sont
relevés par les teintes brillantes de ses nageoires, et
par l'éclat d'une bande dorée qui s'étend le long de la
ligne latérale, et règne entre deux rangées longitudinales de taches irrégulières et d'un jaune doré.

QUATRE-VINGT-HUITIÈME GENRE.

LES GASTÉROSTÉES.

Une seule nageoire dorsale; des aiguillons isolés, ou presque isolés, au-devant de la nageoire du dos; une carène longitudinale de chaque côté de la queue; un ou deux rayons au plus à chaque nageoire thoracine; ces rayons aiguillonnés.

ESPÈCES.	CARACTÈRES.
1. LE GASTÉR. ÉPINOCHE. (*Gasterosteus teraculeatus.*)	Trois aiguillons au-devant de la nageoire du dos.
2. LE GAST. ÉPINOCHETTE. (*Gasterosteus pungitius.*)	Dix aiguillons au-devant de la nageoire du dos.
3. LE GASTÉR. SPINACHIE. (*Gasterosteus spinachia.*)	Quinze aiguillons au-devant de la nageoire du dos.

LE GASTÉROSTÉE ÉPINOCHE[1],

LE GASTÉROSTÉE ÉPINOCHETTE[2],

ET LE GASTÉROSTÉE SPINACHIE[3].

C'est dans les eaux douces de l'Europe que vit l'épinoche. Ce gastérostée est un des plus petits poissons

[1] Gasterosteus teraculeatus.
Skittspigg, *en Suède.*
Skittbär den större, *ibid.*
Steckle back, *en Angleterre.*
Banslickle, *ibid.*
Sharpling, *ibid.*
Épinarde, *dans quelques départemens méridionaux de France.*
Gastré trois épines. *Daubenton, Encyclopédie méthodique.*
Id. *Bonnaterre, planches de l'Encyclopédie méthodique.*
Bloch, pl. 53, *fig.* 3.
Gasterosteus aculeatus. *Linné, édition de Gmelin.*
Faun. Suecic. 336.
Gasterosteus in dorso tribus. *Artedi, gen.* 52, *spec.* 26, *syn.* 8c.
Müller, Prodrom. Zoolog. Danic. p. 47, *n.* 3.
Gronov. Mus. 1, *p.* 49, *n.* 111; *Zooph. p.* 134, *n.* 405.
Centriscus duobus in dorso armato aculeis, totidem in ventre. *Klein, Miss. pisc.* 4, *p.* 48, *n.* 2, *tab.* 14, *fig.* 4 *et* 5.
Spinarella. *Bellon, Aquat. p.* 327.
Brit. Zoolog. 3, *p.* 217, *n.* 1.
Willughby, Ichthyol. 341.
Raj. Pisc. 145.
Épinoche. *Rondelet, Les poissons de rivière, chap.* 27.
Stichling *et* stachelisch. *Wulff, Ichthyolog.*
Épinoche. *Valmont-Bomare, Dictionnaire d'histoire naturelle.*

que l'on connoisse ; à peine parvient-il à la longueur
d'un décimètre : aussi a-t-on voulu qu'il occupât dans

---

² Gasterosteus pungitius.

Skittspigg den mindre, *en Suède.*

The lesser stickleback, *en Angleterre.*

The lesser sharpling, *ibid.*

Gasterosteus pungitius. *Linné, édition de Gmelin.*

Gastré épinoche. *Daubenton, Encyclopédie méthodique.*

Id. *Bonnaterre, planches de l'Encyclopédie méthodique.*

Bloch, pl. 53, *fig.* 4.

Faun. Suecic. 337.

Gasterosteus aculeis in dorso tribus. *Artedi, gen.* 52, *spec.* 97, *syn.* 80.

Gronov. Mus. 1, *p.* 50, *n.* 112 ; *Zooph. p.* 134, *n.* 406.

Centriscus spinis decem vel undecim, etc. *Klein, Miss. pisc.* 4, *p.* 48, *n.* 4.

Spinarella pusillus. *Bellon, Aquat. p.* 227.

Gesner, Aquat. p. 8 ; *Icon. anim. p.* 284 ; *Thierb. p.* 160, *a.*

Pungitius, alterum genus. *Aldrov. Pisc. p.* 628.

Raj. Pisc. p. 145, *n.* 4.

Lessler stickleback. *Willughby, Ichthyolog. p.* 342.

Ten spined stickleback. *Brit. Zoolog.* 3, *p.* 219, *n.* 2.

³ Gasterosteus spinachia.

Steinbicker, *dans plusieurs contrées de l'Allemagne.*

Ersskraper, *dans plusieurs pays du Nord.*

Gastré quinze-épines. *Daubenton, Encyclopédie méthodique.*

Id. *Bonnaterre, planches de l'Encyclopédie méthodique.*

Gasterosteus spinachia. *Linné, édition de Gmelin.*

Faun. Suecic. 338.

Gronov. Mus. 1, *p.* 50, *n.* 113 ; *Zooph. p.* 134, *n.* 407.

Bloch, pl. 53, *fig.* 1.

Gasterosteus pentagonus. *Mus. Ad. Frid. p.* 34.

Centriscus aculeis quindecim in dorso. *Klein, Miss. pisc.* 4, *p.* 48, *n.* 1.

Aculeatus *vel* pungitius marinus longus. *Willughby, Ichthyol. p.* 340,
tab. X, 13, *fig.* 2 ; *Append. p.* 23.

Raj. Pisc. p. 145, *n.* 15.

Fifteen spined stickleback. *Brit. Zoolog.* 3, *p.* 220, *n.* 3.

l'échelle de la durée une place aussi éloignée des poissons les plus favorisés, que sur celle des grandeurs. On a écrit qu'il ne vivoit tout au plus que trois ans. Quelque sûres qu'aient pu paroître les observations sur lesquelles on a fondé cette assertion, nous croyons qu'elles ont porté sur des accidens individuels plutôt que sur des faits généraux; et nous regardons comme bien peu vraisemblable une aussi grande briéveté dans la vie d'un animal qui, dans ses formes, dans ses qualités, dans son séjour, dans ses mouvemens, dans ses autres actes, dans sa nourriture, ne présente aucune différence très-marquée avec des poissons qui vivent pendant un très-grand nombre d'années. Et d'ailleurs ne reconnoît-on pas dans l'épinoche la présence ou l'influence de toutes les causes que nous avons assignées à la longueur très-remarquable de la vie des habitans des eaux, et particulièrement des poissons considérés en général?

C'est dans le printemps que ce petit osseux dépose ses œufs sur les plantes aquatiques, qui les maintiennent à une assez grande proximité de la surface des lacs ou des rivières, pour que la chaleur du soleil favorise leur développement. Il se nourrit de vers, de chrysalides, d'insectes que les bords des eaux peuvent lui présenter, d'œufs de poissons; et, malgré sa foiblesse, il attaque quelquefois des poissons, à la vérité, extrêmement jeunes, et venant, pour ainsi dire, d'éclore. Les aiguillons dont son dos est armé, et le bouclier

ainsi que les lames dont son corps est revêtu, le défendent mieux qu'on ne le croiroit au premier coup
d'œil, de l'attaque de plusieurs des animaux qui vivent
dans les mêmes eaux que lui : mais ils ne le garantissent
pas de vers intestinaux dont il est fréquemment la victime ; ils ne le préservent pas non plus de la recherche
des pêcheurs. On ne le prend pas cependant, au moins
le plus souvent, pour la nourriture de l'homme, parce
que son goût est rarement très-agréable : mais comme
cette espèce est grasse et féconde en individus, il est
plusieurs contrées où l'on répand les épinoches par
milliers dans les champs, sur lesquels elles forment
en se corrompant un excellent fumier ; ou bien on les
emploie à engraisser dans les basses-cours voisines des
lacs qui leur ont servi d'habitation, des canards, des
cochons, et d'autres animaux utiles dans l'économie
domestique.

On peut aussi exprimer de milliers d'épinoches une
assez grande quantité d'huile bonne à brûler ; et nous
ne devons pas oublier de faire remarquer qu'il est un
grand nombre d'espèces de poissons, dédaignées à cause
du goût peu agréable de leur chair, dont on pourroit
tirer, comme de l'épinoche, un aliment convenable à
plusieurs animaux, un engrais très-propre à fertiliser
nos campagnes, ou une huile très-utile à plusieurs
arts.

Les yeux de l'épinoche sont saillans, et ses mâchoires presque aussi avancées l'une que l'autre :

chaque ligne latérale est marquée ou recouverte par des plaques osseuses placées transversalement, plus petites vers la tête ainsi que vers la queue, et qui, au nombre de vingt-cinq, de vingt-six ou de vingt-sept, forment une sorte de cuirasse assez solide. Deux os alongés, durs, et affermis antérieurement par un troisième, couvrent le ventre comme un bouclier; et de là vient le nom générique de *gastérostée* que porte l'épinoche. Chaque thoracine est composée de deux rayons : le premier, grand, pointu, et presque toujours dentelé, frappe aisément la vue; le second, blanc, très-court, très-mou, est difficilement apperçu.

Trois aiguillons alongés, et séparés l'un de l'autre, s'élèvent au-devant de la nageoire du dos : les deux premiers sont dentelés des deux côtés; le troisième l'est quelquefois, mais il est presque toujours moins haut que les deux premiers.

On compte trois lobes au foie, qui est très-étendu, et dont le lobe droit est particulièrement très-long. On ne voit pas de *cæcum* auprès du pylore; et le canal intestinal se recourbe à peine vers la tête, avant de s'avancer en ligne droite vers l'anus, ce qui doit faire présumer que les sucs digestifs de l'épinoche sont très-actifs.

La vésicule natatoire est épaisse, simple, grande, et attachée à l'épine du dos, dont cependant on peut la séparer avec facilité.

Au reste, l'iris, l'opercule branchial et les côtés de

l'épinoche brillent de l'éclat de l'argent; ses nageoires de celui de l'or ; et sa gorge, ainsi que sa poitrine, montrent souvent celui du rubis[1].

L'épinochette vit en troupes nombreuses dans les lacs et dans les mers de l'Europe ; on la voit pendant le printemps auprès des embouchures des fleuves ; et suivant le citoyen Noël, on la pêche dans la Seine, jusqu'au-dessus de Quillebœuf. La spinachie ne se trouve ordinairement que dans la mer. Elle est plus grande du double, ou environ, que l'épinoche, pendant que l'épinochette ne parvient communément qu'à la longueur d'un demi-décimètre. Cette épinochette est d'ailleurs dénuée de lames osseuses et même d'écailles facilement visibles; sa couleur est jaune sur son dos, et blanche ou argentée sur sa partie inférieure[2].

La spinachie offre à peu près le même ton et la même

---

[1] A la membrane des branchies de l'épinoche, 3 rayons.

à la nageoire du dos	12
à chacune des pectorales	10
à chacune des thoracines	2
à celle de l'anus	9
à celle de la queue, qui est rectiligne,	12

[2] A la nageoire du dos de l'épinochette, 11 rayons.

à chacune des pectorales	10
à chacune des thoracines, dont la membrane est très-blanche,	2
à celle de l'anus	11
à celle de la queue	13

disposition dans ses nuances que l'épinochette ; mais ses côtés sont garnis de lames dures. Elle a de plus le museau avancé en forme de tube, l'ouverture de la bouche petite, et l'opercule ciselé en rayons *.

---

* A la nageoire du dos de la spinachie, 6 ou 7 rayons.

à chacune des pectorales 10

à chacune des thoracines 2

à celle de l'anus 6 ou 7

à celle de la queue, qui est arrondie, 12

QUATRE-VINGT-NEUVIÈME GENRE.

LES CENTROPODES.

Deux nageoires dorsales; un aiguillon et cinq ou six rayons articulés très-petits à chaque nageoire thoracine ; point de piquans isolés au-devant des nageoires du dos, mais les rayons de la première dorsale à peine réunis par une membrane; point de carène latérale à la queue.

ESPÈCE.	CARACTÈRE.
LE CENTROP. RHOMBOÏDAL. (*Centropodus rhombeus.*)	Le corps revêtu de petites écailles.

LE CENTROPODE RHOMBOÏDAL [1].

LA conformation de ce poisson nous oblige à le placer dans un genre particulier. Il a été observé par Forskael dans la mer Rouge. Les petites écailles [dont il est revêtu, brillent comme des lames d'argent. Les nageoires sont blanches, excepté celle de la queue, qui est d'un verd bleuâtre; et la seconde dorsale est noire dans sa partie la plus élevée. Cette seconde nageoire du dos est d'ailleurs triangulaire et écailleuse dans sa partie antérieure, comme celle de l'anus, et basse, ainsi que transparente, dans le reste de son étendue. Les cinq rayons articulés qui, réunis avec un aiguillon, composent chacune des nageoires thoracines, sont à peine visibles [2]. Une membrane assez peu large soutient les quatre ou cinq piquans qui forment la première dor-

---

[1] Centropodus rhombeus.
Forskael, Faun. Arab. p. 58, n. 78.
Centrogaster. Linné, édition de Gmelin.
Scombre tabak. Bonnaterre, planches de l'Encyclopédie méthodique.

[2] A la membrane des branchies . . . . 6 rayons.
à la première nageoire du dos . . . . . 4 ou 5
à la seconde 32
à chacune des pectorales 15
à chacune des thoracines 6
à celle de l'anus 34
à celle de la queue, qui est un peu arrondie, 16

sale. Les dents sont déliées et nombreuses; et au-dessus du bout de la langue, on voit une callosité ovale et rude. La queue proprement dite est très-courte; ce qui donne à chaque côté de l'animal une figure rhomboïdale.

QUATRE-VINGT-DIXIÈME GENRE.

LES CENTROGASTÈRES.

Quatre aiguillons et six rayons articulés à chaque nageoire thoracine.

ESPÈCES.	CARACTÈRES.
1. LE CENTROG. BRUNATRE. (*Centrogaster fuscescens.*)	La nageoire dorsale très-longue; celle de la queue très-peu fourchue; la couleur du dessus du corps, brune.
2. LE CENTROG. ARGENTÉ. (*Centrogaster argentatus.*)	La nageoire de la queue, fourchue; la couleur du dessus du corps, argentée.

LE CENTROGASTÈRE BRUNATRE,

ET

LE CENTROGASTÈRE ARGENTÉ.

L E S mers qui arrosent le Japon, nourrissent ces deux centrogastères, dont on doit la connoissance au savant Houttuyn, et dont le nom générique vient des aiguillons que l'on voit au-dessous de leur corps, et qui composent une partie de leurs nageoires inférieures. Ces poissons ne parviennent qu'à une longueur très-peu considérable : le brunâtre n'a pas ordinairement deux décimètres de long, et l'argenté n'en a qu'un. La mâchoire supérieure du premier est garnie de dents aiguës ; le second a sur la nuque une grande tache brune, et communément arrondie. Les notes suivantes [3]

---

[1] Centrogaster fuscescens.
Id. *Linné, édition de Gmelin.*
Houttuyn, Act. Haarl. XX, 2, *p.* 333, *n.* 21.

[2] Centrogaster argentatus.
Id. *Linné, édition de Gmelin.*
Houttuyn, Act. Haarl. XX, 2, *p.* 334, *n.* 22.

[3] 13 aiguillons et 11 rayons articulés à la nageoire du dos du brunâtre.
16 rayons à chacune des pectorales.
7 aiguillons et 9 rayons articulés à la nageoire de l'anus.
20 rayons à la nageoire de la queue.

et [1], et le tableau de leur genre, indiquent leurs autres traits principaux.

---

[1] 8 aiguillons à la partie antérieure de la nageoire dorsale de l'argenté.
2 aiguillons et 12 rayons à la nageoire de l'anus.

QUATRE-VINGT-ONZIÈME GENRE.

LES CENTRONOTES.

Une seule nageoire dorsale; quatre rayons au moins à chaque thoracine ; des piquans isolés au-devant de la nageoire du dos; une saillie longitudinale sur chaque côté de la queue, ou deux aiguillons au-devant de la nageoire de l'anus.

ESPÈCES.	CARACTÈRES.
1. Le Centronote pilote. (*Centronotus conductor.*)	Quatre aiguillons au-devant de la nageoire du dos; sept rayons à la membrane des branchies; vingt-sept rayons au moins à la nageoire dorsale.
2. Le Centr. acanthias. (*Centronotus acanthias.*)	Quatre aiguillons au-devant de la nageoire dorsale; trois rayons à la membrane des branchies.
3. Le Centron. glaycos. (*Centronotus glaycos.*)	Cinq aiguillons au-devant de la nageoire du dos; le premier tourné vers le museau, et les autres inclinés vers la queue; la ligne latérale ondulée par petits traits.
4. Le Centron. argenté. (*Centronotus argenteus.*)	Sept aiguillons au-devant de la nageoire du dos; onze rayons à cette nageoire.
5. Le Centronote ovale. (*Centronotus ovalis.*)	Sept aiguillons au-devant de la nageoire du dos; vingt rayons à cette nageoire; six rayons à la membrane des branchies.
6. Le Centronote lyzan. (*Centronotus lyzan.*)	Sept aiguillons au-devant de la nageoire du dos; vingt-un rayons à cette nageoire; huit rayons à la membrane des branchies.

ESPÈCES.	CARACTÈRES.
7. LE CENTR. CAROLININ. (*Centronotus carolinus.*)	Huit aiguillons au-devant de la nageoire du dos ; vingt-six rayons à cette nageoire dorsale ; la ligne latérale droite.
8. LE CENTR. GARDÉNIEN. (*Centronotus Gardenii.*)	Huit aiguillons au-devant de la nageoire du dos ; trente-trois rayons à cette nageoire dorsale ; point d'aiguillons au-devant de celle de l'anus ; deux rayons seulement à chacune des pectorales.
9. LE CENTRONOTE VADIGO. (*Centronotus vadigo.*)	Huit aiguillons au-devant de la nageoire du dos ; plus de deux rayons à chacune des pectorales ; la ligne latérale tortueuse.

LE CENTRONOTE PILOTE*.

Presque toutes les espèces du genre des *centronotes*, ainsi que celui des *gastérostées* et celui des *centropodes*, ne renferment que d'assez petits individus. Le centronote dont nous traitons dans cet article, parvient très-rarement à la longueur de deux décimètres. Malgré les dards dont quelques parties de son corps sont hérissées, il ne pourroit donc se défendre avec succès que contre des ennemis bien peu redoutables, ni attaquer avec avantage qu'une proie presque invisible. Son espèce n'existeroit donc plus depuis long-temps,

---

* Centronotus conductor.

Gasterosteus conductor. *Linné, édition de Gmelin.*

Gastré pilote. *Daubenton, Encyclopédie méthodique.*

Id. *Bonnaterre, planches de l'Encyclopédie méthodique.*

Mus. Ad. Frid. 2, *p.* 88, *.

Pilot fish. *Willughby, Ichthyol. tab. append.* 8, *fig.* 2.

Glaucus aculeatus, fasciatus, etc. *Klein, Miss. pisc.* 5, *p.* 31, *n.* 5.

Le pilote. *Duhamel, Traité des pêches, part.* 2, *sect.* 4, *chap.* 4, *art.* 5, *p.* 55, *pl.* 4, *fig.* 4, *et pl.* 9, *fig.* 3.

Scomber ductor. *Hasselquist, It.* 336.

Osbeck, It. 73, *tab.* 12, *fig.* 2; *et Act. Stockh.* 1755, *p.* 71.

Scomber fasciis quatuor cæruleo-argenteis, aculeis quatuor ante pinnam dorsalem. *Læfl. It.*

Scomber dorso monopterygio, pinnulis nullis, etc. *Gronov. Zooph.* 309.

Pilote piscis. *Raj. Pisc.* 156.

Lootsmannekens. *Brünn. It.* 325, *tab.* 190.

s'il n'avoit reçu l'agilité en partage : il se soustrait par
des mouvemens rapides aux dangers qui peuvent le
menacer. D'ailleurs sa petitesse fait sa sûreté, et com-
pense sa foiblesse. Il n'est recherché ni par les pêcheurs,
ni par les grands habitans des mers; l'exiguité de ses
membres le dérobe souvent à leur vue; le peu de
nourriture qu'il peut fournir, empêche qu'il ne soit
l'objet des desirs des marins, ou des appétits des
squales. Il en est résulté pour cette espèce, cette sorte
de sécurité qui dédommage le foible de tant de privations. Pressée par la faim, ne trouvant pas facilement à certaines distances des rivages les œufs, les
vers, les insectes, les mollusques qu'elle pourroit saisir,
elle ne fuit ni le voisinage des vaisseaux, ni même la
présence des squales, ou des autres tyrans des mers ;
elle s'en approche sans défiance et sans crainte ; elle
joue au-devant des bâtimens, ou au milieu des ter-
ribles poissons qui la dédaignent; elle trouve dans
les alimens corrompus que l'on rejette des navires,
ou dans les restes des victimes immolées par le féroce
requin, des fragmens appropriés par leur ténuité à
la petitesse de ses organes; elle précède ou suit avec
constance la proue qui fend les ondes, ou des troupes
carnassières de grands squales ; et frappant vivement
l'imagination par la tranquillité avec laquelle elle
habite son singulier asyle, elle a été bientôt couée,
par les amis du merveilleux, d'une intelligence particulière ; on lui a attribué un instinct éclairé, une

prévoyance remarquable, un attachement courageux;
on l'a revêtue de fonctions très-extraordinaires ; et on
ne s'est arrêté qu'après avoir voulu qu'elle partageât
avec les échénéis, le titre de *conducteur du requin*, de
pilote des vaisseaux. Nous avons été bien aises de rappeler cette opinion bizarre par le nom spécifique que
nous avons conservé à ce centronote avec le plus grand
nombre des auteurs modernes. Celui qui écrit l'histoire de la Nature, doit marquer les écueils de la
raison, comme l'hydrographe trace sur ses cartes ceux
où ont péri les navigateurs.

On voit sur le dos de ce petit animal, dont on a
voulu faire le directeur de la route des énormes
requins, ces aiguillons qui appartiennent à tous les
poissons compris dans le quatre-vingt-onzième genre,
et dont la présence et la position sont indiquées par
le nom de *centronote* * que nous avons cru devoir leur
donner : mais on n'en compte que quatre au-devant de
la nageoire dorsale du *pilote*. Les côtés de la queue de
ce poisson sont relevés longitudinalement en carène.
La ligne latérale est droite. Plusieurs bandes transversales et noires font ressortir la couleur de sa partie
supérieure, qui présente des teintes brunes et des
reflets dorés. Il paroît que le nombre de ces bandes
varie depuis quatre jusqu'à sept. Les mâchoires, la

---

* Κεντρον, en grec, signifie *aiguillon ;* et νωτος, signifie *dos.*

langue, et la partie antérieure du palais, sont garnies de très-petites dents *.

---

* A la nageoire du dos ..... 28 rayons.
à chacune des pectorales 20
à chacune des thoracines 6
à celle de l'anus 17

LE CENTRONOTE ACANTHIAS[1],

ET

LE CENTRONOTE GLAYCOS[2].

LES mers qui arrosent le Danemarck, nourrissent, selon Pontoppidan, l'acanthias; et la Méditerranée est la patrie du glaycos. Nous avons conservé ce nom grec *glaycos*, qui veut dire *glauque* (d'un bleu de mer), à un centronote décrit et figuré par Rondelet, et auquel, suivant ce naturaliste, les anciens avoient donné cette dénomination. Cette espèce a le corps alongé, les dents très-pointues, la ligne latérale ondée à petits traits ; la partie supérieure du corps d'un bleu obscur, l'inférieure très-blanche; la chair grasse, ferme, et de bon goût.

---

[1] Centronotus acanthias.
Pontoppid. Naturg. Danaem. p. 188, *n.* 3.
Gasterosteus acanthias. *Linné, édition de Gmelin.*

[2] Centronotus glaycos.
Troisième espèce de glaucus. *Rondelet, Des poissons, liv.* 8, *chap.* 17.

LE CENTRONOTE ARGENTÉ[1],

LE CENTRONOTE OVALE[2],

ET LE CENTRONOTE LYZAN[3].

O N pêche auprès des côtes de l'Amérique équinoxiale, l'argenté, dont la couleur est désignée par le nom spécifique que nous avons cru devoir lui donner[4],

---

[1] Centronotus argenteus.
Gasterosteus occidentalis. *Linné, édition de Gmelin.*
Gastré saure. *Daubenton, Encyclopédie méthodique.*
Id. Bonnaterre, *planches de l'Encyclopédie méthodique.*
Saurus argenteus caudâ longitudinaliter striatâ. *Brown, Jam.* 452, *tab.*
46, *fig.* 2.

[2] Centronotus ovalis.
Gasterosteus ovatus. *Linné, édition de Gmelin.*
Gastré ovale. *Daubenton, Encyclopédie méthodique.*
Id. *Bonnaterre, planches de l'Encyclopédie méthodique.*

[3] Centronotus lyzan.
Gasterosteus lyzan. *Linné, édition de Gmelin.*
Scombre lyzan. *Bonnaterre, planches de l'Encyclopédie méthodique.*
Amia. *Salvian. fol.* 121, 122.
Forskael, Faun. Arabic. p. 54, *n.* 69.

[4] 7 rayons à chacune des nageoires pectorales de l'argenté.
  6 rayons à chacune des thoracines.
  2 aiguillons au-devant de la nageoire de l'anus.
  1 aiguillon et 6 rayons articulés à la nageoire anale.
  16 rayons à la nageoire de la queue.

pendant que c'est dans les mers de l'Asie que vit l'ovale, dont l'aiguillon dorsal le plus antérieur est couché vers la tête, dont les mâchoires sont hérissées de petites dents, et dont le corps très-comprimé, comme celui des chétodons, a indiqué par sa figure la dénomination spécifique de ce centronote [1].

Forskael a vu le lyzan sur les côtes de l'Arabie. Ce poisson est couvert d'écailles petites, lancéolées, et resplendissantes comme des lames d'argent; ses lignes latérales sont ondées vers l'opercule et droites auprès de la queue; son dos est d'un brun mêlé de bleu [2].

---

[1] 16 rayons à chacune des nageoires pectorales de l'ovale.
6 rayons à chacune des thoracines.
2 aiguillons au-devant de la nageoire anale.
1 aiguillon et 16 rayons à la nageoire de l'anus.
20 rayons à la nageoire caudale.

[2] 17 rayons à chacune des pectorales du lyzan.
1 aiguillon et 5 rayons à chacune des thoracines.
2 aiguillons au-devant de la nageoire de l'anus.
1 aiguillon et 18 rayons à cette même nageoire de l'anus.

LE CENTRONOTE CAROLININ[1],

LE CENTRONOTE GARDÉNIEN[2],

ET LE CENTRONOTE VADIGO[3].

L E carolinin et le gardénien habitent la Caroline : le nom du premier indique leur pays; celui du second, l'observateur qui les a fait connoître. C'est en effet le docteur Garden qui en envoya, dans le temps, la description à Linné. Ces deux poissons, et le vadigo, qui se trouve dans la Méditerranée, se ressemblent par la forme de leurs nageoires du dos et de l'anus, qui présentent la figure d'une faux, et par celle de la nageoire de la queue, qui est fourchue : mais,

---

[1] Centronotus carolinus.
Gasterosteus carolinus. *Linné, édition de Gmelin.*
Gastré crevalle. *Daubenton, Encyclopédie méthodique.*
Id. *Bonnaterre, planches de l'Encyclopédie méthodique.*

[2] Centronotus Gardenii.
Gasterosteus canadus. *Linné, édition de Gmelin.*
Gastré canade. *Daubenton, Encyclopédie méthodique.*
Id. *Bonnaterre, planches de l'Encyclopédie méthodique.*

[3] Centronotus vadigo.
Liche, *dans plusieurs départemens méridionaux de France.*
Pélamide, *ibid.*
Liche, *ou seconde espèce de glaucus. Rondelet, Des poissons, part.* 1, *liv,* 8, *chap,* 16.

indépendamment des dissemblances que nous n'avons pas besoin d'énumérer, le carolinin n'a que vingt-six rayons à la nageoire du dos [1], et le gardénien y en a trente-trois [2]; celui-ci n'a que deux rayons à chacune des pectorales, et le vadigo y en présente un nombre bien plus grand, pendant que ses lignes latérales sont tortueuses et courbées vers le bas, au lieu d'être droites comme celles du carolinin. Au reste, l'aiguillon dorsal le plus antérieur du vadigo est incliné vers le museau.

---

[1] 18 rayons à chacune des pectorales du carolinin.
  5 rayons à chacune des thoracines.
  3 aiguillons et 24 rayons articulés à la nageoire de l'anus.
  27 rayons à celle de la queue.

[2] 7 rayons à la membrane des branchies du gardénien.
  2   à chacune des nageoires pectorales.
  7   à chacune des thoracines.
  26   à la nageoire de l'anus.
  20   à celle de la queue.

QUATRE-VINGT-DOUZIÈME GENRE.

LES LÉPISACANTHES.

Les écailles du dos, grandes, ciliées, et terminées par un aiguillon; les opercules dentelés dans leur partie postérieure, et dénués de petites écailles; des aiguillons isolés au-devant de la nageoire dorsale.

ESPÈCE.	CARACTÈRE.
LE LÉPISACANTHE JAPONOIS. *(Lepisacanthus japonicus.)*	Quatre aiguillons au-devant de la nageoire du dos.

LE LÉPISACANTHE JAPONOIS[1].

LE nom générique de cet animal désigne la forme particulière de ses écailles[2]; et sa dénomination spécifique, les mers dans lesquelles on l'a vu. Houttuyn l'a fait connoître, et nous avons cru devoir le séparer des centronotes, et des autres poissons avec lesquels on l'avoit placé dans le genre des centrogastères, afin d'être fidèles aux principes de distribution méthodique que nous avons préférés. Le museau de cet osseux est arrondi; ses mâchoires sont hérissées de petites aspérités, plutôt que garnies de dents proprement dites. Une fossette longitudinale reçoit et cache, à la volonté de l'animal, les piquans épais, forts, inégaux et isolés, que l'on voit au-devant de la nageoire du dos. Les rayons de chacune des thoracines sont réunis et alongés de manière à former un aiguillon peu mobile, rude, et égal en longueur aux trois dixièmes, ou à peu près, de la longueur totale du poisson. Le japonois ne parvient d'ailleurs qu'à de très-petites

---

[1] Lepisacanthus japonicus.

Gasterosteus japonicus. *Linné, édition de Gmelin.*

Gastré du Japon. *Bonnaterre, planches de l'Encyclopédie méthodique.* *Houttuyn, Act. Haarl. XX, 2, p. 329.*

[2] Αεπις signifie *écaille*, et ακανθος, *aiguillon.*

dimensions; il n'a pas un double décimètre de long;
et sa couleur est jaune *.

---

* A la membrane des branchies　5 rayons.
　à la nageoire du dos　　　10
　à chacune des pectorales　12
　à celle de l'anus　　　　　9
　à celle de la queue　　　　22

QUATRE-VINGT-TREIZIÈME GENRE.

LES CÉPHALACANTHES.

*Le derrière de la tête garni, de chaque côté, de deux
piquans dentelés et très-longs ; point d'aiguillons isolés
au-devant de la nageoire du dos.*

ESPÈCE.	CARACTÈRE.
LE CÉPHALAC. SPINARELLE. *(Cephalacanthus spinarella.)*	Quatre rayons à chacune des thoracines.

LE CÉPHALACANTHE SPINARELLE[1].

CE céphalacanthe ne présente qu'une petite longueur. Sa tête, plus large que le corps, est striée sur toute sa surface, et garnie par derrière de quatre grands aiguillons. Les deux supérieurs sont plus dentelés, plus larges et plus courts que les deux inférieurs. La spinarelle, qui vit dans l'Inde, a été placée dans le même genre que les gastérostées et les centronotes : mais elle en diffère par trop de traits pour que nous n'ayons pas dû l'en séparer. L'absence d'aiguillons isolés au-devant de la nageoire dorsale auroit suffi pour l'éloigner de ces osseux. Nous l'avons donc inscrite dans un genre particulier qui précède immédiatement celui des dactyloptères, parmi lesquels on compte la pirapède dont la tête ressemble beaucoup à celle de la spinarelle[2].

---

[1] Cephalacanthus spinarella. (*Nota.* Κεφαλος veut dire *tête* , et ακανθος, *aiguillon* ou *piquant.*)

Gasterosteus spinarella. *Linné , édition de Gmelin.*

Pungitius pusillus. *Mus. Adolph. Frid.* 1 , *p.* 74 , *tab.* 32 , *fig.* 5.

Gastré spinarelle. *Lauhenton, Encyclopédie méthodique.*

Id. *Bonnaterre, planches de l'Encyclopédie méthodique.*

[2] A la membrane des branchies   3 rayons.

à la nageoire du dos   16

à chacune des pectorales   20

à chacune des thoracines   4

à celle de l'anus.   8

QUATRE-VINGT-QUATORZIÈME GENRE.

LES DACTYLOPTÈRES.

Une petite nageoire composée de rayons soutenus par une membrane, auprès de la base de chaque nageoire pectorale.

ESPÈCES.	CARACTÈRES.
1. LE DACTYLOP. PIRAPÈDE. (*Dactylopterus pirapeda.*)	Six rayons réunis par une membrane auprès de chaque nageoire pectorale.
2. LE DACTYLOP. JAPONOIS. (*Dactylopterus japonicus.*)	Onze rayons réunis par une membrane auprès de chaque nageoire pectorale.

LE DACTYLOPTÈRE PIRAPÈDE*.

PARMI les traits remarquables qui distinguent ce grand poisson volant et les autres osseux qui doivent appartenir au même genre, il faut compter particulièrement les dimensions de ses nageoires pectorales. Elles sont assez étendues pour qu'on ait dû les désigner par le nom d'*ailes* ; et ces instrumens de natation, et principalement de vol, étant composés d'une

* Dactylopterus pirapeda.
Volodor, *en Espagne.*
Rondire, *aux environs de Rome.*
Rondola, *ou* rondela, *sur les bords de l'Adriatique.*
Falcone, *à Malte et en Sicile.*
Flygande fisk, *en Suède.*
Swallow fish, *en Angleterre.*
Kite fish, *ibid.*
Arondelle, *dans plusieurs départemens méridionaux de France.*
Rondole, *ibid.*
Chauve-souris, *ibid.*
Ratepenade, *ibid.*
Trigla volitans. *Linné, édition de Gmelin.*
Trigle pirapède. *Daubenton et Haüy, Encyclopédie méthodique.*
Id. *Bonnaterre, planches de l'Encyclopédie méthodique.*
Bloch, pl. 351.
Trigla capite parùm aculeato, pinnulâ singulari ad pinnas ventrales. *Artedi, gen.* 44, *syn.* 73.
Gronov. Mus. I, *n.* 102.
Trigla capite quatuor spondylis armato. *Brown, Jam.* 453.
Seba, Mus. 3, *tab.* 28, *fig.* 7.

large membrane soutenue par de longs rayons articulés que l'on a comparés à des doigts comme les rayons des pectorales de tous les poissons, les ailes de la pirapède ont beaucoup de rapports dans leur conformation avec celles des chauve-souris, dont on leur a donné le nom dans plusieurs contrées; et nous avons cru devoir leur appliquer la dénomination générique de *dactyloptère*, qui a été souvent employée pour ces chauve-souris, aussi-bien que celle de *cheiroptère*, et qui signifie *aile attachée aux doigts*, ou *formée par les doigts* *.

Milivipira, *et* pirabelle. *Marcgr. Hist. Brasil. lib.* 4, *cap.* 11, *p.* 162.

Hirundo. *Plin. Hist. mundi, lib.* 9, *cap.* 43, *édit. de Deux-Ponts.*

Milvus cirratus. *Sloan. Jamaic. vol.* 2, *p.* 288.

Mugil alatus Rondeletii. *Jacob. Mus. reg. p.* 1, *fig.* 3, *De piscib. parag.* 39, *tab.* 2, *n.* 39.

Uligende visc. *Valent. Amboin. pisc. tom.* 3, *tab.* 52, *E.*

Omopteros. *Klein, Miss. pisc.* 4, *p.* 44, *n.* 11.

Hirundo aquatica. *Bout. Ind. orient. p.* 78.

Hirundo Plinii. *Worm. Mus.* 1, *p.* 266.

Gesner, p. 434, 514; (germ.) *fol.* 17, *b.*

Bellon, Aquat. 192.

Salvian. fol. 187.

Aldrovand. lib. 2, *cap.* 5, *p.* 141.

Jonston, lib. 1, *tit.* 3, *cap.* 1, *a.* 3, *tab.* 17, *fig.* 12.

Willughby, p. 283, *tab.* S, *fig.* 6.

Raj. p. 89.

Χελιδων. *Arist. lib.* 4, *cap.* 9.

Arondelle de mer. *Rondelet, première partie, liv.* 10, *chap.* 1.

Hirondelle de mer, *ou* rondole. *Valmont-Bomare, Dictionnaire d'histoire naturelle.*

* Λακτυλος veut dire *doigt,* et πλεξον, *aile.*

La pectorale des pirapèdes est d'ailleurs double, et présente par conséquent un caractère que nous n'avons encore vu que dans le lépadogastère gouan. A la base de cette aile, on voit en effet un assemblage de six rayons articulés réunis par une membrane, et composant par conséquent une véritable nageoire qu'il est impossible de ne pas considérer comme pectorale.

De plus, l'aile des poissons que nous examinons offre une grande surface; elle montre, lorsqu'elle est déployée, une figure assez semblable à celle d'un disque, et elle atteint le plus souvent au-delà de la nageoire de l'anus et très-près de celle de la queue. Les rayons qu'elle renferme étant assez écartés l'un de l'autre lorsqu'elle est étendue, et n'étant liés ensemble que par une membrane souple qui permet facilement leur rapprochement, il n'est pas surprenant que l'animal puisse donner aisément et rapidement à la surface de ces ailes, cette alternative d'épanouissement et de contraction, ces inégalités successives, qui, produisant des efforts alternativement inégaux contre l'air de l'atmosphère, et le frappant dans un sens plus violemment que dans un autre, font changer de place à l'animal lancé et suspendu, pour ainsi dire, dans ce fluide, et le douent véritablement de la faculté de voler *.

Voilà pourquoi la pirapède peut s'élever au-dessus

---

* Voyez le *Discours sur la nature des poissons.*

de la mer, à une assez grande hauteur, pour que la
courbe qu'elle décrit dans l'air ne la ramène dans les
flots que lorsqu'elle a franchi un intervalle égal, suivant quelques observateurs, au moins à une trentaine
de mètres ; et voilà pourquoi encore, depuis Aristote
jusqu'à nous, elle a porté le nom de *faucon de la mer,*
et sur-tout d'*hirondelle marine.*

Elle traverseroit au milieu de l'atmosphère des
espaces bien plus grands encore, si la membrane de
ses ailes pouvoit conserver sa souplesse au milieu de
l'air chaud et quelquefois même brûlant des contrées
où on la trouve : mais le fluide qu'elle frappe avec ses
grandes nageoires, les a bientôt desséchées, au point
de rendre très-difficiles le rapprochement et l'écarte-
ment alternatifs des rayons ; et alors le poisson que
nous décrivons, perdant rapidement sa faculté dis-
tinctive, retombe vers les ondes au-dessus desquelles
il s'étoit soutenu, et ne peut plus s'élancer de nouveau
dans l'atmosphère que lorsqu'il a plongé ses ailes
dans une eau réparatrice, et que, retrouvant ses attributs par son immersion dans son fluide natal, il offre
une sorte de petite image de cet Antée que la mythologie grecque nous représente comme perdant ses
forces dans l'air, et ne les retrouvant qu'en touchant
de nouveau la terre qui l'avoit nourri.

Les pirapèdes usent d'autant plus souvent du pouvoir de voler qui leur a été départi, qu'elles sont
poursuivies dans le sein des eaux par un grand nombre

d'ennemis. Plusieurs gros poissons, et particulièrement les dorades et les scombres, cherchent à les
dévorer; et telle est la malheureuse destinée de ces
animaux qui, poissons et oiseaux, sembleroient avoir
un double asyle, qu'ils ne trouvent de sûreté nulle
part, qu'ils n'échappent aux périls de la mer que
pour être exposés à ceux de l'atmosphère, et qu'ils
n'évitent la dent des habitans des eaux que pour
être saisis par le redoutable bec des frégates, des
phaétons, des mauves, et de plusieurs autres oiseaux
marins.

Lorsque des circonstances favorables éloignent de la
partie de l'atmosphère qu'elles traversent, des ennemis
dangereux, on les voit offrir au-dessus de la mer un
spectacle assez agréable. Ayant quelquefois un demi-
mètre de longueur, agitant vivement dans l'air de
larges et longues nageoires, elles attirent d'ailleurs
l'attention par leur nombre, qui souvent est de plus
de mille. Mues par la même crainte, cédant au même
besoin de se soustraire à une mort inévitable dans
l'Océan, elles s'envolent en grandes troupes; et lorsqu'elles se sont confiées ainsi à leurs ailes au milieu
d'une nuit obscure, on les a vues briller d'une lumière
phosphorique, semblable à celle dont resplendissent
plusieurs autres poissons, et à l'éclat que jettent, pendant les belles nuits des pays méridionaux, les insectes
auxquels le vulgaire a donné le nom de *vers luisans*.
Si la mer est alors calme et silencieuse, on entend le

petit bruit que font naître le mouvement rapide de leurs ailes et le choc de ces instrumens contre les couches de l'air; et on distingue aussi quelquefois un bruissement d'une autre nature, produit au travers des ouvertures branchiales par la sortie accélérée du gaz que l'animal exprime, pour ainsi dire, de diverses cavités intérieures de son corps, en rapprochant vivement leurs parois. Ce bruissement a lieu d'autant plus facilement, que ces ouvertures branchiales étant très-étroites, donnent lieu à un frôlement plus considérable; et c'est parce que ces orifices sont très-petits, que les pirapèdes, moins exposées à un desséchement subit de leurs organes respiratoires, peuvent vivre assez long-temps hors de l'eau *.

On rencontre ces poissons dans la Méditerranée et dans presque toutes les mers des climats tempérés; mais c'est principalement auprès des tropiques qu'ils habitent. C'est sur-tout auprès de ces tropiques qu'on a pu contempler leurs manœuvres et observer leurs évolutions. Aussi leur nom et leur histoire ne sont-ils jamais entendus avec indifférence par ces voyageurs courageux qui, loin de l'Europe, ont affronté les tempêtes de l'Océan, et ses calmes souvent plus funestes encore. Ils retracent à leur souvenir leurs peines, leurs plaisirs, leurs dangers, leurs succès. Ils nous ramènent, nous qui tâchons de dessiner leurs

---

* *Discours sur la nature des poissons.*

traits, vers ces compagnons de nos travaux, qui, dévoués à la gloire de leur pays, animés par un ardent amour de la science, dirigés par un chef habile, conduits par le brave navigateur Baudin, et réunis par les liens d'une amitié touchante ainsi que d'une estime mutuelle, quittent, dans le moment même où mon cœur s'épanche vers eux, les rivages de leur patrie, se séparent de tout ce qu'ils ont de plus cher, et vont braver sur des mers lointaines la rigueur des climats et la fureur des ondes, pour ajouter à la prospérité publique par l'accroissement des connoissances humaines. Noble dévouement, généreux sacrifices! la reconnoissance des hommes éclairés, les applaudissemens de l'Europe, les lauriers de la gloire, les embrassemens de l'amitié, seront leur douce et brillante récompense.

Cependant quelles sont les formes de ces poissons ailés dont l'image rappelle des objets si chers, des entreprises si utiles, des efforts si dignes d'éloges?

La tête de la pirapède ressemble un peu à celle du céphalacanthe spinarelle. Elle est arrondie par-devant, et comme renfermée dans une sorte de casque ou d'enveloppe osseuse à quatre faces, terminée par quatre aiguillons larges et alongés, et chargée de petits points arrondis et disposés en rayons. La mâchoire supérieure est plus avancée que l'inférieure. Plusieurs rangs de dents très-petites garnissent l'une et l'autre de ces deux mâchoires; et l'ouverture de la bouche est très-large, ce qui donne à la pirapède un rapport de plus avec une hirondelle. La langue est courte, épaisse, et lisse comme le palais. Le dessous du corps présente une surface presque plate. Les écailles qui couvrent le dos et les côtés, sont relevées par une arête longitudinale *.

Le rougeâtre domine sur la partie supérieure de l'animal, le violet sur la tête, le bleu céleste sur la première nageoire du dos et sur celle de la queue, le verd sur la seconde nageoire dorsale; et pour ajouter à cet élégant assortiment de bleu très-clair, de violet, de verd et de rouge, les grandes ailes ou nageoires pectorales de la pirapède sont couleur d'olive, et parsemées de taches rondes et bleues, qui brillent, pour ainsi dire, comme autant de saphirs, lorsque les rayons du soleil des tropiques sont vivement réfléchis par ces larges ailes étendues avec force et agitées avec vîtesse.

On compte plusieurs appendices ou cœcums auprès du pylore; et les œufs que renferment les doubles

---

* A la membrane branchiale   7 rayons.
à la première nageoire du dos   6
à la seconde   8
à chacune des grandes nageoires pectorales   20
à chacune des petites   6
à chacune des thoracines   6
à celle de l'anus   11
à celle de la queue   12

ovaires des femelles, sont ordinairement très-rouges.

La chair des pirapèdes est maigre ; elle est aussi un peu dure , à moins qu'on ne puisse la conserver pendant quelques jours.

LE DACTYLOPTÈRE JAPONOIS[1].

ON trouve dans les mers du Japon ce dactyloptère, qui, de même que la pirapède, a été inscrit jusqu'à présent dans le genre des trigles. Il a été décrit par Houttuyn. Il ne parvient guère qu'à la longueur d'un décimètre et demi. On voit deux aiguillons longs et aigus à sa mâchoire inférieure et au bord postérieur de ses opercules. On compte onze rayons à chacune de ses petites nageoires pectorales[2].

---

[1] Dactylopterus japonicus.
Houttuyn, Act. Haarl. XX, 2, p. 336, n. 25.
Trigla alata. Linné, édition de Gmelin.

[2] A la première nageoire du dos   7 rayons.
à chacune des petites nageoires pectorales 11
à chacune des thoracines   6
à celle de l'anus   14
à celle de la queue   14

QUATRE-VINGT-QUINZIÈME GENRE.

LES PRIONOTES.

Des aiguillons dentelés, entre les deux nageoires dorsales; des rayons articulés et non réunis par une membrane, auprès de chacune des nageoires pectorales.

ESPÈCE.	CARACTÈRE.
LE PRIONOTE VOLANT. (*Prionotus evolans.*)	Trois rayons articulés et non réunis par une membrane, auprès de chacune des nageoires pectorales.

LE PRIONOTE VOLANT[1].

En comparant les caractères génériques des dactyloptères et des prionotes, on voit qu'ils diffèrent assez
les uns des autres pour que nous ayons dû les séparer;
et cependant ils se ressemblent assez pour qu'on ait
placé les prionotes, ainsi que les dactyloptères, parmi
les trigles dont nous allons nous occuper. Ils sont liés
particulièrement par la forme de leur tête et par une
habitude remarquable. Le prionote que nous décrivons, a la surface de sa tête ciselée de manière à représenter des rayons; et de plus il a la faculté de s'élever
dans l'atmosphère, et de s'y soutenir pendant quelque
temps, comme les dactyloptères. C'est cette dernière
faculté qui lui a fait donner le nom spécifique de
volant; et nous avons cru d'autant plus devoir le désigner par le nom générique de *prionote*[2], qu'indépendamment de trois aiguillons dentelés qui s'élèvent
entre les deux nageoires de son dos, le premier rayon
de la seconde dorsale et les deux premiers de la pre-

---

[1] Prionotus evolans.
Trigla volitans minor. *Brown, Jamaïc.* 453, *tab.* 47, *fig.* 3.
Trigla evolans. *Linné, édition de Gmelin.*
Trigle le volant. *Daubenton, Encyclopédie méthodique.*
Id. *Bonnaterre, planches de l'Encyclopédie méthodique.*

[2] Πρίων signifie *scie,* et νῶτος veut dire *dos.*

mière sont un peu dentelés par-devant. Les pectorales
sont assez longues pour atteindre à la moitié de la
longueur du corps; et étant d'ailleurs très-larges, elles
forment des ailes un peu étendues, que leur couleur
noire fait souvent distinguer à une grande distance.

La nageoire de la queue est fourchue *.

---

* A la membrane des branchies　8 rayons.
　à la première nageoire du dos　8
　à la seconde　　　　　　　　11
　à chacune des pectorales　　13
　à chacune des thoracines　　6
　à celle de l'anus　　　　　　11
　à celle de la queue　　　　　13

QUATRE-VINGT-SEIZIÈME GENRE.

LES TRIGLES.

Point d'aiguillons dentelés entre les deux nageoires dor-
sales; des rayons articulés et non réunis par une mem-
brane, auprès de chacune des nageoires pectorales.

PREMIER SOUS-GENRE.

Plus de trois rayons articulés, auprès de chaque nageoire
pectorale.

ESPÈCE.	CARACTÈRE.
1. LA TRIGLE ASIATIQUE. (*Trigla asiatica.*)	Quatre rayons articulés, auprès de chaque nageoire pectorale.

SECOND SOUS-GENRE.

Trois rayons articulés, auprès de chaque nageoire
pectorale.

ESPÈCES.	CARACTÈRES.
2. LA TRIGLE LYRE. (*Trigla lyra.*)	Les nageoires pectorales longues; la mâchoire supérieure prolongée en deux lobes dentelés; les orifices des narines tubuleux; la nageoire de la queue un peu en croissant.

ESPÈCES.	CARACTÈRES.
3. LA TRIGLE CAROLINE. (*Trigla carolina.*)	Les nageoires pectorales longues ; onze rayons à celle de l'anus ; celle de la queue arrondie ; six rayons à la membrane des branchies.
4. LA TRIGLE PONCTUÉE. (*Trigla punctata.*)	Les nageoires pectorales longues : celle de la queue arrondie ; la tête alongée ; le corps parsemé de petites taches rouges.
5. LA TRIGLE LASTOVIZA. (*Trigla lastoviza.*)	Les nageoires pectorales longues ; les écailles qui garnissent le corps, disposées en rangées transversales ; la ligne latérale garnie d'aiguillons à deux pointes.
6. LA TRIGLE HIRONDELLE. (*Trigla hirundo.*)	Les nageoires pectorales larges ; quatorze rayons à la nageoire de l'anus ; celle de la queue fourchue, ou en croissant ; la ligne latérale garnie d'aiguillons.
7. LA TRIGLE PIN. (*Trigla pini.*)	Des lames ou feuilles minces et étroites attachées le long de la ligne latérale ; la nageoire de la queue en croissant.
8. LA TRIGLE GURNAU. (*Trigla gurnardus.*)	Les nageoires pectorales courtes ; celle de la queue fourchue ; la ligne latérale large, et garnie d'aiguillons ; des taches noires, et des taches rouges sur le dos.
9. LA TRIGLE GRONDIN. (*Trigla grunniens.*)	Les nageoires pectorales courtes ; celle de la queue fourchue ; la ligne latérale dénuée de larges écailles.
10. LA TRIGLE MILAN. (*Trigla milvus.*)	Les nageoires pectorales courtes ; celle de la queue fourchue ; la ligne latérale divisée en deux vers la nageoire caudale.
11. LA TRIGLE MENUE. (*Trigla minuta.*)	La nageoire de la queue, arrondie ; deux arêtes ou saillies longitudinales sur le dos ; les nageoires pectorales et thoracines très-pointues ; huit rayons à chacune de ces nageoires pectorales ; vingt-quatre à la seconde nageoire du dos.

TROISIÈME SOUS-GENRE.

Moins de trois rayons articulés, auprès de chaque nageoire pectorale.

ESPÈCE.	CARACTÈRE.
12. LA TRIGLE CAVILLONE. (*Trigla cavillone.*)	{ La nageoire de la queue lancéolée.

LA TRIGLE ASIATIQUE[1].

Les tableaux génériques montrent les différences qui séparent les trigles des prionotes et des dactyloptères. Mais si leurs formes extérieures ressemblent assez peu à celles de ces deux derniers genres, pour que nous ayons dû les en séparer, elles s'en rapprochent beaucoup par leurs habitudes ; et presque toutes ont, comme la pirapède, le pouvoir de voler dans l'atmosphère, lorsque la mer ne leur offre pas un asyle assez sûr. Elles sont d'ailleurs, comme les dactyloptères et les prionotes, extrêmement fécondes : elles pondent souvent jusqu'à trois fois dans la même année ; et c'est cette reproduction remarquable que plusieurs anciens Grecs ont voulu désigner par le nom de τριγλη, τριγλα, τριγλις, τριγλος, corrompu de τριγονος, en latin *ter pariens* (qui produit trois fois)[2]. De même que les pirapèdes, elles volent et nagent en troupes nombreuses ; elles montrent une réunion constante ; et quoique la simultanéité des mouvemens et des manœuvres de milliers d'individus ne soit pour ces animaux que le produit d'un danger redouté à la fois par tous, ou d'un besoin

[1] Trigla asiatica.
Id. *Linné, édition de Gmelin.*

[2] Voyez *Oppien*, 1, 390 ; et *Élien*, X, *chap.* 1.

agissant sur tous dans les mêmes momens, elles n'en présentent pas moins l'apparence de cette société touchante et fidèle, qu'un sentiment mutuel fait naître et conserve. Peintes d'ailleurs de couleurs très-vives, très-variées, très-agréables, elles répandent souvent l'éclat du phosphore. Resplendissantes dans leurs tégumens, brillantes dans leur parure, rapides dans leur natation, agiles dans leur vol, vivant ensemble sans se combattre, pouvant s'aider sans se nuire, on croiroit devoir les comprendre parmi les êtres sur lesquels la Nature a répandu le plus de faveurs. Mais les dons qu'elles ont reçus ne sont presque tous que des dons funestes; et comme si elles avoient été destinées à donner à l'homme des leçons de sagesse et de modération, leur éclat les trahit et les perd; la magnificence de leur parure les empêche de se dérober à la recherche active de leurs ennemis; leur grand nombre les décèle lorsqu'elles fendent en troupes le sein des eaux salées; leur vol les livre plus facilement à l'oiseau de proie; et leurs attributs les plus frappans auroient bientôt amené la destruction de leurs espèces, si une fécondité extraordinaire ne réparoit sans cesse, par la production de nouveaux individus, la perte de ceux qui périssent victimes des tyrans des mers, ou de ceux de l'atmosphère.

La premiere de ces trigles condamnées par la Nature à tant de périls, à tant d'agitations, à tant de traverses, est, dans l'ordre que nous nous sommes prescrit, celle

à laquelle j'ai donné avec Linné le nom d'*asiatique*.
On la trouve en général dans l'Océan, mais particulièrement dans les mers de l'Asie. Son corps est mince; sa couleur argentée; son museau proéminent; l'intérieur de sa bouche hérissé d'aspérités; la première pièce de l'opercule branchial, dentelée; et chaque nageoire pectorale conformée comme une sorte de faux *.

---

* A la première nageoire du dos 7 rayons.

à la seconde	16
à chacune des pectorales	18
à chacune des thoracines	6
à celle de l'anus	17
à celle de la queue	18

LA TRIGLE LYRE*.

HEUREUX nom que celui qui rappelle et le beau ciel et les beaux jours de la Grèce, et sa riante mythologie, et sa poésie enchanteresse, et l'instrument favori du dieu du génie, et cet Homère à qui le dieu avoit remis sa lyre pour chanter la Nature! Non, je ne supprimerai pas ce nom magique, qui fait naître tant d'idées

---

* Trigla lyra.

Gronau, *dans plusieurs départemens de France.*

Rouget, *ibid.*

Boureau, *sur les rivages voisins des Pyrénées occidentales.*

Organie, *à Gènes.*

Pesce organo, *à Naples.*

Piper, *en Angleterre.*

Meer leyer, *ou* see leyer, *en Allemagne.*

Trigla lyra. *Linné, édition de Gmelin.*

Trigle gronau. *Daubenton, Encyclopédie méthodique.*

Id. *Bonnaterre, planches de l'Encyclopédie méthodique.*

Trigla rostro longo diacantho, naribus tubulosis. *Artedi, gen.* 46, *syn.* 74.

Gronau *et* lyre. *Rondelet, première partie, liv.* 10, *chap.* 8.

Gesner, p. 516; *et (germ.) fol.* 20, *b.*

Jonston, lib. 1, *tit.* 3, *cap.* 1, *a.* 3.

Lyra prior Rondelet. *Aldrovand. lib.* 2, *cap.* 7, *p.* 146.

Piper. *Raj. p.* 89.

Bloch, pl. 350.

Willughby, Ichthyol. p. 282.

Brit. Zoolog. 3, *p.* 234, *n.* 3, *tab.* 14.

Gronau, *ou* grognaut. *Valmont-Bomare, Dictionnaire d'histoire naturelle.*

élevées, qui retrace tant de doux souvenirs, pour le
remplacer par un nom barbare. Le dieu qui inspire
le poète est aussi celui des amans de la Nature ; et
son emblême ne peut jamais leur être étranger. Une
ressemblance bien foible, je le sais, a déterminé les
naturalistes grecs à décorer de ce nom l'être que nous
allons décrire ; mais toutes les fois que la sévérité de
l'histoire le permet, ne nous refusons pas au charme
de leur imagination agréable et féconde. Et d'ailleurs
le poisson que nous voulons continuer d'appeler *lyre*,
a été revêtu de nuances assez belles pour mériter de
paroître à jamais consacré, par sa dénomination, pour
ainsi dire, mythologique, au dispensateur de la lumière qui colore en même temps qu'elle éclaire et
vivifie.

Un rouge assez vif règne en effet sur tout le corps
de la trigle que nous desirons de faire connoître ; il
se diversifie dans la partie inférieure de l'animal, en
se mêlant à des teintes blanches ou argentées ; la sorte
de dorure qui distingue les rayons par lesquels la
membrane des nageoires est soutenue, ajoute à l'éclat
de ce rouge que font ressortir d'ailleurs quelques
nuances de verd ou de noir répandues sur ces mêmes
nageoires ; et ainsi les couleurs les plus brillantes,
celles dont la poésie a orné le char radieux du dieu
des arts et de la lumière, resplendissent sur le poisson
que l'ingénieuse Grèce appela du nom de l'instrument
qui fut cher à ce dieu.

Au bout du museau de la trigle que nous examinons, s'avancent deux lames osseuses, triangulaires et dentelées ou plutôt découpées, de manière à montrer une image vague de cordes tendues sur une lyre antique.

La tête proprement dite est d'ailleurs arrondie et comme emboîtée dans une enveloppe lamelleuse, qui se termine par-derrière par quatre ou six aiguillons longs, pointus et très-forts, qui présente d'autres piquans au-dessus des yeux, ainsi qu'à la pièce antérieure de chaque opercule, et dont presque toute la surface est ciselée et agréablement rayonnée.

De petites dents hérissent le devant du palais, et les deux mâchoires, dont l'inférieure est la plus courte. Le corps et la queue sont couverts de petites écailles ; et des aiguillons courts et courbés vers l'arrière garnissent les deux côtés de la fossette longitudinale dans laquelle l'animal peut coucher ses nageoires dorsales *.

La trigle lyre habite dans l'Océan atlantique, aussi-bien que dans la Méditerranée. Elle y parvient quelquefois à la longueur de six ou sept décimètres. Sa chair est trop dure et trop maigre pour qu'elle soit très-recherchée. On la pêche cependant de temps en

* A la membrane des branchies   7 rayons.
  à la première dorsale   9
  à la seconde   16
  à chacune des pectorales   12
  à chacune des thoracines   6
  à celle de l'anus   16
  à celle de la queue   19

temps ; et lorsqu'elle est prise, elle fait entendre, par un mécanisme semblable à celui que nous avons exposé en traitant de plusieurs poissons, une sorte de bruissement que l'on a comparé à un sifflement proprement dit, et qui l'a fait nommer dans plusieurs pays, et particulièrement sur quelques côtes d'Angleterre, *poisson siffleur* (*the piper, the fish piper*) *.

---

* La vessie natatoire est longue et simple.

LA TRIGLE CAROLINE[1],

LA TRIGLE PONCTUÉE[2],

ET LA TRIGLE LASTOVIZA[3].

CES trois trigles ont les nageoires pectorales très-longues et assez grandes pour s'élever au-dessus de la surface des eaux. Nous devons donc les inscrire parmi

---

[1] Trigla carolina.
The smaller flying fish, *dans quelques contrées angloises.*
Trigla carolina. *Linné, édition de Gmelin.*
Triglé caroline. *Bonnaterre, planches de l'Encyclopédie méthodique.*
Triglé carolin, *ou* caroline. *Bloch, pl.* 352.

[2] Trigla punctata.
Rubio volador, *en espagnol.*
Trigle ponctuée. *Bloch, pl.* 353.
Lyra alata. *Plumier, peintures sur vélin du Muséum d'histoire naturelle.*

[3] Trigla lastoviza.
Trigla adriatica. *Linné, édition de Gmelin.*
Trigla lineata. *Id.*
Brünn. Pisc. Massil. p. 99.
Triglé lastoviza. *Bonnaterre, planches de l'Encyclopédie méthodique.*
Brit. Zoolog. 3, *p.* 236, *n.* 5.
Raj. Pisc. p. 165, *f.* 11.
Imbriago. *Bloch, pl.* 354.
Autre espèce de surmulet-imbriaco. *Rondelet, première partie, liv.* 10, *chap.* 4.

les véritables poissons volans. Voyons rapidement leurs traits principaux.

Dans ces trois espèces, la tête est comme ciselée, et parsemée de figures étoilées ou rayonnantes qui ont un peu de relief. L'enveloppe lamelleuse qui la recouvre, montre, dans la caroline, deux petits piquans dentelés au-dessus de chaque œil, deux plus grands à la nuque, trois ou quatre à chaque opercule, et un à chaque os claviculaire. Les écailles qui revêtent le dos, sont petites et dentelées. La ligne latérale est droite et lisse ; et le sillon longitudinal dans lequel l'animal peut coucher ses nageoires dorsales, est bordé, de chaque côté, d'aiguillons recourbés.

Une tache noirâtre qui occupe la moitié supérieure de l'œil, donne à cet organe une apparence singulière. Une autre tache noirâtre paroît vers le haut de la première nageoire dorsale. Le corps et la queue sont jaunâtres avec de petites taches violettes, et les nageoires pectorales sont violettes avec quatre bandes transversales brunes et arquées *.

On trouve cette trigle, dont la chair est dure et maigre, et la longueur d'un ou deux décimètres, aux

---

* A la membrane branchiale de la caroline, 6 rayons.
à la première nageoire du dos   9
à la seconde   12
à chacune des pectorales   13
à chacune des thoracines   6
à celle de l'anus   11
à celle de la queue   15

environs de la Caroline et des Antilles. C'est dans les mêmes mers qu'habite la ponctuée, dont les couleurs sont plus vives, plus variées et plus gaies. Nous décrivons ces nuances d'après une peinture qui fait partie de celles du Muséum d'histoire naturelle, et dont on a dû à Plumier le dessin original. La partie supérieure de l'animal est d'un rouge clair, et la partie inférieure d'un beau jaune. Les côtés et le dos sont parsemés de taches rondes, petites, et d'un rouge foncé. Ces mêmes taches rouges se montrent sur les nageoires du dos et de l'anus, qui sont lilas; sur celle de la queue, qui est bleue à sa base et jaune à son extrémité; et sur les ailes, qui sont également jaunes à leur extrémité et bleues à leur base.

La tête de la ponctuée est plus alongée que celle de la caroline *.

Quant à la trigle lastoviza, elle est rouge par-dessus et blanchâtre par-dessous, avec des taches et des bandes couleur de sang, ou noirâtres, placées sur le dos. Les ailes offrent souvent par-dessus quelques taches brunes, et par-dessous une bordure et des points bleus sur un fond noir. Les thoracines et l'anale sont blanches, et quelquefois noires à leur sommet. Au reste, la ligne latérale de ce poisson est hérissée de piquans à deux pointes; la mâchoire supérieure presque aussi avancée

---

* A chacune des nageoires pectorales de la ponctuée, 13 rayons.
  à chacune des thoracines   6
  à celle de la queue   12

que l'inférieure ; le dessus des yeux garni de petites
pointes ; la nuque hérissée de deux aiguillons dentelés ; chaque opercule armé de deux aiguillons semblables ; l'os claviculaire étendu , pour ainsi dire , en
épine également dentelée , et , de plus , longue , aiguë à
son sommet et large à sa base ; et la fossette dorsale
bordée , de chaque côté, de piquans à trois ou quatre
pointes.

Ce beau poisson parvient quelquefois à la longueur
d'un demi - mètre , et habite dans la Méditerranée et
dans l'Océan atlantique *.

---

* 10 rayons aiguillonnés à la première nageoire dorsale de la trigle
lastoviza.

17 rayons à la seconde.

10 rayons à chacune des pectorales.

1 aiguillon et 5 rayons articulés à chacune des thoracines.

16 rayons à celle de l'anus.

13 rayons à celle de la queue.

LA TRIGLE HIRONDELLE*.

La partie supérieure de ce poisson est d'un violet mêlé de brun, et l'inférieure d'un blanc plus ou moins pur et argentin. Il vit dans la Méditerranée, et dans

---

* Trigla hirundo.
Cabote, *en France.*
Galline, *ibid.*
Gallinette, *ibid.*
Linette, *ibid.*
Perlon, *ibid.*
Grondin, *ibid.*
Tigiega, *à Malte.*
Corsano, *et* corsavo, *dans la Ligurie.*
Capone, *à Rome.*
Tub fish, *en Angleterre.*
Sapphirine gurnard, *ibid.*
Knurr-hahn, *en Allemagne.*
Soe-hane, *ou* knurr-hane, *en Danemarck.*
Riot, ouskarriot, knorrsoehane, soekok, *en Norvége.*
Knorrhane, knoding, knot, *ou* schmed, *en Suède.*
Trigla hirundo. *Linné, édition de Gmelin.*
Trigle hirondelle de mer. *Daubenton, Encyclopédie méthodique.*
Id. *Bonnaterre, planches de l'Encyclopédie méthodique.*
Mus. Ad. Frid. 2, *p.* 93 *.
Müll. Prodrom. Zoolog. Danic. p. 47, *n.* 400.
Faun. Suecic. 340 *.
It. Wgoth. p. 176.
Trigla capite aculeato, appendicibus utrinque tribus, etc. *Artedi, gen.* 44, *syn.* 73.

les eaux de l'Océan. Il y devient assez grand, puisque sa longueur surpasse quelquefois deux tiers de mètre. Il nage avec une grande rapidité, ses pectorales pouvant lui servir de rames puissantes. Comme il habite les fonds de la pleine mer pendant une grande partie de l'année, on le prend ordinairement avec des lignes de fond ; et quoique sa chair soit dure, il est assez recherché dans plusieurs pays du Nord, et particulièrement sur les rivages du Danemarck, où on le sale et le sèche à l'air pour l'approvisionnement des vaisseaux *.

Le bruissement qu'il fait entendre lorsqu'on le

Κοραξ. *Athen. lib.* 1, *fol.* 177.

Hirundo prior. *Aldrovand. lib.* 2, *cap.* 3, *p.* 135.

Hirundo. *Willughby, p.* 280.

Raj. Pisc. p. 88.

Corvus. *Plin. lib.* 32, *cap.* 11.

Salvian. fol. 194, 195.

Perlon. *Bloch., pl.* 60.

Corystion ventricosus. *Klein, Miss. pisc.* 4, *p.* 45, *n.* 3.

Corax. *Gesner, Aquat. p.* 299; *Thierb. p.* 21.

Brit. Zoolog. 3, *p.* 235, *n.* 4.

Corbeau de mer. *Rondelet, première partie, liv.* 10, *chap.* 5.

* A la membrane des branchies 7 rayons.

à la première nageoire du dos 8

à la seconde 15

à chacune des pectorales 12

à chacune des thoracines 6

à celle de l'anus 14

à celle de la queue 19

touche, a paru aux anciens naturalistes grecs et romains avoir quelque rapport avec le croassement des corbeaux; et voilà pourquoi ils l'ont nommé *corbeau de mer.*

LA TRIGLE PIN[1].

Les lames ou feuilles minces, étroites, et semblables
à des feuilles de pin, qui garnissent les deux côtés
de chaque ligne latérale, ont suggéré à Bloch le nom
spécifique qu'il a donné à cette trigle, lorsqu'il l'a fait
connoître. Le museau de ce poisson est un peu échancré et terminé par plusieurs aiguillons ordinairement
au nombre de six ou de huit. De petites dents hérissent
les mâchoires. On apperçoit un os transversal et rude
sur le devant du palais, et quatre os rudes et ovales
auprès du gosier. On voit un piquant au-dessus de
chaque œil, ou à la pièce antérieure de chaque opercule, deux à la pièce postérieure, et un aiguillon
presque triangulaire et dentelé à chaque os claviculaire. La fossette longitudinale du dos est bordée
d'épines inclinées vers la queue[2]. Les écailles sont très-

---

[1] Trigla pini.
Id. *Bloch*, pl. 355.

[2] A la membrane des branchies   7 rayons.
    à la première nageoire dorsale   9
    à la seconde   19
    à chaque nageoire pectorale   10
    à chacune des thoracines   6
    à celle de l'anus   16
    à celle de la queue   18

petites; et toute la surface de l'animal réfléchit un
rouge un peu foncé, excepté le dessous du corps et de
la queue, qui est jaunâtre, et les nageoires du dos,
de la poitrine, de la queue et de l'anus, qui sont
d'un verd tirant sur le bleu.

LA TRIGLE GURNAU,

ET

LA TRIGLE GRONDIN.

La première de ces trigles présente une faculté semblable à celle que nous avons remarquée dans la lyre.
Elle peut faire entendre un bruissement très-sensible

¹ Trigla gurnardus.

Bellicant , *dans plusieurs contrées de France.*

Gourneau , *ibid.*

Schmiedknecht , *dans le Holstein.*

See-hahn , *ou* kurre , *ou* kurre-fish , *à Heiligeland.*

Knorhaan , *en Hollande.*

Tigiega , *à Malte.*

Kirlanidsi-ballick , *en Turquie.*

Trigla gurnardus. *Linné, édition de Gmelin.*

Trigle grondin. *Daubenton, Encyclopédie méthodique.*

Trigle grondeur. *Bonnaterre, planches de l'Encyclopédie méthodique.*

Trigla varia , rostro diacantho , aculeis geminis ad utrumque oculum.
Artedi, gen. 46, *syn.* 74.

Gronov. *Mus.* 1 , *p.* 44 , *n.* 101 ; *Zooph. p.* 84 , *n.* 283.

Brünn. Pisc. Massil. p. 74 , *n.* 90.

Gurneau. *Bloch, pl.* 58.

Charlet. Onom. p. 139.

Corystion gracilis griseus , etc. *Klein, Miss. pisc.* 4 , *p.* 40 , *n.* 5 , *tab.*
14 , *fig.* 3.

Coccyx alter. *Bellon, Aquat. p.* 204.

Grey gurnard. *Brit. Zoolog.* 3 , *p.* 231 , *n.* 1.

Willughby, Ichthyol. p. 279 , *tab. S,* 2 , *fig.* 1.

Raj. Pisc. p. 86.

par le frôlement de ses opercules, que les gaz de l'intérieur de son corps font, pour ainsi dire, vibrer, en
s'échappant avec violence lorsque l'animal comprime

² Trigla grunniens.

Morrude, *dans plusieurs départemens de France.*

Rouget *, ibid.*

Rouget grondin, *ibid.*

Perlon , *ibid.*

Galline , *ibid.*

Rondela , *ibid.*

Hunchem , *dans le nord de la France.*

Sehe-hanen , *dans plusieurs contrées du nord de l'Europe.*

The red gurnard , *en Angleterre.*

Rot chet , *ibid.*

Cocchou , *aux environs de Naples.*

Cabriggia, *dans la Ligurie.*

Organt , *sur plusieurs côtes de l'Adriatique.*

Trigla cuculus. *Linné, édition de Gmelin.*

Trigle perlon. *Daubenton, Encyclopédie méthodique.*

Id. *Bonnaterre, planches de l'Encyclopédie méthodique.*

Mus. Adolph. Frid. 2, p. 93 *.

Trigla tota rubens, rostro parùm bicorni, operculis branchiarum striatis.
Artedi, gen. 45, *syn.* 74.

Rouget , et rouget grondin. *Bloch, pl.* 59.

Oʹ κοκκυξ. *Arist. lib.* 4, *cap.* 9; *et lib.* 8, *cap.* 13.

Ælian. lib. 10, *cap.* 11.

Oppian. lib. 1, *p.* 5.

Athen. lib. 7, *p.* 309.

Cuculus. *Gaz. Aristot.*

Morrude , *ou rouget. Rondelet, première partie, liv.* 10, *chap.* 2.

Gesner, p. 305 et 306, *et (germ.) fol.* 17, *b.*

Aldrovand. lib. 2, *cap* 4, *p.* 139.

Jonston, Pisc. p. 64, *tab.* 17, *fig.* 11.

Willughby, p. 281.

Raj. p. 89.

ses organes internes ; et voilà d'où lui vient le nom de
gurnau qu'elle porte. Ce gurnau a d'ailleurs plusieurs
rapports de conformation avec la lyre, et, de plus, il
ressemble beaucoup au grondin, qui est doué, comme
la lyre, de la faculté de siffler ou de bruire. Mais, indépendamment des différences indiquées sur le tableau
du genre des trigles, et qui séparent le grondin du
gurnau, le grondin a la tête et l'ouverture de la bouche
plus petites que celles du gurnau: celui-ci peut parvenir
à la longueur d'un mètre[1] ; celui-là n'atteint ordinairement qu'à celle de trois ou quatre décimètres[2]. Les
écailles qui revêtent le gurnau, sont blanches ou grises,
et bordées de noir ; des taches rouges et noires sont

Cuculus minor. *Bellon, Aquat. p.* 104.

Cuculus lyræ species. *Schonev. p.* 32.

Lyra. *Charlet. p.* 13e.

Corystion capite conico, etc. *Klein, Miss. pisc.* 4, *p.* 46, *n.* €, *tab.* 4,
fig. 4.

Red gurnard. *Brit. Zoolog.* 3, *p.* 233, *n.* 2.

[1] A la première nageoire dorsale du gurnau ,   7 rayons.

à la seconde	19
à chacune des pectorales	10
à chacune des thoracines	6
à celle de l'anus	17
à celle de la queue	9

[2] A la première nageoire dorsale du grondin,   10 rayons.

à la seconde	18
à chacune des pectorales	10
à chacune des thoracines	6
à celle de l'anus	12
à celle de la queue	15

souvent répandues sur son dos ; ses nageoires de la poitrine et de la queue offrent une teinte noirâtre ; celles de l'anus et du dos sont d'un gris rougeâtre ; la première dorsale est parsemée de taches blanches ; les lames épaisses et larges qui recouvrent la ligne latérale, sont noires et bordées de blanc. Le grondin a les lames de ses lignes latérales blanches et bordées de noir ; la partie supérieure de son corps et de sa queue, rouge et pointillée de blanc ; la partie inférieure argentée ; les nageoires caudale et pectorales, rougeâtres ; celle de l'anus, blanche ; et les deux dorsales, blanches et pointillées d'orangé.

Au reste, le gurnau et le grondin ont tous les deux les thoracines blanches. Leur chair est très-agréable au goût : celle du grondin est même quelquefois exquise. Ils habitent dans la Méditerranée ; on les trouve aussi dans l'Océan atlantique, particulièrement auprès de l'Angleterre ; et c'est vers le commencement ou la fin du printemps que l'un et l'autre s'avancent et se pressent, pour ainsi dire, près des rivages, pour y déposer leurs œufs, où les arroser de la liqueur fécondante que la laite renferme*.

---

* On voit deux aiguillons auprès de chaque œil du grondin.

LA TRIGLE MILAN*.

PLUSIEURS trigles ont reçu des noms d'oiseaux ; on les a appelées *hirondelle*, *coucou*, *milan*, etc. Il étoit en effet assez naturel de donner à des poissons ailés qui s'élèvent dans l'atmosphère, des dénominations qui rappelassent les rapports de conformation, de facultés et d'habitudes, qui les lient avec les habitans de l'air. Aussi ces noms spécifiques ont-ils été imposés par des observateurs et adoptés assez généralement, même dès le temps des anciens naturalistes ; et voilà

---

* Trigla milvus.

Belugo, *c'est-à-dire,* étincelle, *dans plusieurs départemens méridionaux de France.*

Galline, *ibid.*

Organo, *dans la Ligurie.*

Cocco, *dans les deux Siciles.*

Trigla lucerna. Linné, *édition de Gmelin.*

Trigle milan. Daubenton, *Encyclopédie méthodique.*

Id. Bonnaterre, *planches de l'Encyclopédie méthodique.*

Trigla rostro parùm bifido, lineâ laterali, ad caudam bifurcâ. *Artedi, gen.* 45, *syn.* 73.

Milan marin. Rondelet, *première partie, liv.* 10., *chap.* 7.

Aldrov. lib. 2, *cap.* 58, *p.* 276.

Lucerna, milvus, *et* milvago. Gesner, *p.* 497 ; *et* (germ.) *fol.* 17, *a.*

Lucerna Venetorum. Willughby, *p.* 281.

Raj. p. 88.

Cuculus. Salvian. *fol.* 190, 191.

Gronov. *Mus.* 1, *n.* 100 ; *Zooph. p.* 84, *n.* 284.

pourquoi nous avons cru devoir en conserver deux.
La trigle milan a été aussi appelée, et même par plusieurs célèbres naturalistes, *lanterne*, ou *fanal*, parce
qu'elle offre d'une manière assez remarquable la propriété de luire dans les ténèbres, qui appartient non
seulement aux poissons morts dont les chairs commencent à s'altérer et à se décomposer, mais encore à
un nombre assez grand d'osseux et de cartilagineux
vivans *. C'est principalement la tête du milan, et particulièrement l'intérieur de sa bouche, et sur-tout son
palais, qui brillent dans l'obscurité, de l'éclat doux et
tranquille que répandent, pendant les belles nuits de
l'été des contrées méridionales, tant de substances
phosphoriques vivantes ou inanimées. Lorsque dans
un temps calme, et après le coucher du soleil, plusieurs centaines de trigles milans, exposées au même
danger, saisies du même effroi, emportées hors de
leur fluide par la même nécessité d'échapper à un
ennemi redoutable, s'élancent dans les couches les
plus basses de l'air et s'y maintiennent pendant quelques instans, en agitant leurs ailes membraneuses,
courtes à la vérité, mais mues par des muscles puissans, c'est un spectacle assez curieux que celui de ces
lumières paisibles qui montant avec vîtesse au-dessus
des ondes, s'avançant, retombant dans les flots, des-
sinant dans l'atmosphère des routes de feu qui se

---

* Voyez le *Discours sur la nature des poissons.*

croisent, se séparent, se réunissent, ajoutent une illu-
mination aérienne, mobile, et perpétuellement variée,
à celle qui repose, pour ainsi dire, sur la surface phosphorique de la mer. Au reste, les milans volant ou
nageant en troupes, offrent pendant le jour un coup
d'œil moins singulier, mais cependant agréable par
la vivacité, la disposition et l'harmonie de leurs couleurs. Le rouge domine fréquemment sur leur partie
supérieure; et l'on voit souvent de belles taches noires,
bleues ou jaunes, sur leurs grandes nageoires pectorales. Leur ligne latérale est garnie d'aiguillons, et
divisée en deux vers la queue. On les trouve dans
l'Océan atlantique, aussi-bien que dans la Méditerranée. Leur chair est presque toujours dure et sèche *;
et il se pourroit que ces milans ne fussent qu'une
variété des trigles hirondelles.

---

* A la première nageoire du dos   10 rayons.
   à la seconde   17
   à chacune des pectorales   10
   à chacune des thoracines   6
   à celle de l'anus   15.

LA TRIGLE MENUE [1].

LE nom de cette trigle désigne sa petitesse : sa longueur n'égale ordinairement que celle du doigt. Les deux saillies longitudinales qui forment la fossette propre à recevoir les nageoires du dos lorsque l'animal les incline et les plie, sont composées de petites lames un peu redressées et piquantes. Le museau est échancré et dentelé. On compte deux aiguillons au-dessus des yeux ; deux autres aiguillons, et deux piquans plus forts que ces quatre premiers, auprès de l'occiput ; et une épine assez grande à proportion des dimensions de l'animal, garnit la partie postérieure de chaque opercule [2].

On trouve la trigle menue dans les mers de l'Inde.

---

[1] Trigla minuta.
Id. *Linné, édition de Gmelin.*
La petite trigle. *Bonnaterre, planches de l'Encyclopédie méthodique.*

[2] 5 rayons aiguillonnés à la première nageoire du dos.
24 rayons à la seconde.
  8   à chacune des pectorales.
  6   à chacune des thoracines.
14   à celle de l'anus.
10   à celle de la queue.

LA TRIGLE CAVILLONE[1].

RONDELET a décrit cette trigle, dont il a aussi publié une figure gravée. N'ayant que deux rayons articulés et isolés à chaque nageoire pectorale, non seulement elle est séparée des espèces que nous venons de décrire, mais elle appartient même à un sous-genre particulier. On l'a appelée *cavillone* dans plusieurs départemens françois voisins de la Méditerranée, à cause de sa ressemblance avec une cheville, que l'on y nomme *caville*. L'animal est en effet beaucoup plus gros vers la tête que vers la nageoire de la queue. Il est couvert d'écailles petites, mais dentelées, âpres et dures. La ligne latérale est très-droite et très-voisine du dos. On voit un piquant au-dessus de chaque œil, et six aiguillons très-grands et un peu aplatis à la partie postérieure de cette sorte de casque ou d'enveloppe lamelleuse et ciselée, qui défend la tête.

La cavillone est d'un très-beau rouge, lequel fait ressortir la couleur de ses ailes, qui sont blanches par-dessus, et d'un verd noirâtre par-dessous[2]. Ses

---

[1] Trigla cavillone.
Autre espèce de surmulet, dite cavillone. *Rondelet, première partie, liv.* 10, *chap.* 5.
Mullus asperus. *Id. ibid.*

[2] 7 rayons aiguillonnés à la première nageoire du dos, qui est triangulaire.

dimensions sont ordinairement aussi petites que celles
de la menue. Son foie est très-long ; mais son estomac
est peu étendu, et son pylore garni d'un petit nombre
d'appendices ou cœcums. La chair de cette trigle est
dure, et peu agréable au goût.

QUATRE-VINGT-DIX-SEPTIÈME GENRE.

LES PÉRISTÉDIONS.

Des rayons articulés et non réunis par une membrane, auprès des nageoires pectorales; une seule nageoire dorsale; point d'aiguillon dentelé sur le dos; une ou plusieurs plaques osseuses au-dessous du corps.

ESPÈCES.	CARACTÈRES.
1. LE PÉRIST. MALARMAT. (*Peristedion malarmat.*)	Tout le corps cuirassé.
2. LE PÉR. CHABLONTÈRE. (*Peristedion chabrontera.*)	Deux plaques osseuses garnissant le dessous du corps.

LE PÉRISTÉDION MALARMAT *.

Les plaques osseuses qui garnissent le dessous du corps des péristédions, et y forment une sorte de

---

* Peristedion malarmat.

Pesce capone, *en Italie.*

Pesce furca, *ibid.*

Forchato, *ibid.*

Pesce forcha, *ibid.*

Scala feno, *dans la Ligurie.*

Gabel fisch, *en Allemagne.*

Panzerhalm, *ibid.*

Roode duyvel visch, *en Hollande.*

Rochet, *en Angleterre.*

Ikan seytan mera, *et* ikan paring, *dans les Indes orientales.*

Ολοστιν, *en grec.*

Trigla cataphracta. *Linné, édition de Gmelin.*

Bloch, pl. 349.

Trigle malarmat. *Daubenton, Encyclopédie méthodique.*

Id. *Bonnaterre, planches de l'Encyclopédie méthodique.*

Mus. Adolp. Fr. 2, *p.* 92 *.

Trigla... corpore octogono. *Artedi, gen.* 46, *syn.* 75.

Lyra altera Rondeletii. *Aldrov. lib.* 2, *cap.* 7, *p.* 147.

Id. *Willughby, p.* 283.

Id. *Raj. p.* 89.

Lyra. *Salvian. fol.* 192, *b, ad iconem, et* 193.

Malarmat. *Rondelet, première partie, liv.* 10, *chap.* 9.

Gesner, p. 517, 610; *et* (germ.) *fol.* 20, *b.*

Gronov. Mus. 1, *n.* 98.

Malarmat. *Duhamel, Traité des pêches, part.* 2, *sect.* 5, *chap.* 5, *p.* 113, *pl.* 9, *fig.* 1 *et* 2.

Id. *Valmont-Bomare, Dictionnaire d'histoire naturelle.*

plastron, séparent ces poissons des trigles proprement
dites, et nous ont suggéré le nom générique que nous
leur donnons *. Cette cuirasse est très-étendue sur
la partie inférieure du malarmat; elle la couvre en
entier; elle se réunit avec celle qui défend la partie
supérieure; ou, pour mieux dire, la totalité du corps
et de la queue de cet osseux est renfermée dans une
sorte de gaine composée de huit rangs de lames, qui la
font paroître octogone. Chacune de ces lames est plus
large que longue, irrégulièrement hexagone, et relevée
dans son milieu par un piquant recourbé vers l'arrière.
Ces plaques ou lames dures sont d'autant moins grandes
qu'elles sont placées plus près de la queue, et l'on
compte quelquefois plus de quarante pièces à chacune
des rangées longitudinales de ces lames aiguillonnées.

La tête est renfermée, comme celle de presque toutes
les trigles, dans une enveloppe à quatre faces, dure,
un peu osseuse, relevée par des arêtes longitudinales,
et parsemée de piquans dans sa partie supérieure. Le
museau se termine en deux os longs et plats, dont
l'ensemble ressemble assez à celui d'une fourche.

Les mâchoires sont dépourvues de dents proprement
dites; le palais et la langue sont lisses. On voit à la
mâchoire inférieure plusieurs barbillons très-courts,
et deux autres barbillons longs et ramifiés.

Chaque opercule est composé d'une seule lame, et

---

* Πηριςήδιν, en grec, signifie *pectoral, plastron*.

terminé en pointe. L'anus est plus près du museau que de la nageoire caudale, qui est en croissant; et on ne compte auprès de chaque nageoire pectorale que deux rayons articulés et libres, ce qui donne au malarmat un rapport de plus avec la trigle cavillone *.

Presque tout l'animal est d'un rouge pâle, comme plusieurs trigles; les thoracines sont grises, et les pectorales noirâtres.

Le malarmat habite non seulement dans la mer Méditerranée, mais encore dans celle qui baigne les Moluques. Il ne parvient guère qu'à la longueur dé six ou sept décimètres. Et l'on doit croire que si le poisson nommé *cornuta* par Pline est le malarmat, il faut lire dans cet auteur, et avec Rondelet, que les cornes ou appendices du museau de cet osseux ont un demi-pied (*cornua semipedalia*), et non pas un pied et demi (*sesquipedalia*). Nous devons même ajouter qu'il y auroit encore de l'exagération dans cette évaluation des appendices du malarmat, et que des *cornes* de deux décimètres de longueur supposeroient, dans les dimensions générales de ce poisson, une grandeur bien au-dessus de la réalité.

---

* 7 rayons à la membrane branchiale.

   7   à la première partie de la nageoire du dos, dont la membrane est plus basse que ces mêmes rayons.

26   à la seconde partie de cette même nageoire.

12   à chaque pectorale.

20   à celle de l'anus.

13   à celle de la queue.

Le péristédion que nous décrivons, se nourrit de mollusques, de vers marins et de plantes marines. Il se tient souvent au fond de la mer; et quoique sa chair soit dure et maigre, on le pêche dans beaucoup d'endroits pendant toute l'année, particulièrement pendant le printemps. On le prend communément avec des filets. Il nage avec beaucoup de rapidité; et comme il est très-vif dans ses mouvemens, il brise fréquemment ses appendices contre les rochers ou d'autres corps durs.

La vessie natatoire est grande; ce qui ajoute à la facilité avec laquelle le malarmat peut se soutenir dans l'eau, malgré la pesanteur de sa cuirasse. Le pylore est entouré de six petits cœcums.

LE PÉRISTÉDION CHABRONTÈRE[1].

La chabrontère n'a, comme le malarmat, que deux rayons libres et articulés, auprès de chaque nageoire pectorale. Son museau est fourchu, comme celui du malarmat; mais elle n'est pas renfermée dans une gaine octogone. Deux plaques osseuses défendent cependant la partie inférieure de son corps : elles s'étendent depuis la poitrine jusqu'à l'anus. On compte plusieurs aiguillons droits ou recourbés au-dessus du museau; et on en voit trois au-dessus et trois autres au-dessous de la queue. Toutes les nageoires, excepté la caudale, sont très-longues, et d'un rouge éclatant[2].

On trouve la chabrontère dans la Méditerranée.

[1] Peristedion chabrontera.
Osbeck, Fragm. ichthyol. Hispan.
Trigle chabrontère. *Bonnaterre, planches de l'Encyclopédie méthodique.*

[2] A la membrane des branchies 7 rayons.
à la nageoire du dos   26
à chacune des thoracines   6
à celle de l'anus   20

QUATRE-VINGT-DIX-HUITIÈME GENRE.

LES ISTIOPHORES.

Point de rayons articulés et libres, auprès des nageoires
pectorales, ni de plaques osseuses au-dessous du corps;
la première nageoire du dos, arrondie, très-longue, et
d'une hauteur supérieure à celle du corps; deux rayons
à chaque thoracine.

ESPÈCE.	CARACTÈRES.
L'ISTIOPH. PORTE-GLAIVE. *(Istiophorus glacifer.)*	La mâchoire supérieure prolongée en forme de lame d'épée; deux nageoires de l'anus,

L'ISTIOPHORE PORTE-GLAIVE *.

Marcgrave, Pison, Willughby, Ray, Jonston, Ruysch, mon savant confrère Broussonnet, et feu le célèbre Bloch, ont parlé de ce poisson très-remarquable par sa forme, sa grandeur et ses habitudes. En effet, sa tête ressemble beaucoup à celle des xiphias; il parvient, comme ces derniers, à une longueur de plus de trois mètres : comme ces derniers encore, il jouit d'une grande force, d'une grande agilité, d'une grande audace; il attaque avec courage, et souvent avec avantage, des ennemis très-dangereux. Cependant les xiphias appartiennent à l'ordre des apodes de la cinquième division; et le porte-glaive doit être inscrit dans la même division, à la vérité, mais dans l'ordre des thoracins.

La mâchoire supérieure de l'istiophore que nous

---

* Istiophorus gladifer.
Voilier, *par plusieurs auteurs ou voyageurs françois.*
Brochet volant, *id.*
Bécasse de mer, *id.*
Schwerdt-makrebe, *par les Allemands.*
Ola, *et* sword-fish, *par les Anglois.*
Zeyl-visch, *par les Hollandois des Indes orientales.*
Layer, *id.*
Zee-snipp, *id.*
Ikan tsjabelang jang terbang, *aux Indes orientales.*
Voilier, scomber gladius. *Bloch, pl.* 345.

décrivons, est trois fois plus avancée que l'inférieure : très-étroite, très-longue, convexe par-dessus, et pointue, elle ressemble à une épée, et a indiqué le nom spécifique de l'animal. Elle est garnie, ainsi que le palais et la mâchoire inférieure, de dents très-petites dont on ne trouve aucun vestige sur la langue. La tête est menue ; chaque opercule composé de deux lames ; le corps alongé, épais, et garni, ainsi que la queue, d'écailles difficiles à voir au-dessous de la membrane qui les couvre ; la ligne latérale courbe, et terminée par une saillie longue et dure ; le dos noir ; chaque côté bleu ; le dessous du corps et de la queue, argentin ; la couleur des pectorales et de l'anale, noire ; et celle de la première nageoire dorsale, d'un bleu céleste parsemé de taches petites et d'un rouge brun[*].

Les pectorales sont pointues ; la caudale est fourchue ; chaque nageoire thoracine ne présente que deux rayons longs, larges et un peu courbés : on compte deux nageoires de l'anus ; elles sont toutes les deux triangulaires, et à peu près de la même surface que

---

[*] A la membrane branchiale   7 rayons.
à la première nageoire dorsale   45
à la seconde   7
à chaque pectorale   15
à chaque thoracine   2
à la première de l'anus   9
à la seconde de l'anus   5
à celle de la queue   29

la seconde dorsale, au-dessous de laquelle la seconde nageoire de l'anus se trouve placée.

Quant à la première dorsale, sa forme et ses dimensions sont très-dignes d'attention. Elle s'étend depuis la nuque jusqu'à une petite distance de l'extrémité de la queue : elle est donc très-longue. Elle est aussi très-haute, sa hauteur surpassant la moitié de sa longueur. Son contour est arrondi ; et elle s'élève comme un demi-disque, ou plutôt comme une voile, qui a fait nommer l'animal, *voilier,* et d'après laquelle nous lui avons donné le nom générique de porte-voile (*istiophorus,* istiophore*).

Le porte-glaive nage souvent à la surface de l'eau, au-dessus de laquelle sa nageoire dorsale paroît d'assez loin, et présente une surface de quinze ou seize décimètres de long, sur huit ou neuf de haut. Il habite les mers chaudes des Indes orientales aussi-bien que des occidentales. Le célèbre chevalier Banks l'a vu à Madagascar et à l'Isle de France. Il a pris à Surate un individu de cette espèce, qui avoit plus de trois mètres de longueur, dont le plus grand diamètre du corps étoit d'un quart de mètre, et qui pesoit dix myriagrammes.

Dans sa natation rapide, l'istiophore porte-glaive s'avance sans crainte, se jette sur de très-gros poissons, ne recule pas devant l'homme, et se précipite

---

* Ιϛιον, en grec, signifie *voile de navire.*

contre les vaisseaux, dans le bordage desquels il laisse quelquefois des tronçons de son arme brisée par la violence du choc. Il lutte avec facilité contre les ondes agitées, ne se cache pas à l'approche des orages, paroît même rechercher les tempêtes, pour saisir plus promptement une proie troublée, fatiguée, et, pour ainsi dire, à demi vaincue par le bouleversement des flots ; et voilà pourquoi son apparition sur l'Océan a été regardée par des navigateurs comme le présage d'un ouragan.

Il avale tout entiers des poissons longs de trois ou quatre décimètres. Lorsqu'encore jeune il ne présente qu'une longueur d'un mètre, ou environ, sa chair n'est pas assez imbibée de graisse pour être indigeste ; et de plus elle est très-agréable au goût.

QUATRE-VINGT-DIX-NEUVIÈME GENRE.

LES GYMNÈTRES.

*Point de nageoire de l'anus; une seule nageoire dorsale;
les rayons des nageoires thoracines très-alongés.*

ESPÈCE.	CARACTÈRE.
LE GYMNÈTRE HAWKEN. (*Gymnetrus Hawkenii.*)	{ Deux rayons à chaque nageoire thoracine.

LE GYMNÈTRE HAWKEN *.

Les poissons renfermés dans ce genre n'ayant pas de nageoire de l'anus, nous aurions inscrit les gymnètres à la tête des thoracins de la cinquième division, si l'espérance de recueillir de nouveaux renseignemens au sujet de ces animaux ne m'avoit fait différer jusqu'à ce moment l'impression de cet article.

Les gymnètres ont beaucoup de rapports avec les régalecs ; mais indépendamment de plusieurs différences qu'il est aisé d'appercevoir, et sans considérer, par exemple, que les régalecs ont deux nageoires dorsales, et que les gymnètres n'en ont qu'une, ces derniers appartiennent à l'ordre des thoracins, et les régalecs à celui des apodes.

Le hawken a été ainsi nommé par reconnoissance pour l'ami des sciences naturelles (M. Hawken) qui a envoyé dans le temps un individu de cette espèce à Bloch de Berlin.

Chaque nageoire thoracine de ce poisson est composée de deux rayons séparés l'un de l'autre, et prolongés en forme de filament jusque vers le milieu de la longueur totale de l'animal. A son extrémité, chacun

* Gymnetrus Hawkenii.
Id. *Bloch*, pl. 423.

de ces rayons s'épanouit, s'élargit, se divise en six ou
sept petits rayons réunis par une membrane, et forme
comme une petite palette arrondie.

L'ensemble du hawken est d'ailleurs serpentiforme,
mais un peu comprimé ; la mâchoire inférieure dépasse
la supérieure ; l'ouverture branchiale est grande ; on
voit un petit enfoncement au-devant des yeux ; la
nageoire dorsale commence au-dessus de ces derniers
organes, et s'étend jusqu'à la caudale, comme une
bande à peu près également élevée dans tous ses points ;
la caudale est en croissant; toutes les nageoires sont
couleur de sang ; le corps et la queue sont d'un gris
bleu avec des taches et de petites bandes brunes,
disposées assez régulièrement.

L'individu décrit par Bloch avoit été pris auprès
de Goa. Il avoit plus de huit décimètres de long, et
pesoit près de cinq kilogrammes.

CENTIÈME GENRE.

LES MULLES.

Le corps couvert de grandes écailles qui se détachent aisément; deux nageoires dorsales; plus d'un barbillon à la mâchoire inférieure.

ESPÈCES.	CARACTÈRES.
1. LE MULLE ROUGET. (*Mullus ruber.*)	Le corps et la queue rouges, même lorsqu'ils sont dénués d'écailles; point de raies longitudinales; les deux mâchoires également avancées.
2. LE MULLE SURMULET. (*Mullus surmuletus.*)	Le corps et la queue rouges; des raies longitudinales jaunes; la mâchoire supérieure un peu plus avancée que l'inférieure.
3. LE MULLE JAPONOIS. (*Mullus japonicus.*)	Le corps et la queue jaunes; point de raies longitudinales.
4. LE MULLE AURIFLAMME. (*Mullus auriflamma.*)	Le dos comme bronzé; une raie longitudinale large et rousse, de chaque côté de l'animal; une tache noire vers l'extrémité de la ligne latérale; la nageoire de la queue, jaune et sans tache; les barbillons blancs; des dents petites et nombreuses.
5. LE MULLE RAYÉ. (*Mullus vittatus.*)	Blanchâtre; cinq raies longitudinales de chaque côté, deux brunes et trois jaunes; la nageoire de la queue rayée obliquement de brun; les barbillons de la longueur des opercules; les écailles légèrement dentées.

ESPÈCES.	CARACTÈRES.
6. LE MULLE TACHETÉ. (*Mullus maculatus.*)	La tête, le corps, la queue et les nageoires rouges ; trois taches grandes, presque rondes, et noires, de chaque côté du corps ; huit rayons à la première nageoire du dos ; dix à celle de l'anus.
7. LE MULLE DEUX-BANDES. (*Mullus bifasciatus.*)	Une bande très-foncée, transversale, et terminée en pointe, à l'origine de la première nageoire du dos ; une bande presque semblable vers l'origine de la queue ; la nageoire caudale divisée en deux lobes très-distincts ; la tête couverte d'écailles semblables à celles du dos ; les barbillons épais à leur base, et déliés à leur extrémité.
8. LE MULLE CYCLOSTOME. (*Mullus cyclostomus.*)	Point de raies, de bandes ni de taches ; l'extrémité des barbillons atteignant à l'origine des thoracines ; l'ouverture de la bouche représentant une très-grande portion de cercle ; la ligne latérale, parallèle au dos ; huit rayons à la première dorsale.
9. LE MULLE TROIS-BANDES. (*Mullus trifasciatus.*)	Trois bandes transversales, larges, très-foncées, et finissant en pointe ; la tête couverte d'écailles semblables à celles du dos ; l'extrémité des barbillons atteignant à l'extrémité des nageoires thoracines.
10. LE MULLE MACRONÈME. (*Mullus macronema.*)	Une raie longitudinale de chaque côté du corps ; une tache noire vers l'extrémité de la ligne latérale ; sept rayons à la première dorsale ; l'extrémité des barbillons atteignant à l'extrémité des nageoires thoracines.
11. LE MULLE BARBERIN. (*Mullus barberinus.*)	Une raie longitudinale de chaque côté du corps ; une tache noire vers l'extrémité de la ligne latérale ; huit rayons à la première dorsale ; l'extrémité des barbillons n'attei-

ESPÈCES.	CARACTÈRES.
11. LE MULLE BARBERIN. (*Mullus barberinus.*)	gnant que jusqu'à la seconde pièce des opercules ; cette seconde pièce garnie d'un piquant recourbé.
12. LE MULLE ROUGEATRE. (*Mullus rubescens.*)	Le corps et la queue rougeâtres ; une tache noire vers l'extrémité de la ligne latérale ; la seconde dorsale parsemée , ainsi que la nageoire de l'anus et celle de la queue, de taches brunes et faites en forme de lentilles.
13. LE MULLE ROUGEOR. (*Mullus chryserydros.*)	Le corps et la queue rouges ; une grande tache dorée entre les nageoires dorsales et celle de la queue ; des rayons dorés aboutissant à l'œil comme à un centre ; les opercules dénués de piquans, et non d'écailles semblables à celles du dos ; les barbillons atteignant jusqu'à la base des thoracines, et se recourbant ensuite ; quatre rayons à la membrane des branchies.
14. LE MULLE CORDON-JAUNE. (*Mullus flavolineatus.*)	Le dos bleuâtre ; une raie latérale et longitudinale, dorée ; la nageoire de la queue et le sommet de celles du dos, jaunâtres; trois pièces à chaque opercule : un petit piquant à la seconde pièce operculaire ; les opercules dénués d'écailles semblables à celles du dos ; quatre rayons à la membrane des branchies ; les barbillons recourbés , et n'atteignant pas tout-à-fait jusqu'à la base des nageoires thoracines.

LE MULLE ROUGET*.

AVEC quelle magnificence la Nature n'a-t-elle pas décoré ce poisson! Quels souvenirs ne réveille pas ce mulle dont le nom se trouve dans les écrits de tant

---

* Mullus ruber.

Barbet, *dans plusieurs contrées de France.*

Petit surmulet, *ibid.*

Red surmulet, *en Angleterre.*

Smaller red-beard., *ibid.*

Der kleine roth-bart, *en Allemagne.*

Die rothe see barbe, *ibid.*

Nagarey, *par les Tamules.*

Tekir, *par les Turcs.*

Triglia, *en Italie.*

Triglia verace, *sur les rivages de la Ligurie.*

Barboni, *à Venise.*

Barbarin, *en Portugal.*

Mullus barbatus. *Linné, édition de Gmelin.*

Mus. Adolph. Frid. 2, *p.* 91 *.

Bloch, pl. 348, *fig.* 2.

Mulet rouge. *Daubenton et Haüy, Encyclopédie méthodique.*

Id. *Bonnaterre, planches de l'Encyclopédie méthodique.*

Trigla capite glabro, cirris geminis in maxilla inferiore. *Artedi, gen.* 43, *syn.* 73.

Η᾽ τρυγλα. *Aristot. lib.* 2, *cap.* 17; *lib.* 4, *cap.* 11; *lib.* 5, *cap.* 9; *lib.* 6, *cap.* 17; *lib.* 8, *cap.* 2, 13; *et lib.* 9, *cap.* 2, 37.

Τρυγλη. *Ælian. lib.* 2, *cap.* 41, *p.* 118; *lib.* 9, *cap.* 51, 65, *p.* 557; *et lib.* 10, *cap.* 2.

Athen. lib. 7, *p.* 324, 325.

Oppian. lib. 1, *p.* 5, 6.

d'auteurs célèbres de la Grèce et de Rome ! De quelles
réflexions, de quels mouvemens, de quelles images
son histoire n'a-t-elle pas enrichi la morale, l'éloquence
et la poésie ! C'est à sa brillante parure qu'il a dû sa
célébrité. Et en effet, non seulement un rouge éclatant
le colore en se mêlant à des teintes argentines sur ses
côtés et sur son ventre, non seulement ses nageoires
resplendissent des divers reflets de l'or, mais encore le
rouge dont il est peint, appartenant au corps proprement dit du poisson, et paroissant au travers des écailles
très-transparentes qui revêtent l'animal, reçoit par sa
transmission et le passage que lui livre une substance
diaphane, polie et luisante, toute la vivacité que l'art
peut donner aux nuances qu'il emploie, par le moyen
d'un vernis habilement préparé. Voilà pourquoi le rou-

Plin. lib. 9, *ccp.* 17, 18, 51 ; *et lib.* 32, *cap.* 10, 11.

Wotton, lib. 8, *cap.* 169, *fol.* 151, *b.*

P. Jov. cap. 18, *p.* 83.

Mullus minor. *Salvian.*

Schonev. p. 47.

Willughby, p. 285.

Mullus. *Raj. p.* 90.

Mulus, *vel* mullus. *Cuba, lib.* 3, *cap.* 60, *fol.* 84, *b.*

Mullus barbatus. *Varron, Rustic. lib.* 3, *cap.* 17.

Rondelet, première partie, liv. 10, *chap.* 3.

Mullus barbatus. *Gesner, Aquat. p.* 565.

Mullus Gesneri, qui minor Salviani dicitur. *Aldrovand. lib.* 2, *cap.* 1,
p. 131.

Bellon, Pisc. p. 170.

Red surmulet. *Brit. Zoolog.* 3, *p.* 227, *n.* 1.

Surmulet. *Valmont-Bomare, Dictionnaire d'histoire naturelle.*

get montre encore la teinte qui le distingue lorsqu'il est dépouillé de ses écailles ; et voilà pourquoi encore les Romains du temps de Varron, gardoient les rougets dans leurs viviers, comme un ornement qui devint bientôt si recherché, que Cicéron reproche à ses compatriotes l'orgueil insensé auquel ils se livroient, lorsqu'ils pouvoient montrer de beaux mulles dans les eaux de leurs habitations favorites.

La beauté a donc été l'origine de la captivité de ces mulles ; elle a donc été pour eux, comme pour tant d'autres êtres dignes d'un intérêt bien plus vif, une cause de contrainte, de gêne et de malheur. Mais elle leur a été bien plus funeste encore par un effet bien éloigné de ceux qu'elle fait naître le plus souvent ; elle les a condamnés à toutes les angoisses d'une mort lente et douloureuse ; elle a produit dans l'ame de leurs possesseurs une cruauté d'autant plus révoltante qu'elle étoit froide et vaine. Sénèque et Pline rapportent que les Romains fameux par leurs richesses, et abrutis par leurs débauches, mêloient à leurs dégoûtantes orgies le barbare plaisir de faire expirer entre leurs mains un des mulles rougets, afin de jouir de la variété des nuances pourpres, violettes ou bleues, qui se succédoient depuis le rouge du cinabre jusqu'au blanc le plus pâle, à mesure que l'animal passant par tous les degrés de la diminution de la vie, et perdant peu à peu les forces nécessaires pour faire circuler dans les ramifications les plus extérieures de ses vaisseaux

le fluide auquel il avoit dû ses couleurs en même
temps que son existence [1], parvenoit enfin au terme
de ses souffrances longuement prolongées. Des mouvemens convulsifs marquoient seuls, avec les dégradations des teintes, l'approche de la fin des tourmens
du rouget. Aucun son, aucun cri plaintif, aucune
sorte d'accent touchant, n'annonçoient ni la vivacité
des douleurs, ni la mort qui alloit les faire cesser. Les
mulles sont muets comme les autres poissons ; et nous
aimons à croire pour l'honneur de l'espèce humaine,
que ces Romains, malgré leur avidité pour de nouvelles
jouissances qui échappoient sans cesse à leurs sens
émoussés par l'excès des plaisirs, n'auroient pu résister
à la plainte la plus foible de leur malheureuse victime :
mais ses tourmens n'en étoient pas moins réels ; ils n'en
étoient pas moins les précurseurs de la mort. Et cependant le goût de ce spectacle cruel ajouta une telle
fureur pour la possession des mulles au desir rai-
sonnable, s'il eût été modéré, de voir ces animaux
animer par leurs mouvemens et embellir par leur
éclat les étangs et les viviers, que leur prix devint
bientôt excessif : on donnoit quelquefois de ces osseux
leur poids en argent [2]. Le Calliodore, objet d'une des
satires de Juvénal, dépensa quatre cents sesterces pour

[1] Voyez le *Discours sur la nature des poissons.*

[2] Des rougets ont pesé deux kilogrammes. Le kilogramme d'argent vaut
à peu près 200 francs.

quatre de ces mulles. L'empereur Tibère vendit 4000
sesterces un rouget du poids de deux kilogrammes,
dont on lui avoit fait présent. Un ancien consul
nommé Célère en paya un 8000 sesterces ; et selon
Suétone, trois mulles furent vendus 30,000 sesterces.
Les Apicius épuisèrent les ressources de leur art pour
parvenir à trouver la meilleure manière d'assaisonner
les mulles rougets ; et c'est au sujet de ces animaux
que Pline s'écrie : « On s'est plaint de voir des cuisiniers
» évalués à des sommes excessives. Maintenant c'est
» au prix des triomphes qu'on achète et les cuisiniers et
» les poissons qu'ils doivent préparer ». Et que ce luxe
absurde, ces plaisirs féroces, cette prodigalité folle,
ces abus sans reproduction, cette ostentation sans
goût, ces jouissances sans délicatesse, cette vile dé-
bauche, cette plate recherche, ces appétits de brute,
qui se sont engendrés mutuellement, qui n'existent
presque jamais l'un sans l'autre, et que nous rap-
pellent les traits que nous venons de citer, ne nous
étonnent point. De Rome républicaine il ne restoit que
le nom ; toute idée libérale avoit disparu ; la servitude
avoit brisé tous les ressorts de l'ame ; les sentimens
généreux s'étoient éteints ; la vertu, qui n'est que la
force de l'ame, n'existoit plus ; le goût, qui ne consiste
que dans la perception délicate de convenances que
la tyrannie abhorre, chaque jour se dépravoit ; les arts,
qui ne prospèrent que par l'élévation de la pensée,
la pureté du goût, la chaleur du sentiment, éteignoient

leurs flambeaux ; la science ne convenoit plus à des
esclaves dont elle ne pouvoit éclairer que les fers ;
des joies fausses , mais bruyantes et qui étourdissent ,
des plaisirs grossiers qui enivrent , des jouissances sen-
suelles qui amènent tout oubli du passé , toute considération du présent, toute crainte de l'avenir , des
représentations vaines de ces trésors trompeurs entassés à la place des vrais biens que l'on avoit perdus,
plusieurs recherches barbares , tristes symptômes de la
férocité, dernier terme d'un courage abâtardi, devoient
donc convenir à des Romains avilis , à des citoyens
dégradés, à des hommes abrutis. Quelques philosophes
dignes des respects de la postérité s'élevoient encore
au milieu de cette tourbe asservie : mais plusieurs
furent immolés par le despotisme ; et dans leur lutte
trop inégale contre une corruption trop générale , ils
éternisèrent par leurs écrits la honte de leurs contem-
porains, sans pouvoir corriger leurs vices funestes et
contagieux.

Les poissons dont le nom se trouve lié avec l'histoire
de ces Romains dégénérés, ont fixé l'attention de plusieurs écrivains : mais comme la plupart de ces auteurs
étoient peu versés dans les sciences naturelles, comme
d'ailleurs le surmulet a été , ainsi que le rouget , l'objet
de la recherche prodigue et de la curiosité cruelle que
nous venons de retracer , et comme ces deux osseux ont
les mêmes habitudes , et assez de formes et de qualités
communes pour qu'on ait souvent appliqué les mêmes

dénominations à l'un et à l'autre, on est tombé dans une telle confusion d'idées au sujet de ces deux mulles, que d'illustres naturalistes très-récens les ont rapportés à la même espèce, sans supposer même qu'ils formassent deux variétés distinctes.

En comparant néanmoins cet article avec celui qui suit, il sera aisé de voir que le rouget et le mulet sont différens l'un de l'autre.

Le devant de la tête du rouget paroît comme tronqué, ou, pour mieux dire, le sommet de la tête de cet osseux est très-élevé. Les deux mâchoires, également avancées, sont, de plus, garnies d'une grande quantité de petites dents. De très-petites aspérités hérissent le devant du palais, et quatre os placés auprès du gosier. Deux barbillons assez longs pour atteindre à l'extrémité des opercules, pendent au-dessous du museau. Chaque narine n'a qu'une ouverture. Deux pièces composent chaque opercule, au-dessous duquel la membrane branchiale peut être cachée presque en entier *. La ligne latérale est voisine du dos ; l'anus plus éloigné de la tête que de la nageoire de la queue, qui est fourchue ;

---

* A la membrane branchiale   3 rayons.
   à la première nageoire du dos   7
   à la seconde   9
   à chacune des pectorales   15
   à chacune des thoracines   6
   à celle de l'anus   7
   à celle de la queue   17

et tous les rayons de la première dorsale, ainsi que le premier des pectorales, de l'anale et des thoracines, sont aiguillonnés.

Les écailles qui recouvrent la tête, le corps et la queue, se détachent facilement[1].

Le rouget vit souvent de crustacées. Il n'entre que rarement dans les rivières ; et il est des contrées où on le prend dans toutes les saisons. On le pêche non seulement à la ligne, mais encore au filet. On ne devine pas pourquoi un des plus célèbres interprètes d'Aristote, Alexandre d'Aphrodisée, a écrit que ceux qui tenoient ce mulle dans la main, étoient à l'abri de la secousse violente que la raie torpille peut faire éprouver[2].

On trouve le rouget dans plusieurs mers, dans le canal de la Manche, dans la Baltique près du Danemarck, dans la mer d'Allemagne vers la Hollande, dans l'Océan atlantique auprès des côtes du Portugal, de l'Espagne, de la France, et particulièrement à une petite distance de l'embouchure de la Gironde, dans la Méditerranée aux environs de la Sardaigne, de Malte, du Tibre et de l'Hellespont, et dans les eaux qui baignent les rivages des isles Moluques.

---

[1] L'estomac est composé d'une membrane mince ; vingt-six cœcums sont placés auprès du pylore ; le foie est divisé en deux lobes, et la vésicule du fiel petite.

[2] Voyez l'*Histoire naturelle et littéraire des poissons*, par le savant professeur Schneider, page 111.

Quoique nous ayons vu que l'empereur Tibère vendit un rouget du poids de deux kilogrammes, ce mulle
ne parvient ordinairement qu'à la longueur de trois
décimètres. Il a la chair blanche, ferme, et de très-
bon goût, particulièrement lorsqu'il vit dans la partie
de l'Océan qui reçoit les eaux réunies de la Garonne
et de la Dordogne.

LE MULLE SURMULET*.

DES raies dorées et longitudinales servent à distinguer ce poisson du rouget. Elles s'étendent non seulement sur le corps et sur la queue, mais encore sur la
tête, où elles se marient, d'une manière très-agréable
à l'œil, avec le rouge argentin qui fait le fond de la

*Mullus surmuletus.
Barbarin, *dans plusieurs contrées de France.*
Rouget barbé, *ibid.*
Mulet barbé, *ibid.*
Tekyr, *en Turquie.*
Rothbart, *en Allemagne.*
Peter mænnchen, *dans le Holstein.*
Goldecken, *ibid.*
Schmerbutten, *et* baguntken, *près d'Eckernfœrde.*
Konig van de haaring, *en Hollande.*
Byenaneque, *et* baart-mannetje, *dans les Moluques hollandoises.*
Ikan tamar, *à la Chine.*
Mullus surmuletus. *Linné, édition de Gmelin.*
Mulet surmulet. *Bonnaterre, planches de l'Encyclopédie méthodique.*
Bloch, pl. 57.
Trigla capite glabro, lineis utrinque quatuor luteis, etc. *Artedi, gen.*
43, *syn.* 72.
Mullus major. *Salvian.*
Mullus major ex Hispania missus. *Aldrov. lib.* 2, *cap.* 1, *p.* 123.
Mullus major noster et Saviani. *Willughby, p.* 285, *tab.* S, 7, *fig.* 1.
Raj. p. 91, *n.* 2.
Brünn. Pisc. Massil. p. 71, *n.* 88.
Surmulet. *Bellon, Aquat. p.* 176.
Striped surmulet. *Brit. Zoolog.* 3, *p.* 229, *n.* 2, *tab.* 13.

couleur de cette partie. Il paroît que ces nuances disposées en raies appartiennent aux écailles, et par
conséquent s'évanouissent par la chûte de ces lames,
tandis que le rouge sur lequel elles sont dessinées,
provenant de la distribution des vaisseaux sanguins
près de la surface de l'animal, subsiste dans tout son
éclat, lors même que le poisson est entièrement dépouillé de son tégument écailleux. Le brillant de l'or
resplendit d'ailleurs sur les nageoires; et c'est ainsi que
les teintes les plus riches se réunissent sur le surmulet,
comme sur le rouget, mais combinées dans d'autres
proportions, et disposées d'après un dessin différent.

L'ouverture de la bouche est petite; la mâchoire
supérieure un peu plus avancée que l'inférieure; et la
ligne latérale parallèle au dos, excepté vers la nageoire
caudale. Les deux barbillons sont un peu plus longs à
proportion que ceux du rouget*.

Le surmulet vit non seulement dans la Méditerranée et dans l'Océan atlantique boréal, mais encore
dans la Baltique, auprès des rivages des Antilles, et
dans les eaux de la Chine. Il y varie dans sa longueur

---

* 3 rayons à la membrane des branchies.
  7 rayons aiguillonnés à la première nageoire dorsale.
  9 rayons à la seconde.
15   à chacune des pectorales.
 6   à chacune des thoracines.
 7   à celle de l'anus.
22   à celle de la queue.

depuis deux jusqu'à cinq décimètres ; et quoique
Juvénal ait écrit qu'un mulle qui paroît devoir être
rapporté à la même espèce que notre surmulet, a pesé
trois kilogrammes, on ne peut pas attribuer à un surmulet, ni à aucun autre mulle, le poids de quarante
kilogrammes, assigné par Pline à un poisson de la mer
Rouge, que ce grand écrivain regarde comme un
mulle, mais qu'il faut plutôt inscrire parmi ces silures
si communs dans les eaux de l'Égypte, dont plusieurs
deviennent très-grands, et qui, de même que les
mulles, ont leur museau garni de très-longs barbillons.

Le mulle surmulet a la chair blanche, un peu feuil-
letée, ferme, très-agréable au goût, et, malgré l'autorité de Galien, facile à digérer, quand elle n'est pas
très-grasse. Nous avons vu dans l'article précédent,
qu'il étoit, comme le rouget, pour les Romains qui
vivoient sous les premiers empereurs, un objet de
recherche et de jouissance insensées. Aussi ce poisson
avoit-il donné lieu au proverbe, *Ne le mange pas qui*
le prend. Les morceaux que l'on en estimoit le plus,
étoient la tête et le foie.

Il se nourrit ordinairement de poissons très-jeunes,
de cancres, et d'animaux à coquille. Galien a écrit
que l'odeur de ce poisson étoit désagréable, quand il
avoit mangé des cancres ; et suivant Pline, il répand
cette mauvaise odeur, quand il a préféré des animaux
à coquille. Au reste, comme le surmulet est vorace, il

se jette souvent sur des cadavres, soit d'hommes, soit d'animaux. Les Grecs croyoient même qu'il poursuivoit et parvenoit à tuer des poissons dangereux ; et le regardant comme une sorte de chasseur utile, ils l'avoient consacré à Diane.

Les surmulets vont par troupes, sortent, vers le commencement du printemps, des profondeurs de la mer, font alors leur première ponte auprès des embouchures des rivières, et, selon Aristote, pondent trois fois dans la même année, comme d'autres mulles, et de même que plusieurs trigles.

On les pêche avec des filets, des louves *, des nasses, et sur-tout à l'hameçon ; et dans plusieurs contrées, lorsqu'on veut pouvoir les envoyer au loin sans qu'ils se gâtent, on les fait bouillir dans de l'eau de mer aussitôt après qu'ils ont été pris, on les saupoudre de farine, et on les entoure d'une pâte qui les garantit de tout contact de l'air.

Nous ne rapporterons pas le conte adopté par Athénée, au sujet de la prétendue stérilité des surmulets femelles, causée par de petits vers qui s'engendrent dans leur corps lorsqu'elles ont produit trois fois. Nous ne réfuterons pas l'opinion de quelques auteurs anciens qui ont écrit que du vin dans lequel on avoit fait mourir des surmulets, rendoit incapable d'engendrer, et que ces animaux attachés

---

* Voyez, relativement à la *louve*, l'article du *pétromyzon lamproie*.

cruds sur une partie du corps, guérissoient de la jau-
nisse ; et nous terminerons cet article en disant que
ces poissons ont le canal intestinal assez court, et
vingt-six cœcums auprès du pylore.

LE MULLE JAPONOIS [1].

CE poisson qu'Houttuyn a fait connoître, ressemble beaucoup au rouget et au surmulet; mais il en diffère par la petitesse des dents dont ses mâchoires sont garnies, si même elles n'en sont pas entièrement dénuées : et d'ailleurs il ne présente pas de raies longitudinales; et sa couleur est jaune, au lieu d'être rouge. Il habite dans les eaux du Japon, ainsi que l'indique son nom spécifique [2].

---

[1] Mullus japonicus.
Id. *Linné, édition de Gmelin.*
Houttuyn, Act. Haarl. XX, 2, *p.* 334, *n.* 23.

[2] A la première nageoire du dos   7 rayons.
   à la seconde   9.

LE MULLE AURIFLAMME[1].

FORSKAEL a vu ce poisson dans la mer d'Arabie.
Ajoutons à ce que nous en avons dit dans le tableau
de son genre, que les côtés de sa tête sont tachés de
jaune; que deux raies jaunes ou couleur d'or sont
placées au-dessous de sa queue; que la même nuance
distingue ses dorsales; que ses pectorales, son anale
et ses thoracines sont blanchâtres; et enfin que les
écailles dont il est revêtu, sont membraneuses dans
une partie de leur circonférence[2].

Un des dessins de Commerson, que nous avons fait
graver, présente une variété de l'auriflamme.

---

[1] Mullus auriflamma.
Id. *Linné, édition de Gmelin.*
Forskael, Faun. Arab. p. 3o, *n.* 19.
Mulet ambir. *Bonnaterre, planches de l'Encyclopédie méthodique.*

[2] 3 rayons à la membrane des branchies.
7 rayons aiguillonnés à la première nageoire du dos.
1 rayon aiguillonné et 9 rayons articulés à la seconde dorsale.
17 rayons à chaque pectorale.
6 rayons à chaque thoracine.
2 rayons aiguillonnés et 7 rayons articulés à celle de l'anus.
15 rayons à celle de la queue.

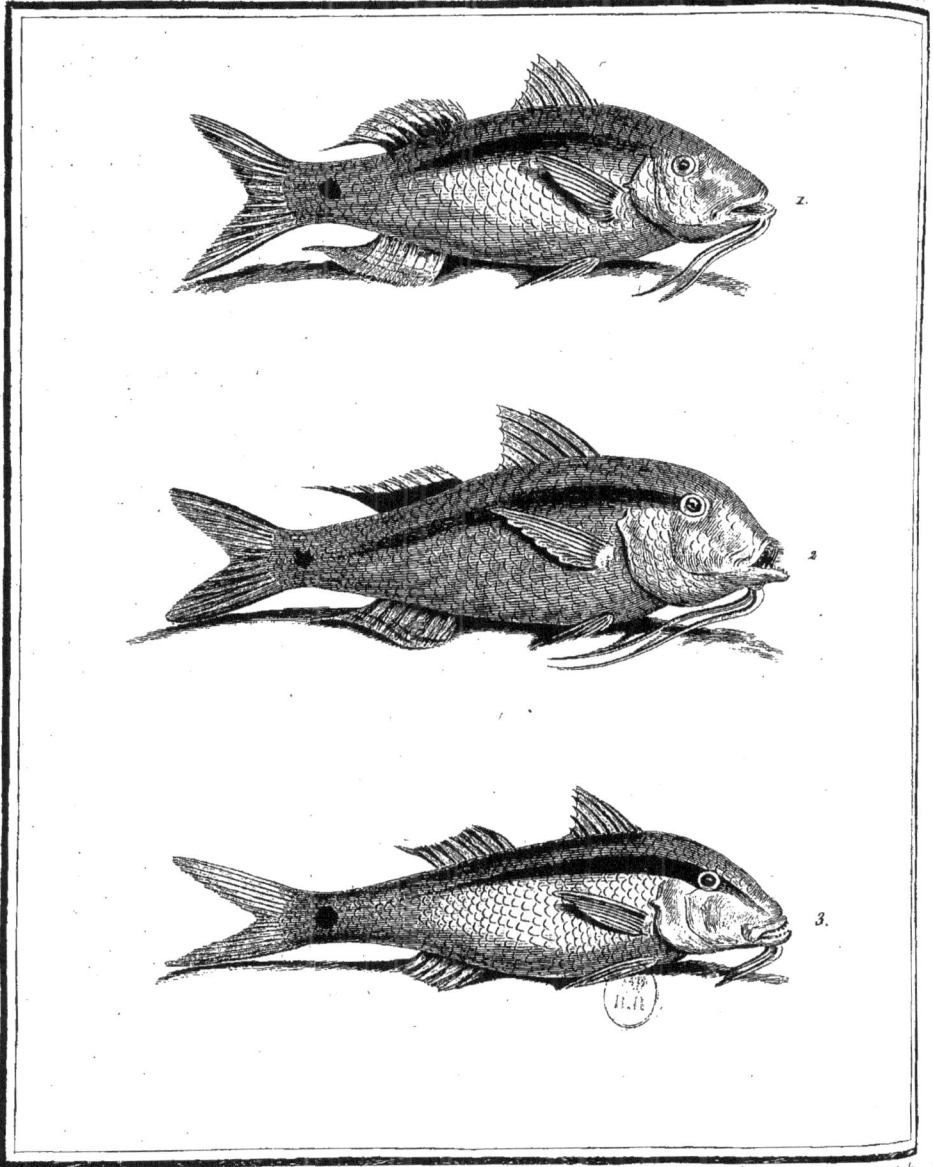

1. MULLE Auriflamme . 2 MULLE Macronème. 3. MULLE Barberin .

LE MULLE RAYÉ[1].

LES petites dents qui garnissent les mâchoires de ce mulle, sont serrées les unes contre les autres. Ses nageoires pectorales, thoracines, et anale, sont blanchâtres ; les dorsales présentent des raies noires sur un fond blanc. On peut voir les autres traits du rayé, dans le tableau de son genre. Ce poisson habite la mer d'Arabie[2].

[1] Mullus vittatus.
Id. *Linné, édition de Gmelin.*
Forskael, Faun. Arabic. p. 31, *n.* 20.
Mulet rayé. *Bonnaterre, planches de l'Encyclopédie méthodique.*

[2] 3 rayons à la membrane des branchies.
7 rayons aiguillonnés à la première nageoire du dos.
1 rayon aiguillonné et 9 rayons articulés à la seconde.

LE MULLE TACHETÉ[1].

MARCGRAVE, Pison, Ruysch, Klein, et le prince Maurice de Nassau, cité par Bloch, ont parlé de ce mulle, que le professeur Gmelin ne regarde que comme une variété du surmulet. On trouve le tacheté dans la mer des Antilles ; et on le pêche aussi dans les lacs que le Brésil renferme. Ce poisson a dans certaines eaux, et particulièrement dans celles qui sont peu agitées, la chair tendre, grasse et succulente. Les deux mâchoires sont également avancées ; l'ouverture de l'anus[2] est placée vers le milieu de la longueur totale ; une belle couleur rouge répandue sur presque tout l'animal est relevée par la teinte dorée ou

---

[1] Mullus maculatus.
Salmoneta, *en Espagne et en Portugal.*
Pirameiara, *au Brésil.*
Bloch, pl. 348, *fig.* 1.
Mullus surmuletus, var. β. *Linné, édition de Gmelin.*
Marcgr. Brasil. 181.
Piso. Ind. p. 60.

[2] A la première nageoire du dos   8 rayons.
   à la seconde   10
   à chaque pectorale   15
   à chaque thoracine   6
   à celle de l'anus   10
   à celle de la queue   19

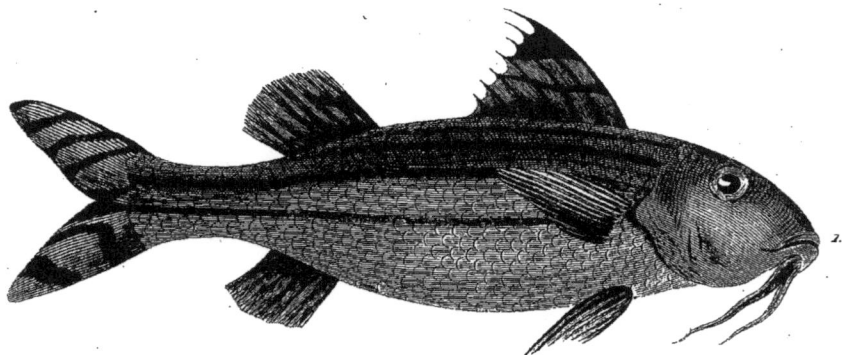

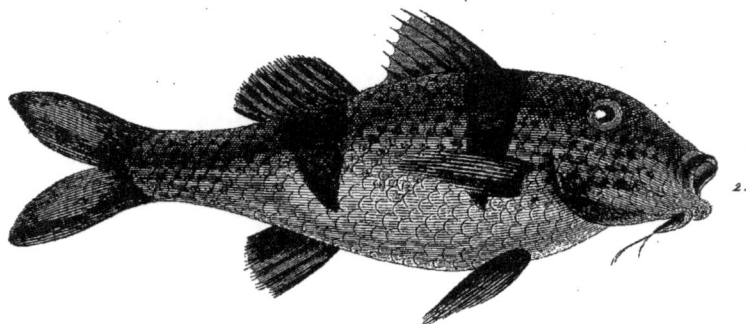

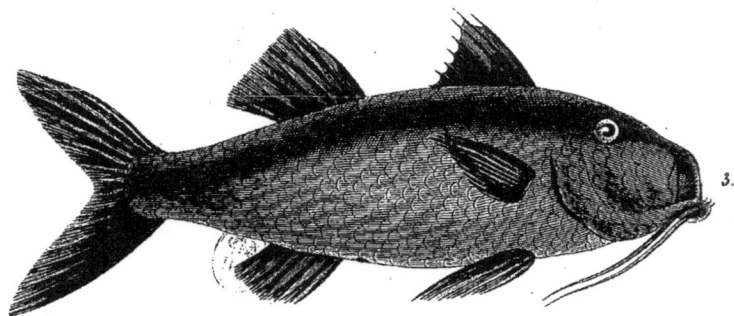

1. MULLE Rayé. 2. MULLE deux Bandes. 3. MULLE Cyclostome.

jaune des barbillons, ainsi que du bord de la nageoire
caudale, et par trois taches noires, presque rondes
et assez grandes, que l'on voit de chaque côté sur la
ligne latérale.

———————

LE MULLE DEUX-BANDES[1],

LE MULLE CYCLOSTOME[2],

LE MULLE TROIS-BANDES[3],

ET LE MULLE MACRONEME[4].

C'EST d'après les observations manuscrites de Commerson, qui m'ont été remises dans le temps par Buffon, que j'ai inscrit parmi les mulles ces quatre espèces encore inconnues des naturalistes, et dont j'ai fait graver les dessins exécutés sous les yeux de ce célèbre voyageur.

Le tableau des mulles présente les traits principaux de ces quatre poissons : disons uniquement dans cet article, que le deux-bandes a les écailles de sa partie supérieure tachées vers leur base, et ses mâchoires garnies de petites dents[5]; que le cyclostome[6] a sa

---

[1] Mullus bifasciatus.

[2] Mullus cyclostomus.

[3] Mullus trifasciatus.

[4] Mullus macronemus.

[5] 7 rayons aiguillonnés à la première dorsale du mulle deux-bandes.
1 rayon aiguillonné et 9 rayons articulés à la seconde.
6 ou 7 rayons à celle de l'anus.

[6] La dénomination de *cyclostome* désigne la forme de la bouche : κυκλος signifie *cercle*; et στομα, *bouche*.

1. MULLE Trois-Bandes 2. SPARE Lepisure 3. SPARE Hémisphère.

nageoire caudale non seulement fourchue comme celle
de presque tous les mulles, mais encore très-grande,
et de petites dents à ses deux mâchoires[1] ; que les
opercules du trois-bandes sont composés chacun de
deux pièces, et ses deux nageoires dorsales très-rapprochées[2] ; que le macronème[3] a les thoracines beaucoup plus petites que les pectorales, et une bande
longitudinale et très-foncée sur la base de la seconde
dorsale[4] ; et enfin que de petites dents arment les
mâchoires du macronème et du trois-bandes, qui l'un
et l'autre ont, comme le cyclostome, la mâchoire
inférieure plus avancée que la supérieure.

---

[1] 8 rayons aiguillonnés à la première dorsale du cyclostome.
1 rayon aiguillonné et 8 rayons articulés à la seconde.
7 ou 8 rayons à celle de l'anus.

[2] 7 rayons aiguillonnés à la première dorsale du trois-bandes.
9 rayons à la seconde.
6 ou 7 rayons à celle de l'anus.

[3] Μακρος veut dire long; et νημα, fil, filament, barbillon.

[4] 7 rayons aiguillonnés à la première dorsale du macronème.
8 ou 9 rayons à la seconde.
7 ou 8 rayons à celle de l'anus.

LE MULLE BARBERIN[1],

LE MULLE ROUGEATRE[2],

LE MULLE ROUGEOR[3],

ET LE MULLE CORDON-JAUNE[4].

VOICI quatre autres espèces de mulles, encore inconnues des naturalistes, et dont nous devons la description à Commerson.

Le barberin parvient jusqu'à la longueur de quatre ou cinq décimètres. Sa partie supérieure est d'un verd

---

[1] Mullus barberinus.
Mullus binis in mento cirris, tæniâ longitudinali nigrâ, ocelloque caudæ utrinque nigricante, etc. *Commerson, manuscrits déjà cités.*

[2] Mullus rubescens.
Surmulet. *Commerson, manuscrits déjà cités.*
Mullus rubescens, maculâ supra caudæ basin nigrâ, pinnâ dorsi secundâ, anali, et caudâ fuscâ, lenticulatis. *Id. ibid.*

[3] Mullus chryserydros.
Mullus rubens, dorso inter pinnam cognominem et caudæ basin flavescente, lineis aureis circa oculos radiatis. *Commerson, manuscrits déjà cités.*

[4] Mullus flavo lineatus.
Mullus lineâ laterali flavo deauratâ, caudâ apicibusque pinnarum superiorum sublutescentibus. *Commerson, manuscrits déjà cités.*

foncé, mêlé de quelques teintes jaunes ; du rougeâtre et du brun règnent sur la portion la plus élevée de la tête et du dos ; une raie longitudinale et noire s'étend de chaque côté de l'animal, dont la partie inférieure est blanchâtre ; une tache noire, presque ronde, et assez grande, paroît vers l'extrémité de chaque ligne latérale ; et une couleur incarnate distingue les nageoires *.

La mâchoire supérieure extensible, et un peu plus avancée que l'inférieure, est garnie, comme celle-ci, de dents aiguës, très-courtes et clair-semées ; la langue est cartilagineuse et dure ; quelques écailles semblables à celles du dos sont répandues sur les opercules, au-dessous de chacun desquels Commerson a vu le rudiment d'une cinquième branchie ; la ligne latérale qui suit la courbure du dos, dont elle est voisine, est composée, comme celle de plusieurs mulles, d'une série de petits traits ramifiés du côté du dos, et semblables aux rais d'une demi-étoile ; et enfin, les écailles qui revêtent le corps et la queue, sont striées en rayons vers leur base, et finement dentelées à leur extrémité, de manière à donner la même sensation

---

* 3 rayons à la membrane des branchies.
  7   à la première nageoire du dos.
  9   à la seconde (le dernier est beaucoup plus long que les autres).
  17   à chacune des pectorales.
  6   à chacune des thoracines.
  7   à celle de l'anus.
  15   à celle de la queue, qui est très-fourchue.

qu'une substance assez rude, à ceux qui frottent le poisson avec la main, en la conduisant de la queue vers la tête.

Le barberin habite la mer voisine des Moluques, dont les habitans apportoient dans leurs barques un grand nombre d'individus de cette espèce au vaisseau sur lequel Commerson naviguoit en septembre 1768.

Le rougeâtre, dont les principaux caractères sont exposés dans le tableau générique des mulles, parvient communément, selon Commerson, à la longueur de trois décimètres ou environ.

Il paroît que le rougeor ne présente pas ordinairement des dimensions aussi étendues que celles du rougeâtre, et que sa longueur ne dépasse guère deux décimètres. On le trouve pendant presque toutes les saisons, mais cependant assez rarement, auprès des rivages de l'Isle de France, où Commerson l'a observé en février 1770. Ses couleurs brillantes sont indiquées par son nom. Il resplendit de l'éclat de l'or, et de celui du rubis ou de l'améthyste. Un rouge foncé et assez semblable à celui de la lie du vin paroît sur presque toute sa surface. Une tache très-grande, très-remarquable, très-dorée, s'étend entre les nageoires dorsales et celle de la queue, descend des deux côtés du mulle, et représente une sorte de selle magnifique placée sur la queue de l'animal. Les yeux sont d'ailleurs entourés de rayons dorés et assez longs; et des raies jaunes ou dorées sont situées obliquement sur la seconde dorsale et sur la nageoire de l'anus *.

La mâchoire supérieure est extensible, et un peu plus longue que l'inférieure; les deux mâchoires sont garnies de dents courtes, mousses, disposées sur un seul rang, et séparées l'une de l'autre; la langue est attachée à la bouche dans tout son contour; des dents semblables à celles d'un peigne garnissent le côté concave de l'arc osseux de la première branchie; à la place de ces dents, on voit des stries dans la concavité des arcs osseux des autres trois organes respiratoires.

Sa chair est d'un goût agréable; mais celle du cordon-jaune est sur-tout très-recherchée.

Ce dernier mulle paroît dans différentes saisons de l'année. Sa grandeur est à peu près égale à celle du rougeor. Sa partie supérieure est d'un bleu mêlé de brun, sa partie inférieure d'un blanc argentin; et ces nuances sont animées par un cordon ou raie longitudinale d'un jaune doré, qui règne de chaque côté de l'animal.

Ajoutons que le sommet des deux nageoires dorsales présente des teintes jaunâtres; qu'on voit quelquefois

---

* 4 rayons à la membrane des branchies du rougeor (le quatrième est très-éloigné des autres).

7   à la première nageoire dorsale.
10   à la seconde.
16   à chacune des pectorales.
6   à chacune des thoracines.
8   à celle de l'anus.
15   à celle de la queue, qui est très-fourchue.

au-devant des yeux une ou deux raies obliques jaunes ou dorées; et que lorsque les écailles ont été détachées du poisson par quelque accident, les muscles montrent un rouge plus ou moins vif.

Les formes du cordon-jaune ont beaucoup de rapports avec celles du rougeor; mais ses dents sont beaucoup plus petites, et même à peine visibles *.

* A la membrane des branchies du cordon-jaune, 4 rayons.
à la première nageoire dorsale 7
à la seconde 8
à chaque pectorale 16
à chaque thoracine 6
à celle de l'anus 8
à celle de la queue, qui est fourchue, 15

CENT UNIÈME GENRE.

LES APOGONS.

Les écailles grandes et faciles à détacher; le sommet de la tête élevé; deux nageoires dorsales; point de barbillons au-dessous de la mâchoire inférieure.

ESPÈCE.	CARACTÈRE.
L'APOGON ROUGE.	Six rayons aiguillonnés à la première nageoire dorsale.
(*Apogon ruber.*)	

L'APOGON ROUGE[1].

Ce poisson vit dans les eaux qui baignent les rochers de Malte. Il est remarquable par sa belle couleur rouge. L'ouverture de sa bouche est grande ; son palais et ses deux mâchoires sont hérissés d'aspérités[2]. On ignore pourquoi on l'a nommé *roi des mulles, des trigles, ou des rougets*[3].

---

[1] Apogon ruber.

Re di triglia, *à Malte.*

Mullus imberbis. *Linné, édition de Gmelin.*

Mulet, roi des rougets. *Daubenton , Encyclopédie méthodique.*

Id. *Bonnaterre, planches de l'Encyclopédie méthodique.*

Trigla capite glabro, tota rubens, cirris carens. *Artedi, gen.* 43 , *syn.* 72.

Mullus imberbis, sive rex mullorum. *Willughby, p.* 286.

Raj. p. 91.

[2] 6 rayons à la première dorsale.

2 rayons aiguillonnés et 8 rayons articulés à la seconde.

12 rayons à chaque pectorale.

6 rayons à chaque thoracine.

2 rayons aiguillonnés et 8 rayons articulés à la nageoire de l'anus.

20 rayons à celle de la queue, qui est échancrée.

[3] Ἀπωγων signifie *imberbe, sans barbe, sans barbillons.*

CENT DEUXIÈME GENRE.

LES LONCHURES.

La nageoire de la queue lancéolée; cette nageoire et les pectorales aussi longues, au moins, que le quart de la longueur totale de l'animal; la nageoire dorsale longue, et profondément échancrée; deux barbillons à la mâchoire inférieure.

ESPÈCE.	CARACTÈRE.
LE LONCHURE DIANÈME.	Le premier rayon de chaque thoracine terminé par un long filament.
(*Lonchurus dianema.*)	

LE LONCHURE DIANÈME [1].

C'est Bloch qui a fait connoître ce genre de poisson, auquel nous n'avons eu besoin que d'assigner des caractères précis, véritablement distinctifs, et analogues à nos principes de distribution méthodique. La seule espèce que l'on ait encore inscrite parmi ces *lonchures*, ou *poissons à longue queue*, est remarquable par la longueur du filament qui termine le premier rayon de chaque thoracine [2]; et voilà pourquoi nous l'avons nommée *dianème*, qui veut dire *deux fils* ou *deux filamens*. L'individu que Bloch a vu, lui avoit été envoyé de Surinam. Le museau étoit avancé au-dessus de la mâchoire d'en-haut; la tête comprimée et couverte en entier d'écailles semblables à celles du dos; la mâchoire supérieure égale à l'inférieure, et garnie, comme cette dernière, de dents petites et pointues;

---

[1] Lonchurus dianema.
Lonchurus barbatus. *Bloch, pl.* 360.

[2] A la membrane branchiale   5 rayons.
à la nageoire dorsale   46
à chacune des pectorales   15
à chacune des thoracines   6
à celle de l'anus   9
à celle de la queue   18

l'os de chaque côté des lèvres, assez large ; la pièce antérieure des opercules, comme dentelée ; la ligne latérale, voisine du dos ; et presque toute la surface de l'animal, d'une couleur brune mêlée de rougeâtre.

CENT TROISIÈME GENRE.

LES MACROPODES.

*Les thoracines au moins de la longueur du corps propre-
ment dit; la nageoire caudale très-fourchue, et à peu
près aussi longue que le tiers de la longueur totale de
l'animal; la tête proprement dite et les opercules revêtus
d'écailles semblables à celles du dos; l'ouverture de la
bouche très-petite.*

ESPÈCE.	CARACTÈRES.
LE MACROPODE VERD-DORÉ. (*Macropodus viridi-auratus.*)	Les écailles variées d'or et de verd; toutes les nageoires rouges; une petite tache noire sur chaque opercule.

2.

1.

3.

1. MACROPODE Vert-doré 2. LABRE Perruche 3. CHEILODIPTÈRE Cyanoptère

LE MACROPODE VERD-DORÉ *.

LE verd-doré ne parvient qu'à de petites dimensions;
il n'a ordinairement qu'un ou deux décimètres de long :
mais il est très-agréable à voir; ses couleurs sont
magnifiques, ses mouvemens légers, ses évolutions
variées; il anime et pare d'une manière charmante
l'eau limpide des lacs; et il n'est pas surprenant que
les Chinois, qui cultivent les beaux poissons comme
les belles fleurs, et qui aiment, pour ainsi dire, à faire
de leurs pièces d'eau, éclairées par un soleil brillant,
autant de parterres vivans, mobiles, et émaillés de
toutes les nuances de l'iris, se plaisent à le nourrir, à
le multiplier, et à multiplier aussi son image par une
peinture fidèle.

Les petits tableaux ou peintures sur papier, exécutés
à la Chine avec beaucoup de soin, qui représentent
la Nature avec vérité, qui ont été cédés à la France
par la république batave, et que l'on conserve dans
le Muséum national d'histoire naturelle, renferment
l'image du verd-doré vu dans quatre positions, ou plutôt
dans quatre mouvemens différens. Le nom spécifique
de ce poisson indique l'or et le verd fondus sur sa
surface et relevés par le rouge des nageoires. Ce

---

* Macropodus viridi-auratus.

rouge ajoute d'autant plus à la parure de l'animal ,
que ses instrumens de natation présentent de grandes
dimensions, particulièrement la nageoire caudale et
les thoracines ; et la longueur de ces thoracines, qui
sont comme les pieds du poisson, est le trait qui nous
a suggéré le nom générique de *macropode*, lequel
signifie *long pied*.

Au reste, le verd-doré n'a pas de dents, ou n'a que
des dents très-petites. Chaque opercule n'est composé
que d'une pièce ; et sur la surface de cette pièce on voit
une tache petite, ronde, très-foncée, faisant de loin
l'effet d'un vide ou d'un trou, et imitant l'orifice de
l'organe de l'ouïe d'un grand nombre de quadrupèdes
ovipares.

NOMENCLATURE

DES LABRES, CHEILINES, CHEILODIPTÈRES, OPHICÉPHALES, HOLOGYMNOSES, SCARES, OSTORHINQUES, SPARES, DIPTÉRODONS, LUTJANS, CENTROPOMES, BODIANS, TÆNIANOTES, SCIÈNES, MICROPTÈRES, HOLOCENTRES, ET PERSÈQUES.

LES poissons renfermés dans les dix-sept genres que nous venons de nommer, forment bien plus de deux cents espèces, et composent par leur réunion une tribu, à l'examen, à la description, à l'histoire de laquelle nous avons dû apporter une attention toute particulière. En effet, les caractères généraux par lesquels on pourroit chercher à la distinguer, se rapprochent beaucoup de ceux des tribus ou des genres voisins. De plus, les espèces qu'elle comprend, ne sont séparées l'une de l'autre que par des traits peu prononcés, de manière que depuis le genre qui précéderoit cette grande et nombreuse tribu en la touchant immédiatement dans l'ordre le plus naturel, jusqu'à celui qui la suivroit dans ce même ordre en lui étant aussi immédiatement contigu, on peut aller d'espèce en espèce en ne parcourant que des nuances très-rapprochées. Et comment ne s'avanceroit-on pas ainsi, en ne rencontrant que des différences très-peu sensibles, puisque les deux extrêmes de cette série se ressemblent beaucoup, sont placés, par conséquent, à une petite élévation l'un au-dessus de l'autre, et cependant communiquent ensemble, si je puis employer cette expression, par plus de deux cents degrés?

Les divisions que l'on peut former dans cette longue série, ne peuvent donc être déterminées qu'après beaucoup de soins, de recherches et de comparaisons; et voilà pourquoi presque tous les naturalistes, même les plus habiles, n'ayant pas eu à leur disposition assez de temps, ou des collections assez nombreuses, ont établi pour cette tribu, des genres caractérisés d'une manière si foible, si vague, si peu constante, ou si erronée, que, malgré des efforts pénibles et une patience soutenue, il étoit quelquefois impossible, en adoptant leur méthode distributive, d'inscrire un individu de cette tribu, que l'on avoit sous les yeux, dans un genre plutôt que dans un autre, de le rapporter à sa véritable espèce, ou, ce qui est la même chose, d'en reconnoître la nature.

Bloch avoit senti une partie des difficultés que je viens d'exposer; il a proposé, en conséquence, pour les espèces de cette grande famille, plusieurs nouveaux genres, dont j'ai adopté quelques uns : mais son travail à l'égard de ces animaux m'a paru d'autant plus insuffisant, qu'il n'a pas traité de toutes les espèces de cette tribu connues de son temps; qu'il n'avoit pas à

classer les espèces dont je vais publier, le premier,
la description; que les caractères génériques qu'il a
choisis, ne sont pas tous aussi importans qu'ils doivent
l'être pour produire de bonnes associations génériques; et enfin, qu'ayant composé plusieurs genres
pour la tribu qui nous occupe, long-temps après avoir
formé pour cette même famille un assez grand nombre
d'autres genres, sans prévoir, en quelque sorte, le
besoin d'un supplément de grouppes, il avoit déja
placé dans ses anciens genres, des espèces qu'il devoit
rapporter aux nouveaux genres qu'il vouloit fonder.

Profitant donc des travaux de mes prédécesseurs,
de l'avantage de pouvoir examiner d'immenses collections, des observations nombreuses que plusieurs
naturalistes ont bien voulu me communiquer, et de
l'expérience que j'ai acquise par plusieurs années
d'étude et par les différens cours que j'ai donnés,
j'ai considéré dans leur ensemble toutes les espèces
de la tribu que nous avons dans ce moment sous les
yeux; je l'ai distribuée en nouveaux grouppes; et
recevant certains genres de Linné et de Bloch, modifiant les autres ou les rejetant, y ajoutant de nouveaux genres, dont quelques uns avoient été indiqués
par moi dans mes cours et adoptés par mon savant
ami et confrère le citoyen Cuvier dans ses *Élémens
d'histoire naturelle*, donnant enfin à toutes ces sections,
des caractères précis, constans et distincts, j'ai terminé
l'arrangement méthodique dont on va voir le résultat.

J'ai employé et circonscrit d'une manière nouvelle et rigoureuse les genres des labres, des scares, des spares, des lutjans, des bodians, des holocentres, et des persèques. J'ai introduit parmi ces associations particulières le genre des ophicéphales, proposé récemment par Bloch. Séparant dans chaque réunion les poissons à deux nageoires dorsales, de ceux qui n'en offrent qu'une, j'ai fait naître le genre des cheilodiptères dans le voisinage des labres, celui des diptérodons auprès des spares, celui des centropomes à la suite des lutjans, celui des véritables scicènes, que l'on a eu jusqu'ici tant de peine à reconnoître, à une petite distance des bodians. J'ai placé entre ces scicènes et les bodians, le nouveau genre des *tænianotes*, qui forme un passage naturel des unes aux autres ; j'ai inscrit le nouveau groupe des *cheilines* entre les labres et les cheilodiptères, celui des *hologymnoses* entre les ophicéphales et les scares, celui des *ostorhinques* entre les scares et les spares, celui des *microptères* entre les scicènes et les holocentres ; et j'ai distribué parmi les labres, parmi les lutjans, ou parmi les holocentres, les espèces appliquées par Bloch à ses genres des *johnius*, des *anthias*, des *épinéphèles*, et des *gymnocéphales*, qui m'ont paru caractérisés par des traits spécifiques plutôt que par des caractères génériques, et que, par conséquent, je n'ai pas cru devoir admettre sur mon tableau général des poissons.

Toutes ces opérations ont produit les dix-sept genres

des *labres*, des *cheilines*, des *cheilodiptères*, des *ophicé-phales*, des *hologymnoses*, des *scares*, des *ostorhinques*, des *spares*, des *diptérodons*, des *lutjans*, des *centropomes*, des *bodians*, des *tænianotes*, des *sciènes*, des *microptères*, des *holocentres*, et dés *persèques*, dont nous allons tâcher de présenter les formes et les habitudes.

CENT QUATRIÈME GENRE.

LES LABRES.

La lèvre supérieure extensible; point de dents incisives ni molaires; les opercules des branchies, dénués de piquans et de dentelure; une seule nageoire dorsale; cette nageoire du dos très-séparée de celle de la queue, ou très-éloignée de la nuque, ou composée de rayons terminés par un filament.

PREMIER SOUS-GENRE.

La nageoire de la queue, fourchue, ou en croissant.

ESPÈCES.	CARACTÈRES.
1. LE LABRE HÉPATE. (*Labrus hepatus.*)	Dix aiguillons et onze rayons articulés à la nageoire du dos; la mâchoire inférieure plus avancée que la supérieure; une tache noire vers le milieu de la longueur de la nageoire dorsale; des bandes transversales noires.
2. LE LABRE OPERCULÉ. (*Labrus operculatus.*)	Treize aiguillons et sept rayons articulés à la nageoire du dos; une tache sur chaque opercule, et neuf ou dix bandes transversales brunes.
3. LE LABRE AURITE. (*Labrus auritus.*)	Chaque opercule prolongé par une membrane alongée, arrondie à son extrémité et noirâtre.

ESPÈCES.	CARACTÈRES.
4. LE LABRE FAUCHEUR. (*Labrus falcatus.*)	Sept aiguillons à la nageoire dorsale ; les premiers rayons articulés de cette nageoire, et de celle de l'anus, prolongés de manière à leur donner la forme d'une faux.
5. LE LABRE OYÈNE. (*Labrus oyena.*)	Neuf aiguillons et dix rayons articulés à la nageoire du dos ; les deux lobes de la nageoire caudale, lancéolés ; les deux mâchoires égales ; la couleur argentée.
6. LE LABRE SAGITTAIRE. (*Labrus jaculatrix.*)	La nageoire du dos éloignée de la nuque ; les thoracines réunies l'une à l'autre par une membrane ; la mâchoire inférieure plus avancée que la supérieure ; cinq bandes transversales.
7. LE LABRE CAPPA. (*Labrus cappa.*)	Onze aiguillons et douze rayons articulés à la nageoire du dos ; un double rang d'écailles sur les côtés de la tête.
8. LE LABRE LÉPISME. (*Labrus lepisma.*)	Dix aiguillons et neuf rayons articulés à la nageoire du dos ; une pièce ou feuille écailleuse, de chaque côté du sillon longitudinal, dans lequel cette nageoire peut être couchée.
9. LE LABRE UNIMACULÉ. (*Labrus unimaculatus.*)	Onze aiguillons et dix rayons articulés à la nageoire du dos ; une tache brune sur chaque côté de l'animal.
10. LE LABRE BOHAR. (*Labrus bohar.*)	Dix aiguillons et quinze rayons articulés à la nageoire dorsale ; les thoracines réunies l'une à l'autre par une membrane ; deux dents de la mâchoire supérieure assez longues pour dépasser l'inférieure ; la couleur rougeâtre, avec des raies et des taches irrégulières blanchâtres.

ESPÈCES.	CARACTÈRES.
11. LE LABRE BOSSU. (*Labrus gibbus.*)	Le dos élevé en bosse ; les écailles rouges à leur base, et blanches à leur sommet ; deux dents de la mâchoire supérieure une fois plus longues que les autres.
12. LE LABRE NOIR. (*Labrus niger.*)	Dix rayons aiguillonnés et point de rayons articulés à la nageoire du dos ; les pectorales falciformes, et plus longues que les thoracines ; la pièce antérieure de chaque opercule profondément échancrée.
13. LE LABRE ARGENTÉ. (*Labrus argentatus.*)	Dix rayons aiguillonnés et quatorze rayons articulés à la nageoire dorsale ; la lèvre inférieure plus longue que la supérieure ; la pièce postérieure de chaque opercule anguleuse du côté de la queue.
14. LE LABRE NÉBULEUX. (*Labrus nebulosus.*)	Dix rayons aiguillonnés et dix rayons articulés à la nageoire dorsale ; trois rayons aiguillonnés et sept rayons articulés à celle de l'anus ; les rayons des nageoires terminés par des filamens.
15. LE LABRE GRISATRE. (*Labrus cinerascens.*)	Onze rayons aiguillonnés et douze rayons articulés à la nageoire du dos ; cette nageoire et celle de l'anus, prolongées et anguleuses vers la caudale ; une seule rangée de dents très-menues.
16. LE LABRE ARMÉ. (*Labrus armatus.*)	Un aiguillon couché horizontalement vers la tête, au-devant de la nageoire du dos ; la ligne latérale droite ; la couleur argentée.
17. LE LABRE CHAPELET. (*Labrus catenula.*)	Onze rayons aiguillonnés et treize rayons articulés à la nageoire du dos ; la mâchoire inférieure plus avancée que la supérieure ; huit séries de taches très-petites, rondes et égales, sur chaque côté de l'animal ; deux bandes transversales sur la tête ou la nuque ; le dos élevé.

ESPÈCES.	CARACTÈRES.
18. LE LABRE LONG-MUSEAU. (*Labrus longirostris.*)	Neuf rayons aiguillonnés et dix rayons articulés à la nageoire dorsale; le museau très-avancé; chaque opercule composé de deux pièces dénuées d'écailles semblables à celles du dos.
19. LE LABRE THUNBERG. (*Labrus Thunberg.*)	Douze rayons aiguillonnés et onze rayons articulés à la nageoire dorsale; tous ces rayons plus hauts que la membrane; la mâchoire inférieure un peu plus avancée que la supérieure; la courbure du dos, et celle de la partie inférieure de l'animal, diminuant à la fin de la nageoire dorsale et de celle de l'anus.
20. LE LABRE GRISON. (*Labrus griseus.*)	Onze rayons aiguillonnés et douze rayons articulés à la nageoire du dos; celle de la queue en croissant très-peu échancré; deux grandes dents à chaque mâchoire; la couleur grisâtre.
21. LE LABRE CROISSANT. (*Labrus lunaris.*)	Huit rayons aiguillonnés et quinze rayons articulés à la nageoire du dos; celle de la queue en croissant; une teinte violette sur plusieurs parties de l'animal.
22. LE LABRE FAUVE. (*Labrus rufus.*)	Vingt-trois rayons à la nageoire du dos; douze à celle de l'anus; celle de la queue en croissant; tout le poisson d'une couleur fauve ou jaune.
23. LE LABRE CEYLAN. (*Labrus zeylanicus.*)	Neuf rayons aiguillonnés et treize rayons articulés à la nageoire dorsale; celle de la queue en croissant; la couleur générale de l'animal verte par-dessus, et d'un pourpre blanchâtre par-dessous; des raies pourpres sur chaque opercule.

ESPÈCES.	CARACTÈRES.
24. LE LABRE DEUX-BANDES. (*Labrus bifasciatus.*)	Neuf rayons aiguillonnés et douze rayons articulés à la dorsale; trois rayons aiguillonnés et onze rayons articulés à celle de l'anus; la caudale en croissant; deux bandes brunes et transversales sur le corps proprement dit.
25. LE LABRE MÉLAGASTRE. (*Labrus melagaster.*)	Quinze rayons aiguillonnés et dix rayons articulés à la nageoire du dos; les thoracines alongées; la pièce antérieure de l'opercule seule garnie d'écailles semblables à celles du dos.
26. LE LABRE MALAPTÈRE. (*Labrus malapterus.*)	Vingt rayons articulés et point de rayons aiguillonnés à la nageoire dorsale; douze rayons articulés à celle de l'anus; la tête dénuée d'écailles semblables à celles du dos.
27. LE LABRE A DEMI ROUGE. (*Labrus semiruber.*)	Douze rayons aiguillonnés et onze rayons articulés à la nageoire du dos; le sixième rayon articulé de la dorsale, beaucoup plus long que les autres; la base de la partie postérieure de la dorsale, garnie d'écailles; quatre dents plus grandes que les autres à la mâchoire supérieure; la partie antérieure de l'animal, rouge, et la postérieure jaune.
28. LE LABRE TÉTRACANTHE. (*Labrus tetracanthus.*)	Quatre rayons aiguillonnés et vingt-un rayons articulés à la nageoire dorsale; la lèvre supérieure large, épaisse et plissée; dix-huit rayons articulés à celle de l'anus; ces derniers rayons, et les rayons articulés de la dorsale, terminés par des filamens; trois rangées longitudinales de points noirs sur la dorsale; une rangée de points semblables sur la partie postérieure de la nageoire de l'anus; la caudale en croissant.

ESPÈCES.	CARACTÈRES.
29. LE LABRE DEMI-DISQUE. (*Labrus semidiscus.*)	Vingt-un rayons à la nageoire dorsale; cette nageoire festonnée, ainsi que celle de l'anus; la tête et les opercules dénués d'écailles semblables à celles du dos; la seconde pièce de chaque opercule, anguleuse; dix-neuf bandes transversales de chaque côté de l'animal; une tache d'une nuance très-claire, et en forme de demi-disque, à l'extrémité de la nageoire caudale, qui est en croissant.
30. LE LABRE CERCLÉ. (*Labrus doliatus.*)	Neuf rayons aiguillonnés et treize rayons articulés à la nageoire du dos; la tête et les opercules dénués d'écailles semblables à celles du dos; la seconde pièce de chaque opercule, anguleuse; la caudale en croissant; vingt-trois bandes transversales, de chaque côté de l'animal.
31. LE LABRE HÉRISSÉ. (*Labrus hirsutus.*)	Onze rayons aiguillonnés et douze rayons articulés à la dorsale; la nageoire en croissant; six grandes dents à la mâchoire supérieure; la ligne latérale hérissée de petits piquans; douze raies longitudinales de chaque côté du poisson; quatre autres raies longitudinales sur la nuque; le dos parsemé de points.
32. LE LABRE FOURCHE. (*Labrus furca.*)	Neuf rayons aiguillonnés et dix rayons articulés à la nageoire du dos; le dernier rayon de la dorsale et le dernier rayon de l'anale, très-longs; les deux lobes de la caudale pointus et très-prolongés; la mâchoire inférieure plus avancée que la supérieure; de très-petites dents à chaque mâchoire.

ESPÈCES.	CARACTÈRES.
33. LE LABRE SIX-BANDES. (*Labrus sexfasciatus.*)	Treize rayons aiguillonnés et dix rayons articulés à la dorsale ; le museau avancé ; l'ouverture de la bouche très-petite ; la mâchoire inférieure plus longue que la supérieure ; six bandes transversales ; la caudale fourchue.
34. LE LABRÉ MACROGASTÈRE. (*Labrus macrogaster.*)	Treize rayons aiguillonnés et quinze rayons articulés à la dorsale ; le ventre très-gros ; des écailles semblables à celles du dos, sur la tête et les opercules ; la caudale en croissant ; six bandes transversales.
35. LE LABRE FILAMENTEUX. (*Labrus filamentosus.*)	Quinze rayons aiguillonnés et garnis chacun d'un filament, et neuf rayons articulés, à la dorsale ; l'ouverture de la bouche, en forme de demi-cercle vertical ; quatre ou cinq bandes transversales sur le dos.
36. LE LABRE ANGULEUX. (*Labrus angulosus.*)	Douze rayons aiguillonnés et neuf rayons articulés à la dorsale ; les rayons articulés de cette dorsale beaucoup plus longs que les aiguillonnés de cette même nageoire ; les lèvres larges et épaisses ; des lignes et des points représentant un réseau sur la première pièce de l'opercule ; la seconde pièce échancrée et anguleuse ; cinq ou six rangées longitudinales de petits points de chaque côté de l'animal.
37. LE LABRE HUIT-RAIES. (*Labrus octo-vittatus.*)	Onze rayons aiguillonnés et douze rayons articulés à la dorsale ; trois rayons aiguillonnés et sept rayons articulés à la nageoire de l'anus ; la caudale en croissant ; les dents de la mâchoire supérieure beaucoup

ESPÈCES.	— CARACTÈRES.
	plus longues que celles de l'inférieure ; la pièce postérieure de l'opercule, anguleuse ; la tête et les opercules dénués d'écailles semblables à celles du dos ; quatre raies un peu obliques, de chaque côté du poisson.
37. LE LABRE HUIT-RAIES. (*Labrus octo-vittatus.*)	
38. LE LABRE MOUCHETÉ. (*Labrus punctulatus.*)	Treize rayons aiguillonnés à la dorsale, qui est très-longue ; cette dorsale, l'anale et les thoracines, pointues ; la caudale en croissant ; la mâchoire inférieure plus avancée que la supérieure ; l'ouverture de la bouche, très-grande ; cinq ou six grandes dents à la mâchoire d'en-bas, et deux dents également grandes à celle d'en-haut ; toute la surface du poisson parsemée de petites taches rondes.
39. LE LABRE COMMERSONNIEN. (*Labrus Commersonnii.*)	Neuf rayons aiguillonnés et seize rayons articulés à la nageoire du dos ; les dents des deux mâchoires presque égales ; un rayon aiguillonné et dix-sept rayons articulés à la nageoire de l'anus ; le dos et une grande partie des côtés du poisson, parsemés de taches égales, rondes et petites.
40. LE LABRE LISSE. (*Labrus lœvis.*)	Quinze rayons aiguillonnés et treize rayons articulés à la dorsale ; les rayons articulés de cette nageoire, plus longs que les aiguillonnés ; la mâchoire inférieure un peu plus avancée que la supérieure ; les dents grandes, recourbées et égales ; la ligne latérale presque droite ; la caudale un peu en croissant ; les écailles très-difficilement visibles ; cinq grandes taches ou bandes transversales.

ESPÈCES.	CARACTÈRES.
41. LE LABRE MACROPTÈRE. (*Labrus macropterus.*)	Vingt-huit rayons à la dorsale; vingt-un à l'anale; presque tous les rayons de ces deux nageoires, longs, et garnis de filamens; la caudale en croissant; une tache noire sur l'angle postérieur des opercules, qui sont couverts, ainsi que la tête, d'écailles semblables à celles du dos.
42. LE LABRE QUINZE-ÉPINES. (*Labrus quindecim-aculeatus.*)	Quinze rayons aiguillonnés et neuf rayons articulés à la nageoire dorsale; trois rayons aiguillonnés et neuf rayons articulés à celle de l'anus; la mâchoire supérieure plus avancée que l'inférieure; les dents petites et égales; l'opercule anguleux; six bandes transversales sur le dos et la nuque.
43. LE LABRE MACROCÉPHALE. (*Labrus macrocephalus.*)	Onze rayons aiguillonnés et neuf rayons articulés à la dorsale; trois rayons aiguillonnés et neuf rayons articulés à l'anale; la tête grosse; la nuque et l'entre-deux des yeux, très-élevés; la mâchoire inférieure plus avancée que la supérieure; les dents crochues, égales, et très-séparées l'une de l'autre; la nageoire de la queue divisée en deux lobes un peu arrondis; les pectorales ayant la forme d'un trapèze.
44. LE LABRE PLUMIÉRIEN. (*Labrus Plumierii.*)	Dix rayons aiguillonnés et onze rayons articulés à la dorsale; un rayon aiguillonné et neuf rayons articulés à la nageoire de l'anus; des raies bleues sur la tête; le corps argenté et parsemé de taches bleues et de taches couleur d'or; les nageoires dorées; une bande transversale et courbée sur la caudale.

ESPÈCES.	CARACTÈRES.

45. LE LABRE GOUAN.
(*Labrus Gouanii.*)

Huit rayons aiguillonnés et onze rayons articulés à la dorsale; trois rayons aiguillonnés et treize rayons articulés à la nageoire de l'anus; chaque opercule composé de trois pièces dénuées d'écailles semblables à celles du dos, et terminé par une prolongation large et arrondie; la ligne latérale insensible; un appendice pointu entre les thoracines; la caudale en croissant.

46. LE LABRE ENNÉACANTHE.
(*Labrus enneacanthus.*)

Neuf rayons aiguillonnés et dix rayons articulés à la dorsale; la ligne latérale interrompue; six bandes transversales; deux autres bandes transversales sur la caudale, qui est en croissant; deux ou quatre dents grandes, fortes et crochues, à l'extrémité de chaque mâchoire; les écailles grandes.

47. LE LABRE ROUGES-RAIES.
(*Labrus rubro lineatus.*)

Douze rayons aiguillonnés et onze rayons articulés à la nageoire du dos; trois rayons aiguillonnés et douze rayons articulés à celle de l'anus; les dents du bord de chaque mâchoire, alongées, séparées l'une de l'autre, et seulement au nombre de quatre; la mâchoire supérieure un peu plus avancée que l'inférieure; onze ou douze raies rouges et longitudinales de chaque côté du poisson; une tache œillée à l'origine de la dorsale; une autre tache très-grande à la base de la caudale qui est un peu en croissant.

ESPÈCES.	CARACTÈRES.
48. LE LABRE KASMIRA. (*Labrus kasmira.*)	Dix rayons aiguillonnés et quinze rayons articulés à la dorsale ; trois rayons aiguillonnés et neuf rayons articulés à l'anale ; la lèvre inférieure plus courte que la supérieure ; les dents coniques ; la pièce antérieure des opercules, échancrée ; la caudale en croissant ; sept raies petites et bleues sur chaque côté de la tête ; quatre raies plus grandes et bleues, le long de chaque côté du corps.

SECOND SOUS-GENRE.

La nageoire de la queue rectiligne, ou arrondie, ou lancéolée.

ESPÈCES.	CARACTÈRES.
49. LE LABRE PAON. (*Labrus pavo.*)	Quinze rayons aiguillonnés et dix-sept rayons articulés à la dorsale ; le corps et la queue d'un verd mêlé de jaune, et parsemé, ainsi que les opercules et la nageoire caudale, de taches rouges et de taches bleues ; une grande tache brune auprès de chaque pectorale, et une tache presque semblable de chaque côté de la queue.
50. LE LABRE BORDÉ. (*Labrus marginalis.*)	Deux rayons aiguillonnés et vingt-deux rayons articulés à la nageoire du dos ; la couleur générale brune ; la dorsale et l'anale bordées de roux.
51. LE LABRE ROUILLÉ. (*Labrus ferrugineus.*)	Deux rayons aiguillonnés et vingt-six rayons articulés à la nageoire du dos ; trois aiguillons et quatorze rayons articulés à celle de l'anus ; le corps et la queue couleur de rouille et sans tache.

52. LE LABRE ŒILLÉ.
(*Labrus ocellaris.*)

Quatorze rayons aiguillonnés et dix rayons articulés à la dorsale; trois rayons aiguillonnés et dix rayons articulés à l'anale; les dents égales; les rayons de la nageoire du dos, terminés par un filament; une tache bordée, auprès de la nageoire caudale.

53. LE LABRE MÉLOPS,
(*Labrus melops.*)

Seize rayons aiguillonnés et neuf rayons articulés à la nageoire du dos; les opercules ciliés; l'anale panachée de différentes couleurs; un croissant brun derrière les yeux; des filamens aux rayons de la nageoire du dos.

54. LE LABRE NIL.
(*Labrus niloticus.*)

Dix-sept rayons aiguillonnés et treize rayons articulés à la dorsale; les dents très-petites et échancrées; la couleur générale blanchâtre; la dorsale, l'anale et la caudale, nuageuses.

55. LE LABRE LOUCHE.
(*Labrus luscus.*)

Dix-huit rayons aiguillonnés et treize rayons articulés à la dorsale; trois rayons aiguillonnés et onze rayons articulés à l'anale; le dessus de l'œil, noir; toutes les nageoires jaunes ou dorées.

56. LE LABRE TRIPLE-TACHE.
(*Labrus trimaculatus.*)

Dix-sept rayons aiguillonnés et treize rayons articulés à la nageoire du dos; trois aiguillons et neuf rayons articulés à celle de l'anus; le corps et la queue rouges et couverts de grandes écailles; trois grandes taches.

57. LE LABRE CENDRÉ.
(*Labrus cinereus.*)

Quatorze rayons aiguillonnés et onze rayons articulés à la dorsale; trois rayons aiguillonnés et dix rayons articulés à la nageoire de l'anus; l'ouverture de la bouche étroite;

ESPÈCES.	CARACTÈRES.
57. LE LABRE CENDRÉ. (*Labrus cinereus.*)	les dents petites; celles de devant plus longues; des raies bleues sur les côtés de la tête; une tache noire auprès de la caudale.
58. LE LABRE CORNUBIEN. (*Labrus cornubius.*)	Seize rayons aiguillonnés et neuf rayons articulés à la nageoire du dos; trois rayons aiguillonnés et huit rayons articulés à celle de l'anus; le museau en forme de boutoir; les premiers rayons de la dorsale tachetés de noir; une tache noire sur la queue, dont la nageoire est rectiligne.
59. LE LABRE MÊLÉ. (*Labrus mixtus.*)	La partie inférieure de l'animal, jaune; la supérieure bleue, avec des nuances brunes ou jaunes; les dents antérieures plus grandes que les autres.
60. LE LABRE JAUNATRE. (*Labrus fulvus.*)	L'ouverture de la bouche large; trois ou quatre grosses dents à l'extrémité de la mâchoire supérieure; de petites dents au palais; la mâchoire inférieure plus avancée que la supérieure, et garnie d'une double rangée de petites dents; un fort aiguillon à la caudale; les écailles minces; la couleur fauve ou orangée.
61. LE LABRE MERLE. (*Labrus merula.*)	Dix rayons aiguillonnés et garnis d'un filament, et quinze rayons articulés à la dorsale; la caudale rectiligne; l'ouverture de la bouche médiocre; les dents grandes et recourbées; les mâchoires également avancées; les écailles grandes; la couleur générale d'un bleu tirant sur le noir.
62. LE LABRE RÔNE. (*Labrus rone.*)	Seize rayons aiguillonnés et neuf rayons articulés à la nageoire du dos; trois rayons aiguillonnés et six rayons articulés à celle de l'anus; la caudale rectiligne; la na-

ESPÈCES.

CARACTÈRES.

geoire du dos s'étendant depuis la nuque jusqu'à une petite distance de la caudale; les rayons de cette nageoire garnis d'un ou deux filamens; la partie supérieure du poisson, d'un rouge foncé, avec des taches et des raies vertes; la partie inférieure d'un rouge mêlé de jaune.

62. LE LABRE RÔNE.
(*Labrus rone.*)

Neuf rayons aiguillonnés et onze rayons articulés à la dorsale; deux rayons aiguillonnés et neuf rayons articulés à l'anale; la mâchoire supérieure un peu plus courte que l'inférieure; les deux premières dents de chaque mâchoire, plus alongées que les autres; la tête variée de verd, de rouge et de jaune; quatre ou cinq bandes transversales.

63. LE LABRE FULIGINEUX.
(*Labrus fuliginosus.*)

Sept rayons aiguillonnés et filamenteux et treize rayons articulés à la dorsale; deux rayons aiguillonnés et onze rayons articulés à l'anale; les deux dents de devant de chaque mâchoire, plus longues que les autres; des rugosités disposées en rayons, auprès des yeux; deux raies vertes, larges et longitudinales de chaque côté du corps; des écailles sur une partie de la caudale, qui est rectiligne; des traits colorés et semblables à des lettres chinoises, le long de la ligne latérale.

64. LE LABRE BRUN.
(*Labrus fuscus.*)

Neuf rayons aiguillonnés et filamenteux et treize rayons articulés à la dorsale; deux rayons aiguillonnés et douze rayons articulés à la nageoire de l'anus; les quatre dents antérieures de la mâchoire supérieure et les deux de devant de la mâchoire inférieure; plus alongées que les

65. LE LABRE ÉCHIQUIER.
(*Labrus centiquadrus.*)

ESPÈCES.   CARACTÈRES.

65. LE LABRE ÉCHIQUIER.
(*Labrus centiquadrus.*)

autres; la tête variée de rouge; toute la surface du corps et de la queue, peinte en petits espaces alternativement blanchâtres et d'un noir pourpré.

66. LE LABRE MARBRÉ.
(*Labrus marmoratus.*)

Dix rayons aiguillonnés, et treize rayons articulés plus longs que les aiguillonnés, à la dorsale; deux rayons aiguillonnés et six rayons articulés à l'anale; les dents égales et écartées l'une de l'autre; la nageoire caudale rectiligne; la tête et les opercules dénués d'écailles semblables à celles du dos; presque toute la surface de l'animal parsemée de petites taches foncées, et de taches moins petites et blanchâtres, de manière à paroître marbrée.

67. LE LABRE LARGE-QUEUE.
(*Labrus macrourus.*)

Vingt-six rayons à la nageoire du dos; dix-neuf à celle de l'anus; le museau petit et avancé; les dents grandes, fortes et triangulaires; dix rayons divisés chacun en quatre ou cinq ramifications, à la caudale, qui est rectiligne et très-large, ainsi que très-longue, relativement aux autres nageoires; un grand nombre de petites raies longitudinales sur le dos; une tache sur la dorsale, à son origine; presque toute la queue, l'anale, et l'extrémité de la nageoire du dos, d'une couleur foncée.

68. LE LABRE GIRELLE.
(*Labrus julis.*)

Neuf rayons aiguillonnés et douze rayons articulés à la dorsale; les deux dents de devant de la mâchoire supérieure, plus grandes que les autres; une large raie longitudinale, dentelée, et d'un blanc jaunâtre, de chaque côté du corps; le plus souvent, une raie bleue, étroite et longitudinale, au-dessous de la raie dentelée; la caudale arrondie.

ESPÈCES.	CARACTÈRES.
69. LE LABRE PAROTIQUE, (*Labrus paroticus.*)	Neuf rayons aiguillonnés et douze rayons articulés à la dorsale ; les dents de devant plus grandes que les autres ; les nageoires rousses ; une tache d'un beau bleu sur chaque opercule.
70. LE LABRE BERGSNYLTRE, (*Labrus bergsnyltrus.*)	Neuf rayons aiguillonnés et huit rayons articulés à la nageoire du dos ; trois rayons aiguillonnés et sept rayons articulés à celle de l'anus ; les rayons de la dorsale garnis de filamens ; une tache noire sur la queue.
71. LE LABRE GUAZE. (*Labrus guaza.*)	Onze rayons aiguillonnés et seize rayons articulés à la dorsale ; la caudale arrondie, et composée de rayons plus longs que la membrane qui les réunit ; la couleur brune.
72. LE LABRE TANCOÏDE, (*Labrus tancoïdes.*)	Quinze rayons aiguillonnés et onze rayons articulés à la dorsale ; trois rayons aiguillonnés et dix rayons articulés à l'anale ; le museau recourbé vers le haut ; la caudale arrondie ; la couleur générale d'un rouge nuageux, ou des raies nombreuses, rouges, bleues et jaunes.
73. LE LABRE DOUBLE-TACHE, (*Labrus bimaculatus.*)	Quinze rayons aiguillonnés et onze rayons articulés à la dorsale ; quatre rayons aiguillonnés et huit rayons articulés à l'anale ; des filamens aux rayons de la nageoire du dos, et aux deux premiers rayons de chaque thoracine ; l'anale lancéolée ; l'extrémité de la dorsale en forme de faux ; une grande tache sur chaque côté du corps et sur chaque côté de la queue de l'animal.

ESPÈCES.	CARACTÈRES.
74. LE LABRE PONCTUÉ. (*Labrus punctatus.*)	Quinze rayons aiguillonnés et dix rayons articulés à la nageoire du dos ; quatre rayons aiguillonnés et huit rayons articulés à celle de l'anus ; toutes les nageoires pointues, excepté la caudale, qui est arrondie ; la pièce postérieure de chaque opercule couverte d'écailles semblables par leur forme, et égales par leur grandeur, à celles du dos ; la ligne latérale interrompue ; de petites écailles sur une partie de la dorsale et de l'anale ; plusieurs rayons articulés de la dorsale beaucoup plus alongés que les aiguillons de cette nageoire ; un grand nombre de points, neuf raies longitudinales, et trois taches rondes, sur chaque côté du poisson.
75. LE LABRE OSSIFAGE. (*Labrus ossifagus.*)	Dix-sept rayons aiguillonnés, et quatorze rayons articulés à la dorsale ; trois rayons aiguillonnés et dix rayons articulés à la nageoire de l'anus.
76. LE LABRE ONITE. (*Labrus onitis.*)	Dix-sept rayons aiguillonnés et dix rayons articulés à la dorsale ; trois rayons aiguillonnés et huit rayons articulés à l'anale ; la caudale arrondie et jaune ; la couleur générale brune ; la partie inférieure de l'animal tachetée de gris et de brun ; des filamens aux rayons de la nageoire dorsale.
77. LE LABRE PERROQUET. (*Labrus psittacus.*)	Dix-huit rayons aiguillonnés et douze rayons articulés à la dorsale ; trois rayons aiguillonnés et dix rayons articulés à la nageoire de l'anus ; la couleur générale verte ; le dessous du corps jaune ; une raie longitudinale bleue, de chaque côté du corps ; quelquefois des taches bleues sur le ventre.

ESPÈCES.	CARACTÈRES.
78. LE LABRE TOURD. (*Labrus turdus.*)	Dix-huit rayons aiguillonnés et quinze rayons articulés à la nageoire du dos; trois rayons aiguillonnés et douze rayons articulés à l'anale; le corps et la queue alongés; la partie supérieure de l'animal jaune, avec des taches blanches ou vertes, et quelquefois avec des taches blanches et bordées d'or au-dessous du museau.
79. LE LABRE CINQ-ÉPINES. (*Labrus pentacanthus.*)	Dix-neuf rayons aiguillonnés et six rayons articulés à la dorsale; cinq rayons aiguillonnés et huit rayons articulés à l'anale; des filamens aux rayons de la nageoire du dos; le corps et la queue bleus, ou rayés de bleu.
80. LE LABRE CHINOIS. (*Labrus chinensis.*)	Dix-neuf rayons aiguillonnés et cinq rayons articulés à la dorsale; cinq rayons aiguillonnés et sept rayons articulés à l'anale; des filamens aux rayons de la nageoire du dos; le sommet de la tête très-obtus; la couleur livide.
81. LE LABRE JAPONOIS. (*Labrus japonicus.*)	Dix rayons aiguillonnés et onze rayons articulés à la dorsale; trois rayons aiguillonnés et cinq rayons articulés à la nageoire de l'anus; des filamens aux rayons de la nageoire du dos; les opercules couverts d'écailles semblables à celles du corps; des dents petites et aiguës aux mâchoires; la couleur jaune.
82. LE LABRE LINÉAIRE. (*Labrus linearis.*)	Vingt rayons aiguillonnés et un rayon articulé à la nageoire du dos; quinze rayons à celle de l'anus; la dorsale très-longue; le corps alongé; la tête comprimée; la couleur blanche ou blanchâtre.

ESPÈCES.	CARACTÈRES.

83. LE LABRE LUNULÉ.
(*Labrus lunulatus.*)

Neuf rayons aiguillonnés et onze rayons articulés à la dorsale ; trois rayons aiguillonnés et neuf rayons articulés à la nageoire de l'anus ; les écailles larges et striées en creux ; les pectorales et la caudale arrondies ; la ligne latérale interrompue ; la couleur générale d'un brun verdâtre, avec des bandes transversales plus foncées ; le plus souvent un croissant jaune et bordé de noir, sur le bord postérieur de chaque opercule ; deux taches jaunes sur la membrane branchiale, qui est verte.

84. LE LABRE VARIÉ.
(*Labrus variegatus.*)

Dix-sept rayons aiguillonnés et treize rayons articulés à la dorsale ; trois rayons aiguillonnés et douze rayons articulés à l'anale ; les lèvres larges et doubles ; la caudale un peu arrondie ; le corps et la queue alongés ; la couleur générale rouge ; quatre raies longitudinales olivâtres, et quatre autres bleues, de chaque côté du poisson ; la dorsale bleue à son origine, ensuite blanche, ensuite rouge ; la caudale bleue en haut, et jaune en bas.

85. LE LABRE MAILLÉ.
(*Labrus reticulatus.*)

Quinze rayons aiguillonnés et dix rayons articulés à la nageoire du dos ; trois rayons aiguillonnés et neuf rayons articulés à celle de l'anus ; l'ensemble du poisson comprimé et ovale ; la couleur verte avec un réseau rouge ; une tache noire sur chaque opercule et sur la dorsale ; des bandes et des filamens rouges, à la nageoire du dos.

ESPÈCES.	CARACTÈRES.
86. LE LABRE TACHETÉ. (*Labrus guttatus.*)	Quinze rayons aiguillonnés et douze rayons articulés à la dorsale ; trois rayons aiguillonnés et onze rayons articulés à l'anale ; la couleur générale rougeâtre ; un grand nombre de points blancs disposés avec ordre ; des taches noires ; une tache au milieu de la base de la caudale.
87. LE LABRE COCK. (*Labrus coquus.*)	La caudale arrondie ; la partie supérieure nuancée de pourpre et de bleu foncé ; l'inférieure d'un beau jaune.
88. LE LABRE CANUDE. (*Labrus cinœdus.*)	Des rayons aiguillonnés à la dorsale, qui s'étend depuis la nuque jusqu'à la caudale ; la gueule petite ; les dents crénelées, ou lobées ; la couleur générale jaune ; le dos d'un rouge pourpre.
89. LE LABRE BLANCHES-RAIES. (*Labrus albovittatus.*)	Neuf rayons aiguillonnés et onze rayons articulés à la dorsale ; trois rayons aiguillonnés et dix rayons articulés à l'anale ; une seule rangée de dents petites et aiguës à chaque mâchoire ; les lèvres très-épaisses ; le corps alongé ; la couleur générale jaunâtre ; deux raies longitudinales blanches et très-longues, et une troisième raie supérieure semblable aux deux premières, mais plus courte, de chaque côté de l'animal ; la caudale arrondie.
90. LE LABRE BLEU. (*Labrus cœruleus.*)	Dix-sept rayons aiguillonnés et douze rayons articulés à la nageoire du dos ; deux rayons aiguillonnés et douze rayons articulés à la nageoire de l'anus ; la couleur générale bleue, avec des taches jaunes et des raies bleuâtres ; une grande tache bleue sur le devant de la dorsale ; les thoracines,

ESPÈCES.

CARACTÈRES.

90. LE LABRE BLEU.
(*Labrus cœruleus.*)

l'anale et la caudale, bordées de la même couleur; les dents de devant plus longues que les autres.

91. LE LABRE RAYÉ.
(*Labrus lineatus.*)

Dix-sept rayons aiguillonnés et treize rayons articulés à la dorsale; trois rayons aiguillonnés et douze rayons articulés à l'anale; les dents de devant plus longues que les autres; le museau long; la nuque un peu relevée et convexe; le corps alongé; la caudale arrondie; le dos rougeâtre; les côtés bleus; la poitrine jaune; le ventre d'un bleu pâle; quatre raies vertes et longitudinales de chaque côté du poisson.

92. LE LABRE BALLAN.
(*Labrus ballan.*)

Vingt rayons aiguillonnés et onze rayons articulés à la dorsale; trois rayons aiguillonnés et neuf rayons articulés à l'anale; la caudale arrondie; un sillon sur la tête; une petite cavité rayonnée sur chaque opercule; la couleur jaune, avec des taches couleur d'orange.

93. LE LABRE BERGYLTE.
(*Labrus bergylta.*)

Vingt rayons aiguillonnés et douze rayons articulés à la dorsale; trois rayons aiguillonnés et six rayons articulés à l'anale; la caudale arrondie; la tête alongée; les écailles grandes; les derniers rayons de la dorsale et de l'anale, beaucoup plus longs que les autres; des taches sur les nageoires; des raies brunes et bleues, disposées alternativement sur la poitrine.

94. LE LABRE HASSEK.
(*Labrus hassek.*)

Point de rayons aiguillonnés aux nageoires; le corps très-alongé; la ligne latérale droite ou presque droite; une raie longitudinale et mouchetée de noir, de chaque côté de l'animal.

ESPÈCES.	CARACTÈRES.

95. LE LABRE ARISTÉ.
(*Labrus aristatus.*)

Trente-deux rayons à la dorsale ; vingt-cinq à l'anale ; le corps comprimé et ovale ; les écailles courtes, et relevées chacune par deux arêtes ; les dents éloignées l'une de l'autre ; les deux de devant de la mâchoire inférieure, plus avancées que les autres.

96. LE LABRE BIRAYÉ.
(*Labrus bivittatus.*)

Neuf rayons aiguillonnés et douze rayons articulés à la dorsale ; trois rayons aiguillonnés et onze rayons articulés à l'anale ; toutes les nageoires pointues, excepté celle de la queue, qui est arrondie ; le dos rouge ; les côtés jaunes ; deux raies longitudinales et brunes, de chaque côté du poisson ; la supérieure placée sur l'œil ; des taches jaunes sur la caudale, qui est violette ; le ventre rougeâtre.

97. LE LABRE GRANDES-ÉCAILLES.
(*Labrus macrolepidotus.*)

Neuf rayons aiguillonnés et treize rayons articulés à la nageoire du dos ; trois rayons aiguillonnés et treize rayons articulés à celle de l'anus ; les écailles grandes et lisses ; les mâchoires aussi avancées l'une que l'autre ; la tête courte et comprimée ; deux demi-cercles de pores muqueux au-dessous des yeux ; la caudale arrondie ; la couleur générale jaune.

98. LE LABRE TÊTE-BLEUE.
(*Labrus cyanocephalus.*)

Neuf rayons aiguillonnés et onze rayons articulés à la nageoire du dos ; deux rayons aiguillonnés et douze rayons articulés à celle de l'anus ; la caudale arrondie ; la ligne latérale interrompue ; les écailles grandes, rondes et minces ; les opercules terminés en pointe du côté de la queue ; le dos bleu ; les côtés argentés ; la tête bleue.

ESPÈCES.	CARACTÈRES.
99. LE LABRE A GOUTTES. (*Labrus guttulatus.*)	Point de rayons aiguillonnés; dix-neuf rayons à la dorsale, neuf à l'anale; la caudale arrondie; les écailles dures et couvertes d'une membrane; le dos brun; les côtés bleus; le dessous blanchâtre; la tête bleue; des taches argentées sur la tête, les côtés et l'anale; des taches jaunes sur la nageoire du dos.
100. LE LABRE BOISÉ. (*Labrus tessellatus.*)	Dix-sept rayons aiguillonnés et onze rayons articulés à la dorsale; trois rayons aiguillonnés et neuf rayons articulés à la nageoire de l'anus; la tête et les opercules presque entièrement dénués d'écailles semblables à celles du dos, excepté dans une petite place auprès des yeux; les deux mâchoires également avancées; plusieurs pores muqueux au-dessous des narines; quatre rayons à la membrane branchiale, qui est étroite; les écailles petites et molles; le corps alongé; la caudale arrondie; le dos violet; les côtés argentés; des taches imitant des compartimens de boiserie.
101. LE LABRE CINQ-TACHES. (*Labrus quinque-maculatus.*)	Quinze rayons aiguillonnés et dix rayons articulés à la dorsale; trois rayons aiguillonnés et neuf rayons articulés à l'anale; la tête garnie d'écailles semblables à celles du dos; un demi-cercle de pores muqueux au-dessous de chaque narine; la couleur générale d'un jaune mêlé de violet; une tache sur le nez; une tache sur l'opercule; deux taches sur la dorsale, et une cinquième sur la nageoire de l'anus.

ESPÈCES.	CARACTÈRES.
102. LE LABRE MICROLÉPIDOTE. (*Labrus microlepidotus.*)	Dix-sept rayons aiguillonnés et treize rayons articulés à la nageoire du dos; trois rayons aiguillonnés et dix rayons articulés à la nageoire de l'anus; les opercules garnis d'écailles semblables à celles du dos; les écailles très-petites; la partie supérieure de l'animal d'un jaune brun et sans tache; l'inférieure argentée; la caudale arrondie.
103. LE LABRE VIEILLE. (*Labrus vetula.*)	Seize rayons aiguillonnés et treize rayons articulés à la dorsale; trois rayons aiguillonnés et onze rayons articulés à l'anale; six rayons à la membrane branchiale; le museau dénué d'écailles semblables à celles du dos; de petites écailles sur la caudale, qui est arrondie; la tête rougeâtre; le dos couleur de plomb; les côtés jaunes et tachés; les thoracines, l'anale et la caudale bleuâtres et bordées de noir; des taches arrondies et petites sur l'anale, la caudale et la dorsale.
104. LE LABRE KARUT. (*Labrus carutta.*)	Onze rayons aiguillonnés et vingt-neuf rayons articulés à la dorsale, qui présente deux parties très-distinctes; toute la tête couverte d'écailles semblables à celles du dos; la caudale arrondie; la partie supérieure du museau plus avancée que l'inférieure.
105. LE LABRE ANÉI. (*Labrus aneus.*)	Neuf rayons aiguillonnés et vingt-quatre rayons articulés à la dorsale, qui présente deux parties très-distinctes; toute la tête couverte d'écailles semblables à celles du dos; la caudale arrondie; la mâchoire inférieure plus avancée que la supérieure.

ESPÈCES.	CARACTÈRES.
106. LE LABRE CEINTURÉ. (*Labrus cingulum.*)	Neuf rayons aiguillonnés et treize rayons articulés à la nageoire du dos; seize rayons à celle de l'anus; les deux dents de devant de chaque mâchoire, plus grandes que les autres; le museau pointu; la partie antérieure de l'animal livide, la postérieure brune; ces deux portions séparées par une bande ou ceinture blanchâtre; des taches petites, lenticulaires, et d'un noir pourpré, sur la tête, la dorsale, l'anale, et la caudale, qui est arrondie.
107. LE LABRE DIGRAMME. (*Labrus digramma.*)	Onze rayons aiguillonnés et huit rayons articulés à la nageoire du dos; un rayon aiguillonné et dix rayons articulés à celle de l'anus; la mâchoire inférieure un peu plus avancée que la supérieure; les deux dents de devant plus grandes que les autres; deux lignes latérales; la supérieure se terminant un peu au-delà de la dorsale, et s'y réunissant à la latérale opposée; l'inférieure commençant à peu près au-dessous du milieu de la dorsale, et allant jusqu'à la caudale, qui est arrondie.
108. LE LABRE HOLOLÉPIDOTE. (*Labrus hololepidotus.*)	Onze rayons aiguillonnés et vingt-sept rayons articulés à la dorsale; deux rayons aiguillonnés et dix rayons articulés à l'anale; les dents de la mâchoire inférieure à peu près égales; la tête et les opercules garnis d'écailles semblables à celles du dos; chaque opercule terminé en pointe; la caudale très-arrondie.
109. LE LABRE TAENIOURE. (*Labrus tæniourus.*)	Vingt rayons à la nageoire du dos; trois rayons aiguillonnés et onze rayons articulés à la nageoire de l'anus; les dents des deux

ESPÈCES.   CARACTÈRES.

109. LE LABRE TAENIOURE.
(*Labrus tæniourus.*)

mâchoires, grandes et séparées ; la tête et les opercules dénués d'écailles semblables à celles du dos ; les écailles grandes et bordées d'une couleur foncée ; point de ligne latérale facilement visible ; une bande transversale à la base de la caudale, qui est arrondie.

110. LE LABRE PARTERRE.
(*Labrus hortulanus.*)

Cinq rayons aiguillonnés et quinze rayons articulés à la dorsale, qui est basse ; deux rayons aiguillonnés et onze rayons articulés à l'anale ; le museau avancé ; les dents de la mâchoire supérieure, presque horizontales ; deux lignes latérales se réunissant en une vers le milieu de la nageoire du dos ; la caudale arrondie ; des taches sur la tête et les opercules, qui sont dénués d'écailles semblables à celles du dos ; une ou deux taches à côté de chaque rayon de la dorsale et de l'anale ; la surface du corps et de la queue, divisée par des raies obliques, en losanges dont le milieu présente une tache.

111. LE LABRE SPAROÏDE.
(*Labrus sparoïdes.*)

Dix rayons aiguillonnés et douze rayons articulés à la dorsale ; dix rayons aiguillonnés et seize rayons articulés à l'anale, qui est très-grande ; la hauteur du corps égale, ou à peu près, à la longueur du corps et de la queue pris ensemble ; une concavité au-dessus des yeux ; la mâchoire inférieure plus avancée que la supérieure ; la tête et les opercules garnis d'écailles semblables à celles du dos ; la caudale arrondie ; des taches irrégulières, ou en croissant, ou en larmes, répandues sans ordre, sur chaque côté de l'animal.

TOME III.   57

ESPÈCES.	CARACTÈRES.

112. LE LABRE LÉOPARD.
(*Labrus leopardus*).

Neuf rayons aiguillonnés et quatorze rayons articulés à la nageoire du dos ; deux rayons aiguillonnés et dix rayons articulés à la nageoire de l'anus ; l'ouverture de la bouche assez grande ; les deux dents de devant de chaque mâchoire, plus grandes que les autres ; deux pièces à chaque opercule ; la caudale et les pectorales arrondies ; les rayons aiguillonnés de la dorsale plus hauts que la membrane ; point d'écailles facilement visibles ; une raie noire s'étendant depuis l'œil jusqu'à la pointe postérieure de l'opercule ; une bande très-foncée placée sur la caudale ; des taches composées de taches plus petites, et répandues sur la tête, le corps, la queue, la dorsale et l'anale, de manière à imiter les couleurs du léopard.

113. LE LABRE
MALAPTÉRONOTE.
(*Labrus malapteronotus*.)

Vingt-un rayons articulés à la nageoire du dos ; treize rayons à celle de l'anus ; la mâchoire inférieure un peu plus avancée que la supérieure ; les dents de devant de la mâchoire inférieure inclinées en avant ; la tête et les opercules dénués d'écailles semblables à celles du dos ; une tache foncée sur la pointe postérieure de l'opercule ; la ligne latérale fléchie en en-bas, et formant ensuite un angle, pour se diriger vers la caudale, qui est arrondie ; trois bandes blanchâtres de chaque côté du poisson.

114. LE LABRE DIANE.
(*Labrus diana.*)

Douze rayons aiguillonnés et dix rayons articulés à la dorsale ; deux rayons aiguillonnés et treize rayons articulés à la nageoire de l'anus ; la nageoire dorsale pré-

ESPÈCES.	CARACTÈRES.
114. LE LABRE DIANE. (*Labrus diana.*)	sentant trois portions distinctes; la caudale arrondie; la tête et les opercules dénués d'écailles semblables à celles du dos; quatre grandes dents au bout de la mâchoire supérieure; deux grandes dents au bout de la mâchoire inférieure; une dent grande et tournée en avant, à chaque coin de l'ouverture de la bouche; un petit croissant d'une couleur foncée sur chaque écaille.
115. LE LABRE MACRODONTE. (*Labrus macrodontus.*)	Treize rayons aiguillonnés et huit rayons articulés à la nageoire du dos; trois rayons aiguillonnés et neuf rayons articulés à la nageoire de l'anus; la caudale arrondie; les derniers rayons de la dorsale et de l'anale, plus longs que les premiers; les écailles assez grandes; la partie postérieure de la tête relevée; quatre dents fortes et crochues, à l'extrémité de chaque mâchoire; une dent forte, crochue, et tournée en avant, auprès de chaque coin de l'ouverture de la bouche.
116. LE LABRE NEUSTRIEN. (*Labrus Neustriœ.*)	Vingt rayons aiguillonnés et onze rayons articulés à la nageoire du dos; trois rayons aiguillonnés et sept rayons articulés à celle de l'anus; sept rayons à la membrane branchiale; la caudale arrondie; les dents égales, fortes et séparées l'une de l'autre; le dos marbré d'aurore, de brun et de verdâtre; les côtés marbrés d'aurore, de brun et de blanc.
117. LE LABRE CALOPS. (*Labrus calops.*)	Douze rayons aiguillonnés et huit rayons articulés à la dorsale; treize rayons à l'anale; le premier et le dernier des rayons

ESPÈCES.	CARACTÈRES.
117. LE LABRE CALOPS (*Labrus calops.*)	de la nageoire de l'anus articulés ; l'œil très-grand et très-brillant ; la ligne latérale droite ; les écailles fortes et larges ; la tête dénuée d'écailles semblables à celles du dos ; une tache grande et brune au-delà mais auprès de chaque nageoire pectorale.
118. LE LABRE ENSANGLANTÉ. (*Labrus cruentatus.*)	Neuf rayons aiguillonnés et quinze rayons articulés à la nageoire du dos ; les dents courtes, égales et séparées l'une de l'autre ; la mâchoire inférieure plus avancée que la supérieure ; l'œil très-grand ; la ligne latérale très-voisine du dos ; la hauteur de l'extrémité de la queue, très-inférieure à celle de sa partie antérieure ; la caudale arrondie ; la couleur générale argentée, avec des taches très-grandes, irrégulières, et couleur de sang.
119. LE LABRE PERRUCHE (*Labrus psittaculus.*)	Dix-huit rayons à la dorsale, qui est très-basse, et à peu près de la même hauteur dans toute sa longueur ; l'ouverture de la bouche très-petite ; les deux mâchoires presque égales ; le corps alongé ; la caudale arrondie ; la couleur générale verte ; trois raies longitudinales et rouges de chaque côté de l'animal ; une raie rouge et longitudinale sur la dorsale, qui est jaune ; une bande noire sur chaque œil ; une bande rouge et bordée de bleu, de l'œil à l'origine de la dorsale, et sur le bord postérieur de chacune des deux pièces de l'opercule.

ESPÈCES.	CARACTÈRES.
120. LE LABRE KESLIK. (*Labrus keslik.*)	Huit rayons aiguillonnés et treize rayons articulés à la nageoire du dos; trois rayons aiguillonnés et douze rayons articulés à la nageoire de l'anus; la caudale rectiligne; l'opercule terminé par une prolongation arrondie à son extrémité; la ligne longitudinale qui termine le dos, droite, ou presque droite; des raies longitudinales jaunâtres, et souvent festonnées; une tache bleue auprès de la base de chaque pectorale.
121. LE LABRE COMBRE. (*Labrus comber.*)	Vingt rayons aiguillonnés et onze rayons articulés à la dorsale; trois rayons aiguillonnés et quatre rayons articulés à l'anale; la caudale lancéolée; l'opercule terminé par une prolongation arrondie à son extrémité; le dos rouge; une raie longitudinale et argentée de chaque côté de l'animal.

TROISIÈME SOUS-GENRE.

La nageoire de la queue divisée en trois lobes.

ESPÈCES.	CARACTÈRES.
122. LE LABRE BRASILIEN. (*Labrus brasiliensis.*)	Neuf rayons aiguillonnés et quatorze rayons articulés à la nageoire du dos; trois rayons aiguillonnés et vingt-deux rayons articulés à la nageoire de l'anus; le premier et le dernier rayon de la caudale, prolongés en arrière; deux dents recourbées et plus longues que les autres, à la mâchoire supérieure; quatre dents semblables à la mâchoire inférieure; deux ou trois lignes longitudinales à la dorsale et à l'anale.

ESPÈCES.	CARACTÈRES.
123. LE LABRE VERD. (*Labrus viridis.*)	Huit rayons aiguillonnés et douze rayons articulés à la dorsale ; treize rayons à l'anale ; le premier et le dernier rayon de la caudale très-prolongés en arrière ; les deux dents de devant de chaque mâchoire plus longues que les autres ; les écailles vertes et bordées de jaune ; presque toutes les nageoires jaunes, et le plus souvent bordées ou rayées de verd.
124. LE LABRE TRILOBÉ. (*Labrus trilobatus.*)	Vingt-neuf rayons à la nageoire du dos ; dix-sept à celle de l'anus ; la dorsale longue et basse ; les dents grandes, fortes, et presque égales les unes aux autres ; la tête et les opercules dénués d'écailles semblables à celles du dos ; la ligne latérale ramifiée, droite, fléchie ensuite vers le bas, et enfin droite jusqu'à la caudale ; des taches nuageuses.
125. LE LABRE DEUX-CROISSANS. (*Labrus bilunulatus.*)	Treize rayons aiguillonnés et treize rayons articulés à la dorsale, qui présente deux portions distinctes ; la tête dénuée d'écailles semblables à celles du dos ; quatre grandes dents à chaque mâchoire ; la mâchoire inférieure un peu plus avancée que la supérieure ; une petite tache sur un grand nombre d'écailles ; une grande tache de chaque côté de l'animal, auprès de l'extrémité de la dorsale.
126. LE LABRE HÉBRAÏQUE. (*Labrus hebraïcus.*)	Vingt-un rayons articulés à la nageoire du dos ; treize rayons à la nageoire de l'anus ; des raies imitant des caractères hébraïques ou orientaux, sur la tête et les opercules, qui sont dénués d'écailles sem-

ESPÈCES.	CARACTÈRES.
126. LE LABRE HÉBRAÏQUE. (*Labrus hebraïcus.*)	blables à celles du dos; une petite tache à la base d'un très-grand nombre d'écailles; les pectorales d'une couleur très-claire ou très-vive, ainsi qu'une bande transversale située auprès de chaque opercule.
127. LE LABRE LARGE-RAIE. (*Labrus latovittatus.*)	Quarante-deux rayons presque tous articulés à la dorsale; quarante-un rayons articulés à l'anale; la dorsale et l'anale très-longues; le corps alongé; la tête très-alongée, et dénuée, ainsi que les opercules, d'écailles semblables à celles du dos; un grand nombre de dents très-petites et égales; une raie longitudinale sur la base de la nageoire du dos; une raie longitudinale, large et droite, depuis la base de chaque pectorale jusqu'à la caudale.
128. LE LABRE ANNELÉ. (*Labrus annulatus.*)	Vingt-un rayons à la nageoire du dos; quinze rayons à celle de l'anus; les dents petites et égales; l'opercule terminé un peu en pointe; les écailles très-difficiles à voir; dix-neuf bandes transversales, étroites, régulières, semblables, et placées de chaque côté du poisson, de manière à se réunir avec les bandes analogues du côté opposé.

LE LABRE HÉPATE*.

L A Nature n'a accordé aux labres ni la grandeur, ni
la force, ni la puissance. Ils ne règnent pas au milieu
des ondes en tyrans redoutables. Des formes singulières, des habitudes extraordinaires, des facultés ter-
ribles, ou, pour ainsi dire, merveilleuses, un goût
exquis, une qualité particulière dans leur chair, n'ont
point lié leur histoire avec celle des navigations lointaines, des expéditions hardies, des pêches fameuses,
du commerce des peuples, des usages et des mœurs
des différens siècles. Ils n'ont point eu de fastueuse
célébrité. Mais ils ont reçu des proportions agréables,
des mouvemens agiles, des rames rapides. Mais toutes
les couleurs de l'arc céleste leur ont été données
pour leur parure. Les nuances les plus variées, les
tons les plus vifs, leur ont été prodigués. Le feu du
diamant, du rubis, de la topaze, de l'émeraude, du
saphir, de l'améthyste, du grenat, scintille sur leurs
écailles polies; il brille sur leur surface en gouttes, en

---

* Labrus hepatus.
Id. *Linné , édition de Gmelin.*
Labre hépate. *Daubenton et Haüy, Encyclopédie méthodique.*
Id. *Bonnaterre , planches de l'Encyclopédie méthodique.*
Labrus maxillâ inferiore longiore , caudâ bifurcâ , etc. *Artedi, gen.* 35 ,
syn. 53.

croissans, en raies, en bandes, en anneaux, en ceintures, en zones, en ondes ; il se mêle à l'éclat de l'or
et de l'argent qui y resplendit sur de grandes places,
ou il relève les reflets plus doux, les teintes obscures,
les aires pâles, et, pour ainsi dire, décolorées. Quel
spectacle enchanteur ne présenteroient-ils pas, si
appelés, de toutes les mers qu'ils habitent, et réunis
dans une de ces vastes plages équatoriales, où un
océan de lumière tombe de l'atmosphère qu'il inonde,
sur les flots qu'il pénètre, illumine, dore et rougit,
ils pressoient, mêloient, confondoient leurs grouppes
nombreux, émaillés et éclatans, faisoient jaillir au
travers du crystal des eaux et de dessus les facettes
si multipliées de leur surface luisante, les rayons
abondans d'un soleil sans nuages, et présentoient
dans toute la vivacité de leurs couleurs, avec toute la
magie d'une variété presque infinie, et par le pouvoir
le plus étendu des contrastes, la richesse de leurs
vêtemens, la magnificence de leurs décorations, et le
charme de leur parure !

  C'est en les voyant ainsi rassemblés, que l'ami de
la Nature, que le chantre des êtres créés, rappelant
dans son ame émue toutes les jouissances que peut
faire naître la contemplation des superbes habitans des
eaux, et environné, par les prestiges d'une imagination
animée, de toutes les images riantes que la mythologie
répandit sur les bords fortunés de l'antique Grèce,
voudroit entonner de nouveau un hymne à la beauté.

Une philosophie plus calme et plus touchante suspendroit cependant son essor poétique. Un présent bien plus précieux, diroit-elle à son cœur, a été fait par la bienfaisante Nature à ces animaux dont la splendeur et l'élégance plaisent à vos yeux. Ils ont plus que de l'éclat, ils ont le repos; l'homme du moins ne leur déclare presque jamais la guerre; et si leur asyle, où ils ont si peu souvent à craindre les filets ou les lignes des pêcheurs, est quelquefois troublé par la tempête, ils peuvent facilement échapper à l'agitation des vagues, et aller chercher dans d'autres plages, des eaux plus tranquilles et un séjour plus paisible. Tous les climats peuvent en effet leur convenir. Il n'est aucune partie du globe où on ne trouve une ou plusieurs espèces de labres; ils vivent dans les eaux douces des rivières du Nord, et dans les fleuves voisins de l'équateur et des tropiques. On les rencontre auprès des glaces amoncelées de la Norvége ou du Groenland, et auprès des rivages brûlans de Surinam ou des Indes orientales; dans la haute mer, et à une petite distance des embouchures des rivières; non loin de la Caroline, et dans les eaux qui baignent la Chine et le Japon; dans le grand Océan, et dans les mers intérieures, la Méditerranée, le golfe de Syrie, l'Adriatique, la Propontide, le Pont-Euxin, l'Arabique; dans la mer si souvent courroucée d'Écosse, et dans celle que les ouragans soulèvent contre les promontoires austraux de l'Asie et de l'Afrique.

De cette dissémination de ces animaux sur le globe, de cette diversité de leurs séjours, de cette analogie de tant de climats différens avec leur bien-être, il résulte une vérité très-importante pour le naturaliste, et que nous avons déja plusieurs fois indiquée : c'est que les oppositions d'un climat à un autre sont presque nulles pour les habitans des eaux ; que l'influence de l'atmosphère s'arrête, pour ainsi dire, à la surface des mers ; qu'à une très-petite distance de cette même surface et des rivages qui contiennent les ondes, l'intérieur de l'océan présente à peu près dans toutes les saisons et sous tous les degrés d'élévation du pole, une température presque uniforme, dans laquelle les poissons plongent à volonté et vont chercher, toutes les fois qu'ils le desirent, ce qu'on pourroit appeler leur printemps éternel ; qu'ils peuvent, dans cet abri plus ou moins écarté et séparé de l'inconstante atmosphère, braver et les ardeurs du soleil des tropiques, et le froid rigoureux qui règne autour des montagnes congelées et entassées sur les océans polaires ; qu'il est possible que les animaux marins aient des retraites tempérées au-dessous même de ces amas énormes de monts de glace flottans ou immobiles ; et que les grandes diversités que les mers et les fleuves présentent relativement aux besoins des poissons, consistent principalement dans le défaut ou l'abondance d'une nourriture nécessaire, dans la convenance du fond, et dans les qualités de l'eau salée ou douce, trouble ou limpide, pesante ou légère, privée de mouvement ou courante, presque toujours paisible ou fréquemment bouleversée par d'horribles tempêtes.

Il ne faut pas conclure néanmoins de ce que nous venons de dire, que toutes les espèces de labres aient absolument la même organisation : les unes ont le dos élevé, et une hauteur remarquable relativement à leur longueur, pendant que d'autres, dont le corps et la queue sont très-alongés, présentent dans cette même queue une rame plus longue, plus étendue en surface, plus susceptible de mouvemens alternatifs et précipités. La longueur, la largeur et la figure des nageoires offrent aussi de grandes différences, lorsqu'on les considère dans diverses espèces de labres. D'ailleurs plusieurs de ces poissons ont les yeux beaucoup plus gros que ceux de leurs congénères, et conformés de manière à leur donner une vue plus fine, ou plus forte, ou plus délicate, et plus exposée à être altérée par la vive lumière des régions polaires, ou par les rayons plus éblouissans encore que le soleil répand dans les contrées voisines des tropiques. De plus, la forme, les dimensions, le nombre et la disposition des dents varient beaucoup dans les labres, suivant leurs différentes espèces. Ceux-ci ont des dents très-grandes, et ceux-là des dents très-petites ; dans quelques espèces ces armes sont égales entre elles, et dans d'autres très-inégales ; et enfin, lorsqu'on examine successivement tous les labres déja connus, on voit ces mêmes dents tantôt presque droites et tantôt très-crochues, souvent implantées perpendiculairement dans les os des mâchoires, et souvent inclinées dans un sens très-oblique. Il n'est donc pas surprenant qu'il y ait aussi de la diversité dans les alimens des différentes espèces que nous allons décrire rapidement; et voilà pourquoi, tandis que la plupart des labres se nourrissent d'œufs, de vers, de mollusques, d'insectes marins, de poissons très-jeunes ou très-petits, quelques uns de ces osseux, et particulièrement le tancoïde, qui vit dans la mer Britannique, préfèrent des crustacées ou des animaux à coquille, dont ils peuvent briser la croûte, ou concasser l'écaille.

Au reste, si les naturalistes qui nous ont précédés, ont bien observé les couleurs et les formes d'un assez grand nombre de véritables labres, ils se sont peu attachés à connoître leurs habitudes générales, qui ne présentant rien de différent de la manière de vivre de plusieurs genres de thoracins osseux, n'ont piqué leur curiosité par aucun phénomène particulier et remarquable. Nous n'avons donc pu tirer de la diversité des mœurs de ces poissons, qu'un petit nombre d'indications pour parvenir à distinguer les espèces auxquelles ils appartiennent. Mais en combinant les traits de la conformation extérieure avec les tons et les distributions des couleurs, nous avons obtenu des caractères spécifiques d'autant plus propres à faire éviter toute équivoque, que la nuance et sur-tout les dis-

positions de ces mêmes couleurs m'ont paru constantes dans les diverses espèces de labres, malgré les
différences d'âge, de sexe et de pays natal, que les
individus m'ont présentées dans les nombreux exa-
mens que j'ai été à portée d'en faire; et c'est ainsi que
nous avons pu composer un tableau sur lequel on distinguera sans peine les signes caractéristiques des cent
vingt-huit espèces de véritables labres que l'on devra
compter d'après les recherches que j'ai eu le bonheur
de faire.

La première de ces cent vingt-huit espèces qui se
présente sur le tableau méthodique de leur genre, est
l'hépate. Ajoutons à ce que nous en avons dit dans ce
tableau, que l'on trouve ce poisson dans la Méditerranée, et dans quelques rivières qui portent leurs eaux
au fond de l'Adriatique, que son museau est pointu,
que son palais montre un espace triangulaire hérissé
d'aspérités, et que ses mâchoires sont garnies de petites
dents *.

---

* 13 rayons à chaque pectorale.
　　1 rayon aiguillonné et 5 rayons articulés à chaque thoracine.
　　3 rayons aiguillonnés et 6 rayons articulés à la nageoire de l'anus.

LE LABRE OPERCULÉ[1],

LE LABRE AURITE[2],

LE LABRE FAUCHEUR[3], LE LABRE OYÈNE[4], LE LABRE SAGITTAIRE[5], LE LABRE CAPPA[6], LE LABRE LÉPISME[7], LE LABRE UNIMACULÉ[8], LE LABRE BOHAR[9], ET LE LABRE BOSSU[10].

L'OPERCULÉ et le sagittaire habitent les mers qui baignent l'Asie, et particulièrement le grand golfe de l'Inde; la mer d'Arabie nourrit l'oyène, le bohar

[1] Labrus operculatus.
Id. *Linné, édition de Gmelin.*
Amœnit. academic. 4, p. 248.
Labre mouche. *Daubenton et Haüy, Encyclopédie méthodique.*
Id. *Bonnaterre, planches de l'Encyclopédie méthodique.*

[2] Labrus auritus.
Id. *Linné, édition de Gmelin.*
Labre aurite. *Daubenton et Haüy, Encyclopédie méthodique.*
Id. *Bonnaterre, planches de l'Encyclopédie méthodique.*

[3] Labrus falcatus.
Id. *Linné, édition de Gmelin.*
Labre faucheur. *Daubenton et Haüy, Encyclopédie méthodique.*
Id. *Bonnaterre, planches de l'Encyclopédie méthodique.*

[4] Labrus oyena.
Id. *Linné, édition de Gmelin.*
Forskael, Faun. Arab. p. 35, n. 29.
Labre oyène. *Bonnaterre, planches de l'Encyclopédie méthodique.*

et le bossu; la Méditerranée est le séjour du cappa
et de l'unimaculé; et c'est dans les eaux douces ou
dans les eaux salées de l'Amérique septentrionale
que vivent l'aurite et le faucheur. Les dents du faucheur sont aiguës; celles de l'oyène nombreuses et
très-courtes; l'unimaculé a quatre dents à la mâchoire

---

5 Labrus jaculatrix.
Sciène sagittaire. Bonnaterre, planches de l'Encyclopédie méthodique.
Transact. philosoph. vol. 56, p. 187.

6 Labrus cappa.
Sciæna cappa. Linné, édition de Gmelin.
Mus. Ad. Frid. 2, p. 81.
Sciène daine. Bonnaterre, planches de l'Encyclopédie méthodique.
Id. Daubenton et Haüy, Encyclopédie méthodique.

7 Labrus lepisma.
Sciæna lepisma. Linné, édition de Gmelin.
Sciène lépisme. Bonnaterre, planches de l'Encyclopédie méthodique.
Id. Daubenton et Haüy, Encyclopédie méthodique.

8 Labrus unimaculatus.
Sciæna unimaculata. Linné, édition de Gmelin.
Sciène mouche. Bonnaterre, planches de l'Encyclopédie méthodique.
Id. Daubenton et Haüy, Encyclopédie méthodique.

9 Labrus bohar.
Sciæna bohar. Linné, édition de Gmelin.
Forskael, Faun. Arab. p. 46, n. 47.
Sciène bohar. Bonnaterre, planches de l'Encyclopédie méthodique.

10 Labrus gibbus.
Sciæna gibba. Linné, édition de Gmelin.
Forskael, Faun. Arab. p. 46, n. 48.
Sciène nagil. Bonnaterre planches de l'Encyclopédie méthodique.

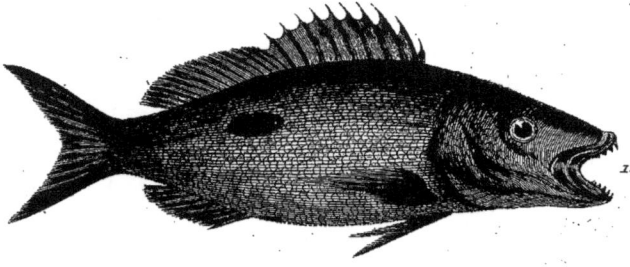

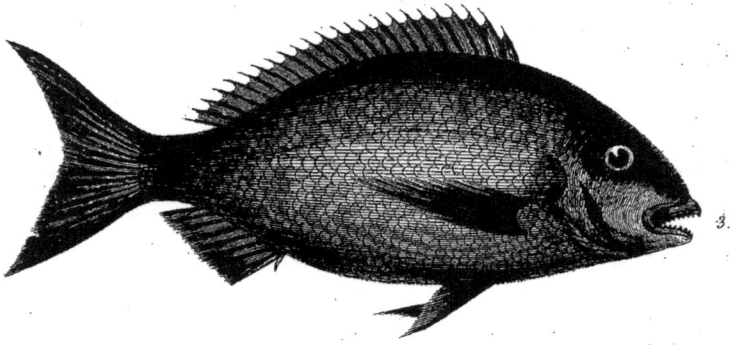

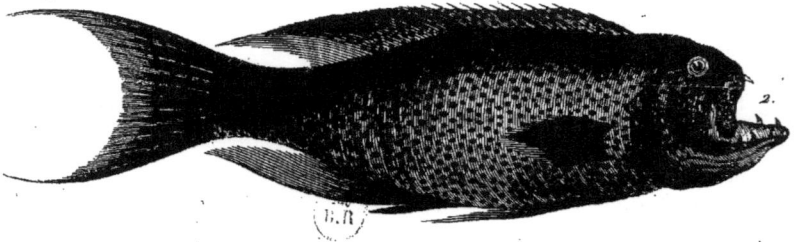

Pl. 17 Page 464.

3.

eave filius Del.

V rey Scul.

VARIÉTÉ du Labre unimaculé. 2 LABRE Moucheté 3. VARIÉTÉ du Spare brunâtre.

d'en-haut, et six dents un peu grandes, ainsi que quelques autres plus petites, à la mâchoire d'en-bas. D'ailleurs l'operculé* présente de petites taches noires sur le derrière de la tête; le faucheur, une couleur argentée; l'oyène, des nageoires d'un verd de mer, et

---

* 16 rayons à chaque nageoire pectorale de l'operculé.
    1 rayon aiguillonné et 5 rayons articulés à chaque thoracine.
    15 rayons aiguillonnés et 13 rayons articulés à la nageoire de l'anus.
    16 rayons à celle de la queue.

    10 rayons aiguillonnés et 11 rayons articulés à la nageoire dorsale de l'aurite.
    15 rayons à chacune des pectorales.
    6 rayons à chacune des thoracines.
    3 rayons aiguillonnés et 10 rayons articulés à l'anale.
    17 rayons à la caudale.

    20 rayons articulés à la nageoire dorsale du faucheur.
    17 rayons à chacune des pectorales.
    5 rayons à chacune des thoracines.
    3 rayons aiguillonnés et 17 rayons articulés à l'anale.
    20 rayons à la caudale.

    15 rayons à chacune des pectorales de l'oyène.
    1 rayon aiguillonné et 5 rayons articulés à chacune des thoracines.
    3 rayons aiguillonnés et 7 rayons articulés à l'anale.
    16 rayons à la caudale.

    4 rayons aiguillonnés et onze rayons articulés à la nageoire dorsale du sagittaire.
    12 rayons à chacune des pectorales.
    1 rayon aiguillonné et 5 rayons articulés à chacune des thoracines.
    3 rayons aiguillonnés et 15 rayons articulés à l'anale.
    17 rayons à la caudale.

quelquefois des raies rouges ; et le sagittaire, des nuances d'un jaune doré *.

---

* 16 rayons à chacune des pectorales du cappa.

   1 rayon aiguillonné et 5 rayons articulés à chacune des thoracines.

   3 rayons aiguillonnés et 10 rayons articulés à l'anale.

17 rayons à la caudale.

   11 rayons à chaque nageoire pectorale du lépisme.

   1 rayon aiguillonné et 5 rayons articulés à chacune des thoracines.

   3 rayons aiguillonnés et 8 rayons articulés à l'anale.

13 rayons à la caudale.

15 rayons à chacune des nageoires pectorales de l'unimaculé.

   1 rayon aiguillonné et 5 rayons articulés à chacune des thoracines.

   3 rayons aiguillonnés et 9 rayons articulés à l'anale.

17 rayons à la caudale.

   7 rayons à la membrane branchiale du bohar.

16 rayons à chacune des pectorales.

   1 rayon aiguillonné et 5 rayons articulés à chacune des thoracines.

   3 rayons aiguillonnés et 9 rayons articulés à l'anale.

17 rayons à la caudale.

   6 rayons à la membrane branchiale du bossu.

10 rayons aiguillonnés et 5 rayons articulés à la nageoire du dos.

16 rayons à chacune des pectorales.

   1 rayon aiguillonné et 5 rayons articulés à chacune des thoracines.

   3 rayons aiguillonnés et 9 rayons articulés à l'anale.

17 rayons à la caudale.

LE LABRE NOIR[1],

LE LABRE ARGENTÉ[2],

LE LABRE NÉBULEUX[3], LE LABRE GRISATRE[4],
LE LABRE ARMÉ[5], LE LABRE CHAPELET[6],
LE LABRE LONG-MUSEAU[7], LE LABRE
THUNBERG[8], LE LABRE GRISON[9], ET LE
LABRE CROISSANT[10].

ON peut remarquer aisément que l'extrémité de
chaque mâchoire du labre noir est dépourvue de
dents, et que son gosier est garni d'un très-grand

---

[1] Labrus niger.
Sciæna nigra. *Linné, édition de Gmelin.*
Forskael, Faun. Arab. p. 47, *n.* 49.
Sciène gatie. *Bonnaterre, planches de l'Encyclopédie méthodique.*

[2] Labrus argentatus. .
Sciæna argentata. *Linné, édition de Gmelin.*
Forskael, Faun. Arab. p. 47, *n.* 50.
Sciène schaafen. *Bonnaterre, planches de l'Encyclopédie méthodique.*

[3] Labrus nebulosus.
Sciæna nebulosa. *Linné, édition de Gmelin.*
Forskael, Faun. Arab. p. 52, *n.* 61.
Sciène bonkose. *Bonnaterre, planches de l'Encyclopédie méthodique.*

[4] Labrus cinerascens.
Sciæna cinerascens. *Linné, édition de Gmelin.*
Forskael, Faun. Arab. p. 53, *n.* 66.
Sciène tahmel. *Bonnaterre, planches de l'Encyclopédie méthodique.*

nombre de dents petites et effilées ; dans l'argenté,
les dents sont d'autant plus grandes qu'elles sont
plus éloignées du bout du museau ; six grandes dents
arment la mâchoire supérieure du chapelet ; et les
deux mâchoires du thunberg en présentent chacune
quatre plus grandes que les autres. La ligne latérale
du croissant n'est courbe que jusqu'à la fin de la
nageoire du dos. L'armé montre un aiguillon presque
horizontal, tourné en avant, et situé entre la tête et
la dorsale ; ce qui lui donne un rapport assez grand
avec les cæsiomores, dont il diffère néanmoins par

---

5 Labrus armatus.
Sciæna armata. *Linné, édition de Gmelin.*
Forskael, Faun. Arab. p. 53, n. 68.
Sciène galenfish. *Bonnaterre, planches de l'Encyclopédie méthodique.*

6 Labrus catenula.

7 Labrus longirostris.

8 Labrus Thunberg.
Sciæna fusca. *Thunberg, Voyage au Japon.*

9 Labrus griseus.
Id. 5, *Linné, édition de Gmelin.*
Catesb. Carolin. 2, p. 9, tab. 9.
Labre grison. *Daubenton et Haüy, Encyclopédie méthodique.*
Id. *Bonnaterre, planches de l'Encyclopédie méthodique.*

10 Labrus lunaris.
Id. *Linné, édition de Gmelin.*
Gronov. Mus. 2, n. 180, tab. 6, fig. 2.
Labre croissant. *Daubenton et Haüy, Encyclopédie méthodique.*
Id. *Bonnaterre, planches de l'Encyclopédie méthodique.*

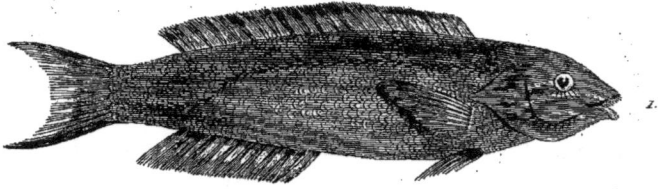

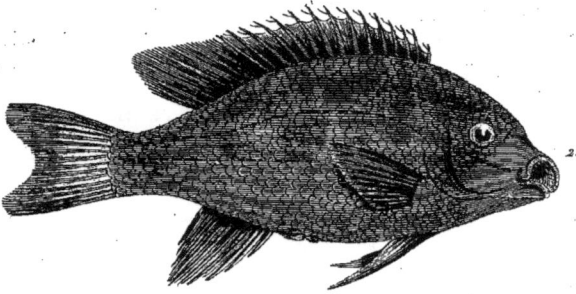

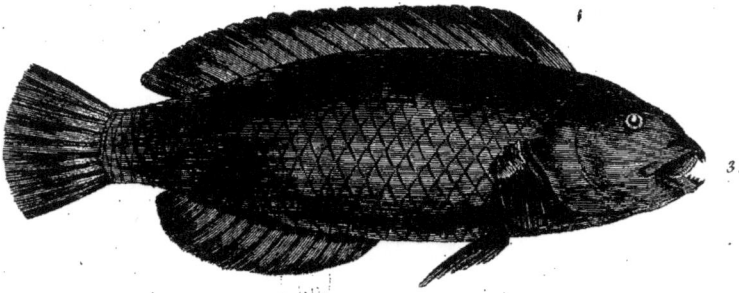

1. VARIÉTÉ du Labre Argenté. 2. LABRE Filamenteux. 3. SPARE Brachion.

plusieurs traits, et avec lesquels il seroit impossible de le confondre, par cela seul que les cæsiomores ont au moins deux piquans entre la dorsale et le derrière de la tête *.

---

* 7 rayons à la membrane branchiale du labre noir.
16 rayons à chaque nageoire pectorale.
1 rayon aiguillonné et 5 rayons articulés à chacune des thoracines.
3 rayons aiguillonnés et 9 rayons articulés à l'anale.
17 rayons à la caudale.

7 rayons à la membrane branchiale de l'argenté.
17 rayons à chaque nageoire pectorale.
1 rayon aiguillonné et 5 rayons articulés à chacune des thoracines.
3 rayons aiguillonnés et 9 rayons articulés à l'anale.
18 rayons à la caudale.

13 rayons à chaque nageoire pectorale du nébuleux.
1 rayon aiguillonné et 5 rayons articulés à chacune des thoracines.
17 rayons à la caudale.

7 rayons à la membrane branchiale du grisâtre.
18 rayons à chaque nageoire pectorale.
1 rayon aiguillonné et 5 rayons articulés à chacune des thoracines.
3 rayons aiguillonnés et 11 rayons articulés à l'anale.
15 rayons à la caudale.

3 rayons aiguillonnés et 7 rayons articulés à la nageoire de l'anus du long-museau.

6 rayons à la membrane branchiale du thunberg.
15 rayons à chaque nageoire pectorale.
1 rayon aiguillonné et 5 rayons articulés à chacune des thoracines.
3 rayons aiguillonnés et 8 rayons articulés à l'anale.
19 rayons à la caudale.

17 rayons à chaque nageoire pectorale du croissant.
6 rayons à chacune des thoracines.
3 rayons aiguillonnés et 14 rayons articulés à l'anale.
16 rayons à la caudale.

Au reste, complétons ce que nous avons à faire connoître relativement aux couleurs des dix labres nommés dans cet article, en disant que le noir tire son nom d'un noir ordinairement foncé qui règne sur sa partie supérieure, et dont on voit des teintes au milieu des nuances blanchâtres et brunes de son ventre ; que les écailles de l'argenté sont brunâtres et bordées d'argent, et qu'une bandelette bleue paroît au-dessous de chaque œil de ce poisson ; que le nébuleux offre des taches nuageuses bleues et jaunâtres, et quelquefois des raies longitudinales inégales en largeur, et de diverses nuances de rouge ou de violet ; que le grisâtre est d'un gris tirant sur le verd, avec des raies longitudinales jaunes, et un liséré blanc autour des pectorales ; que la dorsale et l'anale de l'armé sont blanches et bordées de noir, pendant que sa caudale est brune et lisérée de blanc ; que l'on peut compter, sur chaque côté du long-museau, quatre ou cinq petites raies longitudinales, et trois ou quatre séries de taches très-petites et éloignées l'une de l'autre ; et enfin, qu'une couleur brune, ainsi qu'une bordure blanche, distinguent les écailles du thunberg.

De ces dix labres, il en est deux, le *chapelet* et le *long-museau*, qui ne sont pas encore connus des naturalistes, et dont nous avons fait graver la figure d'après des dessins de Commerson. On les trouve dans le grand golfe de l'Inde et dans les mers voisines de ce golfe. C'est aussi dans ces mêmes mers, et particu-

1. *LABRE* Longmuseau. 2. *LABRE* Six=Bandes 3. *LABRE* Macrogastere

lièrement dans celle d'Arabie, qu'habitent le noir,
l'argenté, le nébuleux, le grisâtre et l'armé; les eaux
salées qui mugissent si souvent autour des rivages
orageux du Japon, nourrissent le *thunberg*, auquel
nous avons cru devoir, par reconnoissance, donner
le nom de l'habile voyageur qui l'a observé et décrit;
le *grison* vit dans l'Amérique septentrionale; et le
croissant préfère les eaux de l'Amérique méridionale,
ainsi que celles des grandes Indes.

LE LABRE FAUVE[1],

LE LABRE CEYLAN[2],

LE LABRE DEUX-BANDES[3], LE LABRE
MÉLAGASTRE[4], LE LABRE MALAPTÈRE[5],
LE LABRE A DEMI ROUGE[6], LE LABRE
TÉTRACANTHE[7], LE LABRE DEMI-DISQUE[8],
LE LABRE CERCLÉ[9], et LE LABRE HÉRISSÉ[10].

Le fauve, qui parvient communément à la longueur
de trois ou quatre décimètres, est, sur toute sa surface,
d'un roux plus ou moins mêlé de jaune ou d'orangé.

[1] Labrus rufus.
Id. *Linné, édition de Gmelin.*
Catesby, Carol. 2, p. 11, *tab.* 11.
Labre fauve. *Daubenton et Haüy, Encyclopédie méthodique.*
Id. *Bonnaterre, planches de l'Encyclopédie méthodique.*

[2] Labrus zeylanicus.
Dschirau-malû, *par les Chingulais.*
Papegaay-visch, *à Batavia.*
Id. *Linné, édition de Gmelin.*
J. R. Forster, Ind. zoolog. tab. 13, *fig.* 3.

[3] Labrus bifasciatus.
Labre à deux bandes. *Bloch, pl.* 283.

[4] Labrus melagaster.
Labre mélagastre. *Bloch, pl.* 296, *fig.* 1.

Le ceylan, dont les dimensions sont ordinairement plus grandes que celles du fauve, a la tête bleue, la dorsale et l'anale violettes et bordées de verd, et la caudale jaune, rayée de rouge, et bleue à la base. La partie supérieure du labre deux-bandes est grise ; sa tête violette ; sa poitrine blanche ; sa dorsale rougeâtre et bordée de bleu, ainsi que son anale ; chacune de ses pectorales jaune, de même que les thoracines ; et la caudale brune avec une grande tache bleue. Les écailles qui recouvrent le mélagastre, sont variées de brun et de noir, excepté celles qui revêtent le ventre, et qui sont noires comme les nageoires. La couleur générale du malaptère est d'un blanc bleuâtre, avec cinq taches noirâtres de chaque côté, et les nageoires nuancées de jaune et de bleu. Quatre rangées de taches presque rondes, à peu près égales, et très-rapprochées l'une de l'autre, paroissent sur chaque côté du tétracanthe, qui d'ailleurs a des points noirs répandus sur

---

[5] Labrus malapterus.
Labre à nageoires molles. *Bloch, pl.* 296, *fig.* 2.

[6] Labrus semiruber.
Labrus semiruber, semiflavus. *Commerson, manuscrits déja cités.*
Labrus hemichrysus. *Id. ibid.*

[7] Labrus tetracanthus.

[8] Labrus semidiscus.

[9] Labrus doliatus.

[10] Labrus hirsutus.

sa caudale. Le hérissé montre sur sa queue une large bande transversale.

Voilà ce que nous devions ajouter au tableau générique, pour bien faire connoître les couleurs des dix labres que nous considérons maintenant.

Les trois derniers de ces labres, c'est-à-dire, le hérissé, le cerclé et le demi-disque, dont nous avons fait graver la figure d'après les dessins de Commerson, et dont la description n'avoit pas encore été publiée, habitent dans le grand golfe de l'Inde ou dans les mers qui communiquent avec ce golfe. Nous ignorons la patrie du tétracanthe, que nous avons fait dessiner d'après un individu conservé dans de l'alcool, et qui faisoit partie de la collection cédée par la Hollande à la France. Le demi-rouge, dont nous avons trouvé une description étendue dans les manuscrits de Commerson, fut vu par ce voyageur, en juin 1767, dans le marché au poisson de la capitale du Brésil. Surinam est la patrie du mélagastre; la Caroline, et en général l'Amérique septentrionale, celle du fauve; Ceylan, celle du labre qui porte le nom de cette grande isle, et que l'on dit bon à manger; les eaux des grandes Indes nourrissent le labre deux-bandes, et celles du Japon le malaptère *.

---

* 17 rayons à chaque nageoire pectorale du labre fauve.

  6 rayons à chaque thoracine.

  16 rayons à la caudale.

Pl. 20. Page 474.

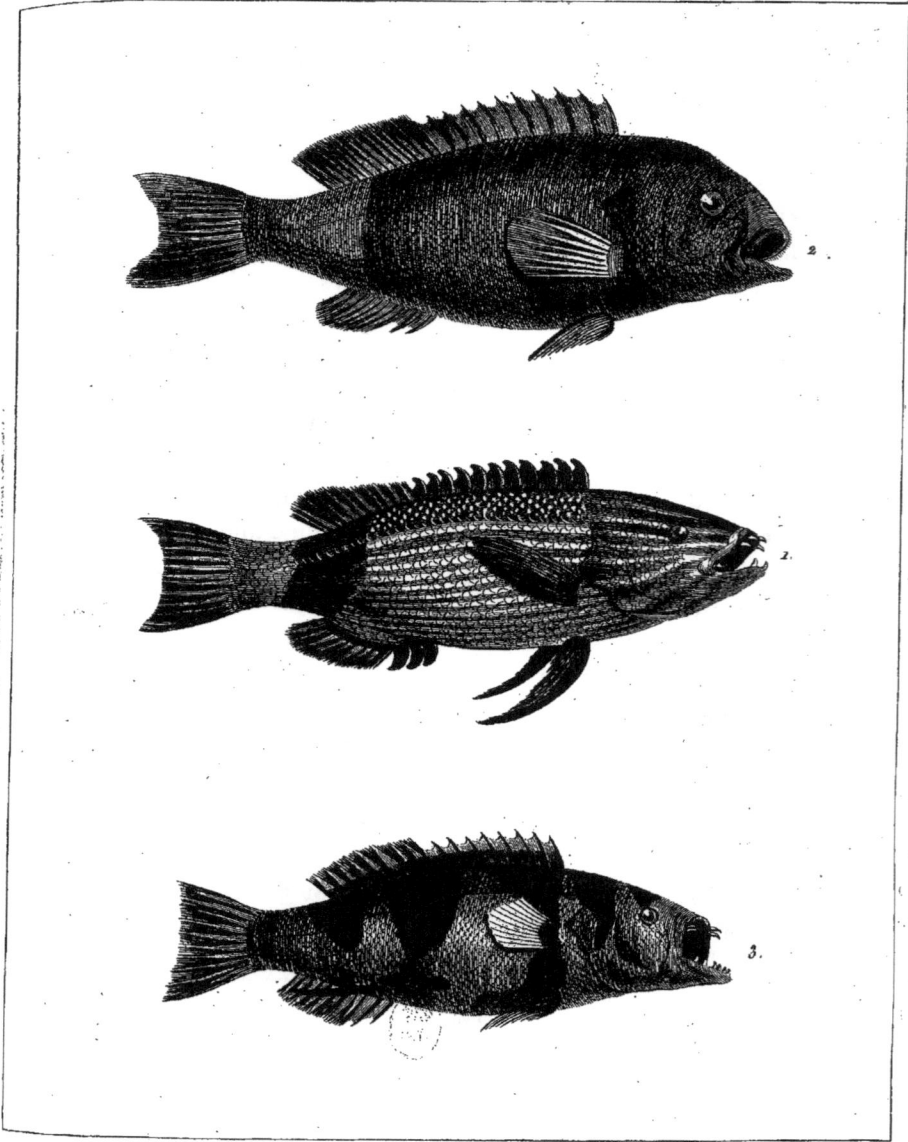

1. *LABRE* Hérissé. 2 *BODIAN* Grosse-Tête 3. *BODIAN* Cyclostôme.

Finissons cet article en parlant de quelques traits
de la conformation de ces animaux, que nous n'avons
pas encore indiqués.

La mâchoire inférieure du fauve est plus longue que
la supérieure ; les dents antérieures de la mâchoire d'en
haut sont plus longues que les autres, dans ce même
poisson, dans le deux-bandes*, dans le malaptère;

* 5 rayons à la membrane branchiale du labre deux-bandes.
   12 rayons à chaque nageoire pectorale.
   1 rayon aiguillonné et 5 rayons articulés à chaque thoracine.
   13 rayons à la caudale.

   5 rayons à la membrane branchiale du mélagastre.
   12 rayons à chaque nageoire pectorale.
   1 rayon aiguillonné et 5 rayons articulés à chaque thoracine.
   3 rayons aiguillonnés et 7 rayons articulés à l'anale.
   19 rayons à la caudale.

   12 rayons à chaque nageoire pectorale du malaptère.
   6 rayons à chaque thoracine.
   16 rayons à la caudale.

   5 rayons à la membrane branchiale du labre à demi rouge.
   16 rayons à chaque nageoire pectorale.
   1 rayon aiguillonné et 5 rayons articulés à chaque thoracine.
   3 rayons aiguillonnés et 13 rayons articulés à l'anale.
   14 rayons à la caudale.

   18 rayons articulés à la nageoire de l'anus du tétracanthe.

   14 rayons à la nageoire de l'anus du demi-disque.
   13 rayons à la caudale.

   14 rayons à la nageoire de l'anus du cerclé.
   11 rayons à la caudale.

   4 rayons aiguillonnés et 9 rayons articulés à la nageoire de l'anus du
   hérissé.
   13 rayons à la caudale.

les dents des deux mâchoires sont presque égales les unes aux autres en longueur et en grosseur, dans le mélagastre, dans le demi-disque, dans le cerclé. La ligne latérale du mélagastre est interrompue; celle du tétracanthe est peu sensible; celle du cerclé très-droite pendant la plus grande partie de sa longueur; et la base de la nageoire de l'anus du labre à demi rouge est revêtue d'écailles, comme une partie de la base de la nageoire du dos de ce même poisson *.

---

* Commerson, dans la description manuscrite et latine que nous avons sous les yeux, dit que l'opercule du demi-rouge est composé de deux pièces, et que le bord de la pièce antérieure est très légèrement dentelé. Les différentes comparaisons que nous avons été à même de faire des expressions employées par ce voyageur dans son manuscrit latin, avec les dessins exécutés sous sa direction, ou avec des individus des espèces qu'il avoit décrites, nous ont portés à croire que ce naturaliste n'avoit pas voulu indiquer autour de la lame antérieure de l'opercule du demi-rouge, une dentelure proprement dite et telle que celle qui caractérise le genre de nos lutjans. Si cependant des observations ultérieures faisoient reconnoître dans ce poisson mi-parti de rouge et de jaune une véritable dentelure operculaire, il seroit facile de le retrancher du genre de nos labres, et de le transporter dans celui des lutjans, dont nous nous occuperons bientôt.

Pl. 21. Page. 47

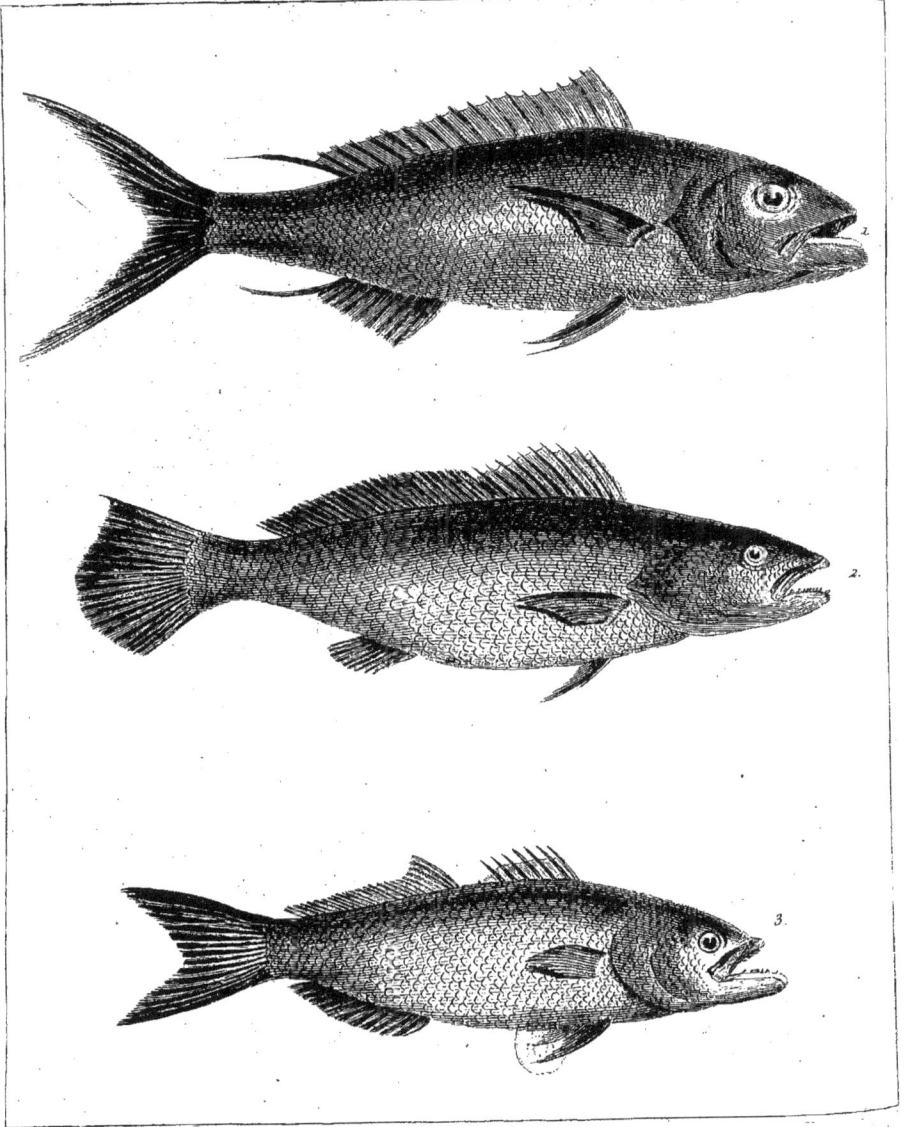

J. E. De Seve del.

Baron sculp.

1. LABRE Fourche. 2. LABRE Hololépidote. 3. CHEILODIPTHERE Heptacante.

LE LABRE FOURCHE[1],

LE LABRE SIX-BANDES[2],

LE LABRE MACROGASTÈRE[3], LE LABRE FILAMENTEUX[4], LE LABRE ANGULEUX[5], LE LABRE HUIT-RAIES[6], LE LABRE MOUCHETÉ[7], LE LABRE COMMERSONNIEN[8], LE LABRE LISSE[9], ET LE LABRE MACROPTÈRE[10].

AUCUN de ces dix labres n'est encore connu des naturalistes ; nous en avons fait graver la figure d'après des dessins trouvés parmi les manuscrits de Commerson , que Buffon nous remit lorsqu'il nous

[1] Labrus furca.

[2] Labrus sexfasciatus.

[3] Labrus macrogaster.

[4] Labrus filamentosus.

[5] Labrus angulosus.

[6] Labrus octovittatus.

[7] Labrus punctulatus.

[8] Labrus Commersonnii.

[9] Labrus lævis.

[10] Labrus macropterus.

engagea à continuer l'*Histoire naturelle;* et voilà pourquoi nous avons donné à l'un de ces poissons le nom de *labre commersonnien.* La patrie de ces dix espèces est le grand golfe de l'Inde ; et on peut aussi les trouver dans la partie du grand Océan qui est comprise entre la Nouvelle-Hollande et le continent de l'Amérique, ainsi que dans cette mer si souvent bouleversée par les tempêtes, et qui bat la côte sud-est de l'Afrique et les rives de Madagascar. Leur forme et leurs caractères distinctifs sont trop bien représentés dans les planches que nous joignons à cette Histoire, pour que nous ayons besoin d'ajouter beaucoup de détails à ceux que renferme le tableau générique. On peut voir aisément que le macroptère, qui tire son nom de la grandeur de ses nageoires du dos et de l'anus[1], a la mâchoire inférieure un peu plus avancée que la supérieure, et vraisemblablement garnie, ainsi que cette dernière, de dents très-petites ; que l'anguleux et le six-bandes doivent avoir des dents très-fines ; que celles du filamenteux et du macrogastère sont très-courtes et presque égales les unes aux autres ; que la ligne latérale de ce même macrogastère[2] est interrompue ; qu'une tache irrégulière et foncée, et cinq ou six petits points blancs, sont placés sur chaque

---

[1] Μακ;ὸς veut dire *long* ou *grand;* et πἰεῖον, *aile* ou *nageoire.*

[2] Γαστὴρ signifie *ventre.* On peut voir sur le tableau générique, que le macrogastère a en effet le ventre très-gros.

1. LABRE *Anguleux*. 2. LABRE *Huit-Raies*. 3. VARIÉTÉ *du Labre fuligineux.*

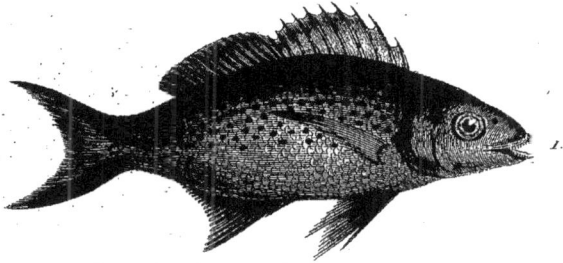

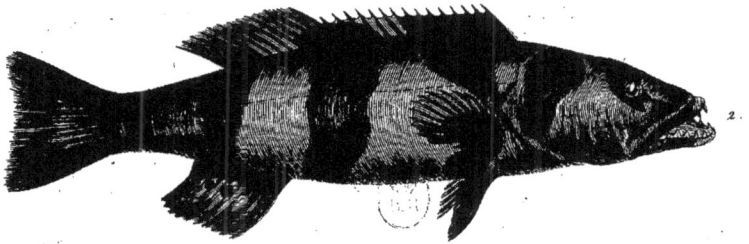

1. LABRE Commersornien 2. LABRE Lisse 3. LUTJAN Gymnocéphale.

côté de la nageoire dorsale de l'anguleux; et que la
dorsale du huit-raies est bordée de noir ou de brun *.

---

* 2 rayons aiguillonnés et 10 rayons articulés à la nageoire de l'anus
  du labre fourche.

12 rayons à chaque pectorale du six-bandes.
10 rayons à l'anale.

10 rayons à chaque nageoire pectorale du macrogastère.
14 rayons à l'anale.
11 rayons à la caudale.

15 rayons à la nageoire caudale du filamenteux.
  6 ou 7 rayons un peu éloignés l'un de l'autre à chaque nageoire
  pectorale de l'anguleux.
3 rayons aiguillonnés et 6 rayons articulés à l'anale.
14 rayons à la caudale.

16 rayons à la nageoire caudale du huit-raies.

12 ou 13 rayons à la nageoire caudale du moucheté.

12 rayons à chaque nageoire pectorale du lisse.
11 rayons à l'anale.
16 ou 17 rayons à la caudale.

LE LABRE QUINZE-ÉPINES[1],

LE LABRE MACROCÉPHALE[2],

LE LABRE PLUMIÉRIEN[3], LE LABRE GOUAN[4], LE LABRE ENNÉACANTHE[5], ET LE LABRE ROUGES-RAIES[6].

CES six labres sont encore inconnus des naturalistes; le premier sous-genre de la famille des véritables labres en renferme donc, sur quarante-huit espèces, vingt-trois dont la description n'a pas encore été publiée. C'est une nouvelle preuve de ce que nous avons dit dans l'article intitulé, *De la nomenclature des labres, des cheilines, des cheilodiptères, etc.*

[1] Labrus quindecim-aculeatus.

[2] Labrus macrocephalus.

[3] Labrus Plumierii.
Turdus aureo-cæruleus. *Plumier, peintures sur vélin, conservées dans le Muséum d'histoire naturelle.*

[4] Labrus Gouanii. (Un individu de cette espèce, conservé dans de l'alcool, faisoit partie de la collection hollandoise donnée à la France.)

[5] Labrus enneacanthus.

[6] Labrus rubro lineatus.
Labrus lineis lateral bus plurimis rubris variegatus, ocello pinnæ dorsalis, latissimoque ad basim caudæ, cingulo, nigris. *Commerson, manuscrits déja cités.*

Pl. 24 Page 480.

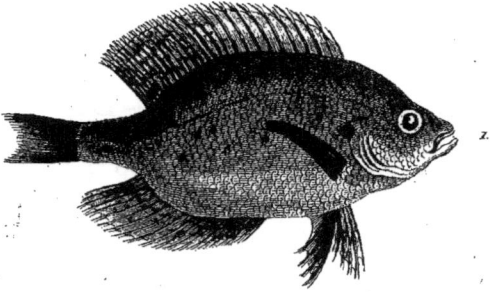

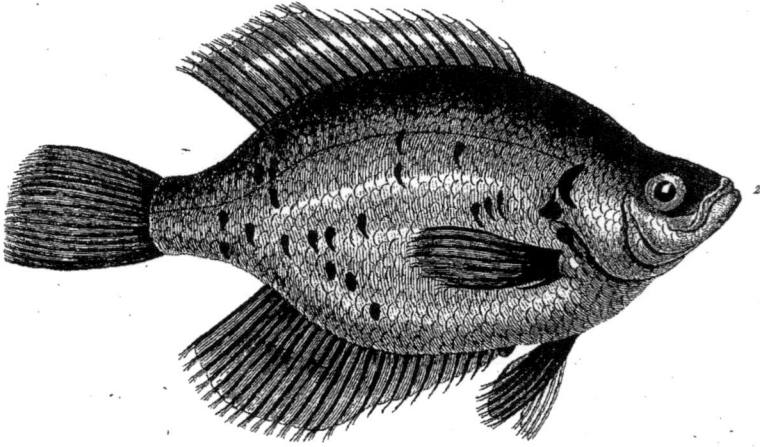

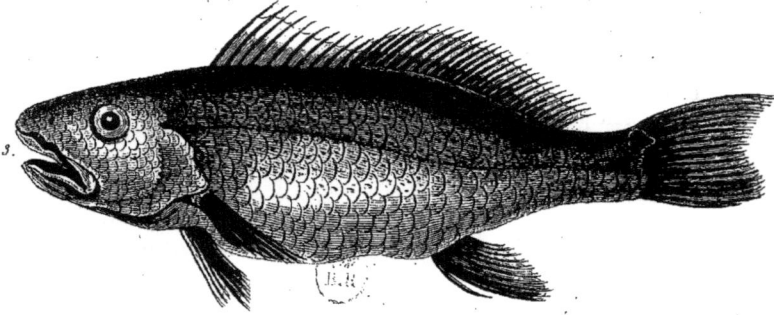

1. *LABRE* Macroptère 2. *LABRE* Sparoïde 3. *LUTJAN* Triangle

1. *LABRE* Quinze-Epines. 2 *CHÉTODON* Thétracanthe. 3 *CHÉTODON* Zébre.

Le rouges-raies, que Commerson a décrit avec beaucoup de soin dans son recueil latin et manuscrit,
habite au milieu des syrtes et des rochers de corail
qui environnent les isles de Madagascar et de la Réunion. Nous ignorons la patrie de l'ennéacanthe et du
gouan, que nous faisons connoître d'après des individus de la collection hollandoise cédée à la France. Le
plumiérien vit en Amérique; et le macrocéphale, ainsi
que le quinze-épines, représentés dans nos planches
d'après les dessins de Commerson, se trouvent vraisemblablement dans le grand golfe de l'Inde, et auprès
des isles dites de la mer du Sud.

Les dents du labre gouan sont crochues, et d'autant
moins longues que leur place est plus éloignée du bout
du museau.

La ligne latérale est interrompue dans le quinze-
épines[3], dorée dans le plumiérien, et garnie, vers la

---

[1] *Ennéacanthe* désigne les neuf aiguillons de la dorsale. Ἐννέα veut dire
neuf.

[2] Μακρὸς signifie *long* ou *grand*, et κεφαλή veut dire *tête*.

[3] 12 rayons à la nageoire caudale du labre quinze-épines.

8 rayons à chaque nageoire pectorale du macrocéphale.

6 ou 7 rayons à la membrane branchiale du plumiérien.

5 rayons à la membrane branchiale du gouan.
12 rayons à chaque nageoire pectorale.
1 rayon aiguillonné et 5 rayons articulés à chacune des thoracines.
24 rayons à la caudale.

tête, de petites ramifications dans le rouges-raies. Ce dernier labre a le fond de ses couleurs d'un brun plus ou moins foncé, et ses nageoires pectorales d'un rouge incarnat ; et la caudale du macrocéphale est bordée, à son extrémité, d'un liséré d'une nuance vive ou très-claire *.

---

* 13 rayons à chaque nageoire pectorale du labre ennéacanthe.

1 rayon aiguillonné et 5 rayons articulés à chacune des thoracines.

3 rayons aiguillonés et 9 rayons articulés à l'anale.

15 rayons à la caudale.

6 rayons à chacune des thoracines du rouges-raies.

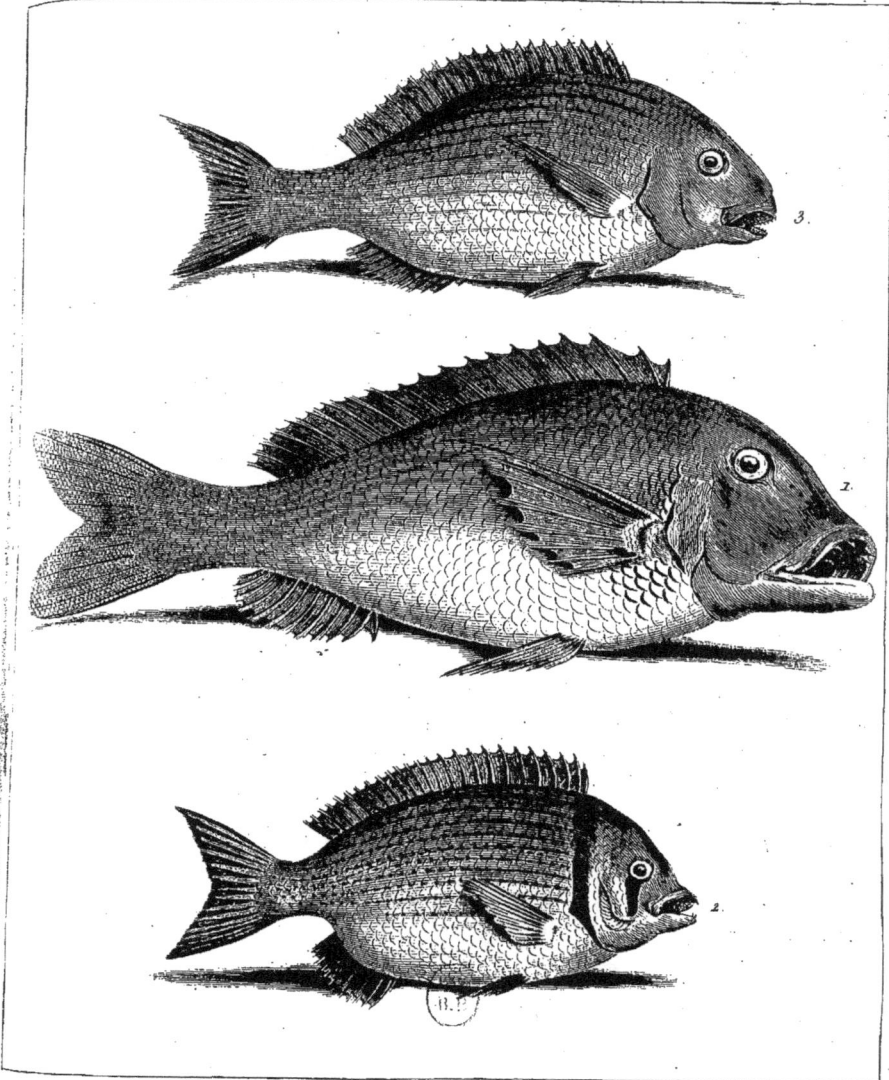

1. *LABRE* Macrocéphale. 2. *SPARE* Mylio. 3. *SPARE* Perroquet.

LE LABRE KASMIRA[1].

CE beau poisson a le sommet de la tête blanc, et la couleur générale jaune. Quelquefois sa queue montre de chaque côté une tache grande et brune. Il vit dans la mer Rouge, auprès des rivages de l'Arabie[2].

[1] Labrus kasmira.
Sciæna kasmira. *Linné, édition de Gmelin.*
Forskael, Faun. Arab. p. 46, *n.* 46.
Sciène tyrki. *Bonnaterre, planches de l'Encyclopédie méthodique.*

[2] 7 rayons à la membrane branchiale.
16 rayons à chaque nageoire pectorale.
1 rayon aiguillonné et 5 rayons articulés à chacune des thoracines.
17 rayons à la caudale.

LE LABRE PAON[*].

Ce labre habite dans la Méditerranée, et particulièrement auprès des côtes de Syrie. A l'époque où on
commença à l'examiner, à le distinguer, à le désigner
par un nom particulier, l'histoire naturelle avoit fait
peu de progrès; le nombre des animaux déja connus
n'étoit pas encore très-grand; on n'avoit pas découvert la plupart de ces poissons richement colorés
qui vivent dans les mers de l'Asie ou de l'Amérique
méridionale : le labre paon dut par conséquent frapper
les observateurs par la magnificence de sa parure; et
il n'est pas surprenant qu'on lui ait donné le nom de

---

* Labrus pavo.

Papagallo , *dans plusieurs contrées de l'Italie.*

Labrus pavo. *Linné, édition de Gmelin.*

Labre paon. *Daubenton et Haüy, Encyclopédie méthodique.*

Id. *Bonnaterre, planches de l'Encyclopédie méthodique.*

Labrus pulchrè varius, etc. *Artedi, gen.* 34, *syn.* 55.

Pavo. *Salvian. fol.* 223, *a. ad iconem, et fol.* 94 *et* 234.

Id. *Aldrovand. lib.* 1 , *cap.* 4 , *p.* 29.

Id. *Jonston. lib.* 1 , *tit.* 2 , *cap.* 1, *a.* 3, *t.* 13, *n.* 12.

Charlet. p. 132.

Seconde espèce de tourd, nommée paon. *Rondelet, première partie,*
liv. 6 , *chap.* 6.

Turdus secundus pavo, etc. *Gesner, p.* 1016.

Turdus perbella dictus, etc. *Willughby, Ichthyol. p.* 322.

Raj. p. 137.

Labrus pavo. *Hasselquist, It.* 344, *n.* 77.

l'oiseau que l'on regardoit comme émaillé des nuances les plus vives et les plus variées. Ce labre présente en effet presque toutes les couleurs de l'arc-en-ciel, que l'on se plaît à retrouver étalées avec tant de pompe sur la belle queue de l'oiseau paon ; et d'ailleurs le poli de ses écailles, le contraste éclatant de plusieurs des tons dont il brille, et les dégradations multipliées par lesquelles ses autres nuances s'éteignent les unes dans les autres, ou s'animent pour se séparer et resplendir plus vivement, imitent les reflets rapides qui se jouent, pour ainsi dire, sur les plumes chatoyantes du paon, et les feux que l'on croiroit en voir jaillir. Lorsque le soleil éclaire et dore la surface de la Méditerranée, que les vents se taisent, que les ondes sont paisibles, et que le labre paon nage sans s'agiter au-dessous d'une couche d'eau mince et limpide, qui le revêt, pour ainsi dire, d'un vernis transparent, on admire le verd mêlé de jaune que montre sa surface supérieure, et au milieu duquel des taches rouges et des taches bleues scintillent, en quelque sorte, comme les rubis et les saphirs de l'oiseau de Junon. Des taches plus petites, mais également bleues ou rouges, sont répandues sur les opercules, sur la nageoire de la queue, et sur celle de l'anus, qui est violette ou indigo ; et un bleu mêlé de pourpre distingue le devant de la nageoire dorsale, pendant que deux belles taches brunes sont placées sur chaque côté du poisson, que les thoracines offrent

un rouge très-vif, et que des teintes d'or, d'argent,
rouges, orangées et jaunes, éblouissantes ou gracieuses, constantes ou fugitives, étendues sur de
grandes places, ou disséminées en traits légers, com-
plètent un des assortimens de couleurs les plus splen-
dides et les plus agréables.

Au reste, ces beaux reflets se déploient sur un corps
et sur une queue alongés et comprimés ; il n'y a qu'un
seul rang de dents aux mâchoires ; les nageoires pectorales sont arrondies ; les rayons de la dorsale et de
la nageoire de l'anus ont une longueur plus considérable, à mesure qu'ils sont placés plus loin de la tête ;
et communément le labre paon a trois ou quatre décimètres de longueur totale *.

---

* 5 rayons à la membrane branchiale du labre paon.

14 rayons à chaque nageoire pectorale.

1 rayon aiguillonné et 5 rayons articulés à chacune des thoracines.

3 rayons aiguillonnés et 11 rayons articulés à l'anale.

13 rayons à la caudale.

LE LABRE BORDÉ[1],

LE LABRE ROUILLÉ[2],

LE LABRE ŒILLÉ[3], LE LABRE MÉLOPS[4], LE LABRE NIL[5], LE LABRE LOUCHE[6], LE LABRE TRIPLE-TACHE[7], LE LABRE CENDRÉ[8], LE LABRE CORNUBIEN[9], LE LABRE MÊLÉ[10], ET LE LABRE JAUNATRE[11].

LA couleur générale du louche est jaunâtre; la dorsale, l'anale et la caudale du triple-tache sont quelquefois lisérées de bleu. La nourriture ordinaire de

[1] Labrus marginalis.
Id. *Linné, édition de Gmelin.*
Labre bordé. *Daubenton et Haüy, Encyclopédie méthodique.*
Id. *Bonnaterre, planches de l'Encyclopédie méthodique.*
Lœfl. It. 103.

[2] Labrus ferrugineus.
Id. *Linné, édition de Gmelin.*
Labre rouillé. *Daubenton et Haüy, Encyclopédie méthodique.*
Id. *Bonnaterre, planches de l'Encyclopédie méthodique.*

[3] Labrus ocellaris.
Id. *Linné, édition de Gmelin.*
Mus. Ad. Frid. 2, *p.* 78 *.
Labre œillé. *Daubenton et Haüy, Encyclopédie méthodique.*
Id. *Bonnaterre, planches de l'Encyclopédie méthodique.*

ce dernier labre, dont les écailles réfléchissent différentes nuances d'un beau rouge, consiste dans des animaux à coquille, dont il brise l'enveloppe calcaire par le moyen de ses dents antérieures, plus longues et plus fortes que les autres; nouvel exemple de ces rapports de la qualité des alimens avec la vivacité des couleurs, que nous avons fait remarquer dans notre

---

4 Labrus melops.
Id. *Linné, édition de Gmelin.*
Mus. Ad. Frid. 2, *p.* 78 *.
Labre mélope. *Daubenton et Haüy, Encyclopédie méthodique.*
Id. *Bonnaterre, planches de l'Encyclopédie méthodique.*

5 Labrus niloticus.
Id. *Linné, édition de Gmelin.*
Mus. Ad. Frid. 2, *p.* 79 *.
Labrus niloticus. *Hasselquist, It. p.* 346, *n.* 78.
Labre nébuleux. *Daubenton et Haüy, Encyclopédie méthodique.*
Id. *Bonnaterre, planches de l'Encyclopédie méthodique.*

6 Labrus luscus.
Id. *Linné, édition de Gmelin.*
Mus. Ad. Frid. 2, *p.* 80 *.
Labre louche. *Daubenton et Haüy, Encyclopédie méthodique.*
Id. *Bonnaterre, planches de l'Encyclopédie méthodique.*

7 Labrus trimaculatus.
Sudernaal, *en Norvége.*
Red wrasse, *en Angleterre.*
Id. *Linné, édition de Gmelin.*
Labre triple-tache. *Bonnaterre, planches de l'Encyclopédie méthodique.*
Paon rouge, labrus carneus. *Bloch, pl.* 289.
Labrus ruber, *vei* carneus. *Ascagne,* 2 cah. p. 6, *pl.* 13.
Trimaculated wrasse. *Pennant, Brit. Zoolog.* 3, *p.* 206, *n.* 3,

Discours sur la nature des poissons, qu'il ne faut jamais négliger d'observer, et qui ont été très-bien saisis par le naturaliste Ascagne. Le cendré a sa partie supérieure grise et pointillée d'un gris plus foncé, et les nageoires rougeâtres avec des taches d'un jaune obscur. La tête du mêlé et la partie supérieure de sa caudale sont d'un beau bleu. Ce labre mêlé habite dans la Méditerranée, ainsi que le cendré ; le jaunâtre vit dans

---

[8] Labrus cinereus.

Labrus griseus.

Id. 64. *Linné, édition de Gmelin.* (*Nota.* Le nom spécifique de *griseus* a été employé par Gmelin pour son cinquième et pour son soixante-quatrième labre.)

Brünn. Pisc. Massil. p. 58 , *n.* 75.

Labre cendré. *Bonnaterre, planches de l'Encyclopédie méthodique.*

[9] Labrus cornubius.

Id. *Linné, édition de Gmelin.*

Labre goldsinuy. *Bonnaterre, planches de l'Encyclopédie méthodique.*

Goldsinny Cornubiensium. *Pennant, Brit. Zoolog.* 3 , *p.* 209, *n.* 6.

Raj. Pisc. p. 163 , *fig.* 3.

[10] Labrus mixtus.

Id. *Linné, édition de Gmelin.*

Labrus ex flavo et cæruleo varius , dentibus anterioribus majoribus. *Artedi, gen.* 34 , *syn.* 57.

Turdus major varius præcedenti similis. *Willughby, p.* 322.

Raj. p. 137.

Labre mélangé. *Bonnaterre, planches de l'Encyclopédie méthodique.*

[11] Labrus fulvus.

Id. *Linné, édition de Gmelin.*

Catesby, Carol. 2 , *p.* 10 , *tab.* 10 , *fig.* 2.

Labre jaunâtre. *Daubenton et Haüy, Encyclopédie méthodique.*

Id. *Bonnaterre, planches de l'Encyclopédie méthodique.*

l'Amérique septentrionale; le rouillé, dans les Indes; le mélops, dans l'Europe australe; le nil, en Égypte; le triple-tache, en Norvége; le cornubien, dans la mer Britannique : on ignore la véritable patrie du bordé, de l'œillé, et du louche *.

* 17 rayons à chaque nageoire pectorale du labre bordé.
6 rayons à chaque thoracine.
3 rayons aiguillonnés et 9 rayons articulés à l'anale.
17 rayons à la caudale.

16 rayons à chaque nageoire pectorale du rouillé.
1 rayon aiguillonné et 5 rayons articulés à chaque thoracine.
17 rayons à la caudale.

5 rayons à la membrane branchiale de l'œillé.
15 rayons à chaque nageoire pectorale.
1 rayon aiguillonné et 5 rayons articulés à chaque thoracine.
13 rayons à la caudale.

6 rayons à la membrane branchiale du mélops.
13 rayons à chaque nageoire pectorale.
1 rayon aiguillonné et 5 rayons articulés à chaque thoracine.
3 rayons aiguillonnés et 10 rayons articulés à l'anale.
12 rayons à la caudale.

15 rayons à chaque nageoire pectorale du nil.
1 rayon aiguillonné et 5 rayons articulés à chaque thoracine.
3 rayons aiguillonnés et 9 rayons articulés à l'anale.
20 rayons à la caudale.

14 rayons à chaque nageoire pectorale du louche.
1 rayon aiguillonné et 5 rayons articulés à chaque thoracine.
14 rayons à la caudale.

6 rayons à la membrane branchiale du triple-tache.
15 rayons à chaque nageoire pectorale.
1 rayon aiguillonné et 5 rayons articulés à chaque thoracine.

Que devrions-nous ajouter maintenant à ce que nous disons dans les notes ou dans le tableau générique, au sujet des onze labres renfermés dans cet article*?

---

* 5 rayons à la membrane branchiale du cendré.
13 rayons à chaque nageoire pectorale.
1 rayon aiguillonné et 5 rayons articulés à chaque thoracine.
13 rayons à la caudale.

14 rayons à chaque nageoire pectorale du cornubien.
6 rayons à chaque thoracine.

LE LABRE MERLE[1],

LE LABRE RONE[2],

LE LABRE FULIGINEUX[3], LE LABRE BRUN[4], LE LABRE ÉCHIQUIER[5], LE LABRE MARBRÉ[6], LE LABRE LARGE-QUEUE[7], LE LABRE GIRELLE[8], LE LABRE PAROTIQUE[9], ET LE LABRE BERGSNYLTRE[10].

LE noir bleuâtre que présente le labre merle, lui a fait donner, dès le temps d'Aristote, le nom spécifique qu'il porte. Il offre en effet les mêmes nuances et les

[1] Labrus merula.
Tordo d'Alga, *dans la Ligurie.*
Labrus merula. *Linné, édition de Gmelin.*
Labre merle. *Daubenton et Haüy, Encyclopédie méthodique.*
Id. *Bonnaterre, planches de l'Encyclopédie méthodique.*
Labrus cæruleo-nigricans. *Artedi.*
Ὁ κοττυφος *Arist. lib.* 8, *cap.* 15 *et* 30.
Id. *Athen. lib.* 7, *fol.* 152, 35.
Id. *Oppian. lib.* 1, *p.* 19 , *et lib.* 4.
Ælian. lib. 1 , *cap.* 14.
Merula. *Columell. lib.* 8, *cap.* 16.
Id. *Plin. lib.* 9, *cap.* 15 ; *et lib.* 32 , *cap.* 11.
Id. *Jov. cap.* 20, *p.* 87, 88.
Merle. *Rondelet, première partie, liv.* 6, *chap.* 5.
Merula. *Salvian. fol.* 220 *b. ad iconem,* 87; *et* 223 , *b.* 224 *a.*
Id. *Gesner, p.* 543, *et* (germ.) *fol.* 8 *b.*

mêmes reflets que l'oiseau si commun en Europe et connu sous le nom de *merle*; et il n'est pas indifférent de faire remarquer que les premiers observateurs,

---

Id. *Jonston, lib.* 1, *tit.* 2, *cap.* 1, *a.* 4, *t.* 14, *n.* 2.
Id. *Charlet. p.* 133.
Aldrovand. lib. 1, *cap* 6, *p.* 35.
Turdus niger, merula Salviani et Rondeletii. *Willughby, p.* 320.
Raj. p. 137.
Merle *ou* merlot. *Valmont-Bomare, Dictionnaire d'histoire naturelle.*

¹ Labrus rone.
Strand karasse, *en Danemarck.*
Ascagne, cah. 2, *p.* 6, *pl.* 14.
Müll. Zoolog. Danic. Prodrom. p. 46.
Labre rône. *Bonnaterre, planches de l'Encyclopédie méthodique.*

³ Labrus fuliginosus.
Id. capite ex viridi, rubro, luteoque, variegato; fasciis transversis quatuor vel quinque, è fusco decoloribus. *Commerson, manuscrits déja cités.*

⁴ Labrus fuscus.
Id. tæniis utrinque duabus, longitudinalibus, pinnarumque marginibus extimis viridibus. *Commerson, manuscrits déja cités.*

⁵ Labrus centiquadrus.
Id. capite et pinnis posterioribus rubro variegatis, toto corpore areolis atro-purpureis et exalbidis tessellato. *Commerson, manuscrits déja cités.*

⁶ Labrus marmoratus.

⁷ Labrus macrourus.

⁸ Labrus julis.
Donzella, *dans la Ligurie.*
Zigorella, *ibid.*
Jurella *ou* jula, *dans plusieurs contrées d'Italie.*
Donzellina, *ibid.*
Menchina dire, *ibid.*

frappés des grands rapports qu'ils trouvoient entre les
écailles et les plumes, la parure des oiseaux et le vêtement des poissons, les ailes des premiers et les nageoires
des seconds, le vol des habitans de l'atmosphère et la
natation des habitans des eaux, aimoient à indiquer

Zillo, *dans l'isle de Rhodes.*

Afdelles, *dans l'isle de Candie.*

Dovella, *dans quelques départemens méridionaux de France.*

Haruza, *à Malte.*

Arusa, *en Arabie.*

See fraulein, meerjunker, *et* regenbogenfisch, *en Allemagne.*

Sea junkerlin *et* rainbow fish, *en Angleterre.*

Jonkervisch, *en Hollande.*

Labrus julis. *Linné, édition de Gmelin.*

Mus. Ad. Frid. 2, *p.* 75 *.

Bloch, pl. 287, *fig.* 1.

Labre girelle, *Daubenton et Haüy, Encyclopédie méthodique.*

Id. *Bonnaterre, planches de l'Encyclopédie méthodique.*

Labrus palmaris varius, dentibus duobus majoribus maxillæ superioris.
Art. gen. 34, *syn.* 35.

'Η 'Ιουλɩς. *Arist. lib.* 9, *cap.* 2.

Id. *Athen. lib.* 7, *cap.* 304.

'Ιελɩς. *AElian. lib.* 2, *cap.* 44, *p.* 123.

Id. *Oppian. lib.* 1, *p.* 6; *et lib.* 2, *fol.* 127, 36.

Id. *Galen. class* 2, *fol.* 29, *D, E.*

Julia *ou* julis. *Salvian. fol.* 217, *ad iconem, et fol.* 219.

Julis. *Plin. lib.* 32, *cap.* 9.

Girella. *Rondelet, seconde partie, liv.* 6, *chap.* 7.

Julis. *Gesner, p.* 464 *et* 540; *et* (*germ.*) *fol.* 14, *a.*

Aldrov. lib. 1, *cap.* 7, *p.* 39.

Jonston, lib. 1, *tit.* 2, *cap.* 1, *a.* 5, *t.* 14, *n.* 3.

Willughby, Ichthyolog. t. 324.

Raj. p. 138.

Girelle. *Valmont-Bomare, Dictionnaire d'histoire naturelle.*

ces ressemblances curieuses par des noms d'oiseaux donnés à des poissons. Cette intention adoptée par plusieurs naturalistes modernes, leur a fait employer les noms de *merle* et de *tourd* ou de *grive*, pour le genre des labres, dont cependant ils connoissoient à peine quelques espèces; et comme, lorsqu'on a fait valoir une ressemblance, on aime à l'étendre de même que si elle étoit devenue son propre ouvrage, on a voulu trouver des individus blancs parmi les merles labres, comme on en voit quelquefois parmi les merles oiseaux. On est ensuite allé plus loin. On a prétendu que ce passage du noir au blanc étoit régulier, périodique, annuel, et commun à toute l'espèce pour le labre qui nous occupe, tandis que, pour le merle oiseau, il est irrégulier, fortuit, très-peu fréquent, et propre à quelques individus de la couvée dans laquelle on compte d'autres individus qui ne présentent en rien cette sorte de métamorphose. Aristote a

---

⁹ Labrus paroticus.
Id. *Linné, édition de Gmelin.*
Mus. Ad. Frid. 2, p. 76 *.
Labre parot. *Daubenton, Encyclopédie méthodique.*
Id. *Bonnaterre, planches de l'Encyclopédie méthodique.*

¹⁰ Labrus bergsnyltrus.
Labrus suillus. *Linné, édition de Gmelin.*
Labre bergsnyltre. *Daubenton et Haüy, Encyclopédie méthodique.*
Id. *Bonnaterre, planches de l'Encyclopédie méthodique.*
Faun. Suecic. 330.
Sparus bergsnyltra. *It. Wgoth.* 179.

écrit que les merles, ainsi que les tourds, se montroient
au printemps, après avoir passé l'hiver dans les profondeurs des rochers des rivages marins, qu'ils étoient
alors revêtus de leur beau noir chatoyant en bleu,
et que pendant le reste de l'année ils étoient blancs.
Il faut tout au plus croire que, dans certaines contrées,
le défaut d'aliment, la qualité de la nourriture, la
nature de l'eau, la température de ce fluide, ou toute
autre cause semblable, affoiblissent l'éclat des écailles
du labre merle, en ternissent les nuances, en altèrent
les tons, au point de les rendre plutôt pâles et un peu
blanchâtres que d'un bleu foncé et presque noir. Quoi
qu'il en soit, il ne faut pas passer sous silence une autre
assertion d'Aristote, analogue à des idées que nous
exposerons dans un des discours que doit offrir encore
l'histoire que nous écrivons. Ce philosophe a dit que les
merles poissons fécondoient les œufs d'autres espèces
de labres, et que ces autres labres rendoient féconds
les œufs des poissons merles. Ce fait n'est pas impossible : mais il en a été de cette remarque comme de
beaucoup d'apperçus d'homme de génie; l'idée d'Aristote a été dénaturée, et Oppien, par exemple, l'a
altérée jusqu'à écrire que les merles n'étoient que les
mâles des tourds. Au reste, l'iris du merle labre est
d'un beau rouge, comme celui de plusieurs oiseaux
dont le plumage est d'un noir plus ou moins foncé.

L'iris n'est pas rouge dans le labre fuligineux, mais
d'un jaune doré. Ce fuligineux a d'ailleurs la dorsale

d'un pourpre noir avec quelques points bleuâtres ; les
pectorales rougeâtres avec une tache noire à leur base ;
les thoracines variées de bleu, de pourpre, de noir
et de verdâtre ; l'anale, d'un noir tirant sur le bleu ;
la caudale, d'un verd mêlé de brun ; et une petite
tache noire à l'extrémité de chaque ligne latérale.

Le nom du labre brun vient de la teinte de son dos
et de sa tête, qui est brune ; sa dorsale, son anale et
sa caudale sont bordées de verd, ses thoracines légèrement verdâtres, et ses pectorales jaunes à leur base,
et brunes à leur extrémité.

Nous n'avons besoin d'ajouter à ce que nous avons
dit, dans le tableau générique, des couleurs du labre
échiquier, que quelques mots relatifs aux nuances de
ses nageoires. On voit des points et des lignes rouges
sur la dorsale et sur l'anale ; une tache noire paroît
sur chacune des pectorales ; et la caudale est jaunâtre.

Une couleur bleuâtre ou d'un verd foncé, répandue
sur la partie supérieure de la girelle, relève avec tant
de grace les raies larges et longitudinales que le tableau
générique nous montre sur chacun des côtés de ce
labre, qu'il n'est pas surprenant qu'on le regarde comme
un des poissons de l'Europe dont la parure est la plus
belle et la plus agréable. La dorsale et l'anale offrent
une bande jaune, une bande rouge et une bande bleue
placées l'une au-dessus de l'autre, et l'on croit que les
mâles sont distingués par deux taches, dont la supérieure est rouge et l'inférieure noire, et que l'on voit

en effet ainsi disposées sur les premiers rayons de la nageoire du dos de plusieurs individus. Une variété de cette espèce a sa partie supérieure rouge, l'inférieure blanche, la caudale verte, et le bout des opercules bleu. Des couleurs vives, gracieuses, brillantes, variées, et distribuées de manière à se faire ressortir sans aucune dureté dans les tons, appartiennent donc à tous les individus que l'on peut compter dans cette espèce de la girelle.

Ce labre vit souvent par troupes, et se plaît parmi les rochers. Élien a écrit que ces troupes nombreuses attaquoient quelquefois les hommes qui nageoient auprès d'elles, et les mordoient avec plus ou moins de force. Il est possible que quelques accidens particuliers aient donné lieu à cette opinion, que Rondelet a confirmée par un témoignage formel; mais lorsqu'Élien ajoute que leur bouche, pleine de venin, infecte toutes les substances alimentaires qu'elles rencontrent dans la mer, et les rend nuisibles à l'homme, il faut reléguer son assertion parmi les erreurs de son siècle; et tout au plus, doit-on croire que, dans quelques circonstances de temps ou de lieu, des girelles auront pu avaler des mollusques ou des vers marins vénéneux, et avoir été ensuite funestes à ceux qui s'en seront nourris sans précaution *, et peut-être sans les avoir

* Voyez le savant ouvrage de J. G. Schneider, intitulé, *Petri Artedi Synonymia piscium*, etc. p. 80.

vidées avec soin. Passons aux couleurs du parotique.
Ce labre a le dos gris et le ventre blanchâtre.

Le violet paroît être la couleur dominante du bergsnyltre, dont la mâchoire inférieure et les pectorales
sont quelquefois d'un beau jaune.

Quant aux formes principales des dix labres nommés
dans cet article, nous ne pouvons que renvoyer au
tableau générique. Le merle *, le premier de ces dix
labres, habite dans les mers de l'Europe; le rône
se trouve particulièrement dans celle de Norvége; le
fuligineux, le brun et l'échiquier vivent parmi les
rochers qui environnent les isles de Madagascar, de

---

* 1 rayon aiguillonné et 5 rayons articulés à chaque thoracine du labre
merle.

5 rayons à la membrane branchiale du rône.
14 rayons à chaque nageoire pectorale.
1 rayon aiguillonné et 5 rayons articulés à chaque thoracine.
14 rayons à la caudale.

14 rayons à chaque nageoire pectorale du fuligineux.
1 rayon aiguillonné et 5 rayons articulés à chaque thoracine.
14 rayons à la caudale.

16 rayons à chaque nageoire pectorale du brun.
6 rayons à chaque thoracine.
12 ou 14 rayons à la caudale.

14 rayons à chaque nageoire pectorale de l'échiquier.
6 rayons à chaque thoracine.
12 rayons à la caudale.

13 rayons à chaque nageoire pectorale du marbré.
6 rayons à chaque thoracine.
15 rayons à la caudale.

France et de la Réunion; le marbré et le large-queue
appartiennent au grand Océan équatorial: ces cinq derniers labres ont été observés par Commerson, auquel
nous devons les descriptions et les figures de ces animaux, que nous publions aujourd'hui, et qui sont
encore inconnues des naturalistes. On pêche la girelle
dans la Méditerranée, ainsi que dans la mer Rouge;
les Indes sont la patrie du parotique; et le bergsnyltre
paroît préférer l'Océan atlantique boréal *.

---

* 14 rayons à chaque nageoire pectorale du large-queue.

6 rayons à la membrane branchiale du girelle.
13 rayons à chaque nageoire pectorale.
1 rayon aiguillonné et 8 rayons articulés à l'anale.
13 rayons à l'anale.
12 rayons à la caudale.

12 rayons à chaque nageoire pectorale du parotique.
6 rayons à chaque thoracine.
14 rayons à l'anale.
14 rayons à la caudale.

13 rayons à chaque nageoire pectorale du bergsnyltre.
1 rayon aiguillonné et 5 rayons articulés à chaque nageoire thoracine,
14 rayons à la caudale.

Pl. 27. Page 801

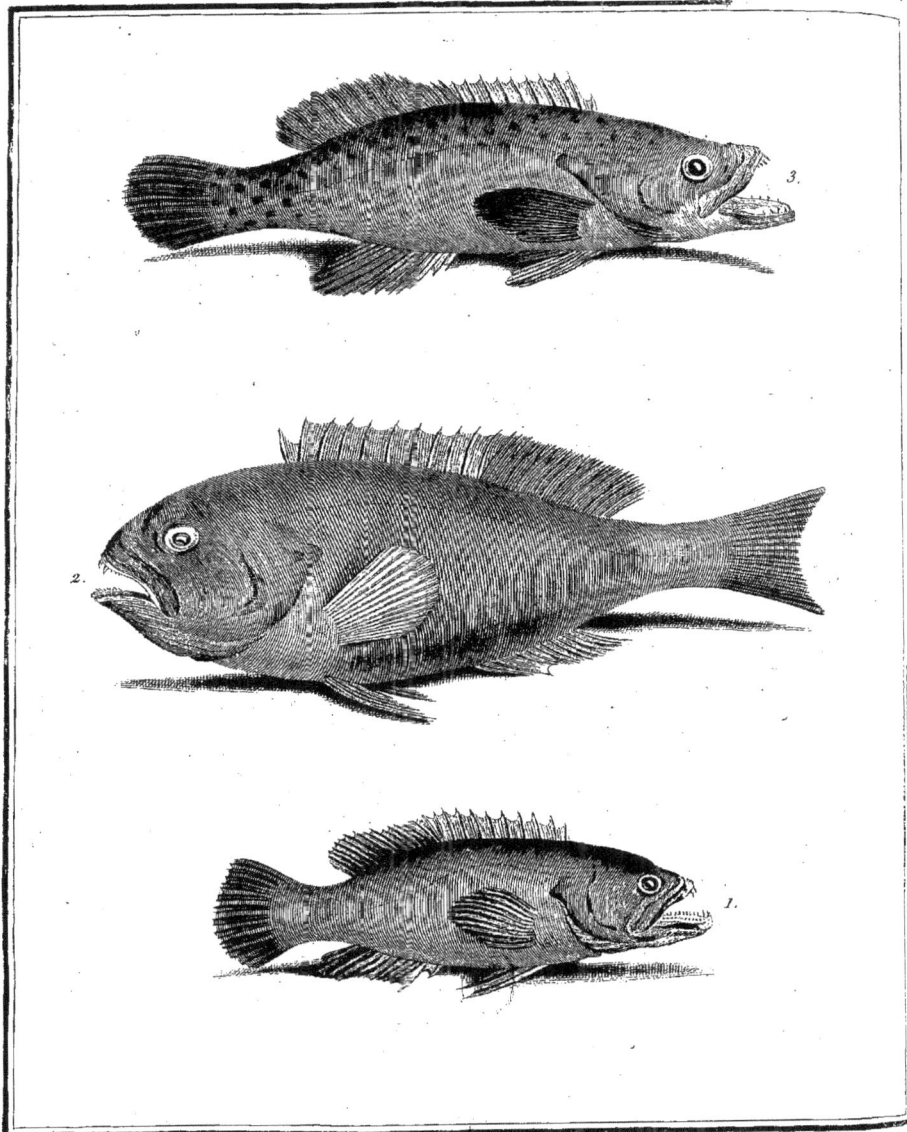

1. *LABRE* que l'on doit vraisemblablement rapporter au Guaxe.
2. *HOLOCENTRE* Gymnose. 3. *HOLOCENTRE* Pantherin

LE LABRE GUAZE[1],

LE LABRE TANCOÏDÉ[2],

LE LABRE DOUBLE-TACHE[3], LE LABRE PONCTUÉ[4], LE LABRE OSSIFAGE[5], LE LABRE ONITE[6], LE LABRE PERROQUET[7], LE LABRE TOURD[8], LE LABRE CINQ-ÉPINES[9], LE LABRE CHINOIS[10], ET LE LABRE JAPONOIS[11].

LE guaze et l'onite vivent dans les hautes mers; l'ossifage et le tourd, dans l'Océan atlantique ou dans la Méditerranée; le perroquet se trouve dans cette même

---

[1] Labrus guaza.
Id. Linné, édition de Gmelin.
Lœfl. It. 104.
Labre guaze. Daubenton et Haüy, Encyclopédie méthodique.
Id. Bonnaterre, planches de l'Encyclopédie méthodique.

[2] Labrus tancoïdes.
Wrasse, old wife, et gwrach, en Angleterre.
Labrus tinca. Linné, édition de Gmelin.
Labre tanche de mer. Daubenton et Haüy, Encyclopédie méthodique.
Id. Bonnaterre, planches de l'Encyclopédie méthodique.
Labrus rostro sursum reflexo, caudâ in extremo circulari. Artedi, gen. 33, syn. 56.
Turdus vulgatissimus; tinca marina Venetis. Willughby, p. 319.
The wrasse. Pennant, Brit. Zoolog. t. 3, p. 203.
Tanche de mer. Valmont-Bomare, Dictionnaire d'histoire naturelle.

Méditerranée, où l'on pêche également le labre double-
tache, qu'on a observé aussi dans les eaux salées qui

---

³ Labrus bimaculatus.

Id. *Linné , édition de Gmelin.*

Labre double-tache. *Daubenton et Haüy, Encyclopédie méthodique.*

Id. *Bonnaterre, planches de l' Encyclopédie méthodique.*

Sciæna maculâ fuscâ in media corporis et supra basim caudæ. *Mus. Ad. Frid.* 1, *p.* 66.

Brit. Zoolog. 3 , *p.* 205, *n.* 2.

⁴ Labrus punctatus.

Prick snylta , *en Suède.*

Labrus punctatus. *Linné, édition de Gmelin.*

Labre ponctué. *Daubenton et Haüy, Encyclopédie méthodique.*

Id. *Bonnaterre, planches de l'Encyclopédie méthodique.*

Sciæna lineis longitudinalibus plurimis fusco punctatis. *Mus. Ad. Frid.* 1, *p.* 66.

Gronov. Mus. 1 , *n.* 87.

Bloch, pl. 295, *fig.* 1.

⁵ Labrus ossiphagus.

Id. *Linné, édition de Gmelin.*

Labre ossifage. *Daubenton et Haüy, Encyclopédie méthodique.*

Id. *Bonnaterre, planches de l'Encyclopédie méthodique.*

⁶ Labrus onitis.

Id. *Linné, édition de Gmelin.*

Mus. Ad. Frid. 2 , *p.* 79.

Labre onite. *Daubenton et Haüy, Encyclopédie méthodique.*

Id. *Bonnaterre, planches de l' Encyclopédie méthodique.*

⁷ Labrus psittacus.

Labrus viridis. *Linné, édition de Gmelin.*

Labrus viridis, lineâ utrinque cæruleâ. *Artedi, gen.* 34.

Dixième espèce de tourd. *Rondelet, première partie, liv.* 6 , *chap.* 6.

Turdus viridis , *seu* decimus Rondeletii. *Willughby, Ichthyol. p.* 320.

Labre perroquet. *Daubenton et Haüy, Encyclopédie méthodique.*

Id. *Bonnaterre, planches de l'Encyclopédie méthodique,*

entourent la Grande-Bretagne; le tancoïde habite pendant une grande partie de l'année dans les profondes anfractuosités des rochers qui ceignent les rivages britanniques, ou qui sont peu éloignés de ces rivages ; le cinq-épines a été rencontré dans cette mer si souvent hérissée de montagnes de glace, et qui sépare la

---

8 Labrus turdus.

Id. *Linné, édition de Gmelin.*

Labrus oblongus viridis, iride luteâ. *Artedi, gen.* 34, *syn.* 57.

Turdus viridis major. *Willughby, p.* 322.

Turdus oblongus, fuscus, maculosus. *Id. p.* 323.

Raj. p. 137.

Labre tourd. *Daubenton et Haüy, Encyclopédie méthodique.*

Id. *Bonnaterre, planches de l'Encyclopédie méthodique.*

Labrus oblongus, viridescens, maculatus, etc. *Brünn. Pisc. Massil. p.* 51, *n.* 67.

9 Labrus pentacanthus.

Labrus exoletus. *Linné, édition de Gmelin.*

Faun. Suecic. 331.

Müll. Prodrom. Zoolog. Danic. 386.

Ot. Fabric. Faun. Groenland. p. 166, *n.* 120.

Strom. Sondm. 267, *n.* 3.

Labre cinq-épines. *Daubenton et Haüy, Encyclopédie méthodique.*

Id. *Bonnaterre, planches de l'Encyclopédie méthodique.*

10 Labrus chinensis.

Id. *Linné, édition de Gmelin.*

Labre livide. *Daubenton et Haüy, Encyclopédie méthodique.*

Id. *Bonnaterre, planches de l'Encyclopédie méthodique.*

11 Labrus japonicus.

Id. *Linné, édition de Gmelin.*

Houttuyn, Act. Haarl. XX, 2, *p.* 324.

Labre du Japon. *Bonnaterre, planches de l'Encyclopédie méthodique.*

Norvége du Groenland; les eaux de la mer équatoriale qui baigne Surinam, paroissent au contraire préférées par le ponctué; le chinois a été vu près des côtes de la Chine; et Houttuyn a découvert le japonois auprès de celles du Japon.

Nous croyons que quelques naturalistes ont été induits en erreur par des accidens ou des altérations que leur ont présentés des individus de l'espèce du tancoïde, lorsqu'ils ont écrit que la lame supérieure de l'opercule de ce labre étoit dentelée; nous pensons que la conformation qu'ils ont apperçue dans l'opercule de ces individus, étoit une sorte d'érosion plus ou moins irrégulière, et bien différente de la véritable dentelure, que nous regardons comme un des principaux caractères du genre des lutjans: mais si notre opinion se trouvoit détruite par des observations constantes et nombreuses, il seroit bien aisé de transporter le tancoïde dans ce genre des lutjans, et de l'y inscrire dans le second sous-genre.

Les dents antérieures du tourd sont plus grandes que les autres. Il est facile de voir, en parcourant le tableau générique, que ce labre tourd peut présenter, relativement à ses couleurs, trois variétés plus ou moins permanentes. Lorsqu'il est jaune avec des taches blanches, sa tête montre communément, et indépendamment des taches blanches, quelques taches noires vers son sommet, et quelques filets rouges sur ses côtes; son ventre est alors argenté avec des veines rouges, et ses nageoires dorsale, thoracines, anale et caudale, sont rouges et tachées de blanc. Si ce même tourd a sa couleur générale verte, ses pectorales sont d'un jaune pâle, ses thoracines bleuâtres, et sa longueur est un peu moins grande que lorsqu'il offre une autre variété de nuances. Et enfin, quand il a des taches dorées ou bordées d'or au-dessous du museau, avec la partie supérieure verte, il parvient aux dimensions ordinaires de son espèce, il est long de trois décimètres ou environ; il a le ventre jaunâtre et parsemé de taches blanches, irrégulières, bordées de rouge; une raie formée de points blancs et rougeâtres règne avec la ligne latérale, et est placée au-dessus de plusieurs autres raies longitudinales, composées de petites taches blanches et vertes *.

---

* 16 rayons à chaque nageoire pectorale du labre guaze.
  6 rayons à chaque thoracine.
13 rayons à l'anale.
15 rayons à la caudale.

  5 rayons à la membrane branchiale du tancoïde.
14 rayons à chaque nageoire pectorale.
  6 rayons à chaque thoracine.
13 rayons à la caudale.

6 rayons à la membrane branchiale du double-tache.
15 rayons à chaque nageoire pectorale.
  1 rayon aiguillonné et cinq rayons articulés à chaque thoracine.

6 rayons à la membrane branchiale du ponctué.
15 rayons à chaque nageoire pectorale.
  1 rayon aiguillonné et 5 rayons articulés à chaque thoracine.
18 rayons à la caudale.

Quelle différence de ces couleurs variées et vives qui *grivèlent*, pour ainsi dire, le tourd, et lui ont fait donner le nom spécifique qu'il porte, avec les nuances sombres et peu nombreuses du ponctué! Ce dernier labre est brun, et cette teinte obscure n'est relevée que par des points d'un gris très-foncé ou noirâtres, qui composent les raies longitudinales indiquées dans le tableau générique, et par d'autres taches, ou points,

15 rayons à chaque nageoire pectorale de l'ossifage.
1 rayon aiguillonné et 5 rayons articulés à chaque thoracine.
13 rayons à la caudale.

15 rayons à chaque nageoire pectorale de l'onite.
1 rayon aiguillonné et 5 rayons articulés à chaque thoracine.
14 rayons à la caudale.

14 rayons à chaque nageoire pectorale du perroquet.
6 rayons à chaque thoracine.
14 rayons à la caudale.

5 rayons à la membrane branchiale du tourd.
14 rayons à chaque nageoire pectorale.
1 rayon aiguillonné et 5 rayons articulés à chaque thoracine.
13 rayons à la caudale.

13 rayons à chaque nageoire pectorale du cinq-épines.
1 rayon aiguillonné et 5 rayons articulés à chaque thoracine.
18 rayons à la caudale.

13 rayons à chaque nageoire pectorale du chinois.
1 rayon aiguillonné et 5 rayons articulés à chaque thoracine.
12 rayons à la caudale.

6 rayons à la membrane branchiale du japonois.
16 rayons à chaque pectorale.
1 rayon aiguillonné et 5 rayons articulés à chaque thoracine.
18 rayons à la caudale.

ou petites raies transversales ou longitudinales, du même ton ou à peu près, et épars sur la queue ainsi que sur une partie de la dorsale et de la nageoire de l'anus.

LE LABRE LINÉAIRE[1],

LE LABRE LUNULÉ[2],

LE LABRE VARIÉ[3], LE LABRE MAILLÉ[4], LE LABRE TACHETÉ[5], LE LABRE COCK[6], LE LABRE CANUDE[7], LE LABRE BLANCHES-RAIES[8], LE LABRE BLEU[9], et LE LABRE RAYÉ[10].

LE linéaire a, comme plusieurs autres labres, et particulièrement comme le bleu et le rayé, les dents de devant plus grandes que les autres; le lunulé a la

---

[1] Labrus linearis.
Id. *Linné, édition de Gmelin.*
Amœn. academ 1, p. 315.
Labre linéaire. *Daubenton. et Haüy, Encyclopédie méthodique.*
Id. *Bonnaterre, planches de l'Encyclopédie méthodique.*

[2] Labrus lunulatus.
Id. *Linné, édition de Gmelin.*
Forskael, Faun. Arab. p. 37, n. 34.
Labre lunulé. *Bonnaterre, planches de l'Encyclopédie méthodique.*

[3] Labrus variegatus.
Id. *Linné, édition de Gmelin.*
Striped wrasse. *Brit. Zoolog.* 3, p. 207, n. 4.

[4] Labrus reticulatus.
Labrus venosus. *Linné, édition de Gmelin.*
Brünn. Pisc. Massil. p. 58, n. 74.
Labre maillé. *Bonnaterre, planches de l'Encyclopédie méthodique.*

tête et la poitrine parsemées de taches rouges, les pectorales jaunes, les autres nageoires vertes avec des

---

[5] Labrus guttatus.
Id. *Linné, édition de Gmelin.*
Brünn. Pisc. Massil. p. 59, *n.* 76.
Labre tacheté. *Bonnaterre, planches de l'Encyclopédie méthodique.*

[6] Labrus coquus.
Id. *Linné, édition de Gmelin.*
Cock Cornubiensium. *Brit. Zoolog.* 3, *p.* 210, *n.* 8.
Raj. Pisc. p. 163, *f.* 4.

[7] Labrus cinædus.
Rochau, *dans plusieurs départemens méridionaux de France.*
Canus, *ibid.*
Canudo, *ibid.*
Rosa, *dans la Ligurie.*
Labrus cinædus. *Linné, édition de Gmelin.*
Labrus luteus, dorso purpureo, pinnâ à capite ad caudam continuâ.
Artedi, syn. 56.
᾽Αλφησαὶ. *Athen. lib.* 7, *cap.* 281.
Cinædus, *Plin.*
Canus. *Rondelet, première partie, liv.* 6, *chap.* 4.
Cinædus Rondeletii. *Aldrovand. lib.* 1, *cap.* 14, *p.* 67.
Jonston, lib. 1, *tit.* 2, *cap.* 1, *a.* 10, *tab.* 15, *n.* 1.
Alphestes, *vel* cinædus. *Gesner, p.* 36, 40, *et (germ.) fol.* 15.
Alphestes. *Charlet. p.* 135.
Alphestes, *sive* cinædus. *Willughby, p.* 323.
Raj. p. 137.
Labre canude. *Daubenton et Haüy, Encyclopédie méthodique.*
Id. *Bonnaterre, planches de l'Encyclopédie méthodique.*

[8] Labrus albo vittatus.
Labre rayé de blanc. *Bonnaterre, planches de l'Encyclopédie méthodique.*
Koelreuter, Nov. Com. Petrop. tom. 9, *p.* 458.

taches rouges ou rougeâtres, et quelquefois des rayons rouges autour des yeux. Les opercules du varié sont gris et rayés de jaune ; ses pectorales tachées d'olivâtre à leur base ; et ses thoracines, ainsi que son anale, bleues à leur sommet. Le rayé présente un liséré bleu au bout des thoracines, de l'anale et de la caudale ; les rayons de cette dernière nageoire sont jaunes à leur base, et une tache bleue est placée sur la partie antérieure de la dorsale.

Ce labre rayé vit dans les mers de la Grande-Bretagne, ainsi que le bleu, qui fréquente aussi les rives de la Norvége et du Danemarck, le cock et le varié, que l'on rencontre particulièrement près des isles Skerry ; le linéaire se trouve dans les Indes et près des rivages de l'Amérique méridionale ; le lunulé, près des côtes de l'Arabie ; et le maillé, le tacheté et le canude sont pêchés dans la Méditerranée, où ce canude étoit connu dès le temps d'Athénée et même de celui d'Aristote, et où on l'avoit nommé *alphestas* et *cinædus*, parce qu'on voyoit presque toujours les individus de cette espèce nager deux à deux à la queue l'un de

---

[9] Labrus cœruleus.

Blaastaal *et* blaustak, *en Danemarck.*

Paon bleu. *Ascagne, cah.* 2, p. 5, *pl.* 12.

Labre bleu. *Bonnaterre, planches de l'Encyclopédie méthodique.*

[10] Labrus lineatus.

Pennant, Brit. Zoolog. 3, p. 249.

Labre rayé. *Bonnaterre, planches de l'Encyclopédie méthodique.*

l'autre *. La chair de ces canudes présente les mêmes qualités que celle de la plupart des autres poissons qui vivent au milieu des rochers, et qu'on a nommés *saxatiles;* elle est, suivant Rondelet, molle, tendre,

---

* 6 rayons à la membrane branchiale du labre linéaire.

12 rayons à chaque nageoire pectorale.

6 rayons à chaque thoracine.

12 rayons à la caudale.

5 rayons à la membrane branchiale du lunulé.

12 rayons à chaque nageoire pectorale.

1 rayon aiguillonné et 5 rayons articulés à chaque thoracine.

13 rayons à la caudale.

5 rayons à la membrane branchiale du varié.

15 rayons à chaque nageoire pectorale.

1 rayon aiguillonné et 5 rayons articulés à chaque thoracine.

5 rayons à la membrane branchiale du maillé.

13 rayons à chaque nageoire pectorale.

1 rayon aiguillonné et 5 rayons articulés à chaque thoracine.

13 rayons à la caudale.

5 rayons à la membrane branchiale du tacheté.

14 rayons à chaque nageoire pectorale.

1 rayon aiguillonné et 5 rayons articulés à chaque thoracine.

17 rayons à la caudale.

15 rayons à chaque nageoire pectorale du blanches-raies.

6 rayons à chaque thoracine.

12 rayons à la caudale.

5 rayons à la membrane branchiale du bleu.

14 rayons à chaque nageoire pectorale.

1 rayon aiguillonné et 5 rayons articulés à chaque thoracine.

14 rayons à la caudale.

friable, facile à digérer, et fournit une nourriture convenable aux malades ou aux convalescens.

---

5 rayons à la membrane branchiale du rayé.

15 rayons à chaque nageoire pectorale.

1 rayon aiguillonné et 5 rayons articulés à chaque thoracine.

LE LABRE BALLAN[1],

LE LABRE BERGYLTE[2],

LE LABRE HASSEK[3], LE LABRE ARISTÉ[4], LE LABRE BIRAYÉ[5], LE LABRE GRANDÈS-ÉCAILLES[6], LE LABRE TÊTE-BLEUE[7], LE LABRE A GOUTTES[8], LE LABRE BOISÉ[9], ET LE LABRE CINQ-TACHES[10].

QUELLES nuances devons-nous décrire encore, pour compléter l'idée que nous donne le tableau générique des couleurs de ces labres ? La teinte générale du

---

[1] Labrus ballan.
Pennant, Brit. Zoolog. 3, p. 246.
Labre ballan. *Bonnaterre, planches de l'Encyclopédie méthodique.*

[2] Labrus bergylta.
Berg-galt, *en Norvége.*
Berg-gylte, *ibid.*
Sea-aborne, *ibid.*
See carpe (carpe de mer), *en Danemarck.*
Labrus bergylta. *Ascagne, pl.* 1.
Labre tacheté. *Bloch, pl.* 294.
Labre bergylte. *Bonnaterre, planches de l'Encyclopédie méthodique.*

[3] Labrus hassek.
Labre hassek. *Bonnaterre, planches de l'Encyclopédie méthodique.*
Labrus inermis. *Id. ibid.*
Forskael, Descript. animal. p. 34.

bergylte est brune, et ce brun est mêlé de jaune sur les opercules; le hassek est verd, avec le dos brun, et des taches blanchâtres sur les côtés ; presque toutes les nageoires du biräyé sont d'un violet mêlé de jaune; le labre grandes-écailles présente des nageoires colorées de même, des taches violettes sur ses opercules, et quelques taches bleues à l'origine de la dorsale ; un gris tirant sur le verd distingue les nageoires du labre tête-bleue; presque toutes les taches que l'on voit sur le labre à gouttes, sont ordinairement rondes comme des gouttes de pluie; le boisé a les thoracines noires, les pectorales et la caudale bleues, la dorsale et l'anale variées de bleu, de jaune et de brun ; et le cinq-taches

---

[4] Labrus aristatus.
Labre aristé. *Bonnaterre, planches de l'Encyclopédie méthodique.* Sparmann, Amœn. accdem. vol. 7, p. 5o5.

[5] Labrus bivittatus.
Bloch, pl. 284, *fig.* 1.

[6] Labrus macrolepidotus.
Bloch, pl. 284, *fig.* 2.

[7] Labrus cyanocephalus.
Bloch, pl. 286.

[8] Labrus guttulatus.
Bloch, pl. 287, *fig.* 2.

[9] Labrus tessellatus.
Bloch, pl. 291, *fig.* 2.

[10] Labrus quinque-maculatus.
Bloch, pl. 291, *fig.* 1.

a les nageoires jaunes, bordées de violet. Nous devons
à Bloch la connoissance des six derniers labres que nous
venons de nommer, et nous savons par ce naturaliste
que le cinq-taches vit, ainsi que le boisé, dans la mer
de Norvége, d'où M. Spengler, de Stockholm, avoit reçu
des individus de ces deux espèces. C'est dans les mers
de la Grande-Bretagne, ou à une distance assez peu
considérable de la Norvége, que l'on trouve le bergylte
et le ballan *. On pêche le hassek dans la mer d'Arabie;

---

* 4 rayons à la membrane branchiale du labre ballan.
14 rayons à chaque nageoire pectorale.
1 rayon aiguillonné et 5 rayons articulés à chaque thoracine.

5 rayons à la membrane branchiale du bergylte.
14 rayons à chaque nageoire pectorale.
1 rayon aiguillonné et 4 rayons articulés à chaque thoracine.
18 rayons à la caudale.

12 rayons à chaque nageoire pectorale de l'aristé.
6 rayons à chaque thoracine.

5 rayons à la membrane branchiale du birayé.
14 rayons à chaque nageoire pectorale.
1 rayon aiguillonné et 5 rayons articulés à chaque thoracine.
13 rayons à la caudale.

5 rayons à la membrane branchiale du grandes-écailles.
12 rayons à chaque nageoire pectorale.
6 rayons à chaque thoracine.
19 rayons à la caudale.

5 rayons à la membrane branchiale du tête-bleue.
12 rayons à chaque nageoire pectorale.
1 rayon aiguillonné et 5 rayons articulés à chaque thoracine.
12 rayons à la caudale.

et M. Sparmann dit que le labre aristé a pour patrie les eaux de la Chine.

Les mâchoires du labre grandes-écailles n'offrent qu'un seul rang de dents, dont les antérieures sont les plus longues ; la ligne latérale de ce poisson est interrompue ; une seule rangée de dents petites et aiguës garnit les deux mâchoires du labre boisé.

---

13 rayons à chaque nageoire pectorale du labre à gouttes.
6 rayons à chaque thoracine.
16 rayons à la caudale.

4 rayons à la membrane branchiale du boisé.
16 rayons à chaque nageoire pectorale.
1 rayon aiguillonné et 5 rayons articulés à chaque thoracine.
16 rayons à la caudale.

5 rayons à la membrane branchiale du cinq-taches.
15 rayons à chaque nageoire pectorale.
1 rayon aiguillonné et 5 rayons articulés à chaque thoracine.
16 rayons à la caudale.

Pl. 28. Page 51

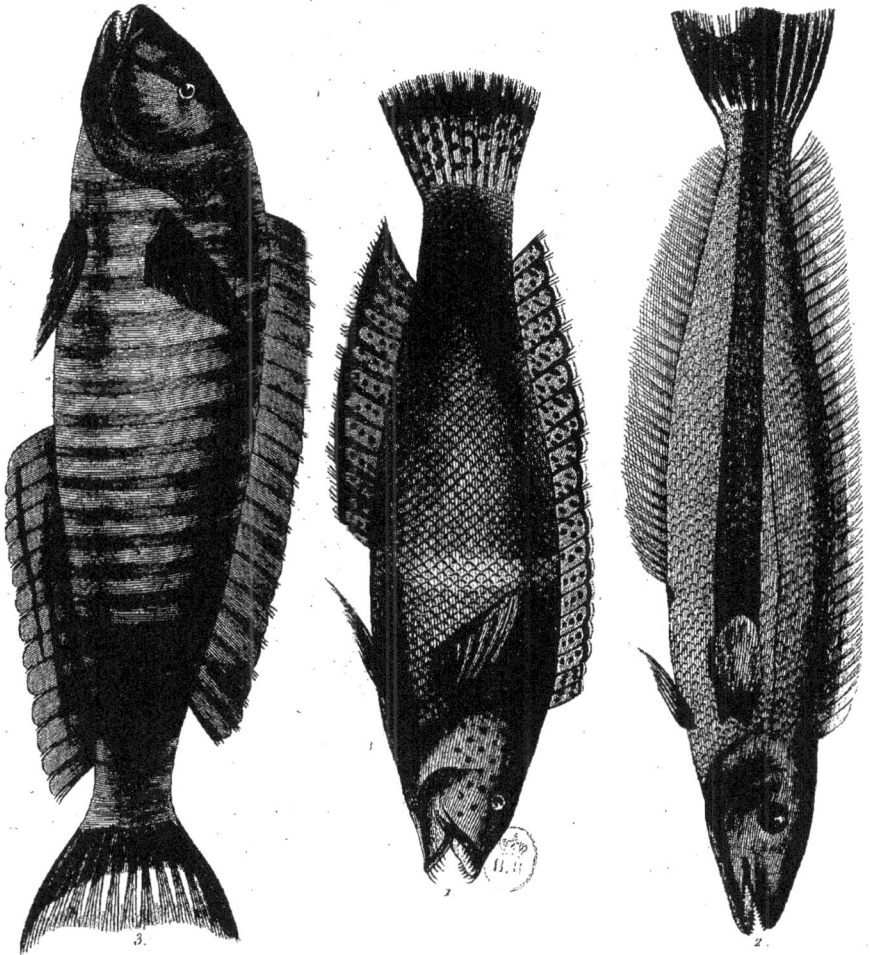

1. LABRE Ceinture 2. LABRE Large-raie 3. LABRE Annelé

LE LABRE MICROLÉPIDOTE[1],

LE LABRE VIEILLE[2],

LE LABRE KARUT[3], LE LABRE ANÉI[4], LE
LABRE CEINTURE[5], LE LABRE DIGRAMME[6],
LE LABRE HOLOLÉPIDOTE[7], LE LABRE
TÆNIOURE[8], LE LABRE PARTERRE[9], LE
LABRE SPAROIDE[10], LE LABRE LÉOPARD[11],
ET LE LABRE MALAPTÉRONOTE[12].

BLOCH, qui le premier a publié la description du
microlépidote, du labre vieille, du karut et de l'anéi,
ignoroit quelle est la patrie du microlépidote. Le labre
vieille est pêché près des côtes de Norvége, d'où on

---

[1] Labrus microlepidotus.
Bloch, pl. 292.

[2] Labrus vetula.
Carpe de mer, *sur quelques côtes occidentales de France.*
Bloch, pl. 293.

[3] Labrus karut.
Johnius carut. *Bloch, pl.* 356.

[4] Labrus aneus.
Anéi kattalei, *par les Malais.*
Johnius aneus. *Bloch, pl.* 357.

[5] Labrus cingulum.
Labrus saturnio anticâ medietate lividus, posticâ fuscus, cingulo inter-
medio exalbido, punctis atro-purpureis capiti inspersis. *Commerson, manuscrits déja cités.*

avoit fait parvenir des individus de cette espèce à
M. Spengler; on le trouve aussi auprès des rivages
occidentaux de France. Le karut et l'anéi, que Bloch
avoit cru pouvoir comprendre dans un genre particulier, qu'il avoit consacré à son ami *John*, voyageur
et missionnaire dans les Indes, en donnant à ce groupe
le nom de *johnius*, nous ont paru devoir être inscrits
avec les véritables labres, d'après les principes de distribution méthodique que nous suivons; et, en effet,
ils n'offrent aucun caractère qu'on ne retrouve dans
une ou plusieurs espèces, considérées, par presque
tous les naturalistes et par Bloch lui-même, comme
des labres proprement dits. Ce karut et cet anéi vivent
dans les eaux salées des Indes orientales, et particulièrement dans celles qui baignent la grande presqu'isle
de l'Inde, tant au levant qu'au couchant de cette
immense péninsule.

Quant aux autres huit labres nommés dans cet article, nous en donnons les premiers la description,

---

6 Labrus digramma.

7 Labrus hololepidotus.

8 Labrus tæniourus.

9 Labrus hortalanus.

10 Labrus sparoïdes.

11 Labrus leopardus.

12 Labrus malapteronotus.

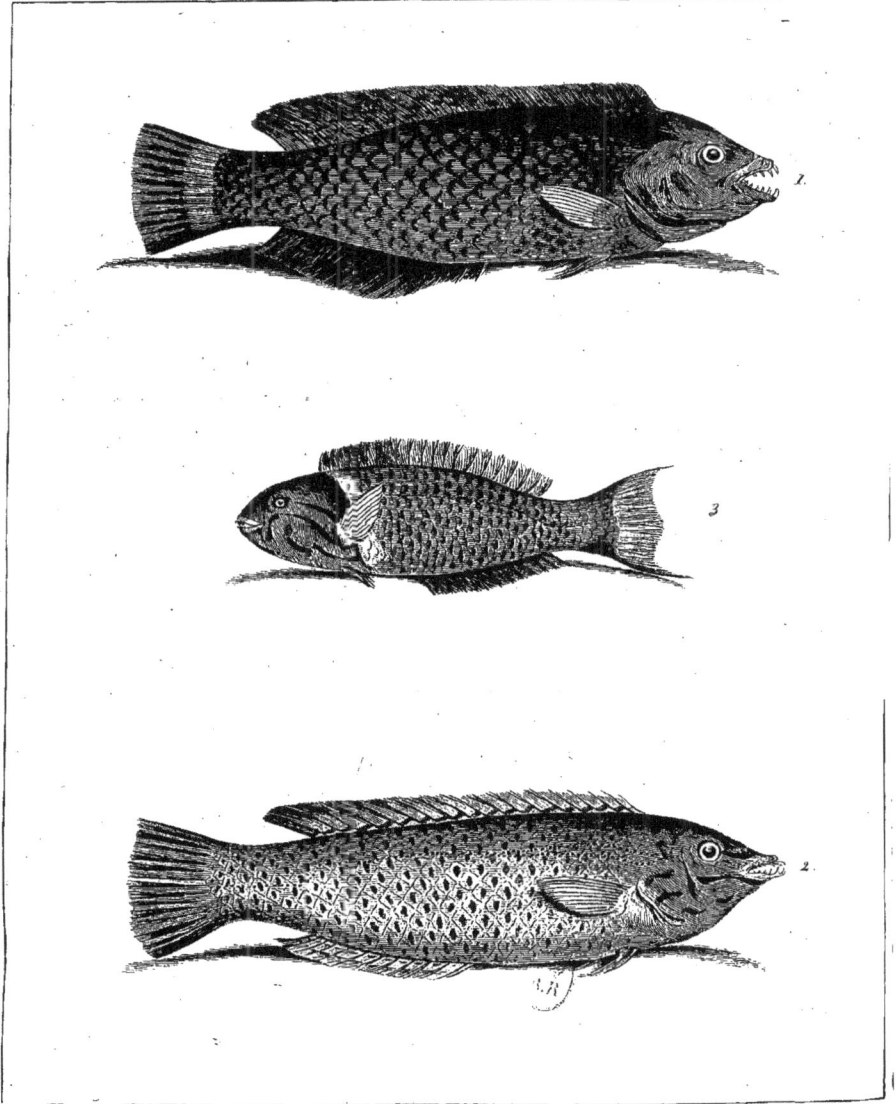

1. *LABRE* Tænioure 2. *LABRE* Parterre 3. *LABRE* Hébraïque.

d'après les manuscrits de Commerson ou les dessins qui faisoient partie de ces manuscrits, et que nous avons fait graver. Ces huit labres habitent le grand Océan équatorial, ou les mers qui en sont voisines ; et le labre ceinture a été observé particulièrement auprès de l'Isle de France.

Les deux mâchoires du microlépidote et du labre vieille sont aussi longues l'une que l'autre ; elles sont de plus garnies de dents pointues et peu serrées ; et le karut et l'anéi n'offrent que des dents petites et pointues.

Disons encore quelques mots des couleurs des douze labres que nous examinons.

La dorsale du microlépidote * est presque entièrement brune ; ses autres nageoires sont blanchâtres. Le dos et les flancs du karut réfléchissent un bleu d'acier ; une nuance d'un beau jaune distingue son ventre et ses lignes latérales ; ses nageoires offrent un brun rougeâtre, excepté la dorsale et la caudale, qui sont bleues. L'anéi a le dos noirâtre, les côtés blancs, les pectorales et les thoracines rougeâtres ; la partie postérieure de la dorsale, l'anale et la caudale rouges

---

* *Microlépidote* désigne les petites écailles, *digramme* la double ligne latérale, *hololépidote* les écailles placées sur toute la surface de l'animal, *tænioure* le ruban ou la bande que l'on voit sur la nageoire caudale, et *malaptéronote* les rayons mous qui composent seuls la nageoire dorsale. Μικρος signifie *petit*, λεπις *écaille*, δις *deux fois*, γραμμα *ligne*, ὁλος *entier*, ταινια *ruban* ou *bande*, ουρα *queue*, μαλακος *mou*, πτερον *nageoire*, et νωτος *dos*.

à leur base et bleuâtres à leur sommet. Le bord de la dorsale et de l'anale du labre ceinture est souvent blanchâtre *, et l'on voit ordinairement sur l'angle postérieur de l'opercule de ce poisson une tache noire,

---

* 12 rayons à chaque nageoire pectorale du labre microlépidote.
  1 rayon aiguillonné et 5 rayons articulés à chaque thoracine.
  18 rayons à la caudale.

14 rayons à chaque nageoire pectorale de la vieille.
  1 rayon aiguillonné et 5 rayons articulés à chaque thoracine.
  16 rayons à la caudale.

5 rayons à la membrane branchiale du karut.
  16 rayons à chaque nageoire pectorale.
  1 rayon aiguillonné et 5 rayons articulés à chaque thoracine.
  2 rayons aiguillonnés et 7 rayons articulés à l'anale.
  18 rayons à la caudale.

5 rayons à la membrane branchiale de l'anéi.
  14 rayons à chaque nageoire pectorale.
  1 rayon aiguillonné et 5 rayons articulés à chaque thoracine.
  2 rayons aiguillonnés et 7 rayons articulés à l'anale.
  18 rayons à la caudale.

13 rayons à chaque nageoire pectorale de la ceinture.
  6 rayons à chaque thoracine.
  14 rayons à la caudale.

11 rayons à chaque nageoire pectorale du digramme.
  6 rayons à chaque thoracine.
  12 rayons à la caudale.

20 rayons à la caudale du labre hololépidote.

13 rayons à la caudale du tænioure.

12 rayons à chaque nageoire pectorale du parterre.
  16 rayons à la caudale.

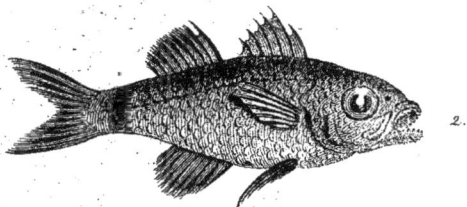

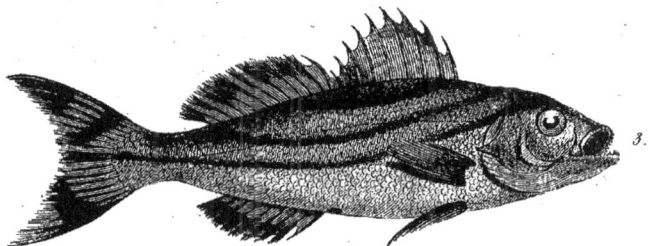

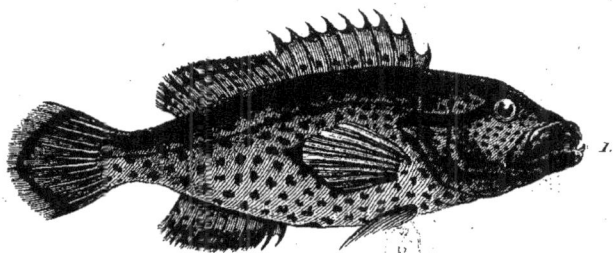

1. *LABRE* Léopard. 2. *DIPTÉRODON* Hexacanthe. 3. *HOLOCENTRE* Jarbua.

remarquable par un point blanc ou blanchâtre, qui lui donne l'apparence d'un iris avec sa prunelle.

17 rayons à la caudale du sparoïde.

12 rayons à la caudale du léopard.

11 rayons à la caudale du malaptéronote.

LE LABRE DIANE[1],

LE LABRE MACRODONTE[2],

LE LABRE NEUSTRIEN[3], LE LABRE CALOPS[4], LE LABRE ENSANGLANTÉ[5], LE LABRE PERRUCHE[6], LE LABRE KESLIK[7], ET LE LABRE COMBRE[8].

LA description comparée des six premiers de ces huit labres n'a encore été publiée par aucun naturaliste. Suivant le citoyen Noël, qui nous a fait parvenir des notes manuscrites au sujet du labre neustrien et du

---

[1] Labrus diana.

[2] Labrus macrodontus.

[3] Labrus Neustriæ.
Grande vieille, *auprès de Fécamp*.
Bandoulière marbrée. (*Note manuscrite communiquée par le citoyen Noël de Rouen.*)

[4] Labrus calops.
La brune, *par les pêcheurs de Dieppe*.
Bandoulière brune. (*Note manuscrite communiquée par le citoyen Noël de Rouen.*)

[5] Labrus cruentatus.
Lupus minimus, argenteus, maculis purpureis tessellatus. *Peintures sur vélin faites d'après les dessins de Plumier, et déposées dans la bibliothèque du Muséum national d'histoire naturelle.*

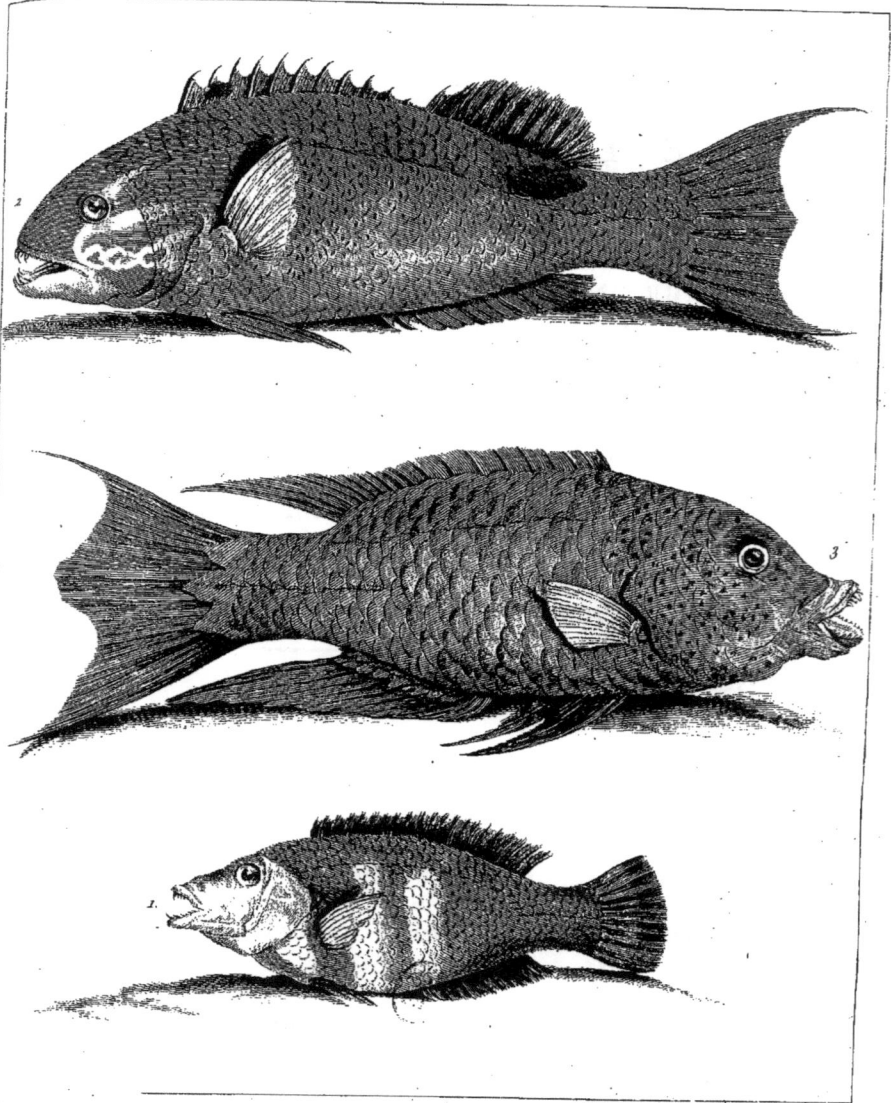

Seve. del.

L. Croutelle. Sculp.

1. LABRE Malaptéronote. 2. LABRE Deux-croissants 3. CHEILINE Trilobé.

Pl. 32 Page 5

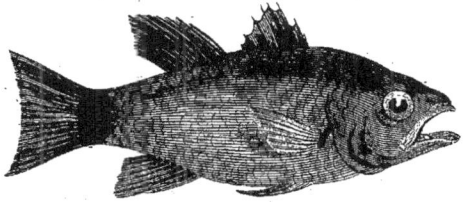

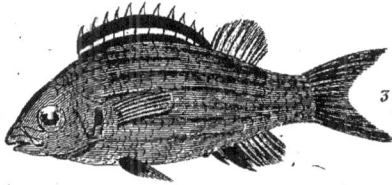

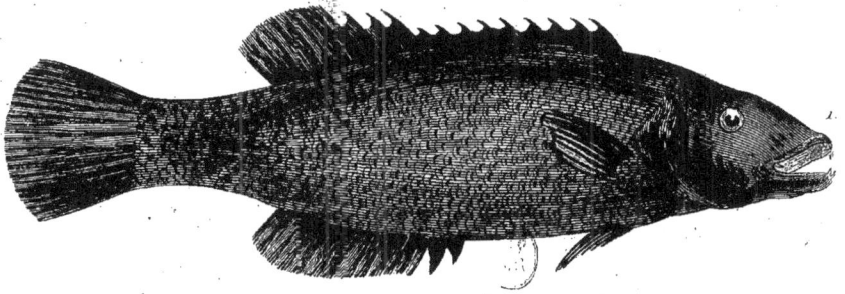

1. *LABRE* Diane 2. *OSTORHINQUE* Fleurieu 3. *HOLOCENTRE* Diadème

calops, ce dernier poisson a les deux mâchoires garnies d'une rangée de dents doubles et pointues. La dorsale du neustrien présente des nuances et une disposition de couleurs assez semblables à celles que l'on voit sur les côtés de cet animal, et les pectorales, les thoracines, l'anale et la caudale, offrent des tons et une distribution de teintes pareils à ceux que montre le dos. L'iris du calops, qui est très-grand, ainsi que l'œil considéré dans son ensemble, est d'un noir si éclatant, que j'ai cru devoir tirer de ce trait de la physionomie de ce labre le nom spécifique de *calops* que j'ai donné à ce poisson, et qui signifie *bel œil* [1]. Le dos du labre calops est brunâtre; mais cet osseux est revêtu sur toute sa surface, excepté celle de sa tête, d'écailles fortes, larges et très-brillantes [2]. L'éclat des

---

[6] Labrus psittaculus.

Turdus marinus varius, vulgò *petit perroquet*. *Peintures sur vélin faites d'après les dessins de Plumier, et déja citées.*

[7] Labrus keslik.

Labrus perdica. *Linné, édition de Gmelin.*

Forskael, Descript. anim. p. 34, *n.* 26.

Labre keslik. *Bonnaterre, planches de l'Encyclopédie méthodique.*

[8] Labrus comber.

Id. *Linné, édition de Gmelin.*

Labre combre. *Bonnaterre, planches de l'Encyclopédie méthodique.*

Comber. *Brit. Zoolog.* 3, *p.* 210, *n.* 7.

Raj. Pisc. p. 163, *fig.* 5.

[1] Καλος veut dire *beau*, et ὤψ *œil.*

[2] Le citoyen Noël, qui a disséqué le calops, nous écrit que ce poisson

diamans et des rubis, qui charme les yeux des observateurs sur l'ensanglanté, est relevé par les nuances
des nageoires, qui sont toutes dorées. L'anale du labre
perruche est jaune avec une bordure rouge, et sa caudale est également jaune, avec quatre ou cinq bandes
courbes, concentriques, inégales en largeur, et alternativement rouges et bleues. Le keslik a la tête brune,
et la dorsale, ainsi que l'anale, rouges. Le combre a
souvent le ventre d'un jaune clair, et les nageoires
rougeâtres : il habite dans les mers britanniques ; le
keslik, dans celle qui baigne les murs de Constantinople ; les beaux labres ensanglanté et perruche vivent
dans l'Amérique, où ils ont été dessinés et observés
avec soin par Plumier ; le neustrien et le calops, près
des rives de l'ancienne Neustrie ; et le labre diane *,
dont nous devons la figure à Commerson, se trouve

---

n'a point d'appendices ou cœcums auprès du pylore ; que la vessie natatoire est d'une grande capacité ; qu'elle est située au-dessous de l'épine
dorsale ; que cette épine est composée de vingt-deux vertèbres, dont dix
répondent à la capacité du ventre, et que la chair de cet animal est
blanche, et ferme comme celle d'une jeune morue.

* 12 rayons à la caudale du labre diane.

5 rayons à la membrane branchiale du labre macrodonte.
15 rayons à chacune des pectorales.
1 rayon aiguillonné et 3 rayons articulés à chacune des thoracines.
14 rayons à la caudale.

7 rayons à la membrane branchiale du neustrien.
15 rayons à chacune des pectorales.
1 rayon aiguillonné et 5 rayons articulés à chacune des thoracines.
15 rayons à la caudale.

dans le grand Océan équatorial : quant au macrodonte, que nous avons décrit d'après des individus de la collection cédée à la France par la Hollande, nous ignorons sa patrie.

---

4 rayons à la membrane branchiale du calops.
17 rayons à chacune des pectorales.
1 rayon aiguillonné et 5 rayons articulés à chacune des thoracines..
22 rayons à la caudale.

12 rayons à la nageoire de l'anus de la perruche.
12 rayons à la caudale.

14 rayons à chacune des pectorales du keslik.
1 rayon aiguillonné et 5 rayons articulés à chacune des thoracines..
14 rayons à la caudale.

14 rayons à chacune des pectorales du combre.
5 rayons à chacune des thoracines.

LE LABRE BRASILIEN[1],

LE LABRE VERD[2],

LE LABRE TRILOBÉ[3], LE LABRE DEUX-
CROISSANS[4]; LE LABRE HÉBRAIQUE[5],
LE LABRE LARGE-RAIE[6], et LE LABRE
ANNELÉ[7].

B LOCH a publié la description et la figure des deux premiers de ces labres[8]; nous allons faire connoître les cinq autres, dont nous avons trouvé des dessins

[1] Labrus brasiliensis.
Tetimixira, *au Brésil.*
Bloch, pl. 280.

[2] Labrus viridis.
Bloch, pl. 282.

[3] Labrus trilobatus.

[4] Labrus bilunulatus.

[5] Labrus hebraicus.

[6] Labrus latovittatus

[7] Labrus annulatus.

[8] La belle gravure enluminée du brasilien, que l'on trouve dans l'ouvrage de Bloch, me paroît donner une fausse idée de la caudale de ce poisson, en ne la représentant pas comme trilobée. Si mon opinion à cet égard n'étoit pas fondée, il faudroit ôter le brasilien du troisième sous-genre des labres, et le placer dans le premier.

parmi les manuscrits de Commerson. La ligne latérale des deux derniers de ces cinq labres, c'est-à-dire, du labre large-raie et de l'annelé, est courbe à son origine, et droite vers la nageoire caudale : une grande tache, ayant à peu près la forme d'un croissant, est d'ailleurs placée sur la base de la caudale de ce labre annelé, et occupe presque toute la surface de cette nageoire; on voit de plus une ou deux raies longitudinales sur l'anale de ce même poisson, et une raie oblique passe au-dessus de chacun de ses yeux. La dorsale et l'anale du trilobé sont bordées d'une couleur vive ou foncée. Le brasilien brille*, sur presque toute sa surface, de l'éclat de l'or, et cette dorure est relevée par quelques

---

* 11 rayons à chacune des nageoires pectorales du labre brasilien.
  1 rayon aiguillonné et 5 rayons articulés à chacune des thoracines.
18 rayons à la caudale.

12 rayons à chacune des pectorales du labre verd.
 6 rayons à chacune des thoracines.
14 rayons à la caudale.

13 rayons à chacune des pectorales du trilobé,
13 rayons à la caudale.

13 rayons à chacune des pectorales du labre deux-croissans.
15 rayons à l'anale.
 9 rayons à la caudale.

10 rayons à chacune des pectorales du labre hébraïque;
16 rayons à la caudale.

11 rayons à la caudale du large-raie.

 7 rayons à chacune des pectorales de l'annelé.
13 rayons à la caudale.

traits bleus, par le bleu des raies longitudinales qui s'étendent sur la dorsale et sur l'anale, et par la couleur également bleue des pectorales, des thoracines et de la caudale : ce beau poisson vit dans les eaux du Brésil; il est recherché à cause de la bonté de sa chair, et sa longueur excède quelquefois un tiers de mètre. Le verd habite dans les eaux du Japon; le trilobé, le deux-croissans, l'hébraïque, le large-raie et l'annelé ont été vus dans le grand Océan équatorial.

CENT CINQUIÈME GENRE.

LES CHEILINES.

La lèvre supérieure extensible ; les opercules des branchies dénués de piquans et de dentelure ; une seule nageoire dorsale ; cette nageoire du dos très-séparée de celle de la queue, ou très-éloignée de la nuque, ou composée de rayons terminés par un filament ; de grandes écailles ou des appendices placées sur la base de la nageoire caudale, ou sur les côtés de la queue.

ESPÈCES.	CARACTÈRES.
1. LE CHEILINE SCARE. (*Cheilinus scarus.*)	Des appendices sur les côtés de la queue.
2. LE CHEILINE TRILOBÉ. (*Cheilinus trilobatus.*)	Deux lignes latérales ; la nageoire caudale trilobée.

LE CHEILINE SCARE[1].

Il est peu de poissons, et même d'animaux, qui aient
été, pour les premiers peuples civilisés de l'Europe,
l'objet de plus de recherches, d'attention et d'éloges,
que le scare dont nous allons parler. Nous avons cru
devoir le séparer des labres proprement dits, et le
mettre à la tête d'un genre particulier dont le nom
cheiline[2] indique la conformation des lèvres, qui

---

[1] Cheilinus scarus.
Sargo, *dans le midi de l'Europe.*
Cantheno, *ibid.*
Denté, *dans quelques départemens méridionaux de France.*
Labrus scarus. *Linné, édition de Gmelin.*
Labre scare. *Daubenton et Haüy, Encyclopédie méthodique.*
Id. *Bonnaterre, planches de l'Encyclopédie méthodique.*
Scarus autorum. *Artedi, syn.* 54.
ὁ σκάρος. *Aristot. lib.* 2, *cap.* 7; *lib.* 8, *cap.* 2; *et lib.* 9, *cap.* 37.
Id. *Ælian. lib.* 1, *cap.* 2, *p.* 5; *et lib.* 2, *cap.* 54.
Oppian. lib. 1, *p.* 5, 6; *et lib.* 2, *p.* 53.
Athen. lib. 7, *p.* 319.
Scarus. *Plin. lib.* 9, *cap.* 17.
Aldrovand. lib. 1, *cap.* 2, *p.* 7.
Scare. *Rondelet, première partie, liv.* 6, *chap.* 2.
Jonston, lib. 1, *tit.* 2, *cap.* 1, *a.* 1, *t.* 13.
Scarus piscis. *Jov. cap.* 1, *p.* 7.
Willughby, p. 306.
Raj. p. 129.
Scarus. *Petri Artedi Syn. piscium, auctore J. G. Schneider, p.* 85 *et* 328.
Scare. *Valmont-Bomare, Dictionnaire d'histoire naturelle.*

[2] χιλος signifie *lèvre.*

rapproche des labres cette petite famille, pendant qu'elle s'en éloigne par d'autres caractères. Mais il ne faut pas sur-tout le confondre avec les osseux connus des naturalistes modernes sous le nom de *scares*, qui forment un genre très-distinct de tous les autres, et qui diffèrent de notre cheiline par des traits très-remarquables, quoique plusieurs de ces animaux habitent dans la Méditerranée, comme le poisson dont nous écrivons l'histoire. La dénomination de *scare* est générique pour tous ces osseux qui composent une famille particulière; il est spécifique pour celui que nous décrivons. Nous aurions cependant, pour éviter toute équivoque, supprimé ou ce nom générique ou ce nom spécifique, si le premier n'avoit été généralement adopté par tous les naturalistes récens, et si le second n'avoit été consacré et par tous les écrivains anciens, et par tous les auteurs modernes qui ont traité du cheiline que nous examinons.

Ce poisson non seulement habite dans la Méditerranée, ainsi que nous venons de le dire, mais encore vit dans les eaux qui baignent et la Sicile, et la Grèce, et les isles répandues auprès des rivages fortunés de cette Grèce si fameuse. Il n'est donc pas surprenant que les premiers naturalistes grecs aient pu observer cet osseux avec facilité. Ce cheiline est d'une couleur blanchâtre ou livide mêlée de rouge. Il ne parvient guère qu'à la longueur de deux ou trois décimètres. Les écailles qui le recouvrent sont grandes et très-transparentes. Il montre, sur les côtés de sa queue, des appendices transversales, dont la forme et la position ont frappé les observateurs. La conformation de ses dents n'a pas été moins remarquée : elles sont émoussées, au lieu d'être pointues, et par conséquent très-propres à couper ou arracher les algues et les autres plantes marines que le scare trouve sur les rochers qu'il fréquente. Ces végétaux marins paroissent être l'aliment préféré par ce cheiline, et cette singularité n'a pas échappé aux naturalistes d'Europe les plus anciens. Mais ils ne se sont pas contentés de rechercher les rapports que présente le scare entre la forme de ses dents, les dimensions de son canal intestinal, la qualité de ses sucs digestifs, et la nature de sa nourriture très-différente de celle qui convient au plus grand nombre de poissons : ils ont considéré le scare comme occupant parmi ces poissons carnassiers la même place que les animaux ruminans qui ne vivent que de plantes, parmi les mammifères qui ne se nourrissent que de proie; exagérant ce parallèle, étendant les ressemblances, et tombant dans une erreur qu'il auroit été cependant facile d'éviter, ils sont allés jusqu'à dire que le scare ruminoit; et voilà pourquoi, suivant Aristote, plusieurs Grecs l'ont appelé μηριχαν.

Les individus de cette espèce vivent en troupes; et le poète grec Oppien, qui a cru devoir chanter leur affection mutuelle, dit que lorsqu'un scare a été pris à l'hameçon, un de ses compagnons accourt, et coupe la corde qui retient le crochet et l'animal, avec ces dents obtuses dont il est accoutumé à se servir pour arracher ou scier l'herbe qui tapisse le fond des mers; il ajoute que si un scare enfermé dans une nasse cherche à en sortir la queue la première, ces mêmes compagnons l'aident dans ses efforts en le saisissant avec leur gueule par cette queue qui se présente à eux, et en la tirant avec force et constance; et enfin, pour ne refuser à l'espèce dont nous nous occupons, aucune nuance d'attachement, il nous montre les mâles accourant vers une femelle retenue dans une nasse ou par un hameçon, et s'exposant, pour l'amour d'elle, à tous les dangers dont les pêcheurs les menacent. Mais je n'ai pas besoin de faire remarquer que c'est un poète qui parle; et combien le naturaliste, plus sévère que le poète, n'est-il pas forcé de réduire à quelques faits peu extraordinaires, des habitudes si touchantes, et que la sensibilité voudroit conserver comme autant d'exemples utiles et d'heureux souvenirs!

Le scare s'avançoit, lors des premiers siècles de l'ère vulgaire, dans l'Archipel et dans la mer dite alors de Carpathie, jusqu'au premier promontoire de la Troade. C'est de ces parages que, sous l'empire de Tibère Claude, le commandant d'une flotte romaine, nommé *Optatus Elipertius* ou *Elipartius*, apporta plusieurs scares vivans qu'il répandit le long du rivage d'Ostie et de la Campanie. Pendant cinq ans, on eut le soin de rendre à la mer ceux de ces poissons que les pêcheurs prenoient avec leurs lignes ou dans leurs filets; et par cette attention bien facile et bien simple, mais soutenue, les scares multiplièrent promptement et devinrent très-communs auprès des côtes italiques, dans le voisinage desquelles on n'en avoit jamais vu auparavant. Ce fait est plus important qu'on ne le croit, et pourroit nous servir à prouver ce que nous dirons, avant de terminer cette histoire, au sujet de l'acclimatation des poissons, à ceux qui s'intéressent à la prospérité des peuples.

Le commentateur d'Aristote, l'Égyptien Philoponus, a écrit vers la fin du sixième siècle, ou au commencement du septième, que les scares produisoient quelque son, lorsque, placés à la surface de la mer, et élevant la tête au-dessus des ondes, ils faisoient jaillir l'eau de leur bouche avec rapidité. Peut-être en effet faudra-t-il attribuer à ces cheilines la faculté de faire entendre quelque bruissement analogue, et par sa nature, et par sa cause, à celui que font naître plusieurs trigles et d'autres espèces de poissons cartilagineux ou osseux, dont nous avons déja parlé *.

Dans le temps du grand luxe des Romains, le scare étoit très-recherché. Le poète latin Martial nous apprend que ce poisson faisoit les délices des tables les plus délicates et les plus somptueuses; que son foie

---

* Voyez le *Discours sur la nature des poissons.*

étoit la partie de ce poisson que l'on préféroit ; et que
même l'on mangeoit ses intestins sans les vider, ce qui
doit moins étonner lorsqu'on pense que cet osseux ne
vit que de végétaux, que de voir nos gourmets modernes manger également sans les vider, des oiseaux
dont l'aliment composé de substances animales est
sujet à une véritable corruption. Dans le siècle de
Rondelet, ce goût pour le scare, et même pour ses
intestins, étoit encore très-vif : ce naturaliste a écrit
que cet osseux devoit être regardé comme le premier
entre les poissons qui vivent au milieu des rochers,
que sa chair étoit légère, friable, facile à digérer,
très-agréable, et que ses boyaux, qu'il ne falloit pas
jeter, sentoient la violette. Mais le prix que l'on donnoit du scare, à l'époque où Rondelet a publié son
Histoire des poissons, étoit bien inférieur à celui qu'on
en offroit à Rome quelque temps avant que Pline ne
mît au jour son immortel ouvrage. Ce poisson entroit
dans la composition de ces mets fameux pour lesquels
on réunissoit les objets les plus rares, et que l'on
servoit à Vitellius dans un plat qui, à cause de sa
grandeur, avoit été appelé *le bouclier de Minerve*. Les
entrailles du scare paroissoient dans ce plat avec des
cervelles de faisans et de paons, des langues de phé-
nicoptères, et des laites du poisson que les anciens
appeloient *murène*, et que nous nommons *murénophis*.

Au reste, ce ne sont pas seulement les plantes marines qui conviennent au scare : il se nourrit aussi de

végétaux terrestres ; et voilà pourquoi, lorsqu'on a voulu le pêcher, on a souvent employé avec succès, pour amorce, des feuilles de pois, de féves, ou d'autres plantes analogues à ces dernières *.

---

* Le scare a le cœur anguleux, le foie divisé en trois lobes, l'estomac petit, le pylore entouré de quatre ou cinq cœcums, et le canal intestinal courbé plus d'une fois.

LE CHEILINE TRILOBÉ*.

SUIVANT Commerson, dans les papiers duquel nous avons trouvé une note très-étendue sur ce cheiline encore inconnu des naturalistes, le trilobé a la grandeur et une partie des proportions d'une carpe ordinaire. La couleur générale de ce poisson est d'un brun bleuâtre relevé sur la tête, la nuque et les opercules, par des traits, des taches ou des points rouges, blancs et jaunes. Ses pectorales sont jaunes, particulièrement à leur base; et ses thoracines variées de rouge. La tête et le corps du trilobé sont d'ailleurs hauts et épais. Presque toute sa surface est revêtue d'écailles arrondies, grandes et lisses. Les deux dents antérieures de chaque mâchoire sont plus longues que les autres. Deux lames composent chaque opercule. Indépendamment de la forme trilobée et de la surface très-étendue de la caudale, cette nageoire est recouverte à sa base et de chaque côté par trois ou quatre appendices presque membraneuses, semblables par leur forme à des écailles longues, larges et pointues, et qui flottent, pour ainsi dire, sur cette même base, à laquelle elles

---

* Cheilinus trilobatus.

Labrus capite guttato, caudâ tricuspidatá, squamis membranaceis ad basim imbricatis. *Commerson, manuscrits déja cités.*

ne tiennent que par une petite portion de leur contour. La dorsale et l'anale se prolongent en pointe
vers la caudale. Les deux lignes latérales sont très-
droites : la supérieure règne depuis l'opercule jusque
vers la fin de la dorsale ; la seconde va depuis le point
correspondant au milieu de la longueur de l'anale,
jusqu'aux appendices de la nageoire de la queue ; et
chacune paroît composée de petites raies qui, par leur
figure et leur position, imitent une suite de caractères
chinois. Commerson a observé le trilobé, en 1769, dans
la mer qui baigne les côtes de l'Isle de la Réunion, de
celle de France, et de celle de Madagascar *.

***

* 9 rayons aiguillonnés et 10 rayons articulés à la nageoire du dos.
12 rayons à chacune des pectorales.
6 rayons à chacune des thoracines.
3 rayons aiguillonnés et 9 rayons articulés à l'anale.
12 rayons à la nageoire de la queue.

CENT SIXIÈME GENRE.

LES CHEILODIPTÈRES.

La lèvre supérieure extensible; point de dents incisives, ni molaires; les opercules des branchies, dénués de piquans et de dentelure; deux nageoires dorsales.

PREMIER SOUS-GENRE.

La nageoire de la queue, fourchue, ou en croissant.

ESPÈCES.	CARACTÈRES.
1. LE CHEILODIPTÈRE HEPTACANTHE. (*Cheilodipterus heptacanthus.*)	Sept rayons aiguillonnés et plus longs que la membrane, à la première nageoire du dos; la caudale fourchue; la mâchoire inférieure plus avancée que la supérieure; les opercules couverts d'écailles semblables à celles du dos.
2. LE CHEILODIPTÈRE CHRYSOPTÈRE. (*Cheilodipterus chrysopterus.*)	Neuf rayons aiguillonnés à la première dorsale, qui est arrondie; la caudale en croissant; les deux mâchoires à peu près aussi longues l'une que l'autre; la seconde dorsale, l'anale, la caudale et les thoracines dorées.
3. LE CHEILODIPTÈRE RAYÉ. (*Cheilodipterus lineatus.*)	Neuf rayons aiguillonnés à la première dorsale; la caudale en croissant; la mâchoire inférieure un peu plus avancée que la supérieure; les dents longues, crochues, et

ESPÈCES.	CARACTÈRES.
3. LE CHEILODIPTÈRE RAYÉ. (*Cheilodipterus lineatus.*)	séparées l'une de l'autre ; une bande transversale, large et courbe, auprès de la caudale ; huit raies longitudinales de chaque côté du corps.
4. LE CHEILODIPTÈRE MAURICE. (*Cheilodipterus Mauritii.*)	Neuf rayons aiguillonnés à la première nageoire du dos ; quatorze rayons à celle de l'anus ; la caudale en croissant ; la tête et les opercules dénués d'écailles semblables à celles du dos ; la couleur générale argentée, sans bandes, sans raies et sans taches.

SECOND SOUS-GENRE.

La nageoire de la queue, rectiligne, ou arrondie.

ESPÈCES.	CARACTÈRES.
5. LE CHEILODIPTÈRE CYANOPTÈRE. (*Cheilodipterus cyanopterus.*)	Neuf rayons aiguillonnés à la première nageoire du dos ; les deux dorsales et la caudale bleues ; la caudale rectiligne ; la mâchoire supérieure plus avancée que l'inférieure, qui est garnie d'un barbillon.
6. LE CHEILODIPTÈRE BOOPS. (*Cheilodipterus boops.*)	Cinq rayons aiguillonnés à la première dorsale ; les yeux très-gros ; la mâchoire inférieure plus avancée que la supérieure.
7. LE CHEILODIPTÈRE ACOUPA. (*Cheilodipterus acoupa.*)	Dix rayons aiguillonnés à la première dorsale ; la caudale arrondie ; la mâchoire inférieure plus avancée que la supérieure ; plusieurs rangs de dents crochues et inégales ; plusieurs rayons de la seconde dorsale terminés par des filamens.
8. LE CHEILODIPTÈRE MACROLÉPIDOTE. (*Cheilodipterus macrolepidotus.*)	Sept rayons aiguillonnés à la première nageoire du dos ; la caudale arrondie ; la mâchoire inférieure un peu plus avancée que la supérieure ; l'entre-deux des yeux

ESPÈCES.	CARACTÈRES.
8. LE CHEILODIPTÈRE MACROLÉPIDOTE. (*Cheilodipterus macrolepidotus.*)	très-relevé; les opercules et la tête garnis d'écailles de même figure que celles du dos; le corps et la queue revêtus de grandes écailles.
9. LE CHEILODIPTÈRE TACHETÉ. (*Cheilodipterus maculatus.*)	Sept rayons aiguillonnés à la première nageoire du dos; la caudale lancéolée; les mâchoires égales; de petites taches sur les deux dorsales, la caudale, et la nageoire de l'anus.

LE CHEILODIPTÈRE HEPTACANTHE [1],

LE CHEILODIPTÈRE CHRYSOPTÈRE [2],

ET LE CHEILODIPTÈRE RAYÉ [3].

LE premier de ces trois cheilodiptères a été dessiné sous les yeux de Commerson, qui l'a vu dans le grand Océan équatorial. Nous lui avons donné le nom d'*heptacanthe* [4], pour indiquer les sept rayons aiguillonnés, forts et longs, que présente la première nageoire du dos, et à la suite desquels on apperçoit un huitième rayon très-petit. La seconde dorsale est un peu en forme de faux [5]. Nous n'avons pas besoin de faire observer que le nom générique *cheilodiptère* désigne la forme des lèvres, semblable à celle que présentent

---

[1] Cheilodipterus heptacanthus.

[2] Cheilodipterus chrysopterus.
Cheloniger ex auro et argenteo virgatus. *Peintures sur vélin, d'après les dessins de Plumier.*

[3] Cheilodipterus lineatus.

[4] Ἑπτα signifie *sept,* et ἄκανθα *piquant, épine, aiguillon.*

[5] 24 rayons à la seconde dorsale de l'heptacanthe.
13 rayons à l'anale.
15 rayons à la caudale.

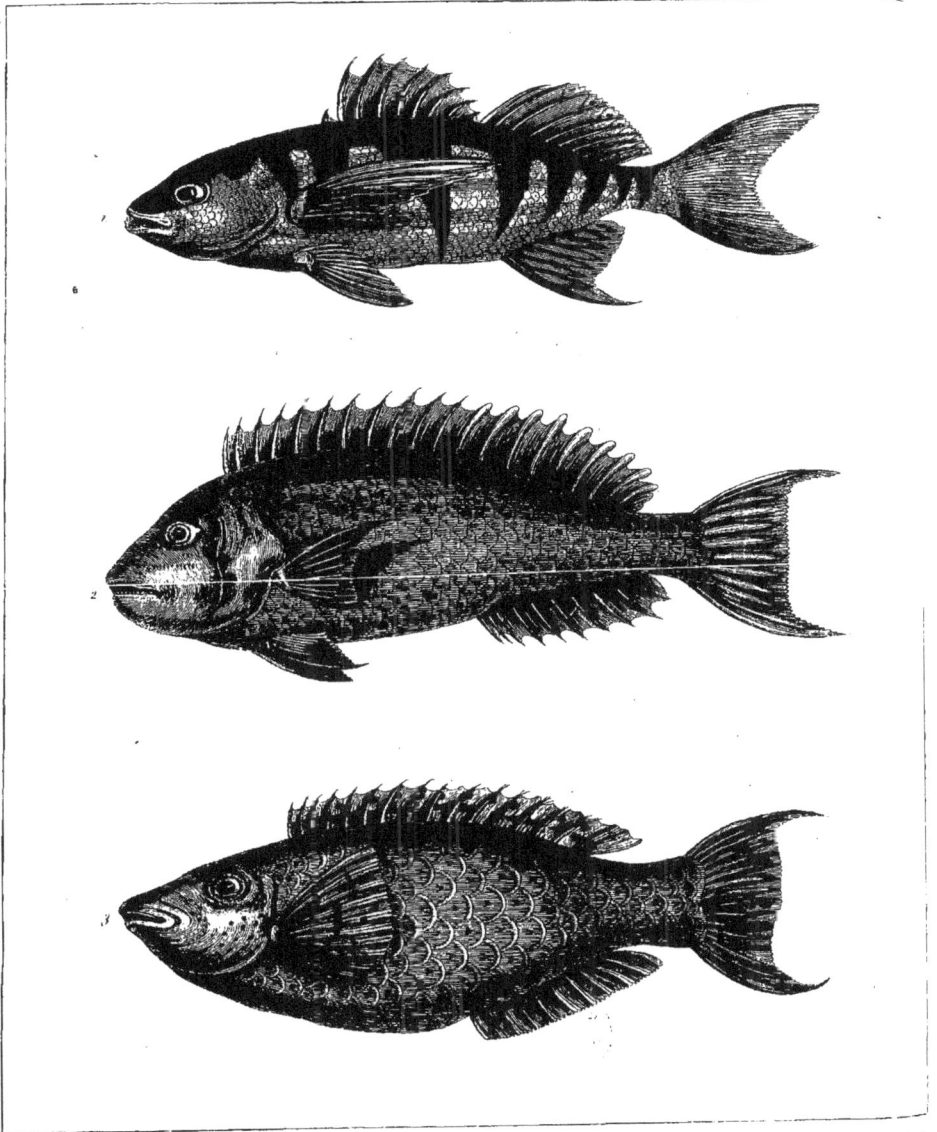

1. CHEILODIPTÈRE Chrysoptère 2 SPARE Holocyanéose 3 SPARE Rougeor

les lèvres des labres, et les deux nageoires que l'on voit sur le dos de l'heptacanthe et des autres poissons compris dans le genre que nous examinons.

La seconde espèce de ce genre, celle que nous appelons *le chrysoptère* [1], est encore inconnue des naturalistes, de même que l'heptacanthe, le rayé, le cyanoptère et l'acoupa. Cet osseux chrysoptère vit dans les eaux de l'Amérique méridionale, où Plumier l'a dessiné. Ses couleurs sont très-belles. Indépendamment de celle qu'indique le tableau générique, il présente le ton et l'éclat de l'argent sur une très-grande partie de sa surface. Une nuance d'un noir rougeâtre ou violet est répandue sur le dos, sur les côtés, où elle forme, à la droite ainsi qu'à la gauche de l'animal, neuf grandes taches ou bandes transversales, un peu triangulaires et inégales, sur le premier rayon de l'anale, et sur le premier et le dernier rayon de la nageoire de la queue. Quatre raies longitudinales et dorées règnent d'ailleurs de chaque côté du chrysoptère, dont l'iris brille comme une topaze [2].

Le rayé [3], dont nous avons fait graver la figure

---

[1] χρύσος veut dire *or*, et πτερον *nageoire*.

[2] 10 rayons à la seconde dorsale du chrysoptère.
11 rayons à l'anale.

[3] 10 rayons à la seconde dorsale du rayé.
8 rayons à chaque pectorale.
12 rayons à l'anale.
15 rayons à la caudale.

d'après un dessin trouvé dans les papiers de Com-merson, habite, comme l'heptacanthe, dans le grand Océan équatorial. Ses yeux sont gros, très-brillans, et entourés d'un cercle dont la nuance est très-éclatante.

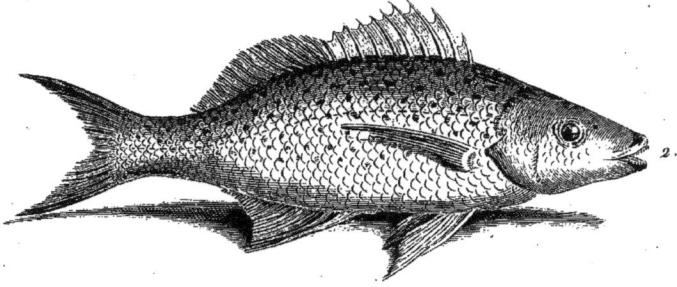

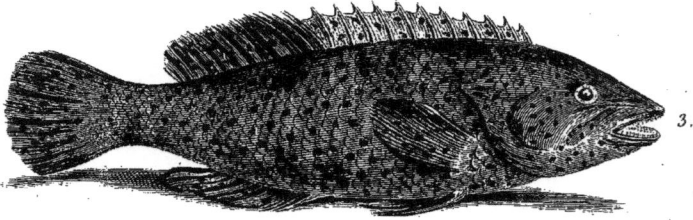

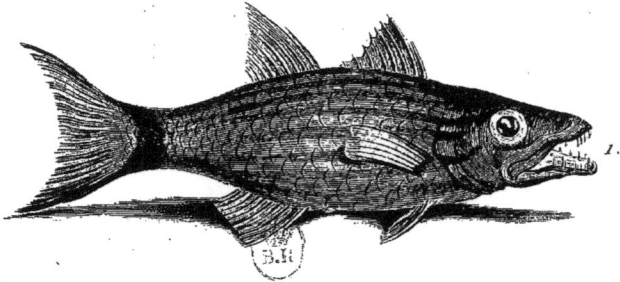

1. CHEILODIPTERE Rayé 2.LUTJAN Microstome 3.HOLOCENTRE Salmoïde.

LE CHEILODIPTÈRE MAURICE[1].

Nous rapportons au premier sous-genre des cheilodiptères ce poisson, que Bloch a compris parmi les
thoracins auxquels il a donné le nom de *sciénes*. Mais
nous avons déja vu les raisons d'après lesquelles nous
avons dû adopter une distribution méthodique différente de celle de ce célèbre ichthyologiste. Cet habile
naturaliste a décrit cette espèce d'après un dessin et
un manuscrit du prince J. Maurice de Nassau-Siegen,
qui, dans le commencement du dix-septième siècle,
gouverna une partie du Brésil, et dont il a donné le
nom à ce thoracin, pour rendre durable le témoignage de la reconnoissance des hommes instruits
envers un ami éclairé des sciences et des arts. Le cheilodiptère maurice vit dans les eaux du Brésil, où il
parvient à la grandeur de la perche. Sa ligne latérale est dorée; ses nageoires présentent des teintes
couleur d'or mêlées à des nuances bleuâtres ; et ce
même bleu règne sur le dos du poisson[2].

---

[1] Cheilodipterus Mauritii.
Guaru, *au Brésil.*
Sciæna Mauritii. *Bloch, pl.* 307, *fig.* 1.

[2] 2 rayons aiguillonnés et 15 rayons articulés à la seconde dorsale.
10 rayons à chacune des pectorales.
  1 rayon aiguillonné et 5 rayons articulés à chacune des thoracines.
3 rayons aiguillonnés et 11 rayons articulés à la nageoire de l'anus.
17 rayons à celle de la queue.

LE CHEILODIPTÈRE CYANOPTÈRE[1],

LE CHEILODIPTÈRE BOOPS[2],

ET LE CHEILODIPTÈRE ACOUPA[3].

LE cyanoptère et l'acoupa n'ont pas encore été décrits. Nous faisons connoître le premier d'après un dessin de Plumier, et le second d'après un individu femelle qui m'a été adressé des environs de Cayenne par le citoyen le Blond, que j'ai déja eu occasion de citer avec gratitude dans cet ouvrage. Ces deux espèces vivent dans l'Amérique méridionale, ou dans la partie de l'Amérique comprise entre les tropiques. Quant au boops, il se trouve dans les eaux du Japon. Le nom spécifique de ce dernier, qui veut dire *œil de bœuf*,

---

[1] Cheilodipterus cyanopterus.
Gry-gry.
Gro-gro.
Chromis, seu tembra auneo-cærulea, linuris fuscis variegata. *Peintures sur vélin d'après les dessins de Plumier.*

[2] Cheilodipterus boops.
Labrus boops. *Linné, édition de Gmelin.*
Houttuyn, Mém. de Haarl. vol. XX, p. 326.
Labre grand-œil. *Bonnaterre, planches de l'Encyclopédie méthodique.*

[3] Cheilodipterus acoupa.

désigne la grandeur du diamètre de ses yeux, qui, par une suite de leurs dimensions, sont très-rapprochés l'un de l'autre, et occupent presque la totalité de la partie supérieure de la tête. Ses opercules sont garnis d'écailles semblables à celles du dos. Ceux de l'acoupa sont composés chacun de deux pièces. On compte une pièce de plus dans l'opercule du cyanoptère; et cette troisième pièce est échancrée du côté de la queue, assez profondément pour y présenter deux saillies ou prolongations, dont la supérieure a le bout un peu arrondi, et l'inférieure l'extrémité très-aiguë. L'acoupa montre une ligne latérale prolongée jusqu'à la fin de la nageoire caudale. La ligne latérale du cyanoptère [1] divise d'une manière très-tranchée les couleurs de la partie supérieure de l'animal et celles de la partie inférieure [2]. Au-dessus de cette ligne, le cyanoptère est

---

[1] Κυανους signifie *bleu*, et *cyanoptère* désigne la couleur bleue des dorsales et de la caudale du poisson auquel nous avons cru devoir donner ce nom spécifique.

[2] 1 rayon aiguillonné et 18 rayons articulés à la seconde dorsale du cyanoptère.
11 ou 12 rayons à chacune des pectorales.
1 rayon aiguillonné et 6 rayons articulés à chacune des thoracines.
12 rayons à la caudale.

12 rayons à la seconde dorsale du boops.
14 rayons à chacune des pectorales.
1 rayon aiguillonné et 5 rayons articulés à chacune des thoracines.
11 rayons à l'anale.
22 rayons à la caudale.

varié de nuances dorées, vertes et rouges, disposées par bandes étroites, inégales, ondulées, et inclinées vers la caudale, tandis qu'au-dessous de cette même latérale on voit des bandes plus irrégulières, plus sinueuses, plus inclinées, et qui n'offrent guère que des teintes vertes et brunes. Au reste, les pectorales, les thoracines et l'anale du cyanoptère réfléchissent l'éclat de l'or.

6 rayons à la membrane des branchies de l'acoupa.

1 rayon aiguillonné et 18 rayons articulés à la seconde nageoire du dos.

17 rayons à chacune des pectorales.

1 rayon aiguillonné et 5 rayons articulés à chacune des thoracines.

1 rayon aiguillonné et 7 rayons articulés à l'anale.

20 rayons à la caudale.

LE CHEILODIPTÈRE MACROLÉPIDOTE [1],

ET

LE CHEILODIPTÈRE TACHETÉ [2].

LE macrolépidote et le tacheté ont été décrits par Bloch. Le premier vit dans les Indes, suivant cet ichthyologiste. Les deux mâchoires de ce cheilodiptère sont hérissées de dents petites, aiguës et égales. Ses écailles sont grandes, mais unies et tendres. Sa couleur générale est d'un jaune doré avec six ou sept bandes transversales violettes. Les pectorales sont d'un jaune clair; les thoracines d'un rouge couleur de brique; les dorsales, l'anale, et la nageoire de la queue, jaunes dans la plus grande partie de leur surface, bleuâtres à leur base, et marquées de plusieurs rangs de taches petites, arrondies et brunes [3].

---

[1] Cheilodipterus macrolepidotus.
Sciène à grandes écailles. *Bloch, pl.* 298.

[2] Cheilodipterus maculatus.
Sciæna maculata, umbre tachetée. *Bloch, pl.* 299, *fig.* 2.

[3] 10 rayons à la seconde dorsale du macrolépidote.
13 à chaque pectorale.
6 à chaque thoracine.
1 rayon aiguillonné et 10 rayons articulés à la nageoire de l'anus.
18 rayons à la caudale.

Les taches que l'on voit sur la caudale, l'anale et les dorsales du cheilodiptère tacheté, sont d'une nuance plus foncée, mais d'ailleurs presque semblables à celles du macrolépidote, et disposées de même. Les nageoires du tacheté présentent aussi des couleurs générales de la même teinte que celles de ce dernier cheilodiptère : mais ses thoracines sont jaunes, et non pas rouges ; et de plus, au lieu de bandes violettes sur un fond d'un jaune doré, le corps et la queue offrent des taches brunes, grandes et irrégulières, placées sur un fond jaune. Le devant de la tête est, en outre, dénué d'écailles semblables à celles du dos ; la langue lisse et un peu libre ; et chaque mâchoire garnie de dents courtes, pointues, et séparées les unes des autres *.

---

* 4 rayons à la membrane branchiale du tacheté.
9 rayons à la seconde nageoire du dos.
12 rayons à chaque pectorale.
1 rayon aiguillonné et 5 rayons articulés à chaque thoracine.
1 rayon aiguillonné et 7 rayons articulés à la nageoire de l'anus.
15 rayons à celle de la queue.

CENT SEPTIÈME GENRE.

LES OPHICÉPHALES.

Point de dents incisives ni molaires; les opercules des branchies dénués de piquans et de dentelure; une seule nageoire dorsale; la tête aplatie, arrondie par-devant, semblable à celle d'un serpent, et couverte d'écailles polygones; plus grandes que celles du dos, et disposées à peu près comme celles que l'on voit sur la tête de la plupart des couleuvres; tous les rayons des nageoires articulés.

ESPÈCES.	CARACTÈRES.
1. L'OPHICÉPHALE KARRUWEY. (*Ophicephalus karruwey.*)	Trente-un rayons à la nageoire du dos; tout le corps parsemé de points noirs.
2. L'OPHICÉPHALE WRAHL. (*Ophicephalus wrahl.*)	Quarante-trois rayons à la nageoire dorsale; un grand nombre de bandes étroites, transversales et irrégulières.

L'OPHICÉPHALE KARRUWEY [1],

ET

L'OPHICÉPHALE WRAHL [2].

LE naturaliste Bloch a fait connoître le premier ce
genre de poissons, qui mérite l'attention des physiciens et par ses formes et par ses habitudes. Indépendamment de la conformation particulière de leur tête,
que nous venons de décrire dans le tableau générique,
et qui leur a fait donner par Bloch le nom d'*ophicéphale*, lequel veut dire *tête de serpent* [3], les osseux
compris dans cette petite famille sont remarquables
par la forme des écailles qui recouvrent leurs opercules, leur corps et leur queue. Ces écailles, au lieu
d'être ou lisses, ou rayonnées, ou relevées par une
arête, sont parsemées, dans la portion de leur surface
qui est découverte, de petits grains ou de petites élévations arrondies qui les rendent rudes au toucher.

---

[1] Ophicephalus karruwey.
Ophicephalus punctatus. *Bloch, pl.* 358.

[2] Ophicephalus striatus. *Bloch, pl.* 359.

[3] 'Οφις signifie *serpent;* et κιφαλη, *tête.*

Les eaux des rivières et des lacs de la côte de Coromandel, et particulièrement du Tranquebar, nourrissent ces animaux ; ils s'y tiennent dans la vase, et ils peuvent même s'enfoncer dans le limon d'autant plus profondément, que la pièce postérieure de chacun de leurs opercules est garnie intérieurement d'une sorte de lame osseuse, perpendiculaire à ce même opercule, et qui, en se rapprochant de la lame opposée, ne laisse pas de passage à la bourbe ou terre délayée, et ne s'oppose pas cependant à l'entrée de l'eau nécessaire à la respiration de l'ophicéphale. Le côté concave des arcs des branchies est d'ailleurs garni d'un grand nombre de petites élévations hérissées de pointes, et qui contribuent à arrêter le limon que l'eau entraîneroit dans la cavité branchiale, lorsque l'animal soulève ses opercules pour faire arriver auprès de ses organes respiratoires le fluide sans lequel il cesseroit de vivre.

On ne compte encore que deux espèces d'ophicéphales : le *karruwey*, auquel nous avons conservé le nom que lui donnent les Tamules ; et le *wrahl*, auquel nous avons cru devoir laisser la dénomination employée par les Malais pour le désigner. Le premier de ces ophicéphales a l'ouverture de la bouche médiocre, les deux mâchoires aussi longues l'une que l'autre et garnies de dents petites et pointues, le palais rude, la langue lisse, l'orifice branchial assez large, la membrane branchiale cachée sous l'opercule, le ventre court, la

ligne latérale droite, le corps et la queue alongés, la
caudale arrondie, la couleur générale d'un blanc sale,
l'extrémité des nageoires noire, et presque toute la
surface parsemée de points noirs*. C'est un de ces
poissons que l'on trouve dans les rivières de la partie
orientale de la presqu'isle de l'Inde, et particulièrement du Kaiveri, lorsque, vers le commencement de
l'été et dans la saison des pluies, les eaux découlant
abondamment des montagnes de Gate, les fleuves
et les lacs sont gonflés, et les campagnes arrosées
ou inondées. Il présente communément une longueur
de deux ou trois décimètres, est recherché à cause de
la salubrité et du bon goût de sa chair, se nourrit de
racines d'algue, et fraie dans les lacs vers la fin du
printemps, ou le milieu de l'été. Le missionnaire John
avoit envoyé des renseignemens sur cette espèce à son
ami Bloch, en lui faisant parvenir aussi un individu
de l'espèce du *wrah*.

Ce second ophicéphale a sa partie supérieure d'un
verd noirâtre, sa partie inférieure d'un jaune blanchâtre, et ses bandes transversales jaunes et brunes. Il
parvient quelquefois à la longueur de douze ou treize
décimètres. Sa chair est agréable et saine; et comme

---

* A la membrane branchiale du karruwey, 5 rayons.
à chacune de ses pectorales 16
à chaque thoracine 6
à l'anale 22
à la nageoire de la queue 14

il se tient le plus souvent dans la vase, on ne cherche pas à le prendre avec des filets, mais avec des bires ou paniers d'osier, ronds, hauts de six ou sept déci-mètres, larges vers le bas de quarante-cinq ou cinquante centimètres, plus étroits vers le haut, et ouverts dans leur partie supérieure. On enfonce ces paniers en différens endroits plus ou moins limoneux; on sonde, pour ainsi dire; et le mouvement du poisson avertit de sa présence dans la bire le pêcheur attentif, qui s'empresse de passer son bras par l'orifice supérieur du panier, et de saisir l'ophicéphale *.

---

* A la membrane branchiale du wrahl, 5 rayons.
à chaque pectorale 17
à chaque thoracine 6
à la nageoire de l'anus 26
à la caudale, qui est arrondie, 17

CENT HUITIÈME GENRE.

LES HOLOGYMNOSES.

Toute la surface de l'animal dénuée d'écailles facilement visibles; la queue représentant deux cônes tronqués, appliqués le sommet de l'un contre le sommet de l'autre, et inégaux en longueur; la caudale très-courte; chaque thoracine composée d'un ou plusieurs rayons mous et réunis ou enveloppés de manière à imiter un barbillon charnu.

ESPÈCE.	CARACTÈRES.
L'HOLOGYMNOSE FASCÉ. (*Hologymnosus fasciatus.*)	Dix-huit rayons à la nageoire du dos, qui est longue et basse; quatorze bandes transversales, étroites, régulières et inégales, et trois raies très-courtes et longitudinales, de chaque côté de la queue.

L'HOLOGYMNOSE FASCÉ[1].

Aucun auteur n'a encore parlé de ce genre dont le nom *hologymnose* (entièrement nud [2]) désigne l'un de ses principaux caractères distinctifs, son dénuement de toute écaille facilement visible. Nous ne comptons encore dans ce genre particulier qu'une espèce, dont nous avons fait graver la figure d'après un dessin de Commerson, et que nous avons nommée *l'hologymnose fascé*, à cause du grand nombre de ses bandes transversales. La forme de sa queue, qui va en s'élargissant à une certaine distance de la nageoire caudale, est très-remarquable, ainsi que la briéveté de cette caudale, qui est presque rectiligne. Les deux mâchoires sont à peu près égales et garnies de dents petites et aiguës. La dernière pièce de chaque opercule se termine par une prolongation un peu arrondie à son extrémité. L'anale est moins longue, mais aussi étroite que la dorsale. Cette dernière offre, avant chacun des dix derniers rayons qui la composent, une tache singulière qui, en imitant un petit segment de cercle dont la corde s'appuieroit sur le dos du poisson, présente une couleur vive ou très-claire, et montre dans sa partie

---

[1] Hologymnosus fasciatus.

[2] Ὅλος veut dire *entier*, et γυμνός signifie *nud*.

supérieure une première bordure foncée , et une seconde bordure plus foncée encore. Les quatorze bandes que l'on voit sur chaque côté de la queue, n'aboutissent ni au bord supérieur ni au bord inférieur du poisson. Les trois raies qui les suivent ne touchent pas nón plus à la caudale. On distingue une raie étroite et quelques taches irrégulières sur l'anale, et d'autres taches nuageuses paroissent sur la tête et sur les opercules*. L'hologymnose fascé vit dans le grand Océan équatorial. Nous ignorons quelles sont les qualités de sa chair.

---

* 16 rayons à l'anale.
  10 à la caudale.

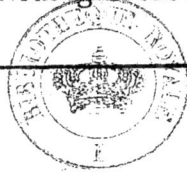

FIN DU TOME TROISIÈME.

DE L'IMPRIMERIE DE PLASSAN.